U0174850

发现新物种

地球生命探索中的荣耀和疯狂

〔美〕理查德·康尼夫 著

林强 译

The Species Seekers:

Heroes, Fools, and the Mad Pursuit of Life on Earth

This edition published by arrangement with W. W. Norton & Company, Inc.

through Bardon-Chinese Media Agency

献给为寻找新物种而献出生命的人们

目 录

引言 异土奇物 1

第一章 城镇巨兽 19
第二章 寻找线索 40
第三章 收集和征服 63
第四章 为贝壳痴狂 85
第五章 灭绝 103
第六章 崛起 117
第七章 大河向西流 134
第八章 “如果他们失去头皮” 154
第九章 当标本成为负担 169
第十章 砒霜与不朽 180
第十一章 “难道我不是你的同胞兄弟吗？” 197
第十二章 对头骨的渴望 211
第十三章 “大自然的傻瓜” 228
第十四章 天翻地覆的世界 248
第十五章 名为“野人”的灵长类 269
第十六章 “物种人” 285

第十七章　“野外劳动者”.........299
第十八章　缓慢的自然力量.........312
第十九章　大猩猩战争.........336
第二十章　大鼻子和矮小的饮茶者.........360
第二十一章　工业规模的博物学.........379
第二十二章　“好裙子的庇佑”.........400
第二十三章　蚊子体内的野兽.........412
第二十四章　“为什么不试验一下？”.........420
结语　物种发现的新时代.........440

逝者名录.........446
致谢.........455
注释.........458
参考书目.........481

引言　异土奇物

来到陌生的国度，看到一切都是新的，他们该会有怎样的狂喜！[1]

——威廉·谢菲尔德牧师（Rev. William Sheffield）

1809年5月23日，阿尔卡尼伊斯战役进入高潮。皮埃尔·德让上校（Col. Pierre Dejean）正准备下令，让法军向西班牙防线中部进行孤注一掷的冲锋。[2]就在这时，他向下方瞥了一眼。周围空气中弥漫着火药和鲜血的味道，但在溪边的一朵鲜花上，有个不同寻常的东西映入他的眼帘。一只甲虫，而且是未知的物种。他立即下马，捡起这只甲虫，把它钉在头盔内侧事先粘好的软木塞上。

德让是一位伯爵，也是拿破仑军队中久经沙场的指挥官，后来成为拿破仑的第一副官。不过，他最重要的身份是一位鞘翅目昆虫学家，即研究甲虫的专家。他手下的人对此心知肚明，因为他们中许多人都随身携带玻璃瓶，奉命收集任何六条腿的东西，或飞或爬。他的敌人也知道这一点，出于礼貌以及对科学发现事业的尊重，他们将那些从战场尸体上拿下来的小瓶子都寄还给了他。

带着最新的“战利品”，德让跨上马鞍，发起进攻。法国军队拔出刺刀，向山坡上的西班牙炮兵逼近。他们之间的距离慢慢缩小，一切紧张而安静。接着，在最后一刻，大炮向进攻线的正面发射了一阵猛烈的葡萄弹。数百名法国士兵阵亡，德让的头盔也被炮火打碎。幸好他本人和甲虫标本都安然无恙。多年以后，德让为阿尔卡尼伊斯的“战利品”起了一个包含属名和种加词的学名：*Cebrio ustulatus*。

在面对敌人炮火时，德让表现出了对甲虫不计后果的热情，这在现代读者看来似乎太过疯狂。世界上大概有几百万种甲虫，即使在那个物种分类还十分混乱的年代，增加一个新物种也称不上什么荣耀。事实证明，德让的这一发现甚至未能获得认可。几年后，当他终于开始描述这只从阿尔卡尼伊斯采集的甲虫时，另一位博物学家已经发现了这一物种，并将其记录在学术期刊上。在科学发现的规则下，德让所提议的学名就变成了同种异名，一个落选的名称。无论如何，这两位博物学家和他们的甲虫很快就被遗忘了。

然而，在彼时的时代氛围中，荣耀与奇迹无处不在。

与德让有着相同爱好的博物学家们正前往世界各地，在传奇的冒险故事中扮演着各自的角色。他们认为，寻找新物种是人类历史上最伟大的智力追求之一，这是有充分理由的。最初，博物学家只知道几千个物种，而且经常把基本事实搞错。即使是受过良好教育的人，也相信自己生活在一个充满怪物的混乱世界里，一个物种

在物种大发现时代开启之际，寓言集里的古怪生物依然萦绕于人们的脑海

可能在不经意间就变成了另一个物种。我们的祖先直到八到十代之前都仍然认为极远之地生活着狗头人，这可能来源于对狒狒的早期描述。当一只巨型蝾螈的骨骼化石被发掘出来时，一位博学的瑞士医生认定它是在诺亚时代的洪水中淹死的罪人。[3]那时的博物学家甚至不了解一些植物与动物的区别，还热烈地讨论它们之间能否相互转化。[4][在那个年代，他们自称为“博物学家”（naturalists）或“自然哲学家”（natural philosophers）。当时还没有“科学家”（scientist）和“生物学家”（biologist）这两个词。]

一切即将改变，少数探险家正准备打破这种神秘和困惑。从18世纪到20世纪，自然界的大发现时代只持续了不到200年。这个伟大的时代始于1735年，当时瑞典植物学家卡尔·林奈（Carolus Linnaeus）发明了一种识别并分类物种的系统。他是一个魅力十足的老师，尽管言谈粗俗，但是对自然界的奇迹充满了宗教般的狂热。在他的话语激励下，他的19名学生展开了一场场探险之旅。这些人被他称为“使徒”（apostles）[5]，其中有一半会为了实现他的使命而客死海外。他国的探险者也受林奈的启发，很快追随其后，去往地球最偏远的角落寻找新物种。他们将发现物种视为殖民时代最重要和最持久的成就之一。

“发现”（discovery）这个词可能会让现代读者一时难以接受。当地人对这些“新”物种的了解，往往已有上千年的历史，而且比任何新来者所期望了解的都更加详尽。不过，若是处理得当，收集一个物种并用科学术语对其描述的过程，将可以使该物种的知识为世界各地的人们所用。当然，主要是为欧洲人所用。这为欧洲国家提供了控制和剥削其殖民地的工具。但也正是在这个过程中，物种探寻者们第一次将人类介绍给这个星球上的其他旅伴，从甲虫到蓝脚鲣鸟。渐渐地，我们从一个以人类为中心的安全世界，一个为了人类的舒适和救赎而创造的世界，跌跌撞撞地走向一个人类与众多物种共享的世界。

在发现物种的过程中，物种探寻者也深刻改变了世界，这一点怎么夸大都不过分。例如，今天我们很多人之所以能活着，要归功于博物学家发现了一些隐秘的物种，而正是这些物种导致了疟疾、黄热病、斑疹伤寒和其他流行病的传播。[这是在物种发现的历史中反复得到的教训之一：无用的知识会以某种隐伏的方式将人们引向有用的方向。例如，身为母亲可能会对孩子选择研究中国的菊头蝠（*Rhinolophus*）为职业感到绝望，但是当这些蝙蝠被证明是“非典”（SARS，严重急性呼吸综合征）的传播源头时，这个课题就具有了全球性的重要意义。]

物种的发现也改变了知识和信仰的基础。早期物种探寻者常以造物的神奇来赞美上帝，但他们的工作却带来了矛盾的结果，让许多人开始怀疑上帝的存在。那些看似无关紧要的物种引发了种种令人不安的问题：人类的起源、地球的年龄、性的本质、种族和物种的意义、社会行为的演化，如此种种，不一而足。如今，当我们看着镜子里的自己时，也不禁会想到物种探寻者们为我们展示的一切。

"活人祭祀、奇怪的货币"

一切始于冒险。

至少从亚里士多德时代开始，博物学家就一直在海滩与森林中徘徊，思索着贝壳和羽毛的奥秘。但直到 18 世纪，才有一群训练有素、说着相同科学语言的博物学家出发前往地球最偏远的角落，用自己的双眼观察这个陌生的世界。他们熟稔林奈的分类系统，携带着枪支、渔网和采集箱，还背负着一种近乎传教士式的使命感。他们无处不在，从纳米布沙漠深处，到雅普拉河的上游，再到大堡礁的未知水域。他们带回了连动物寓言作家都想象不到的动物。谁能想象出异常慵懒的三趾树懒？这种动物的属名是 *Bradypus*（树懒属），意思是"脚步缓慢的"。谁又能想象到针鼹的存在？这种澳大利亚的哺乳动物被一位英国海军军官描述为"一种树懒，大小和烤乳猪差不多，长着两到三英寸（5~8 厘米）

长的鼻子”，而且“像豪猪一样长着短刺”。他在更仔细地观察后发现，这种动物“烤着吃时有一种美妙的味道”。[6]

追求新物种的欲望几乎是无止境的，而为了得到这些新物种，博物学家们付出了非凡的努力。19世纪的鸟类学家提香·皮尔（Titian Peale）在南极海域航行时，曾尝试在海鸟迎风飞行时向它们开枪，以期呼啸的大风把翻腾的海鸟尸体吹到甲板上，方便收集。[7]另一次在温暖水域的探险中，富有而脾气古怪的查尔斯·沃特顿（Charles Waterton）向任何愿意下水寻找标本的

看起来异常慵懒的树懒

人提供赏金。[8] 于是，为了找回一只死鸟，一名水手差点被淹死。在印度，英军上校兼鸟类学家霍华德·艾尔比（Howard Irby）“将一位好奇的军仆训练成一只寻回犬，不管鸭子掉到多深的水里，他都能很快把它带回给主人”。[9] 许多探险家还经历过在餐锅里发现新物种的不安经历。例如，查尔斯·达尔文（Charles Darwin）曾在巴塔哥尼亚寻找一种小型的美洲鸵，而在一次圣诞晚宴上，他发觉自己刚刚吃掉了一只。最后，他只得在厨余中寻找这种鸟类的骨头和羽毛。[10]

和今天一样，当时的博物学家也有强迫自己采集标本的倾向，甚至几近疯狂，往往把自己推向死亡边缘。[我经常参与现代的生物探险旅行，至今清楚记得有一次在厄瓜多尔，那种近乎紧张性精神症的疲惫。我上半身躺在帐篷里，想小睡一会儿，下半身则留在外面，因为裤子上是一层厚厚的热带泥浆。和我同行的两位博物学家后来因勘察飞机坠毁在云雾森林而不幸殒命。另一位同行的博物学家在加蓬（Gabon）得了疟疾，但幸存下来。多亏巴奎莱（Bakwele）部落的一名俾格米（Pygmy）妇女背着他走了 18 英里（约 29 千米）* 去接受注射，他才得以获救。] 物种探寻者通常是在黎明和黄昏，或者晨昏之间的任意时间外出采集标本。他们经常工作到深夜，努力保护和鉴定自己的所得，使标本免受虫咬与腐蚀。即使是头脑最冷静的采集者，也要付出很大的代价才能维持这样的工作节奏。

---

* 原著中的英制单位均已在括注中换算成公制单位。——若无特别说明，本书脚注均为译者注

以 19 世纪中期的亨利·沃尔特·贝茨（Henry Walter Bates）为例，他在亚马孙雨林进行了 11 年愉快的采集活动，即使遭遇抢劫，连鞋子都被抢走，他也毫不畏惧（不过他坦承“这在热带森林里真的很不方便”。[11]）。他可以满怀爱意地描述切叶蚁的奇特行为：背上扛着树叶碎片，排成长队行走，像举着标语牌一样。贝茨认为，它们是用树叶碎片来建造防雨的茅草屋顶。[12]（事实上，这些蚂蚁是将树叶碎片带到地下洞穴，用来培育可供食用的真菌。它们是地球上最早的“农民”。）有时，贝茨也会被这些蚂蚁逼疯。一天晚上，他醒来发现，一长队切叶蚁正在洗劫装满木薯粉的“宝贝篮子”。[13] 他和一位仆人只好穿上木屐，狠狠地踩这些蚂蚁。第二天晚上，蚂蚁又回来了，“我不得不在它们的路线上放上火药，把它们烧死。这一过程重复了好多次，最后似乎总算把它们吓住了……”

危险的采集工作经常由当地猎手完成

19 世纪 80 年代和 90 年代，美国鳞翅目昆虫学家威廉·多尔蒂（William Doherty）在印度洋 - 太平洋地区工作，也经常受到热带环境的困扰。他写信给家里，称自己无法使标本针在雨季不生锈。“在这里，盐和糖每天晚上都会受潮，每天都要在火上烘干，”他补充道，“晚上脱下的靴子，有时第二天早上就会发霉。”[14]

多尔蒂工作繁忙，无暇细想这些不幸遭遇。他曾经以电报文体来总结在印度洋 - 太平洋地区一年的工作，听起来有点像漫画英雄“大无畏的弗斯迪克”（Fearless Fosdick）在肚子被机枪子弹打得像瑞士奶酪时，仍轻描淡写地说“这只是皮肉之伤”。“在爪哇的泗水，所有标本、钱、日记和科学笔记尽数丢失。[15] 经由望加锡（Macassar）前往松巴岛（Sumba）。危险的内陆旅程。发现一片内陆林区，以及诸多鳞翅目新种，”他写道，“通古王（King Tunggu）、活人祭祀、奇怪的货币……访问斯麦鲁（Smeru）乡村。捕蛾时被老虎袭击。亲自捕杀老虎。动身前往婆罗洲（Borneo）。从马辰（Banjermasin，又称班贾尔马辛）向马塔普拉河（Martapura River）上游行进。与彭加隆（Pengaron）乡村的达雅克人（Dyaks）一起生活。猎取人头。红毛猩猩。”

在追寻物种的过程中，博物学家往往专心不二，以至于无心关注重大的世界历史事件，但这些事件有时也会带来机会。1848 年，当革命者的鲜血流淌在巴黎街头时，一位美国昆虫学家从欧洲给家里写信说：“现在巴黎的昆虫非常便宜，是时候买进了。”[16] 同年，一名在墨西哥参加游击战的美军士兵在家书中提道："我们沿途烧杀抢掠……除了妇女和儿童，谁也不放过。"他接着写道："你会注意到，在我寄回家的鞘翅类昆虫中，有许多是不重样的。它们都是我在那些无缘再去的地方侦察时采集的。"[17] 这样的事情在当时不足为奇。

在神圣的博物学事业中，有数百位甚至数千位博物学家献出了生命。芭芭拉·默恩斯（Barbara Mearns）和理查德·默恩斯（Richard Mearns）在《鸟类采集者》（*The Bird Collectors*）一书中，对鸟类学研究的危险性做了一番事实性描述："约翰·C. 卡洪（John C. Cahoon）从纽芬兰海边的悬崖上摔了下来；威廉·C. 克里斯宾（William C. Crispin）在搜寻游隼蛋时坠亡；弗朗西斯·J. 布里韦尔（Francis J. Britwell）在内华达山脉度蜜月时，试图爬到一棵高大的松树上察看鸟窝，结果没抓紧，摔了下来，被绳子勒死，而他的新娘只能在旁目睹这一切；一个名叫理查德·P. 史密斯威克（Richard P. Smithwick）的美国人，为了掏白腹鱼狗的巢，挖开了松软的河岸，结果窒息而死。"[18] 博物学家还需要勇敢面对可怕的伤病。本杰明·沃尔什（Benjamin Walsh）是伊利诺伊州官方任命的第一位"州昆虫学家"，他在一次火车事故中失去了一只脚。为了安慰悲痛欲绝的妻子，他讲了一个笑话："你难道看不见一只软木假肢带给我的优势吗？在森林里捕捉昆虫时，它可以作为一个不错的针垫。如果哪个瓶子少了软木塞，我直接从脚上削一个下来就行了。"[19] 不幸的是，沃尔什还没来得及在野外实践这一想法，就因持续的腿伤去世。英国鸟类学家爱德华·贝克（Edward Baker）在 79 岁时于印度的家中平静离世。他的讣告中提到，当一头花豹向他猛扑过来时，他将手直接伸入花豹口中，结果失去了左臂；他曾被野牛抛起过两次，还被一头犀牛踩踏过，但仍然活了下来（感谢上帝），依旧是一名出色的摄影师兼网球手。[20]

疾病，尽管没那么丰富多彩，却是更有效率的杀手。1901年2月，威廉·多尔蒂从肯尼亚发了一封信，个性鲜明地表达了对非洲之旅的不屑。他称这只是“寻常的冒险，首先是狮子和犀牛，然后是野生水牛，一头凶猛的大象，以及每天晚上都会进入我们围栏的一头花豹……就在前几天晚上，我还和劫掠的马赛人展开了殊死战斗”。[21] 大约同一时间，一位朋友从英国给多尔蒂寄了一张便笺。[22] 几个月后便笺被退了回来，邮票上盖着“已故”。后来发现，多尔蒂的死因是痢疾。

“奇怪的鱼”

他们为什么这么做？是什么驱使他们来到地球的偏远角落？

在原住民看来，这些新来者肯定是疯了。他们除了对蝴蝶、甲虫和其他看似毫无价值的物种充满热爱，还几乎都有着幽灵般的白色皮肤，因此，关于他们具有变态心理的印象更加深入人心。在前往太平洋岛屿的途中，贝类收藏家休·卡明（Hugh Cuming）十分聪明地征募当地人帮助寻找新物种（这也说明他的钱袋子颇为饱满）。但一位朋友后来写道，他那种“显然无法平息的躁动”[23] 让当地人深感不安，尤其是当他们从他家窗口看到他处理标本直到深夜，在烛光下不停“摸索、搬动”的时候。

在菲律宾，卡明学会了伪装，他表示自己需要贝壳来进行生产加工，就像菲律宾人将某些贝壳烧成灰，配着新鲜槟榔果一起咀嚼，以提升口感一样。倘若卡明告诉他们，他想把贝壳作为博物学收藏品保存起来，似乎就略显仪式化而令人不安了。

而在探险家们的故国，从农民到总统和国王，对新物种的追求是社会各阶层热切关注的话题。博物学家成了当时的英雄，如同中世纪的游侠骑士。"完美的博物学家，"英国小说家查尔斯·金斯利（Charles Kingsley）在 1855 年写道，"应当身体强健，能够拖动采泥器、攀爬岩壁、翻动巨石，能行走一整天，无所谓在哪里吃饭或休息；他能随时准备面对阳光、雨水和风霜，对任何饮食都心怀感激，无论多么粗糙或贫乏；他应当知道怎样游泳求生，怎样划桨，怎样开船，怎样驾驭第一匹到手的马；最后，他应当是一个出色的射手，一个技艺高超的渔夫；而且，如果他远赴海外，就应当能为自己的生命而战。"[24]

和其他许多作家一样，查尔斯·金斯利也会调侃博物学家。他出版了一本很受欢迎的童书——《水孩子》（*The Water Babies*），里面有一位癫狂但和蔼可亲的"Ptthmllnsprts 教授"[25]。这位教授喜欢收集新物种，而且正如他的名字所暗示的那样，他"把它们都泡在烈酒中"（put them all in spirits）。博物学家有时也会自嘲。在与约翰·詹姆斯·奥杜邦（John James Audubon）见面时，脾气古怪的生物学家康斯坦丁·拉菲内克（Constantine Rafinesque）递上了一封介绍信，信中写道："我亲爱的奥杜邦，我要送给你一条奇怪的鱼，你可能无法描述它。"当奥杜邦询问

博物学家有时被理想化地视为新英雄时代的游侠骑士

标本的下落时，拉菲内克回答道："我就是那条奇怪的鱼。"[26]

不过，博物学家的英雄形象显然占据了主导地位。一位来自美国艾奥瓦州的青年便是这样的典型，在读了一篇关于亚马孙河探险的文章后，他"燃起了一股向河流上游进发的渴望"，并很快动身前往这片"充满浪漫色彩的土地，那里所有的鸟兽都是博物馆里才有的种类"。[27] 然而，他在新奥尔良破产了，转而将注意力投向附近的另一条河。这段经历被记录在《密西西比河上的生活》（*Life on the Mississippi*）等书籍中，也赋予了这位青年一个笔名——马克·吐温（Mark Twain）。博物学家的英雄形象迸发出强大的力量，推动了各国对地球每个角落展开大规模的生物采集探险。比如在1838年，一位参与美国探险远征（U. S. Exploring Expedition）的年轻海军军官说，他很钦佩这些博物学家能离开舒适的家，"到陌生的地方收集奇怪的东西"[28]。他还为舱房里塞满了"或死或活的蜥蜴，漂浮在酒精里的鱼，鲨鱼的下颌和海龟标本，以及在咸水罐子里翻动的脊椎动物和微小生物，还有陈年的贝壳……"[29] 而感到高兴。

留在家乡的人最终也会分享这种喜悦。史密森尼学会（Smithsonian Institution）于华盛顿特区成立，在美国探险远征中采集的标本很快成为该学会博物学馆藏的基础。英国、德国、法国等其他国家也建立了大量的自然博物馆*，以保存和展示各国

* 原文为"natural history museum"，这个词常被译作自然历史博物馆，其实更为准确的译法是自然博物馆，因为"history"在自然博物领域是探究、记录、描述之意。对于"natural history"一词，本书依据上下文语境译作博物学或博物志。

远征队带回来的生物标本，为的是在与对手国家的竞争中占据上风。因此，少数博物学家不仅在事实上获得了荣耀，更是在某种程度上实现了不朽，这其中包括卡尔·林奈、乔治-路易·布丰（Georges-Louis Buffon）、约瑟夫·班克斯（Joseph Banks）、亚历山大·冯·洪堡（Alexander von Humboldt）、让-巴蒂斯特·拉马克（Jean-Baptiste Lamarck）、乔治·居维叶（Georges Cuvier）、约翰·詹姆斯·奥杜邦、查尔斯·达尔文、阿尔弗雷德·拉塞尔·华莱士（Alfred Russel Wallace）、帕特里克·曼森（Patrick Manson），等等，他们都改变了我们看待世界的方式，让我们认识到自己在世界中的位置。这些名字铭刻在各个自然博物馆的墙壁上。

“单纯的喜悦”

然而，对大多数博物学家来说，公众的赞美并非意义所在。许多人在一生中别无所求，只满足于在博物馆的密室或满是灰尘的小办公室里研究标本，将他们的名字潦草地写在所发现物种的标签上。弗拉基米尔·纳博科夫（Vladimir Nabokov）是一位鳞翅目昆虫学家兼小说家，他曾断言，给一个新物种命名的满足感（“而最称得上不朽的，是这只蝴蝶的红色纸签”[30]）甚至超过了文学上的赞誉。不过有趣的是，他写了一首诗来阐明这一观点。

成为博物学家，就意味着参与建立一个伟大而永恒的知识体系。当然，意义不止于此。这个世界充满了未知的新事物（或

“不可名状之物”)，而在内心深处，物种探寻者和其他任何收藏家一样，都有将尚待发现的珍宝掌握在自己手中的渴望。“真相是，发现新物种的乐趣实在太大了，”查尔斯·金斯利写道，“这在道德上是危险的，因为诱惑随之而来——你会把找到的东西据为己有，完全看作自己的创造；你以此为荣，似乎上帝长久以来都不知道它的存在；甚至你会为了自己的命名权，以及是否有权作为第一个发现者载于某某学会的会刊中而争得不可开交。就好像在你出生之前，或者别人知道你之前，天堂的天使们从未欣赏过它一样。”[31]

博物学家往往把野外生活的饥饿、孤独、疾病和其他困难当作恼人的干扰，只为了在发现新事物的小小时刻独自享受喜悦。“我瘦了 34 磅（约 15.4 千克)，但感觉还和往常一样，我还像往常一样工作。”19 岁的威廉·希利·达尔（William Healey Dall）在 1865 年给母亲的信中若无其事地写道。当时他刚刚完成了从波士顿到旧金山的航行。

到达阿拉斯加后，达尔的处境变得更加困难。在许多次探险活动中，他都要乘坐海豹皮小船穿越开阔水面，经历漫长而寒冷的旅程。途中需要时时躲避充满冰块的海浪，“这是一种怪异的感觉，”他写道，“感觉到船的底部和侧面与波浪冲撞，更为怪异的是我们突然发现了一条裂缝……”终于，他们在黑暗中抵达了一个俄罗斯前哨站。然而睡觉的时候，他的床铺下面似乎有“数百万只蟑螂……折腾了整整一夜”。

达尔是海洋软体动物方面的专家，他雄辩地向家人解释了自己的研究动机，并推断其他大多数博物学家也是如此。他说：“将这些无比精致，几乎只能用显微镜才能看到的动物放在镜片之下，看到微小的心脏在跳动，看到血液循环和扩张的鳃，计数肌肉和血管，还有组成血液的小小圆盘*，是一种单纯的喜悦。你知道自己是第一个，或许还是唯一深入这些谜题的人，你所有的笔记、图画和观察都蕴含着丰富而坚实的知识，为无穷奥义增添了力量、优雅和美。”[32]

发现永无止境

没有人意识到“无穷”是多么变化无常。林奈给出了一个诱人的信念，让人们以为自己能够真正理解这个世界。这种信念部分来自于“自然是有限的”这一观点。博物学家假定每一个物种都是分散而独立的造物，无论它们彼此之间有多么相似，而上帝只会把数量固定的物种放在伊甸园里。同样地，只有相对较少的物种能在诺亚方舟上幸存下来。因此，在 18 世纪 70 年代，当物种探索事业刚刚起步时，富有的波特兰公爵夫人玛格丽特·本廷克（Margaret Bentinck）就宣布，她打算“向全世界描述和发表”每一个未知物种。她甚至可能认为自己已经接近目标了。在 1785 年去世时，她拥有成千上万件标本，仅拍卖处理这些标本就持续了 38 天。

---

* 指血红细胞。

几十年后，乔治·居维叶断言，现代世界里已经没有多少“发现大型四足动物新物种的希望”[33]。他认为化石会带来更多的发现。同样在19世纪中期，伟大的英国解剖学家理查德·欧文（Richard Owen）猜测，“除了分类和整理之外，博物学家没什么好做的了”[34]。然而就在当时，两个刚刚崭露头角的美国人发现了地球上最大的灵长类动物——大猩猩。（大猩猩被欧文称为“对人类恶魔般的讽刺”[35]，这种动物很快就成为达尔文学说争论的中心话题，并威胁到智人在神授宇宙中的中心地位，其影响之深远，几乎可与发现太阳并非围绕地球旋转相提并论。）事实上，每当有人以傲慢的姿态宣称新物种越来越难以发现时，大自然总是会以一系列奇特的新生物作为回应。这些物种包括霍加狓、倭河马、海牛、日本猕猴（又称雪猴）和熊猫等，这还只是后居维叶时代新发现的一小部分。

时至今日，科学家已经描述并分类了大约200万个物种，其中许多得到了详细的研究。尽管如此，仍有人认为物种探索已经走到了尽头。而据估计，目前还有大约5000万个物种尚待发现，这是早期博物学家难以想象的数字。

也就是说，我们仍然生活在伟大的物种发现时代。这本书讲述的正是这个时代如何开始的故事。

第一章　城镇巨兽

有人给我看一只甲虫，它价值 20 克朗，还有一只价值 100 克朗的蟾蜍……在世俗观念中，无论如何微不足道、令人厌恶的东西，在鉴赏家的眼里，都显得庄重而富有哲理。[1]

——约瑟夫·艾迪生（Joseph Addison）

1774 年 11 月，一桶朗姆酒抵达伦敦，桶里放着 4 条死掉的电鳗。[2] 其中最大的一条几乎有 4 英尺长，围长达到 14 英寸（约合体长 1.2 米，围长 35 厘米）。它们身形似蛇，体表光滑，脑袋扁平，口鼻钝圆，下颌突出，两侧各有一只像耳朵一样的小鳍。它们的眼睛又小又圆，头部的深色皮肤上布满"麻子"，就像一个个针孔。

这些电鳗（*Electrophorus electricus*）其实并不属于鳗鱼。它们来自南美洲东北海岸的苏里南（Suriname），在英国引起了触电般的轰动。第 5 条电鳗在抵达法尔茅斯港时还活着，在被那些寻求刺激的英国人施加电击后才死去。尽管已经死亡并保存在朗姆酒（当时被视为标准的防腐剂）中，这些标本依然令当时的知识阶层激动不已。

在伦敦等待电鳗的人群中，有一个名叫约翰·亨特（John

Hunter）的人。严格来说，他根本没有受过教育。一开始，他在苏格兰做木匠，在哥哥威廉·亨特（William Hunter）的帮助下，他“放下凿子、尺子和木槌，拿起了刀”[3]，最终成为伦敦首屈一指的外科医生，并且是国王乔治三世的“特命外科医生”（Surgeon-Extraordinary）。他的正规医学训练包括在伦敦一家医院工作了几个月，以及在战时的英国军队中数年的反复试错。为了弥补专业知识的不足，他前往牛津大学学习，但只持续了一个月。[4]亨特的个性质朴，他后来写道：“他们想让我变成一个老妇人，让我在大学里恶补拉丁语和希腊语，但这些阴谋都被我一一破解，就像拍死眼前的许多害虫一样。”

亨特只关心一件事——解剖学，他对这个学科异常狂热。在职业生涯中，他解剖了“大约1000具”人类尸体和500多种动物。这使他成为盗墓者和物种探寻者的热心客户，从死者身上学到的东西也很快被他应用到生者身上。他使用手术刀的技能以及开发全新治疗手段的动力，通常都基于他的解剖所得。这也为他赢得了“现代外科之父”的声誉。越来越多的人开始通过研究其他物种来理解我们自身和所处的世界，而亨特就处于这场运动的最前沿。他的一生也预示着，这种探究新知识所带来的兴奋，有时可以弥合英国社会阶层之间的巨大鸿沟。

“当看到（死去的电鳗）时，（亨特）跳起了吉格舞，它们是那么完整，保存得那么完好。”一位朋友写道。约翰·沃尔什（John Walsh）是一位国会议员，也是一位在东印度公司发了大财的业余博物学家。他很快就为其中三件最完好的电鳗标本支付

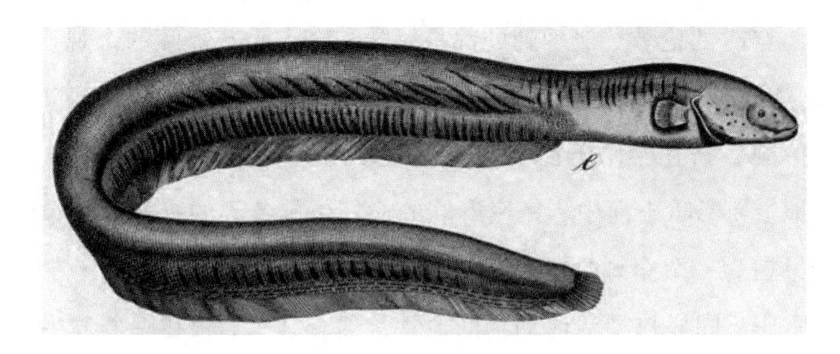

在一些小型聚会上，伦敦的科学精英们曾手拉手围成一圈，感受电鳗的电击

了 60 基尼*，大约相当于当时伦敦普通工人两年的工资。年轻的约瑟夫·班克斯爵士当时已是颇有名气的博物学家，曾搭乘英国皇家海军“奋进号”（*HMS Endeavour*）环游世界。此时，他不得不赶回城里，因为沃尔什和亨特正磨着解剖刀，“决心要……至少在下周初就剖开一条（电鳗）”。

这些珍贵的标本被送到了伦敦，并不出意料地在那里激起了许多欢愉。事实上，第二年从南美洲采集更多电鳗的要求完全出自这座城市，这一次，它们被活着运到了约翰·沃尔什位于切斯特菲尔德街的住所。在那里，电鳗很快就多次展现了施放 600 伏特电压的能力。曾有一次，27 个人手拉手围成一圈，同时感受到了电流的刺激。似乎没有人在这些奇怪的聚会中受到不良影响（尽管有时在更低的电压下会发生致命的电击）。相反，每个人离开时都情绪高涨，充满了那个时代特有的对自然界无限可能性的兴奋之情。

* 英国旧时金币单元，1 基尼 =21 先令。

当时的伦敦，似乎到处都是科学和令人眼花缭乱的奇观。到18世纪70年代，这座城市已经成为世界的中心，70万人口熙熙攘攘，挤在泰晤士河转弯处7平方英里（约18平方千米）的土地上。泰晤士河中，密密麻麻的桅杆仿佛冬天的森林，无数的船只在为一个全球性的帝国服务。（人群并没有成为约翰·亨特的阻碍，同样热爱活体动物的他常常驾着马车，跟在一群瘤牛后面穿过街道。瘤牛来自亚洲，有着隆起的背部和长长的垂肉。）此时，现代商业、工业、城市生活和国际贸易正在这里逐渐成形。和巴黎一样，这里也滋养了博物学，如果还不能称为诞生地的话。卡尔·林奈发表并推广了第一个现代物种命名和分类系统，但是他居住在瑞典的乌普萨拉，一个停滞不前、只有5000人口的大学城。彼时的伦敦，即将成为世界上最大的城市，而英国人对博物学的热情，使其成为了地球生命大发现的中心。

“鉴赏家阶层”

英国人对珍奇动物的兴趣根深蒂固。在12世纪亨利一世统治时期，英国皇家动物园已经养了一头狮子和一头花豹。[5] 1252年，该动物园又迎来了一头挪威白熊，当它拖着铁链和长绳，到泰晤士河里捕鱼的时候，伦敦的警长们都不得不耐心等候。（不幸的是，历史并没有告诉我们这根绳索究竟要多长才足够，尤其是当那头白熊身无一物爬上来的时候。）

18世纪初，诗人亚历山大·蒲柏(Alexander Pope)所谓的“鉴赏家阶层”（virtuoso class）开始痴迷于对植物和动物的研究。[6] 这些鉴赏家本身就是富有的业余博物学家，醉心于将最新的贝壳或骨架纳入自己的私人收藏。到了 18 世纪中叶，对博物学的狂热已经蔓延到普通大众。用一位现代历史学家的话来说，这成为了“英国人普遍的国民消遣，如果还不能算国民运动的话”[7]。

和现在一样，拿着捕蝶网和杀虫瓶的博物学家在当时也会遭到嘲笑。散文家约瑟夫·艾迪生嘲笑他们是在囤积“大自然的垃圾……这些生物是其他人连看都不想看到的”[8]。才思敏捷的评论家塞缪尔·约翰逊（Samuel Johnson）虚构了一个名为奎斯奎利乌斯（Quisquilius）的地主，他对收藏的热情是如此之高，以至于让佃户用蝴蝶和“博物学家不知道的三种蚯蚓”来支付租金。话说回来，尽管约翰逊博士鄙视采集标本这种卑贱的工作，他也承认“从哲学的角度看，没有什么比动物的结构更值得赞美”。[9]

英国人民显然同意这一点。在曼彻斯特鉴赏家阿什顿·利弗（Ashton Lever）的家中，每天有上千名游客前来参观他规模

小褐石龙子

庞大的博物学藏品。[10]这让利弗倍感压力，但收取入场费显然有失体面，于是他想出一个法子，拒绝任何步行前来的人进入，以此来劝阻没有马车的下层阶级。曾有一位访客意志特别坚定，被拒之门外后骑牛再度前往，最终获许参观。

为什么民众会突然出现这种对自然界的巨大热情？1000多年来，大自然一直被禁锢在道德经验和神话背后。教会致力于了解上帝的思想，对自然毫不在意。过去几个世纪，关于欧洲本土植物和动物的常识，还都来自于罗马时代的记述和充满虚构生物的中世纪动物寓言，一代又一代不加鉴别地流传下来。因此，当科学革命到来时，压抑已久的思想终于得到了释放，人们对现实世界的好奇心就此爆发。

在英国，剑桥大学两位伟大的学者发明了一种看待世界的新方法。物理学家和数学家艾萨克·牛顿（Isaac Newton）提出了宇宙的物理定律；哲学家弗兰西斯·培根（Francis Bacon）则在仔细观察和小心推理的基础上，提出了研究自然现象的实用规则，后来发展成为科学方法。[11]培根还普及了这样一种思想：了解上帝就意味着了解他的造物，并收回在伊甸园失去的对自然的控制。当时，这一思想已经十分盛行，从1765年一封寄到伦敦的信中就可见一斑。这封信的作者、南卡罗来纳的博物学家亚历山大·加登（Alexander Garden）谈到了博物学家之间普遍存在的所有权竞争，他首先抱怨一个竞争对手偷走了他发现的一个物种，但随后态度有所缓和："不过，他毕竟是一位杰出人士，我原谅他，因为由谁来宣扬上帝的荣耀并不重要，只要这些荣耀不在沉默中被忽略。"[12]

“为鼹鼠准备的朗姆酒”

对于地图上的空白区域，一些拘泥传统的地理学家还在用虚构的怪物来填充，比如蝎狮（manticore，狮子、蝎子和人类的合体）或布雷米斯（Blemmies，脸长在胸前的无头人）。但与此同时，旅行者们已经开始探访地球上最偏远的角落，发现真正生活在那里的生物。

对新物种的探索有时会令人惊恐，尤其是面对如此丰富的物种数量。1748年，瑞典博物学家佩尔·卡姆(Pehr Kalm)来到北美，他仔细地记账（如“为鼹鼠准备的朗姆酒，9便士”），并承认自己“一想到要为博物学中这么多全新的、不为人知的部分分门别类，就感到恐惧”。[13] 好在卡姆的老师林奈提供了知识工具，使混乱回归秩序。林奈的分类体系可以涵盖任何生物，赋予其一个由两部分组成的学名，如 *Ursus horribilis*（棕熊）或 *Canis lupus*（狼），从而按照界、门、纲、目、科、属、种划分成有序的分类等级。

不是每个人都能理解牛顿力学，但是现在，任何人都可以接近自然界。有一段时间，几乎每个人都在探索自然——“男人和女人，”科学史学家约翰·R. R. 克里斯蒂（John R. R. Christie）写道，“医生和牧师，贵族和园丁的儿子们，药剂师、印刷工、律师、军人和海员。”[14] 各色人等都在研究自然，既有愿意在未知土地上面对死亡的探索者，也有能够静坐下来，记录生物形态和行为细节的居家人士。博物学既需要擅长“狩猎、搜寻、晾干、填充、整理和展示”的实用型人才，也需要能够理解不同动物之间的联系，并做出细微区分的哲学型人才。（精通文学的约翰逊博士认为鲸就是鱼，而博物学家亨特医生则对它们与“陆地动物的相似性”印象更为深刻[15]。）这个新学科要求学者们学会使用“复杂得可怕的词汇”来进行科学描述，“命名、分类和描述自然界”变成了“越来越有技术性和争议性的实践”。但另一方面，博物学也需要艺术家和作家将新物种栩栩如生地介绍给普通读者。

在迅速扩张的英国出版业，有关蝴蝶或鸟类的书籍一直是畅销书。博物学也和政治一样，成为咖啡馆辩论的主要话题。就连历史学家爱德华·吉本（Edward Gibbon）和经济学家亚当·斯密（Adam Smith）都出席了威廉·亨特（约翰·亨特的哥哥）在伦敦举行的解剖学演示。（威廉是一位雄辩的演讲者，而口齿不清的约翰主要负责血腥的展示工作。他的一个敌对者后来声称，“他没有能力把一首六行诗按照语法连成句子”。但其他在场人士认为，约翰很和善，他的声音粗哑只是因为过于投入工作。）[16] 亨特兄弟还经常聘请动物绘画大师乔治·斯塔布斯（George Stubbs）用画笔记录他们收藏的新物种，后者也和他们一样热衷于解剖（和盗墓）。[17]

林奈与来自欧洲其他国家的首都乃至世界各地的博物学家保持着广泛的通信联系，但他也认识到，各种优秀的力量正在往伦敦汇聚。在乌普萨拉，瑞典人丹尼尔·索兰德（Daniel Solander）被林奈称为“我教过的最睿智的学生”[18]，林奈待他就像儿子一样（而且很可能成为他的女婿）。不过，林奈在1759年把他派到了伦敦。

在那里，索兰德很快就开始着手整理大英博物馆的藏品，并把林奈分类系统推广到世界各地。

索兰德后来作为博物学家登上了詹姆斯·库克（James Cook）船长的“奋进号”，同行的还有约瑟夫·班克斯。他们在三年的环球航行中带回了数千件植物和动物标本。[19] 在这些标本中有一些毛皮和骨头，它们来自一种长得很像鹿的动物，据说它可以用两条腿站立，有时几乎和人一样高。还有传说称，它可以像野兔一样在澳大利亚的草原上跳跃，并用又长又重的尾巴来保持平衡。班克斯向外界介绍这种动物时，借用了当地原住民对它的称呼——“Kanguru”（袋鼠）。

袋鼠的发现在 18 世纪的伦敦引起了轰动

伦敦的野兽

彼时的伦敦，几乎每天都会出现来自遥远异域的新奇标本——第一匹斑马、第一头驼鹿、第一头蓝牛羚*——每一种都助长了英国人对自然界奇观的全民狂热。新物种的到来不仅是为了科学事业，也是为了娱乐。（无论是哪种原因，大多数动物迟早都会出现在约翰·亨特的解剖台上。）只要花上一两个便士，看客们就能一睹犀牛、牦牛、狒狒或猕猴的真容。商人笼养的动物似乎无处不在，酒馆和咖啡馆总会用"最近从几内亚海岸运来的活短吻鳄或鳄鱼"[20]或"伦敦有史以来最大的鳗鱼"来招揽顾客。现在我们很难想象所有这些动物被驱赶着穿过伦敦的场景。在18世纪中期，伦敦的人口密度已经超过了现代的曼哈顿，但没有高楼大厦和污水处理系统，也没有其他使城市宜居的手段。一名作家抱怨说，马车夫和搬运工在挤过拥挤的街道时，通常会先把行人推倒在地，然后才大喊"让一下！"或"劳驾！"。[21] 1773年的一位游客毫不夸张地评论道："城里每条街上都有野兽。"[22]

城里不仅有野兽，也有驯养的动物。在理查德·丹尼尔·奥尔蒂克（Richard Daniel Altick）的历史书《伦敦诸景》（*The Shows of London*）中，就描述了自称"布列斯劳之鸟"（Breslaw's birds）的动物表演[23]。这些鸟的种类不明，按等级排成队形，像

* 亚洲最大的羚羊。

英国士兵一样行进。它们头上戴着微型的掷弹兵帽，翅膀下塞着木制步枪。最令人印象深刻的表演是，这些长着羽毛的士兵围住另一只鸟，指定它为逃兵，迫使它走到一门小型黄铜加农炮前，并用火柴给起爆装置点火。加农炮一响，逃兵便倒地“身亡”，然后又重新站起来，接受观众的欢呼和掌声。纵犬斗牛和斗熊是常见的娱乐活动。在斗鸡活动*中，32只斗鸡仅有一只幸存。博物学家吉尔伯特·怀特（Gilbert White）抨击伦敦是“城镇中的巨兽”[24]，他选择居住在塞尔伯恩的乡村牧师住宅，尽情观察着周围相对不受干扰的野生动物。

私人收藏也迎合了英国人对自然界“奇观”（prodigies）的贪婪渴望。由于访客盈门，不堪重负，鉴赏家阿什顿·利弗在1774年将藏品都搬到了伦敦莱斯特广场，放在一座旧王宫的12个房间里。这一次，他可不管什么是体面，而是对参观者一律收取入场费。他的藏品并没有特别的摆放顺序，包括松鼠猴、长鼻浣熊、负鼠、花豹、鱼鹰、极乐鸟、火烈鸟、锯鳐和北极狐，以及成千上万件其他物种的标本。他还有一只“脑袋上长出一只脚的鸭子”，以及一只摆出“美第奇维纳斯”姿势的猴子。据作家弗朗西斯·伯尼（Frances Burney）的记载，利弗本人“神气活现”地打扮成一名森林管理员，“穿着一件绿色夹克，戴着圆帽，上面插着绿色羽毛，一只胳膊下夹着一束箭，另一只胳膊下则夹着一张弓”。[25]

---

* 原文为“Welsh main”，该活动会将斗鸡两两配对，胜者再两两配对，直到决出最终胜者。

阿什顿·利弗的博物馆以各种古怪的标本著称，其中最著名的当数他自己

阿什顿·利弗把自己的博物馆称为“Holophusicon”，意为“拥抱大自然的一切”。与约翰逊博士笔下的地主奎斯奎利乌斯一样，为了追求“占有大自然的一切奇观”，他也几乎破产。然而，无论是他本人还是和他同样热衷自然收藏的人士，似乎都体验到了某种崇高的东西，一位参观者后来将此称为“一种对骨头和爪子力量的庄严敬畏”[26]。（其他部位也同样如此。比如在切尔西的一家酒馆，300 件标本中最让店家引以为傲的，便是“一根鲸鞭”。[27]）

更严格的科学收藏者对此就有些不以为然了。约瑟夫·班克斯爵士显然很鄙视阿什顿·利弗，也许是因为这位鉴赏家的陈设过于杂乱无章，公然藐视林奈分类体系刚刚赋予自然界的优美秩序。班克斯可能也对利弗在标本收藏方面胜过自己而感到不满。[28]尽管在科学价值上，“Holophusicon”博物馆的自然类藏品还不能说优于大英博物馆，但在种类上显然更胜一筹。[29]或者正如毫不谦虚的利弗所标榜的那样，“在这个时代，我是宇宙中首屈一指的博物馆的唯一拥有者”[30]。

“穿山甲的内脏”

如果说这些展览者花里胡哨、近乎古怪，博物学家偶尔也会如此。有时他们会与展览者私交甚密，从而依赖后者获取最好的标本。有一天晚上，画家乔治·斯塔布斯听说，吉尔伯特·皮德科克（Gilbert Pidcock）的巡回动物园正在伦敦市中心的斯特兰德大街表演，那里有一只老虎死掉了。“他匆匆穿上外套，飞也似的跑向那个众所周知的地方，”斯塔布斯的友人后来写道，“他很快就进入了那只死亡动物躺着的兽笼：这真是一个宝贵的时刻。”

花了3个几尼，这具老虎尸体很快被送到了斯塔布斯的家里。当天晚上，这位艺术家就开始对它进行处理和解剖（这一过程可能持续了好几个星期）。[31] 早在人类的尸体防腐司空见惯之前，斯塔布斯就很擅长给尸体注入蜡和其他防腐剂。年轻时，他曾花了18个月时间，一丝不苟地将一匹马的尸体剥离至骨架，并对每一个解剖层面都详细绘图，共包括5层不同的肌肉。据一位朋友介绍，他的方法是把一根铁棒从天花板上垂下来，铁棒上排列着结实的钩子，可以固定在马的肋骨之间和脊柱下方。接着，他用绞车把这匹马抬到一个平台上方，开始有条不紊地剥去马皮，从外到内进行解剖。对于每件标本，他都要花上6到7周的时间。

斯塔布斯的作品不仅能跻身世界上最伟大的动物绘画作品之列，而且使人们开始意识到，人类与其他动物之间有着诸多共性。晚年时，斯塔布斯画了一幅老虎奔跑姿态的骨架图，并将其与一幅人类弯腰时（类似于短跑运动员起跑时的姿势）的骨架图进行比较。两副骨架看起来几乎一模一样。对上帝荣耀的追求，已经使一些博物学家开始更仔细地思考自以为是的人类荣耀。

约翰·亨特是斯塔布斯的朋友，这位被认为脾气粗暴、头脑糊涂的外科医生，对人类和其他物种的比较甚至比斯塔布斯更为详细。亨特的青年时代是在格拉斯哥南部克莱德谷的家庭农场里度过的。"我想了解云朵和青草，想了解为什么树叶在秋天会变色，"他后来写道，"我观察蚂蚁、蜜蜂、鸟类、蝌蚪和石蛾幼虫。我缠着别人问许多问题，那些问题没人知道答案，或者大家根本就不关心。"[32] 成年后，亨特依然不断地"缠着别人"，包括动物贩子和巡回展览者，他向这些人索要新近死去的动物尸体，好把它们运回家里解剖。

博物学家和探险家也经常为亨特提供标本。"走进苏豪广场的班克斯宅邸，"他的朋友约瑟夫·班克斯爵士在信中写道，"你会发现一只漂亮的塞拉利昂猫的尸体，它的内脏你可以任意取用，它的毛皮则将制成填充标本，送给大英博物馆。"曾有一位旅行者可能过高估计了亨特对血腥之物的嗜好，居然提出要送给他"一只苏门答腊穿山甲的内脏"，但也同时指出，这些内脏由于"在印度大楼（India House）被长期扣留，已经完全腐烂了"。

亨特的"脏活"是在伦敦城外两英里（约3千米）处的伯爵宫（Earl's Court）庄园内完成的，包括准备骨架和处理多余的肉。在他处理的其他标本中，包括两头死去的大象、一只豹猫、一只狞猫、两只鬣狗和一只来自皇家动物园的羚羊。[33] 各种各样活着的动物会帮忙处理多余的肉，包括两只花豹。有一次，这两只花豹试图逃跑，并与亨特的狗撕咬起来，最后被他徒手抓住。在伯爵宫庄园里，亨特养了许多种鹅，为胚胎学研究提供鹅蛋。他还有一个用于研究淡水生物的池塘。至于庄园里的其他动物，比如豺、斑马、鸵鸟等，很显然，除了陪伴的乐趣之外，找不到这些动物存在的更好理由了。

和其他鉴赏家一样，亨特在镇上建了一座博物馆，以展示那些更为引人注目的标本，包括人类头骨。一个来自加拿大拉布拉多的“爱斯基摩”家庭在1772年访问了那里。（当时出现在伦敦的“奇观”不仅包括外来动物，还包括来自遥远异域文化的人类——尽管学界对于他们是否有资格被称为人类仍然争论不休。）爱斯基摩人的头领被这些人类头骨和其他解剖结构的展品吓坏了，据说他问道：“这些骨头是亨特先生杀死并吃掉的爱斯基摩人吗？我们会不会被杀死？他要吃掉我们，再把我们的骨头放在那里吗？”[34]亨特并没有吃掉他们，但这个爱斯基摩家庭的担忧却有点歪打正着。他们从普利茅斯返航时染上了天花，最后只有一名年轻女子活了下来，在她回家之后，她感染的病毒又很快杀死了部落里的其他人。

几年后，亨特让他的一个代理人密切追踪一个马戏团演员——名叫查尔斯·伯恩（Charles Byrne）的爱尔兰巨人。[35]弥留之际，伯恩恳求朋友们把他从解剖室里救出来。然而，他的朋友们已经从亨特的代理人那里收受了贿赂，后者将尸体偷偷送到了伯爵宫。据说，亨特把尸体放在一个大铜锅里煮烂，再把肉去掉，制成了骨骼标本。查尔斯·伯恩的骨骼和亨特的许多其他标本至今仍在伦敦皇家外科学院展出。

亨特的兴趣使他成为热爱动物的杜立德医生（Dr. Dolittle）*

---

* 美国作家休·洛夫廷的儿童文学作品人物，是一名能和多种动物对话的兽医。

的原型，不过或许弗兰肯斯坦博士*更适合他。在罗伯特·路易斯·史蒂文森（Robert Louis Stevenson）所著的《化身博士》（*Strange Case of Dr Jekyll and Mr Hyde*）中，杰基尔医生和海德先生**的家可能就是以亨特晚年在莱斯特广场居住的房子为原型的。[36]白天，前来求医的富有病人到访雅致的前楼，那是亨特的住所和为病人做手术的地方。到了晚上，昏暗的后楼放下吊桥，尸体由此运送到解剖室。

尽管亨特的解剖看起来很残忍，但其实很有目的性，甚至很实用。当时，大多数博物学家刚开始思考人与其他动物之间的联系，对此只有模糊的概念，但亨特已经着手进行血与肉的详细比较。他的动物解剖总是强调每个物种在更大的生物图景中的位置。他的方法专注于一些解剖学特征，并通过一系列整齐的玻璃标本瓶，将各个物种的解剖结构并排呈现出来。例如，他的神经系统系列标本包括海洋蠕虫、药用水蛭、蚯蚓、鳞沙蚕、蜈蚣、蝎子、龙虾、墨鱼、羊、牛、驴、鼠海豚、小须鲸，最后是人的大脑。

这样的比较解剖学带来了生理学的实用见解，亨特的病人也因此受益。在对现代科学的诸多贡献中，亨特首次展示了骨骼如何生长，睾丸如何在胎儿体内下降，以及嗅神经通路是怎样的。[37]诗人威廉·布莱克（William Blake）就住在附近，他毫不客气地将亨特虚构为嗜血的"杰克·提格特"（Jack Tearguts）。[38]然而，亨特的工作往往侧重于避免不必要的手术。他的影响如此之大，

---

* 玛丽·雪莱的科幻小说《弗兰肯斯坦》中尝试将不同尸体部分拼凑成巨大人体的科学家。

** 书中具有双重人格的人物。

约翰 · 亨特对动物和人体的解剖工作奠定了现代外科学的基础，但同时也让他获得了残忍的名声。这不仅体现于他对“爱尔兰巨人”的追逐（左），也体现于他桌上摆放的人类骨骼形态图（右）

直到今天，医生们仍然会在论文标题中提及亨特，比如《冠状动脉疾病、炎症和约翰·亨特的幽灵》或者《腘动脉瘤：从约翰·亨特到21世纪》等。

“电火花”

博物学或许是一门晦涩甚至无关痛痒的学科，但在18世纪晚期的伦敦，这样的观点会让所有人震惊，并认为是可悲的误导。今天，当我们看到一棵树、一只海蛞蝓或一只袋熊的时候，会觉得自己已经见过这些物种，这种司空见惯的态度在当时会被认为是荒谬的。彼时的博物学家看起来似乎已经在黑暗中摸索了几代人的时间，此刻终于第一次窥见这个世界的辉煌。每一个物种都有其令人惊叹的方式，而发现、识别、标记并研究它们的博物学家所做的，正是林奈所说的“不朽的工作”[39]。

即使是像电鳗这样不起眼的物种也是如此。到1774年，伦敦的绅士博物学家们已经建立起一个庞大的网络，在地球上一些偏远的角落里从事“间谍”活动。因此，他们早就知道电鳗即将到来，也知道这意味着什么。那年初夏，这5条电鳗还都活着。一名有魄力的英国水手将它们运到了美国南卡罗来纳州的查尔斯顿展出。在那里，一位名为亚历山大·加登的医生（也是林奈的使徒）发现了这些电鳗。他立即写信给约翰·埃利斯（John Ellis），一位与美洲殖民地的采集者保持广泛通信的伦敦亚麻商人兼博物学家。“这些动物的主人管它们叫‘电鱼’，”加登在一份长达9页的解剖描述中写道，“实际上，它们所具有的电击能力……正是它们最非凡、最惊人的特性。”[40]

加登自然想买下这些电鳗。当发现对方的要价过高时，他估量了这5条鱼在横渡大西洋的航行中全部幸存的可能性。（作为能在空气中呼吸的鱼类，电鳗可以在一桶缺氧的水中存活数月，但过程并不愉快。）然后，他建议那名水手“弄一个装朗姆酒的小桶，桶孔要足够大，以便把所有这些可能在途中死掉的电鳗放进去保存起来，也便于在到达伦敦时，从容应对港口的检查和好奇者的询问”。

于是，这些电鳗完全做好了去伦敦的准备，而伦敦也已准备好迎接它们。几年前，约翰·亨特和约翰·沃尔什已经对欧洲的电鳐进行了细致研究[41]，这种鱼能发出相对较弱的电击，电压只有 50 伏左右。受到电学权威本杰明·富兰克林（Benjamin Franklin）的鼓舞，亨特和沃尔什断定，电鳗有一半的身体构造为放电器官（而且它们尝起来像“无味的黏液”)。亨特特别注意到，广泛的神经网络贯穿了这种鱼的放电器官。他用随意的口吻说明了生物电的潜在意义，并预测了未来神经生理学的发展。“这与神经力量的联系程度有多大，”他写道，“或者说这能够在多大程度上解释它们的放电行为……只有通过未来的探究才能完全确定。”

不是所有人都愿意接受动物放电的观点。一位怀疑论者认为这是无稽之谈，直到他拜访了沃尔什的家，并与其他在场人士围成一圈，亲手触摸到电鳗。其他没有实际看见或听见的人仍然怀疑电鳗的放电属性。于是，沃尔什将一张薄锡纸贴在一片玻璃上，用锋利的刀刃在锡纸上划出一条窄缝。他的想法是让电鳗发出的电流可见地跃过这个缺口。不久，一份权威的科学杂志报道了沃尔什的收获：“我怀着极大的喜悦告诉你们，它们给了我一个电火花……”[42]

这个电火花便是生物电科学的开端。几年后，可能是受到这项工作的启发，路易吉·伽伐尼（Luigi Galvani）使用电刺激诱发青蛙腿上的肌肉运动，证明了普通动物神经活动的电属性，他也以此研究而闻名。不久之后，物理学家亚历山德罗·伏打（Alessandro Volta）在动物模型的基础上发明了电池。进入新世纪，神经生理学继续发展，后来的研究人员证明，人类大脑的神经活动也以电为基础。

发现新物种并不是收集“大自然的废弃物”，而是在收集大自然的奇迹——18 世纪晚期聚集在伦敦的天才博物学家们深知这一点。

对他们来说，每一个新物种都具有揭示生命本身奥秘的惊人潜力。

第二章　寻找线索

博物学家们不再像从前那样梦游，而是像早晨刚起床的人，充满力量和热情去从事一天的工作。[1]

——威廉·亨利·哈维（William Henry Harvey）

1798年，一位业余博物学家造访了澳大利亚霍克斯伯里河附近的一个湖泊，目睹当地原住民用矛刺“一只与鼹鼠同类的小型水陆两栖动物”[2]。这只动物出水后奋力反抗，甚至还抓了一下折磨它的人。这是一种会产卵的有毒哺乳动物，还长着像鸭子一样的嘴，在分类学上堪称怪物。

这位博物学家将这只动物的标本与一只袋熊（他称之为“womback”）的尸体包在一起，放入一桶烈酒中，运到了位于英格兰泰恩河畔纽卡斯尔的文学与哲学学会。后来的故事是，一个倒霉的女佣来到码头，当她头顶着酒桶站起来时，酒桶突然裂开了，刚刚酿成的澳大利亚“劣酒”（橡木风味，酒体轻盈到中等，满是哺乳动物尸体的气息）浇了她一身。这个女佣显然被吓坏了，那只“奇怪的生物，一半是鸟，一半是兽，就躺在她脚边”。然而，科学界却很欢迎这个初来乍到的家伙。

过了不久，大英博物馆自然部的助理管理员乔治·肖（George Shaw）收到了第二件标本。1799 年 6 月，他在自己出版的通俗图文期刊《博物学家杂记》（*Naturalist's Miscellany*）上发表了一篇文章，对该标本进行了描述。（这份杂志是他的收入来源之一，用以补贴微薄的薪水。）这件标本长度为 13 英寸（约 33 厘米），头部"扁平且相当小"，长着"扁平、毛茸茸的"尾巴，还有蹼状的脚。乔治·肖把它称为"*Platypus anatinus*"，意思是足部扁平，形如鸭子。由此，鸭嘴兽首次在世界舞台上亮相，并被正式"发现"。

"半鸟半兽"的鸭嘴兽令早期博物学家困惑不已

事情可能没有这么简单。大约在同一时间，约瑟夫·班克斯把一件鸭嘴兽标本交给了德国解剖学家约翰·布卢门巴赫（Johann Blumenbach）*，后者也发表了一篇描述文章。由于

* 德国医学家、生理学家和人类学家，最早将人类作为博物学研究对象的人之一，用比较解剖学方法将人类种族分成五类。

不知道乔治·肖的描述，他也给这个新物种起了一个名字——*Ornithorhynchus paradoxus*——以反映其令人费解的特征：自相矛盾的“鸟喙”。分类学家们后来对这些同种异名进行了整理，发现另一位博物学家已经用“*Platypus*”作为甲虫一个属的属名。于是，布卢门巴赫的“*Ornithorhynchus*”就成为鸭嘴兽的标准属名，与乔治·肖的种加词“*anatinus*”合而为一。在《科学年鉴》(*Annals of Science*)* 中，鸭嘴兽现在的完整学名是 *Ornithorhynchus anatinus* Shaw，表明乔治·肖是最初的描述者。

然而，发现新物种的功劳往往如一团浑水（就像鸭嘴兽的进食场景一样：这种动物长着怪异的喙，利用上面的电感受器和机械刺激感受器来寻觅湖泊和溪流底部的无脊椎动物）。比方说，为何不把功劳归于那位业余博物学家？只有他实际去了澳大利亚，并说服原住民猎人为了泰恩河畔纽卡斯尔的文学和哲学学会的利益，将捕获的猎物交给自己。他失去了科学上的荣誉，因为他对标本的描述在乔治·肖的文章发表一年后才刊印出来。功劳也应该归于那个为乔治·肖提供标本的冒险者，但肖甚至都没想到要提他的名字。

其实，澳大利亚的原住民对这种奇特的哺乳动物十分熟悉。那么，它真的需要被发现吗？大象呢？袋鼠呢？水豚呢？人类与所有这些物种一起生活了数千年。以科莫多龙为例，当地一位罗阇不仅知道它的存在，还采取了保护其免于灭绝的措施。80 多

* 英国知名科学史期刊。

年后的20世纪初，一支西方探险队发现了科莫多龙，并将其命名为 *Varanus komodoensis*（科莫多巨蜥）。那么，为什么某些科学家（通常是西方科学家）取得新发现后会激动地说："我发现了（Eureka）！"发现一个物种到底意味着什么？

"发现"不仅仅是成为第一个观察到某种动物长着奇特鸭嘴的人。你还必须认识到，你所关注的事物有一些不同之处，并能以书面形式解释它如何不同、为什么不同，从而使世界其他地方的人可以理解。这意味着你需要一个分类方案，这样才能说清楚你发现的物种如何与相似物种归为一类。物种间的差异有时十分细微，因此分类往往需要专家，即分类学家的帮助。分类学家是对某个特定动物类群——比如大头蚁属（*Pheidole*）的蚂蚁或芋螺属（*Conus*）的海螺——拥有广博知识的学者，他们的知识背景足以判断某一特定的生物群体是否足够独特，值得作为单独物种进行分类，还是只能作为现有物种的变种。因此，新物种的发现常常是一项社会性和合作性的事业。

新物种的发现也可能极具争议。分类学家们有时会产生分歧，他们会根据更仔细的分析、更完整的标本系列，或另一个相互竞争的分类理论来修订彼此的工作。这意味着，为了让某个物种更接近其在地球生命方案中的确切位置，它可能会被转移到一个新的属，一个新的科，有时甚至是一个新的目。以鸭嘴兽为例，在接下来一个世纪的大部分时间里，研究人员争论着它们如何繁殖（两性的生殖和排泄功能都通过一个开口完成，类似鸟类的泄殖腔），这些披着毛皮的动物能否产卵，以及它们是否哺育幼崽（雌性鸭嘴兽没有乳头，但乳汁会积聚在腹部）等。简而言之，问题在于鸭嘴兽是应该归为鸟类、爬行动物，还是哺乳动物或其他未知类别。

这场争论一直持续到现代，特别是近年来科学家分析了鸭嘴兽的整个基因组之后，产生了大量误导公众的说法，认为这个物种部分是鸟类，部分是爬行动物，还有部分是哺乳动物。事实上，鸭嘴兽是一个很早就与其他哺乳动物分离的物种，保留了一些从所有哺乳动物和鸟类的爬行类祖先继承而来的特征，比如产卵。鸭嘴兽还演化出了另一些完全独有的特征，比如有毒的爪子。需要说明的是，鸭嘴兽是哺乳动物，其如今的正式分类是这样的：

动物界　Animalia
脊索动物门　Chordata
哺乳纲　Mammalia
单孔目　Monotremata
鸭嘴兽科　Ornithorhynchidae
鸭嘴兽属　*Ornithorhynchus*
鸭嘴兽　*Ornithorhynchus anatinus*

这种描述物种的方式始于林奈。这么说或许过于简单。故事可以从林奈和他的法国对手布丰伯爵（Comte de Buffon）讲起。布丰的百科全书《博物志》（*Histoire Naturelle*）是18世纪最畅销的书籍之一。两人都出生于1707年，并于18世纪30年代奠定了学术地位。他们都在同样的基本问题上苦苦挣扎，而这些问题至今仍困扰着科学家：物种到底是什么？一个物种和另一个物种的分界线在哪里？两个物种杂交会发生什么？物种及其栖息地如何相互影响？

林奈认为自己是受神的指派来解决物种问题的，要为混沌的创世论带来秩序。布丰则在许多方面都是更为深刻的思想家，他对创世论本身提出了质疑，并首次提供了科学证据，证明《圣经》对地球年龄的估计是错误的。林奈将不懈的精力倾注于命名物种，并把它们组织成合乎逻辑的类别。布丰则嘲笑将秩序强加于自然的想法，他更倾向于关注相互关系与行为。

两个人自然而然地互相鄙弃。但是，对于那些基本问题，林奈和布丰共同展开了一场伟大的探索，去了解地球上各种各样的生命。在他们之前的博物学家，自罗马时代起就故步自封地重复着动物神话，而现在的博物学家，要的是真实的标本和目击者的描述。在对自然界进行分类和理解的努力中，林奈获得了许多赞誉。而对于布丰，他的工作如今已被普遍遗忘，也没有以他的名字命名的学会。他应该得到同等的对待。

大自然的迷宫

现在的我们往往认为林奈的命名体系是理所当然的。像 *E. coli*（大肠杆菌）和 *C. elegans*（秀丽隐杆线虫）这样的学名缩写已经成为我们常用语言的一部分。当我们谈论命名法和分类时，主要是抱怨那些希腊语和拉丁名是多么拗口（比如声名狼藉的大肠杆菌，学名实际上是 *Escherichia coli*；而在科学研究中用作模式物种的秀丽隐杆线虫，其完整学名是 *Caenorhabditis elegans*）。至于林奈本人，即便是研究博物学的生物学家也知之甚少。

不过，对于在林奈之前试图努力理解这个世界的人而言，他发明的分类系统很值得赞美一番。博物学曾经一片混乱，而且一天比一天混乱。欧洲人在 18 世纪初所知道的世界并不包括南极洲，对澳大利亚的了解也仅限于远眺海岸。然而，每条从非洲、亚洲和美洲返家的船上，似乎都携带了一些奇异的新生物：一只负鼠出现在拥挤的伦敦码头[3]；抵达安特卫普的鬣蜥；一个多腔室的鹦鹉螺壳被人从太平洋深处取出，送到了巴黎；一位船长将一只他“认为属于猴子部落的动物”带到了费城，并且补充说，“它叫獴（Mongoose）……”[4]纷繁多样的生命形式让人既高兴又惊愕：这些生物是如何生活的？它们在造物主的计划中处于什么位置？它们会如何影响我们对人类自身的看法？

任何事情似乎都可能发生，而一个奇怪的结果便是古老神话的复活：看到树叶状的蝴蝶，人们就想象着树叶能以某种方式变成昆虫并展翅飞翔；看到独角鲸的长牙，人们就想到独角兽。从马鲁古群岛和新几内亚运来的极乐鸟标本呈现鲜艳的色彩，这当然令人们感到兴奋，但更令他们兴奋的是这些鸟似乎没有脚。人们以为它们必须永远飞行，因此称其为“天堂鸟”[5]（事实上，是当地的采集者将这些鸟的脚剪了下来，目的是便于包装，或者将其作为装饰品保存）。

在林奈之前，博物学家没有语言或方法论来讨论新物种。当他们无法就如何给自家后院的动植物命名达成一致时，又怎么可能理解地球另一端的物种呢？寻找答案需要英勇无畏的行动，而林奈认为自己就是这样的英雄。

事实上，林奈眼中的自己如同忒修斯（Theseus），准备进入错综复杂的自然迷宫。[6] 在希腊神话中，忒修斯自愿潜伏于一个由年轻人组成的献祭团中，他们注定要进入米诺斯迷宫，被半人半兽的怪物米诺陶洛斯吞噬。然而，米诺斯国王的女儿阿里阿德涅爱上了这位雅典英雄，给了他一个线团，让他在进去的路上解开，以标记路线。于是，在杀死了人身牛头的怪物之后，忒修斯得以逃出迷宫，回归自由。林奈称，对于生命世界，他的系统也将成为指引的线索，使哲学家可以“独自旅行，安全地穿过迂回曲折的自然迷宫”。

林奈的出身很难与英雄联系起来。他来自乡下，是生活在瑞典乡村的路德派教区牧师的第五代后裔。自儿时起，他就在父亲的花园里玩耍，沉浸在自然世界中。后来，林奈前往瑞典乌普萨拉大学学习植物学，并在荷兰成为一名合格的医生。他是动植物的细致观察者，并在观察中带着一种强迫性的条理。例如，在后来的职业生涯中，他根据不同植物在一天中通常开花的时间，提出了一种用来报时的“花钟”。

但与此同时，林奈也是一个雄心勃勃、极其自负的人（他后来写道：“没有人能成为（比我）更伟大的植物学家或动物学家。”）。25 岁时，他已经完成了由乌普萨拉科学院资助的拉普兰考察。根据历史学家里斯贝特·科尔纳（Lisbet Koerner）在 1999 年出版的传记《林奈：自然与民族》（*Linnaeus: Nature and Nation*），林奈在萨米人中间待的时间也许仅有几周。[7] 他还把自己实际走过的距离增加了一倍，可能是因为每走一英里都会得到报酬。但对林奈来说，这是一次进入未知领域的冒险，需要忍受饥饿、干渴，还有可能面临死亡。事实证明，把自己塑造成一个英勇的探险家对他的成功至关重要。

在阿姆斯特丹、巴黎和伦敦，林奈常穿着色彩鲜艳的萨米人驯鹿皮服装，还带着配套的部落鼓。活跃的自我意识和深厚的植物学知识，使他得以接触到当时最杰出的博物学家。他那富有感染力的热情和眼睛里透露出的某种狡黠的幽默，使他成为很好的伙伴。他关于物种分类的想法也很快给新朋友们留下了深刻的印象。这些思想发表于 1735 年的《自然系统》（*Systema Naturae*）第一版中，当时他只有 28 岁。

与当时几乎所有的博物学家一样，林奈相信上帝创造了所有的物种，它们有着固定不变的形态，“我们现在能数出的物种和最初（在伊甸园里）创造的一样多”。林奈不仅是神创论者，还是“新亚当”。他相信上帝选择了他，由他来梳理造物的条理，并赋予它们合适的名字。[8]

林奈为此设计的系统包含三个重要的创新，但没有一个是完全原创的。首先，他根据雄蕊和雌蕊的数量对开花植物进行分类。他很清楚这种性分类系统是人为的（其他博物学家很快用一系列更广泛的特征取而代之）。但该系统也立即为公众打开了植物世界的大门，任何人都可以观察一朵花并数一数雄蕊和雌蕊的数量。其次，林奈为物种识别制定了精确的规则，即使是初学者也能遵循这些规则。再次，从 1748 年开始，林奈逐渐引入了双名法。从此以后，曾经学名为 *Arum summis labris degustantes mutos reddens* 的物种，就可以简单地称为 *Arum maculata*（斑叶疆南星）。[9] 于是，原本似乎一口气说不上来的学名得到了彻底的简化。

林奈巧妙地用一种带有性暗示的抒情手法来介绍这一新的分类系统：他把花瓣描述成“新娘的床”，上面喷着香水，挂着“贵

利用在拉普兰探险时获得的一套萨米人驯鹿皮服装，林奈得以进入当时的科学界

重的床帷”，等待着“新郎将心爱的新娘拥入怀中的时刻”。接着他又愉快地谈起两个新娘和一个丈夫（两枚雌蕊，一枚雄蕊）睡在一张床上，甚至“二十个或二十个以上的男人和一个女人睡在一张床上”。

性的隐喻无疑能吸引新来者了解植物学的魅力，但强调繁殖也有其理性基础，即生命来自生命，而非自然发生。据科学史学家威廉·科尔曼（William Coleman）所述，这意味着物种的繁殖遵从“一种不间断的、不曾改变的顺序……从创世一直延续至今”。生殖器官似乎也非常“引人注目，错综复杂，而且在某种程度上永恒不变，形成了十分集中的绝佳分类学特征”。[10]

这种方法的简单易用使人们对自己的鉴定结果有了信心，与此同时，林奈的分类系统迅速传播到其他国家。考虑到当时的交流方式还十分缓慢且高度不可预测，这样的传播速度相当惊人。1737年，植物学家们已经迫不及待地将该系统应用到对美洲大陆的探索中。赞美之词从世界各地涌来，字里行间洋溢着舒畅、喜悦和感激。很早就采用林奈体系的法国哲学家让-雅克·卢梭（Jean-Jacques Rousseau）称赞该体系让人感到极其快乐，是“真正的享受”，让外行不再局限于孤立的观察。[11] 林奈提供了一种思路，使我们能将几乎任何标本置于更宏大的人类知识体系中。1740年，年仅33岁的林奈就开始自夸他在国外的地位堪比牛顿和伽利略。在《自然系统》第十二版出版之后，一位英国贝类收藏家甚至主张，应该用锤子砸碎那些书中没有提到的标本，因为“不在林奈体系中的东西就不应该存在”。[12]

秩序的庇护

和现在一样，当时的乌普萨拉也是一座大学城，许多粉红色、奶油色和赭色的建筑物坐落在美丽的菲里斯河两侧。作为植物学家兼乌普萨拉大学教授，林奈曾在一座占据了城市中心近一个街区的花园里钻研工作，而他的家就在花园一角。如今花床仍整整齐齐地排列着，与林奈生前一样，左边是多年生植物，右边是一年生植物，都用树篱围了起来。树篱由多种植物组成，目的是了解哪一种最适合瑞典乡村。

林奈时常带领学生从这里出发，到当地乡村进行采集，最多时一次有 300 名学生参加。[13] 他以自己特有的对秩序的热爱，将学生排成队列。他们穿着宽松的、适合采集标本的衣服，以蝴蝶网作为武器，将战利品别在帽子上带回家。在一天结束时，定音鼓和号角的声音宣告了他们兴高采烈的凯旋，同时伴随着"林奈万岁"的呼喊。这样的盛景至少持续了一段时间，直到被一位大学官员制止，可能是受到了嫉妒林奈的大学同事的鼓动。

林奈显然很擅长传达一种极具感染力的快乐感，但奇怪的是，与之相伴的是他对秩序的极致追求。不幸的是，他充满愉悦的情感在翻译中丢失了。但据林奈的瑞典语传记作者斯滕·林德罗斯（Sten Lindroth）描述，林奈在迎接短暂而充满活力的北欧夏日时，所说的话中"总是带着一种他所独有的颤栗的幸福感……到最后，他就是一个牧师，歌颂着大自然无穷无尽的多样性和美丽”。[14] 林奈自己写道，他始终追随上帝，“我感到晕眩！我在大自然的田野里追寻他的足迹，在每一片田野里，甚至在那些我几乎无法理解的地方，我都发现了无尽的智慧与力量，一种无法测度的完美”。

不过，林奈很明显也对大自然的混沌感到强烈的震惊，这或许解释了林德罗斯所说的“一种想要安排一切的近乎恶魔般的强烈冲动”[15]。私下里，林奈的愉悦情绪有时会消失，取而代之的是阴暗与疑惑不安。例如，在一篇未注明日期的日志中，他深入探讨了对性的厌恶，这种厌恶显然隐藏于他对花朵生殖结构的喜爱之下。这不仅暴露了他的厌女观，也暴露了他对上帝所赋天性的深深疑虑："啊，我们是多么神奇的动物，世界上的一切都是为我们创造的。我们是在一个令人作呕的地方，由一滴情欲的泡沫创造而来。我们从屎和尿之间的通道出生。我们头朝下，经过最卑贱的凯旋门来到世上。我们被赤裸裸地丢出来，在地上颤抖着，比其他任何动物都要悲惨。我们在愚蠢中长大，就像猿类和长尾猴。我们每天的任务，就是将我们的食物制备成恶心的大便和臭烘烘的小便。最后，我们必将变成最臭的尸体……”[16] 由此看来，他强迫性地在秩序中寻求庇护也就不足为奇了。

从一开始，林奈就吸引了众多批评者，但同时也有无数狂热的崇拜者。德国植物学家约翰·乔治·西格斯贝克（Johann George Siegesbeck）[17] 抗议称，林奈对性的强调正在把无辜的花园变成淫乱的温床[18]。批评并没有给林奈带来多少痛苦，他的回应是给一种散发恶臭的小杂草取名为 *Siegesbeckia*（豨莶属）。后来，他在这种植物的其中一袋种子上写下了“*Cuculus ingratus*”的名字，意思是“忘恩负义的杜鹃鸟”。这些种子不知怎么就到了西格斯贝克手里。出于好奇，他播下了种子，结果长出来的还是和他同名的豨莶属杂草。

另一位对林奈直言不讳的批评者是法国博物学家布丰，不过他的理由并不是性。

谴责声明

塞纳河南岸的巴黎植物园如今是一组封闭的建筑群，由玫瑰园、绿树成荫的小巷、19 世纪的温室、动物园和自然博物馆组成。布丰，原名乔治－路易斯·勒克莱尔（Georges-Louis Leclerc），出生在一个资产阶级家庭。1739 年，年仅 32 岁的他就被任命为巴黎御花园（巴黎植物园的前身）的管理员。接下来的半个世纪里，他把巴黎御花园的面积扩大了一倍多，达到现在的 64 英亩（约 26 公顷）。他的工作还为法国国家自然博物馆奠定了基础，这是如今世界上最好的自然博物馆之一。勒克莱尔是一位才华横溢的管理员，在政治上很精明，从本杰明·富兰克林到路易十五，所有人都视他为知己。但他成名的关键还是写作，这使他以“布丰”这个名字——后来他被称为布丰伯爵——而闻名于世。“布丰”之名取自勃艮第的一个小村庄，就在他的家乡蒙巴尔（Montbard）附近，他在那里还拥有森林。

法国博物学家布丰质疑称，想象上帝需要“忙于甲虫翅膀的折叠方式”是荒谬的

从 1740 年开始，布丰每年都会在蒙巴尔住上半年。（“巴黎是地狱”，他曾这样写道。[19]）他在布伦河附近建了一座豪宅，并在后面的山脊上打造了一个私人公园，拆除了一座曾经属于勃艮第公爵的城堡。在山脊的另一边，他修建了一座只有一个房间的书房，如今依然面朝勃艮第乡间的山丘和河谷。

在这间书房里，布丰着手整理国王收藏的自然物品目录。在此之前，他的科学研究侧重数学。对于这项新的工作，布丰投入了极大的热情。他最终撰写了 36 卷的百科全书《博物志》（*Histoire Naturelle*），从 1749 年开始出版。这部著作不仅仅是简单的目录，而且是一种尝试，试图综合动物和矿物世界已知的一切知识，包括行星的历史。《博物志》立即成为畅销书[20]，并一直是法国文学的支柱之一，直到 20 世纪中期，布丰高级的写作风格才最终失宠。

使布丰与众不同的不仅是他的写作风格，还有他对宗教或超自然解释的谨慎回避。林奈和同时代大多数人对物种的定义仍然根植于创世论，即上帝创造了这些植物和动物，并将它们安置在伊甸园。相较之下，布丰认为，想象上帝需要“忙于甲虫翅膀的折叠方式”是荒谬的。[21] 他科学地对物种进行了定义：一群在一段时间内共同繁殖的动物。

这种对正统教义的背离激怒了宗教权威，他们向布丰列举了 14 条“应受谴责的言论”[22]。布丰尽职地签署了一份声明，重申自己对《圣经》的信仰，并发表在《博物志》的后续版本上。“谦逊总好过绞刑”，他评论道。然而，他那些“应受谴责的言论”

仍继续出现，并无改变。

布丰对物种栖息地和行为的细节很感兴趣，时常预见到生态学和动物行为学等200年后才会出现的学科。他没有演化的概念，却描写了物种会如何被栖息地改变。例如，他错误地认为，美洲寒冷潮湿的气候导致了包括人类在内的动物体型变小并退化。[23]这种“美洲退化论”让美国人极为恼火，他们发动了一场旷日持久的运动来驳斥这一“布丰式错误”。但至少，布丰有关物种适应环境的论点是正确的。虽然有时举例不当，但他的确将对动物的特定观察与自然界的一般理论联系起来[24]，这为他赢得了“法国的普林尼*和亚里士多德”的声誉[25]。考虑到名声带来的自负，他不可避免地会与那位瑞典的“牛顿和伽利略”发生冲突。

18世纪40年代中期，布丰在法国科学院的一次演讲中首次抨击了林奈。他攻击林奈的体系，认为这是企图把人为秩序强加于混乱的自然界。在《博物志》一书中，他得意地指出了林奈在分类中的荒谬之处。郁金香真的与小檗同属一类吗？[26]还有胡萝卜和榆树？林奈错误地将这些物种归为一类，是因为他还不知道一个现代的理论，即一个特定性状（如雌蕊和雄蕊的数量）可以独立地演化，即使在亲缘关系最远的物种中也是如此。如果过于简单地依赖雄蕊和雌蕊特征进行分类，就会产生这些奇怪的组合。在动物学中，这么做就更糟糕了。林奈试

---

* 指古罗马博物学家老普林尼，全书同。

图寻找一些相对简单的特征来归类物种。例如，根据牙齿结构，人类、猴子和二趾树懒都属于“人形目”(Anthropomorpha)。“这人真是非常痴迷于将如此不同的生物放在一起并归为一类”，布丰写道。

毫无疑问，林奈被深深刺痛[27]，他将这个对手斥为“仇恨所有方法的人”，只有“很少的观察结果”，却满口“优美华丽的法语”。他引用《圣经》中的话（“我……剪除你的一切仇敌”——《撒母耳记下》7:9）并以此预言，那个“总是写信攻击林奈”、“名叫布丰的法国人”，将会受到上帝的惩罚。[28]

“难以察觉的细微差别”

布丰反对林奈体系的部分原因是出于真诚的信念。正如林奈最初的设计，这个分类系统依赖的概念是：物种是截然不同的实体，以上帝赋予的形态固定下来；物种可能与其他物种相似，但它们之间没有联系。布丰知道，真实的自然界要模糊得多。“大自然贯穿未知的层次，因此她并不是这些类别的集合，”布丰写道，“因为她往往是从一个物种过渡到另一个物种，从一个属过渡到另一个属，其中的细微差别难以察觉。”

他指出了一个至今仍困扰着科学家的问题。林奈的分类系统，即使是其现代形式，也远非完美。新的证据常常迫使分类学家把物种从一个属移到另一个属，甚至移到一个截然不同的目。有时，这些修正后的分类结果看起来就像布丰讽刺的那些组合一样荒谬。例如，植物学家以往认为荷花与睡莲关系很近，这看起来确实合情合理，它们也都被归入同一个目：睡莲目（Nymphaeales）。事实上，近年来的分子生物学分析表明，荷花其实是悬铃木的近亲。象鼩是非洲的一种小型哺乳动物，长着一只不断颤动的鼻子。它们曾被归入食虫目（Insectivora，一个已经被弃用的哺乳动物分类），和鼩鼱一样。然而，现在的基因证据表明，象鼩与大象的亲缘关系更近，它们被单独归类为象鼩目（Macroscelidea）。布丰认为林奈的体系常常过于武断，确实如此。分类学上的“分割派”倾向于根据相对较小的差异来识别新物种，而“统合派”则根据共同的特征将生物归类。他们的争斗由此展开。

不过，尽管分类体系存在种种缺陷，林奈的名声却经久不衰。部分原因在于，种名和属名的双名法在实践中十分方便。还有部分原因是林奈非常幸运。尽管心中想的是上帝和创世论，但他还是发展出了一个初步的分类体系。[29] 一个世纪后，这个体系被证明与达尔文的演化新观点是一致的。林奈选择的时机也很完美。他提供了一个连贯的分类系统，恰逢生命大发现的时代，无比丰富的植物和动物生命呈现在人们眼前。因此，林奈阻止了一场命名灾难。即便科学最终抛弃了他提出的许多细节，特别是性特征系统，但时至今日，他的系统在经过现代的完善之后，仍然被称为林奈系统。

与此同时，布丰也未能提出替代方案来应对种类繁多的新物种。他还犯了一个和林奈同样荒谬的错误，那就是将人类置于动物界的中心，他的《博物志》过多关注了那些对人类有用和熟悉的物种。因此，他对林奈的攻击，最终给人的感觉不过是一种挑衅的尝试，或者说是通过挑战更有名气的人物来使自己扬名。一位研究布丰的学者写道，他的做法“显然是不公平的，而且动机也不光彩”[30]。也许正如布丰所说，林奈只是一个收集者和分类者。毫无疑问，他缺乏布丰所具备的对生物间关系和行为的洞察力。但是，不知为何，布丰漏掉了一个所有现代科学家都明白的要点：分类是必不可少的第一步。在谈论生物的行为之前，你需要知道自己所观察的是什么物种。

布丰对林奈的攻击更多是伤害了自己。科学史学家菲利普·R. 斯隆（Phillip R. Sloan）称，《博物志》很快被翻译成欧洲其他主要语言，但直到25年后，英国才出现第一个译本，当时英国人对林奈的崇拜尤为虔诚。（甚至在18世纪，他还被英国人尊称为“不朽的林奈”。）1973年以前，布丰著作的所有英文版本都省略了包含攻击林奈言论的前言部分。

但是，布丰应该被遗忘吗？他的默默无闻（相对而言），其实和林奈的不朽一样，在很大程度上是运气使然。

从蒙巴尔出发，沿着运河走一小段路，就能看到一些漂亮的石头建筑，屋顶铺着红色瓦片。与布丰同名的村庄就离这里不远。这些建筑属于一家老锻造厂，布丰晚年曾在这里做过一系列了不起的实验。他让工人们从熔炉里取出大小和成分不同的铁球，仔细计算冷却时间。他的理论是，地球最初是一个火球，冷却后逐渐凝固。他希望通过将铁球放大至整个地球的尺寸，来估算地球的年龄。最终，在1778年出版的《自然时代》（*Époques de la nature*）中，他给出的估计是，地球年龄在7.5万年至1000万年之间。[31]

我们现在知道，地球实际上有数十亿年的历史，但布丰的工作使人们开始结束对《圣经》的信仰，即所有造物都只能追溯到6000年前。古生物学家斯蒂芬·杰伊·古尔德（Stephen Jay Gould）称，《自然时代》"在推动向自然的全面历史观转变方面是最重要的科学文献"。[32]它使受过教育的读者看到了地质年代的宽广跨度，也为其他科学家开启了大门，他们的工作将使布丰的结论看起来离奇而有趣。

那家锻造厂现在是一座博物馆。这里的水车、风箱和其他机械已被修复，发出吱吱嘎嘎的响声，以取悦付费前来参观的游客。显然，他们对冶金术有着奇怪的热情。令人惊讶的是，这里的展品与布丰当时的实验毫无联系，就像在一个关于伽利略的博物馆中，没有提及他关于地球绕太阳运行的理论。这似乎正是布丰在历史上的命运写照——他的思想对当时的科学发展至关重要，但随后就被遗忘了。

研究布丰的学者蒂埃里·霍奎特（Thierry Hoquet）认为，布丰在科学史上提出了四个重要的思想：对地质时代的理解；用生物学术语定义物种；栖息地对物种形成的作用；确信物种会随时间改变，而非一成不变。[33]这些观点至今都经得起推敲。不过，它们也相对复杂，淹没在布丰生前著述的大量其他思想中。此外，布丰的声誉也因政治原因受到了损害。

布丰于1788年去世，这是法国大革命爆发的前一年。可以想见，革命者对这位国王的亲密盟友是不屑一顾的。布丰的儿子最终被送上断头台。（一个说法是，他是被布丰以前的邻居所害，因为布丰曾在扩建巴黎植物园期间把他们赶了出去。）革命者们至少充分认识到了布丰研究工作的价值，在他大量藏品的基础上建立了法国国家自然博物馆。在那里，一位名叫乔治·居维叶的早期解剖学家开始将博物学变成一门科学。随着博物学研究越来越专业化，布丰及受他启发的那些业余博物学家也被扔进了历史的垃圾箱。

就连教会似乎也对布丰身后影响的削弱感到特别满意。布丰被安葬于圣乌尔斯教堂的圣坛旁，就在他蒙巴尔宅邸的后山上，如他所愿。[34] 但在圣坛的铭文上，某位聪明的牧师刻意选择了《圣经》中对创世论的最终表述："上帝看到了他所创造的一切，看哪，都非常好。"

与布丰复杂的思想形成对比的是，林奈的体系非常简单。同时，林奈坚持不懈地完善他的想法，并为之奔走。他劝告一位怀疑者，十年后，"你将捍卫这些现在让你感到恶心的观点"。[35] 他是对的。今天所有的植物学名，最远只能追溯到1753年出版的《物种志》（*Species Plantarum*），而所有的动物学名都始于1758年出版的《自然系统》第十版。现代科学中，林奈无处不在。

在巴黎植物园里，有一棵高大、漂亮的悬铃木，上面有一块铭牌，记载着布丰于1785年手植此树。但是，铭牌上也把这个物种描述为"*Platanus orientalis* L."（三球悬铃木，又称法国梧桐），其中“L.”自然就是林奈的缩写。林奈赋予该物种这个学名，使其现在为全世界所知。

实话说，这真是个不错的组合。甚至居维叶后来也承认，林奈和布丰共同具备了迅速推进自然科学研究所必需的特质：“林奈准确地知道生物的独有特征，而布丰一眼就看出了它们之间一些最遥远的联系……”[36]没有这两个人，我们所知的自然科学就不会存在。

距离悬铃木不远的地方，矗立着一座布丰的青铜雕像，为花园和自然博物馆平添了一种不经意的美感。这些花园和自然博物馆的伟大，都要归功于布丰的贡献。不久前一个夏天的早晨，一位工人在无意中成为了林奈使徒的代理人。他在布丰雕像的正前方安装了一个洒水器，随着它来回喷水，看上去就像有人满不在乎地冲布丰那件缀着花边的上衣吐口水。但后来随着水压减弱，水渍也逐渐消失了。

没过一会儿，布丰的形象又在巴黎的阳光下闪闪发光了。

第三章　收集和征服

为了探索之旅，我将放弃我的妻子。[1]

——马修·弗林德斯上尉（Lt. Matthew Flinders）

1773年的一个早晨，在苏里南一对友善的夫妇家中，军官兼博物学家约翰·加布里埃尔·斯特德曼（John Gabriel Stedman）正在享用早餐。忽然，一位名为乔安娜的“美丽混血女仆”让他眼前一亮。这个由殖民者和奴隶所生的女孩年仅15岁，“拥有大自然所能呈现的最优雅的形体”[2]。

斯特德曼回到自己的房间，“反思奴隶制的总体状态”，他的耳朵“被响亮的鞭打声和不幸黑人的惨叫吓住了，而他们从早到晚都在承受这样的抽打”。多年后，斯特德曼在回忆录中写道，他来到苏里南时，是作为一名荷兰军事特遣队的军官，受命保卫种植园主的安全。但如今，他却诅咒他们的野蛮行径。斯特德曼认为，如果乔安娜的主人能给予她“淑女的教育”[3]，她就可能成为“文明社会的装饰”。但他也担心，“那个不幸的黑白混血女佣”可能有一天会落入某个“专横的主人或女主人”手中，遭遇鞭打甚至更可怕的命运。[4]为了帮助读者感受这些高尚的情感（在一位现代评论家看来，这是某种形式的“人道主义色情”[5]），他的书中配了一幅乔安娜摇摆臀部的插画，还露出了一侧胸脯。很快，斯特德曼就着手“求购并教育”她。[6]

这本多姿多彩的回忆录是1796年的畅销书，但书名比内容沉闷乏味得多——《关于五年征伐苏里南叛乱黑人的叙事：1772—1777，在南美的荒野海岸圭亚那》（*Narrative of a Five Years' Expedition against the Revolted Negroes of Surinam, in Guiana, on the Wild Coast of South America, from the year 1772 to 1777*）。在一定程度上，这本书讲述了一个流浪汉冒险的故事，秉承了亨利·菲尔丁（Henry Fielding）所著《汤姆·琼斯》（*Tom Jones*）的粗俗模式。[7]这本书也是对奴隶制的控诉，尽管作者并不是一个废奴主义者。奇妙的是，书中还对南美洲的野生动物赞美有加。

各种要素的混合可能会让人瞠目结舌。斯特德曼在书中讲述了一个种植园主的妻子因为妒火中烧，割开了一个年轻女奴的喉咙，并反复用刀刺她的胸部，最后将她双手反绑，扔进河里。[8]与此同时，斯特德曼还描述了读者喜爱的蜘蛛猴、鼯鼠、凤头鹦鹉和浣熊（主要是南美浣熊属和长鼻浣熊属的物种）。书中有一张插图来自斯特德曼的朋友，诗人兼艺术家威廉·布莱克，画的是一个吊在绞刑架上苟延残喘的奴隶，[9]钩子就卡在他的肋骨之下，而下一幅插图就是《巨嘴鸟和鴗》[10]。在《鞭打一名桑波女奴》[11]之后，映入读者眼中的可能就是《矩翅水雉》和《美洲红鹮》。[12]

历史学家理查德·普赖斯（Richard Price）和萨利·普赖斯

约翰·斯特德曼等军官兼博物学家的标本采集工作往往与军队的血腥行径分不开

（Sally Price）认为，这种从大自然中获得快乐的方式，很符合斯特德曼“无可救药的浪漫主义”[13]。他对自然界的描述非常生动，这可能为布莱克的著名诗句“猛虎！猛虎！火焰般烧红，在深夜的林中”提供了素材。（斯特德曼曾描述过一种“虎猫”，可能是美洲豹，“它的眼睛射出闪电般的光亮”。[14]）这也很符合当时的风气，一位受过教育的军官选择成为一名科学观察者。斯特德曼可以同时援引林奈和布丰的观点，而他收集的标本和器物，后来都出现在伦敦的莱弗里安博物馆和荷兰莱顿的国家考古学博物馆。[15]普赖斯夫妇指出，科学为斯特德曼提供了一种方法，“使他能与所目睹的许多事物保持距离”。[16]

与斯特德曼保持距离的，或许还有他自己的所作所为。翻开斯特德曼的书，卷首插图上的他倚在上了刺刀的枪管上，旁边是一具血淋淋的逃亡奴隶尸体。[17]根据普赖斯夫妇的描述，斯特德曼原本打算用一句颇有个人风格的模糊话语来描述这幅画：“我的手是有罪的，但我的心是自由的。”[18]但最终出现在书中的，却是一句堪称反社会的颇为自恋的诗句：“你虽倒下，感受创伤的却是我。”

那么，斯特德曼会用同样的态度对待他与乔安娜的关系吗？或者说，军官和奴隶之间会有真爱吗？

“有用的知识”

在18和19世纪，似乎每个出国旅行的人都学过博物学，但实际并非如此。这些博物学家经常被卷入征服和殖民事务，他们不过是将博物学作为工具，推进自己的职业生涯，并以欧洲人的方式改造世界。这在某种程度上是非常令人惊讶的，至少是在我们将这一学科与自然保护联系起来的时候。大部分人似乎已经接受了这样一种信念：他们是在为上帝工作，把进步和真理（包括基督教和科学）带给一个未开化的世界。在早期探索者中，斯特德曼是少数论及“欣赏”如何滑向“剥削”的人之一。但这并没有阻止他在整个过程中享受所有的乐趣。

对殖民地事业的大多数参与者而言，博物学研究是最初级的收入来源。例如，荷兰东印度公司不仅向被派往热带地区的员工支付少得可怜的薪水，而且还会为了公司利益操纵汇率，并在员工回国或死亡前扣留一部分工资。因此，“从总督到船上侍者，所有人都在私下交易，”历史学家查尔斯·R. 博克瑟（Charles R. Boxer）写道。[19] 他们囤积贝壳和珍奇野生动物标本（无论是死是活）、瓷器、漆器和其他物品，以便卖给国内的收藏家。从事美洲、非洲和亚洲贸易的船长们密切关注着不寻常的标本，并与本国的博物馆和博物学会保持联系。

在金钱价值以外，当时的人们对博物学也有发自内心的热情。即使是最忙碌、最有权势的人（无论男女）也会花时间去收集新物种，或者跨越敌我界线，共同寻找珍贵的化石。这些都是很平常的事情。例如在美国独立战争已经开始的1775年，本杰明·富兰克林命令美国军舰不要干扰詹姆斯·库克船长[20]，后者正乘坐英国皇家海军的“决心号”（*HMS Resolution*）返航。这是库克船长的第二次环球旅程。1782 年，战争还未完全结束，乔治·华盛顿（George Washington）将军派出 12 个人，用马车和工具帮助一名敌方军官在哈得孙河流域发掘了一头乳齿象[21]。

托马斯·杰斐逊（Thomas Jefferson）对物种问题的研究也造诣颇深，以至于他在宣誓就任美国副总统的前一天，就担任了美国哲学会（American Philosophical Society）的主席，致力于自然科学研究。[22] 在担任总统的整个任期内，他一直是美国哲学会的主席。对博物学充满热情的，不仅包括像杰斐逊这样博学多才的人物。在起草《独立宣言》的 5 人中，有 4 人是美国哲学会会士；最终的 56 位签署人中，又有 15 位会士。甚至到了 1838 年，时任美国海军部长的马伦·迪克森（Mahlon Dickerson）[23] 同时也是植物学家兼美国哲学会会士，以我们对现代官僚和政客的认知，这颇有些令人吃惊。乔尔·波因塞特（Joel Poinsett）曾任美国战争部长，也是一位植物收藏家，他将以自己名字命名的植物一品红（poinsettia）[24] 从墨西哥引入了美国。在受过良好教育的圈子里，对自然界的浓厚兴趣几乎是必需的。

毫无疑问，这是“有用的知识”[25]——本杰明·富兰克林将这句话变成了当时的口号。他创立的美国哲学会致力于所有“照亮事物本质，增强人类控制物质的力量，并提高生活便利或乐趣”的研究。“便利或乐趣”可能不足以描述这些研究。就那个年代而言，对自然界的“解密”事关紧急，因为一些神秘的传染病依

对于约瑟夫·班克斯和其他许多人来说，对自然的热衷成为他们在欧洲的殖民帝国中获取权势的途径之一

然能在一夜之间毁灭许多家庭（当时费城不时暴发致命的黄热病）；而对于勇敢的旅行者，他们永远不知道在广阔的荒野中，愚蠢的传说会在哪里突然消失，出现真正的怪物。

因此，博物学生涯往往成为进入权力中心的途径之一。“科学绅士们”[26]通常是搭海军远征队的“便船”去探索和征服，或者在军队里服役。他们还经常利用博物学研究来掩护间谍活动。如果能设法活着回国并收获颇丰的话，他们往往能跻身于学术或殖民阶层，而这些阶层经常重叠。例如，植物学家约瑟夫·班克斯爵士在搭乘库克船长的“奋进号”游历之后名声大振，后来又以英国皇家学会（相当于英国的国家科学院）主席的身份，继续策划了多次科学考察。[27]他曾指导过威廉·布莱船长（William Bligh）那趟命运多舛的“邦蒂号”（*Bounty*）航行，将面包树从太平洋运送到加勒比海，作为奴隶潜在的食物储备。他也是早期呼吁在印度发展茶树种植园，与中国展开竞争的人之一。[28]他还帮助英国在澳大利亚建立了第一个殖民地，并在事关这块大陆命运的决策中成为主导人物。

作为享有国际声誉的博物学家，林奈后来成为路易丝·乌尔莉卡王后（Queen Lovisa Ulrika）的顾问。[29]这位王后曾在斯德哥尔摩郊外的夏宫“王后岛”（Drottningholm）收藏了许多贝壳和其他自然物品。（她曾写信与母亲闲话道：“他是最有意思的人，具有上流社会的朝气，却没有那么多繁文缛节，这两个原因让我感到难以言表的快乐。”[30]）在乌尔莉卡王后的资助下，林奈的学生得以前往世界上一些最偏远的角落。林奈希望他们不仅能将自然奇观分门别类，也要了解它们的潜在效用。传记作者里斯贝特·克纳尔（Lisbet Koerner）写道，以冷杉为例，林奈认为一个合格的植物学家应该知道如何生产松香、柏油、焦油、木炭、柴火和木料，了解如何烘烤树皮面包，以及用树液和嫩枝来治疗坏血病的方法[31]。“而且，”他补充道，“对于其他所有植物也同样如此。”

林奈对于“有用的知识”的理解，是通过在国内种植进口作物来发展完全独立的瑞典经济，而不是依靠国际贸易。[32]年轻时，他曾见过瑞典帝国被俄罗斯夺去波罗的海的殖民地；[33]到了中年，他又经历了1756年的大饥荒[34]，当时许多瑞典人日渐消瘦，只能无助地听着“小孩子的呜咽，充满了痛苦和临死的挣扎”（出自林奈写给国王的信）。于是林奈提出在拉普兰种植肉豆蔻、肉桂、藏红花和茶叶的计划[35]，他还试种了瑞典大米、咖啡和甘蔗。“如果椰子碰巧落到我手里，”他曾带着疯子般的乐观宣称，“那就好像我张开嘴，就有油炸的极乐鸟飞到我的喉咙里。”[36]

大多数农业实验都不可避免地失败了，博物学家们也开始认识到地点的重要性。这是有用的知识，但同时也令人气馁：你不能简单地在一种气候下挑出一个物种，就指望它在另一种气候下也正常生长。因此，了解其他气候及其所支持的物种至关重要，各国也很快就此展开竞争。这种竞争既出于对新科学知识价值的真正尊重，也因为他们认识到，了解生物栖息地是走向殖民的重要一步。

爱情和野心

1800年10月19日，两艘重新命名为“地理学家号”（*Géographe*）和“博物学家号”（*Naturaliste*）的法国船只，在尼古拉斯·博丹（Nicolas Baudin）船长的指挥下，从法国的勒阿弗尔出发。除了船员外，船上还有23名科学家。在当时的一幅肖像中，博丹身着制服，脖子上围着一条棉布围巾，睡眼惺忪，他的高卢鼻突出，嘴角满意地翘起。其实博丹一点也不懒惰，更不自满。在计划一次前往澳大利亚未知海岸的航行时，他关心的不仅是法国的潜在利益，还有这些地区的潜在利益——这一点很不寻常。当年早些时候，他在巴黎的法国国家科学与艺术学院详细描述了自己的计划，宣称他的意图是解决“地理学的某些疑点”，并“绘制未知的海岸”，而且还将访问当地居民，“通过物物交换，或者赠送能够适应他们土壤的动物或植物，来增加他们的财富”。[37]（一位没那么有情怀的科学家想知道，博丹能否带回一些活着的人类标本，让他们在法国度过余生，并在博物馆陈列柜里享受来世。）

博丹立即补充了更惯常的动机，即他打算引入的物种——可能是山羊、鸡、猪和其他牲畜——“随后将为航海者提供物力”。欧洲人为偏远岛屿提供牲畜的历史已有200多年。那时的博物学家刚开始与异端邪说——上帝创造的任何物种都可能灭绝——做斗争，因此当他们思考这些外来物种的好处时，几乎都没有注意到无辜旁观者付出的代价。很久之后他们才明白，博丹所设想的那些礼物会导致无数尚未发现的物种灭绝，因为这些物种是在没有这类竞争的偏远岛屿上演化而成的。博物学家在无意中亲手破坏了他们渴望发现的物种。

事实上，一场规模宏大又乱糟糟的实验已经在世界各地展开，而且势头一年胜过一年。当约瑟夫·班克斯爵士听闻博丹探险队的消息后，他极力游说英国发起一场与之竞争的行动。当时英国与法国处于战争状态，需要各种资源，但英国海军部担心法国人可能正在秘密策划在澳大利亚建立殖民地，于是很快指派了一艘船，并允许班克斯挑选船长。班克斯选中了曾在布莱船长手下工作、时年 26 岁的马修·弗林德斯。弗林德斯已经展现出作为航海家和科学家的才能，显然也是一位出色的外交官。在申请船长工作时，为了取悦像班克斯这样的博物学家，他列出了一系列重要意义："为了地理学和博物学的利益，更是为了英国的利益，应当对这仅存的相当部分的地球进行彻底探索。"[38] 1801 年 7 月，弗林德斯指挥着"调查者号"（*Investigator*）扬帆启航。这艘船原名"色诺芬号"（*Xenophon*），本是运煤船，经过了一番令人生疑的改装。此时，法国已经领先了九个月。

弗林德斯几乎无法顺利启航。当时的海上航行充满了可以想象到的一切困难。正如塞缪尔·约翰逊所说，这就像在坐牢时"还可能被淹死"。糟糕的食物、坏血病、晕船、难闻的气味、拥挤的住舱、长期的湿气，以及与各种害虫（不算船员）的亲密接触，所有这些在造成痛苦方面都不相上下。（在苏里南之行中，约翰·斯特德曼曾抱怨，晚餐用的是不久前用来倒病房垃圾的碗。[39]）然而，水手们最大的痛苦还是来自于一个永恒的抱怨——没有女人。班克斯本人在1772年也做出过这种牺牲。当时，他计划加入库克船长的“决心号”，进行第二次探险航行。那年班克斯不到30岁，家境富有，英俊潇洒，备受伦敦社会的推崇，由此也变得有些傲慢。由于对随从人员的过分要求，他参与航行的许可在最后一分钟遭到拒绝。不过，已经有一位旅客先于班克斯一步，在马德拉等待他的到来。她试图将自己伪装成男人，更确切地说，是伪装成植物学家。[40] 在库克看来，班克斯的意图很有趣，他显然是想让她作为科学人员加入船队。在家一年之后，班克斯就与另一名情妇生下了一个孩子。

然而，到了1801年，班克斯已经58岁，漫长的婚姻、痛风和肥胖，已经使他对海上孤独带来的隐痛毫不在乎。弗林德斯在当年4月刚刚完婚。[41] 7月，在“调查者号”顺流而下，准备开始为期三年的航行时，他偷偷把新婚妻子安（Ann）带上了船。就在他们二人待在船舱中时，船居然搁浅了。消息传到了班克斯那里，他愤怒地向弗林德斯发了一张便笺，说海军部大臣们（无疑是指自己）的不满可能会导致他的指挥权被撤销。弗林德斯尽职地回答道：“如果他们的怒火无法平息，那不管我有多么失望，我都会为了探索之旅而放弃我的妻子……”安随后上了岸，她知道自己可能再也见不到丈夫了。

尽管开头艰难，但后来证明，这次远征对英国的利益而言是巨大的成功。这是人类首次环绕澳洲的探险航行，“澳大利亚”（Australia）这个名字也因此普及，取代了“未知的南方大陆”（Terra Australis）和“新荷兰”（New Holland）。探险队还带回了涵盖150个属的1500种新植物。[42] 对植物采集的侧重，不仅证明了班克斯在植物学上的影响力，也显示了科学目的与殖民事业的交织：英国人想要找到适合发展农业的环境，使新殖民地无需再从本土运送补给。

但对法国人而言，科学利益和殖民利益的结合却不甚成功。尼古拉斯·博丹运回了一大批新物种，包括144种鸟类[43]；他还考察了澳大利亚海岸的部分地区，并最终与弗林德斯在如今的因考特湾（Encounter Bay）* 进行了和平接触。但是，据《遇见南方大陆》（*Encountering Terra Australis*，主要描写博丹和弗林德斯这两次航行）一书所述，博丹的同行者发生了幼稚的争吵。在过去，这样的航行是在贵族的指挥下进行的，而在法国大革命之后，这种旧观念依然存在。博丹船上的海军军官们对于在一个出身卑微的船长手下服役这件事感到愤愤不平。与此同时，科学家们也在为获取资源以及为他们的工作争取适当的荣誉而争吵不休。有一次，动物学家弗朗索瓦·佩龙（Francois Peron）浑身是血地出现在博丹面前，他刚刚为了谁应该获得解剖鲨鱼的“荣耀”[44]，与船上的外科医生发生了争执。佩龙打输了，他抱怨说外科医生偷走了鲨鱼的心脏。值得一提的是，佩龙并不满足于只做一位动物学家，他还扮演了间谍的角色，对英国在杰克逊港（现在的悉尼）的防御情况进行了粗略调查，并敦促法国当局摧毁这个殖民

---

* 直译为“相遇湾”。

港口，以扼杀英国在澳大利亚的帝国野心。

尽管当时的海军军官普遍把科学家视为讨厌的麻烦制造者（仅就此事而言，这一点还是可以理解的），但“公民”博丹并没有受到影响：他本身就是一个博物学家。但是，另一个博物学家非但没有利用这一优势，反而抱怨说，博丹“宁愿发现一种新的软体动物，也不愿发现一块新的陆地”[45]。在因考特湾，一名心怀不满的法国军官对英国人说：“如果我们不是在范迪门斯地（Van Diemen’s Land，今天的塔斯马尼亚岛）因为捡贝壳和捉蝴蝶而耽搁了那么久，你们就不会先于我们发现（澳大利亚的）南海岸了。”[46]

可怜的、饱受批评的博丹在返回法国的途中死于肺结核。弗林德斯的返程旅途也十分痛苦，他经历了海难、监禁和其他常见的探险危难。他从地球的另一端写信给耐心等待自己的妻子安：“我的心与你同在。一旦我能保证我们过上相当舒适的生活，你就会看到是爱情还是野心给予我最大的力量。”[47]然而，直到漫长的9年过后，这对夫妻才得以同床共枕。又过了几年，40岁的弗林德斯去世，这显然与旅途中的积劳成疾有关。

为了自然和国家

为了自然和国家的共同利益，这些早期探险者愿意做出巨大的牺牲，这在现代读者看来实在不可思议。和弗林德斯一样，他们也受到个人野心和冒险欲望的驱使。但是，比起经年累月的艰难险阻，以及随之而来的痛苦死亡，“冒险”这个词还是太轻描淡写了。举例来说，约翰·斯特德曼在苏里南雨林探险之后，列出了一张如“约伯的试炼”一般的清单：“我已经提到了痱子、皮癣、胃绞痛、斑疹伤寒、疔疮……还有痢疾，人类本性在这种气候中暴露无遗，此外还有蚊子、虱子、恙螨、蟑螂、普通蚂蚁、火蚁、马蝇、野蜂和蝙蝠，周围是荆棘、灌木，河里有短吻鳄和食人鱼；如果再加上老虎（实际是美洲豹）的咆哮，毒蛇的嘶嘶声……干燥的大草原，无法行走的沼泽，炙热的白天，寒冷潮湿的夜晚，暴雨，以及食物短缺，人们可能会惊讶于怎么可能有人能活下来。”[48]说到这里，斯特德曼停顿了一下，喘了口气，担心自己是不是抱怨得太多了，但随后他又忍不住加上了蜥蜴、蝎子、蝗虫、蜘蛛、蠕虫和蜈蚣带来的痛苦，“不，甚至还有会飞的虱子”。他还表示自己已经省略了其他灾难，因为不想被指责夸大事实。

于是，一个人，或者更确切地说，一个欧洲人，能否在这种试炼中幸存下来，便成为一个实实在在的问题。对一方水土重要性的了解，不仅仅与拉普兰能否种出椰子有关。19 世纪上半叶，英军士兵在印度病死的概率是在英国本土的 7 倍，公务员的死亡风险则是 2 倍。[49]历史学家菲利普·D. 科廷（Philip D. Curtin）称，在素有“白人坟墓”之称的西非，每 1000 个欧洲人中就有 300 至 700 人在抵达后一年内死亡。[50]在那之后，获得性免疫会使死亡率稳定在一个令人震惊的水平上。不过，第一波死亡浪潮可能已经改变了历史进程。例如在 1742 年，英国人包围了哥伦比亚的卡塔赫纳，而12 000人的军队中有四分之三的将士死于黄热病。1802年，海地也暴发了一场黄热病，大批法国士兵死亡，拿破仑开始怀疑他所拥有的美洲土地的价值，这也为第二年美国购买路易斯安那州埋下了伏笔。

疟疾是一种在热带地区普遍存在的疾病，以往被认为由“沼泽瘴气”引起。17世纪中叶，耶稣会传教士从秘鲁印第安人那里得知，从南美金鸡纳树的树皮中提取的奎宁是治疗疟疾的有效药物，但直到19世纪50年代，该药物才被广泛使用。当时标准的医疗方法，比如放血，只会让病人死得更快。还有一些人死于霍乱、痢疾、斑疹伤寒和伤寒等常见疾病，往往死状可怖。接下来的100年里，人们一直不知道这些疾病的病因和有效的治疗方法。

所有这些都使布丰关于物种在异国气候中退化的观点变得重要起来。且不论迫在眉睫的生存问题，这一观点在后来成为某种伪科学思想的基础，即不同人类种族实际可能是不同物种。“没有任何已知的植物或动物能同等地适应每一种气候。”苏格兰哲学家卡姆斯勋爵（Lord Kames）写道。[51] 相反，每个物种似乎都在特定的气候条件下繁盛，而在其他地方退化。“由此引发的问题是……人，岂不就像马和小麦一样，趋向于在异国气候中退化？”派遣欧洲的博物学家和殖民者前往地球上的各个角落，也许并不比在拉普兰种植茶叶更有实际意义。

但他们还是去了。

帝国的孩子

在收集与征服的事业中，不仅有生与死，还充斥着爱与性，出身与血统都纠缠其中。约翰·斯特德曼在书中对这一过程做了异常坦率的描述，尽管不如手稿中那么直白。在出版之前，出版商雇了一个写手修改手稿，使相关的描写收敛了一些。例如，书中省略了斯特德曼的估算——根据他在种植园上看到的情况，每年有 10 万人“被谋杀，为的是给我们提供咖啡和糖”。[52] 斯特德曼还写道，一个奴隶给了他“如此热情的吻——几乎使我的鼻子和她的一样平”，而写手将这句话改写为“将一个极其热烈的吻印在我嘴唇上”。

斯特德曼的私人日记甚至更为直白，经常提及他与奴隶主一起吃饭和嫖宿，后来他严厉斥责了这些奴隶主。例如，1773 年 2 月，在抵达苏里南的第二天，斯特德曼在日记中写道：“住在罗更斯先生那里……我睡了他的一个黑人女佣。”一个月后，“在肯尼迪家吃饭，三个女孩在我的房里过夜”[53]。不管斯特德曼有多么难以抗拒，这都不是随意的性爱。考虑到奴隶和主人之间的强迫关系，我们现在可以称之为强奸。或许斯特德曼也是这么认为的，他在书中省略了大部分细节。

斯特德曼围绕自己与乔安娜的关系编造的爱情故事更具启发性，他本人甚至可能相信了这段罗曼史。“她的德行、青春和美丽越来越赢得我的尊重，”他写道，“而她卑微的出身和身份，不仅没有减少我的感情，反而让我愈发迷恋。”[54] 感情带来了婚姻，或者至少是一场众所周知的“苏里南婚姻”[55]，他们生下了一个儿子。

一些博物学家本身就是殖民事业的“孩子”，无论合法与否。英国博物学家、帝国远东殖民事业的缔造者斯坦福·莱佛士（Stamford Raffles）是一个奴隶贩子的后代[56]。1781年，他出生于父亲的西印度商船，当时这艘名为“安”（*Ann*）的船刚从牙买加起航不久。约翰·詹姆斯·奥杜邦于1785年出生于海地，是一名法国的种植园主与他的情妇所生，后者具有法国或克里奥尔血统（奥杜邦本人曾一度成为奴隶主）。[57]保罗·杜·沙伊鲁（Paul Du Chaillu）是19世纪50年代深入西非的探险家，父亲是法国种植园主，母亲则很可能是印度洋波旁岛［Bourbon，现在的留尼汪岛（Réunion）］上的奴隶[58]，而他的出生时间可能是在1831年前后。

在那个时代，许多家庭都投入到了伟大的收集和征服事业中，并常常做出牺牲，莱佛士是其中尤为令人心酸的例子。他是英国东印度公司的代理人。尽管是一家私营公司，但东印度公司可以调用大英帝国的全部力量。有一次，莱佛士组织了一支11 000人的英国远征军入侵爪哇。接着，在被任命为爪哇代理总督之后，他采取了一系列进步措施，结束了奴隶贸易，并建立自治政府。但就在爪哇岛，他的第一任妻子死于热带疾病。[59]

莱佛士在几年后回到英国，他再次结婚，并把新婚妻子索菲娅·赫尔（Sophia Hull）带到了远东。[60]在那里，他成为了苏门答腊岛明古连（Bencoolen）* 的总督。两人后来生下了五个孩子。与此同时，莱佛士统治着苏门答腊岛，建立了新加坡城[61]，并以某种方式在博物学研究方面做出了重大贡献。他是一个充满激情的学生，几乎对当时出现在他面前的任何学科都感兴趣。他也是一个高效的管理者，坚持使用确凿的事实数据，并合理部署下级人员，以便高效地处理各种利益。在这些利益中，科学总是处于突出的地位。莱佛士在多年的远东生涯中发现了数十个新物种，包括马来熊（*Ursus malayanus*）、食蟹猕猴（*Macaca fascicularis*）、大嘴鹭（*Ardea sumatrana*）和白鹮鹳（*Mycteria cinerea*），以及世界上最大的花。这些花寄生于棕榈树上，后人为纪念莱佛士而将其命名为“*Rafflesia*”（大花草属，又称大王花属、莱佛士花属）。

莱佛士于1819年首次登上新加坡岛，正如一位同事后来提醒他的那样，“那里只有一片无边无际的森林，原始的海洋以一种不可思议的方式向各个方向延伸”。登陆部队几乎找不到地方搭帐篷。但是，莱佛士的目的不是探索，而是发展贸易。他认识到新加坡的战略重要性，作为马六甲海峡南端的咽喉，新加坡控制着印度洋和太平洋之间的主要航道。

接下来的几年里，新加坡变成了一个繁荣的英国殖民地，这让莱佛士充满了重商主义者的喜悦，他对此毫不掩饰：“这里的一切充满了生机和活力。在地球上，很难找到一个比这里更有光明前景或更令人满意的地方。三年多一点的时间里，这里就从一

* 现为印尼苏门答腊岛的明古鲁省。

个不起眼的小渔村发展成一个繁荣的城镇，来自世界各国的至少一万名居民积极参与商业活动，每个人都能过上富裕的生活，获得丰厚的利润……这或许可以简单地认为是完全自由贸易的结果，但同时也堪称神奇。我也非常幸运能建立这样的自由贸易……”[62]

与此同时，莱佛士的个人生活却陷入阴霾。他和索菲亚深深爱着他们的孩子，称其为“我亲爱的小淘气们”[63]。他们打算再过几年就返回舒适的英国，并“根据他们的健康和幸福来安排我们的启程时间”。莱佛士写道，他已经见识了太多的财富和权力，知道“家庭的平静和安宁才是真正的幸福”。然而，仅仅六个月的时间，他们的头三个孩子就一个接一个死于痢疾和其他常见疾病。1823 年，一个新生儿的到来“填补了我们家庭生活中令人悲伤的空白”[64]，但没过多久，这个婴儿也夭折了。此时，他们拥有的只剩下一个年幼的女儿，以及彼此。在莱佛士的信中，回家变成了一个紧迫的问题：能否找到一条让他们回家的船，从而“及时挽救我们的生命，尽管我们不太相信一切会如我们所愿”。

莱佛士整理了所有的笔记、地图、书籍、绘画、乐器和其他纪念品。“还有两三个箱子，里面装满了成千上万种不同的鸟类，全都是填充标本，”一名助手写道，“以及几百个大大小小的瓶子，里面装着各种各样的蛇、蝎子和蠕虫。为了防止标本腐败，瓶子里装满了杜松子酒。因此，这些动物就像还活着一样。另外两个箱子里装了上千种珊瑚，还有不同种类的海螺、贻贝等。对于上面提到的所有物品，他都赋予其比黄金更高的价值，而且他总是过来查看有没有什么东西受损。”在匆忙的打包过程中，莱佛士忘记了投保。因此，他们将不得不自行承担运送的风险。所有这些财物的总价值为 2.5 万英镑，这在当时是一笔相当大的财富。

出海两天后，当他们准备睡觉时，船舱下面发生了火灾。莱佛士后来描述了现场的混乱情景：“旁边有一条绳子。莱佛士夫人被放下来。有人说道，把她交给我；船长说，我来接住她。把火药扔下船。做不到——火药在大火旁边的弹夹里。离火药远点。快把水桶装满。水！水！斯坦福爵士在哪儿？快上船，尼尔森！尼尔森，到船里来。使劲推，使劲推。离船后部远一点。”船上的每个人都登上了救生艇。“不到 10 分钟的时间，船就变成了一团大火。”莱佛士写道。[65] 在他支离破碎的人生中，所剩下的相当一部分也随这艘船一起沉入了大海。

莱佛士、索菲亚和女儿最终回到了伦敦，在那里，他成为推动伦敦动物园创建的重要力量，并在 44 岁时去世。和他为科学界带来的新物种一样，新加坡后来也成为他真正的遗产。在几个孩子夭折后不久，他称这个地方是自己“几乎唯一的孩子”。后来他曾恳求道：“不要夺走我这个政治上的孩子。”[66] 不管莱佛士多么不情愿，他确乎已经用自己的血肉换来了帝国的荣耀。当许多人以博物学家和殖民者的身份走向世界时，为了一个新城市或新物种的荣耀，他们可以付出生命、婚姻、孩子，甚至他们的灵魂——这是一个他们都默认接受的交易。

乔安娜的结局

在苏里南，约翰·斯特德曼的旅行也不可避免地结束了。之后他的所作所为与大多数种植园主别无二致：把苏里南的妻子和孩子都留在了当地。1782 年回到家乡后，斯特德曼与一名荷兰女子缔结了更为传统的婚姻。那年晚些时候，乔安娜去世，死因可能是中毒。他们的儿子约翰尼（Johnny）在英国海军服役时溺水而亡。[67]

第四章　为贝壳痴狂

看似微不足道的贝类，能给一个人带来多么可观的财富和幸福啊！[1]

——埃德加·艾伦·坡（Edgar Allen Poe）

17世纪中期，一位名叫格奥尔格·艾伯赫·朗弗安斯（Georg Eberhard Rumphius）的殖民地官员经过6个月的海上航行，来到了东印度群岛。他难以置信地发现，自己竟身处一个光彩夺目的荷兰城市中。这座城市坐落在芝利翁河（Ciliwung River）河口，布局呈规整的矩形网格状，房子的入户台阶朝向运河，岸边种着一排排棕榈树。荷兰东印度公司用闪闪发亮的白珊瑚建造了巴达维亚（Batavia）[2]，即今天的雅加达（Jakarta）。历史学家比克曼（E. M. Beekman）写道，这不仅是因为白珊瑚"便宜且容易获得"，"还因为这种材料能'吸收'17世纪的子弹，消除它们的伤害"。这里是荷兰东印度公司的贸易首都，也是一座准军事前哨。除了150艘商船，该公司还拥有40艘军舰和一支1万名士兵的军队，业务遍及全球。公司里的低薪雇员几乎都是在封建等级制度的绝对权威下工作。

巴达维亚表面看起来整洁有序，实则是蚊子的孳生地，也是欧洲人在热带地区的死亡陷阱（一个多世纪后，当库克船长的“奋进号”造访此地时，三分之一的船员死于同时染上痢疾和疟疾）。不过，朗弗安斯在这个新世界里如鱼得水，尤其是当他在安汶（Ambon，位于巴达维亚以东约1500英里）成为商人之后。经历了欧洲文明的残酷，岛上较为宽松的文化习俗显然对他很有吸引力。[3]

朗弗安斯于1627年出生于德国中部，母亲是荷兰人，父亲是一位工程师，为许多贫穷的贵族提供服务。当时的欧洲是“三十年战争”的血腥战场，年轻的朗弗安斯也很快成为一名士兵，18岁时就被派往国外服役。“他逃离了混乱[4]，逃离了一个被掠夺、强奸和谋杀折磨至精疲力竭的破败国家，”比克曼写道，“他从满口谎言的当局、虚伪的宗教和社会不平等中逃脱出来，当时的事态已经无法让人忠诚于任何人性。”不知何故，朗弗安斯的船从巴西改道去了葡萄牙，他在那里当了三年兵，然后返回德国。1652年，他可能通过母亲家族的关系，在荷兰东印度公司谋得了一个职位，然后永远离开了欧洲。

朗弗安斯在荷兰东印度公司的公务占据了他在第二故乡的大部分时间。但是，一旦有空闲时间，他就会用来寻找新物种。他寄回欧洲的信件为他赢得了“印度群岛的普林尼”[5]的声誉。（普林尼是古罗马时代伟大的博物学家。）朗弗安斯收集和绘制的标本最终形成了两部伟大的作品，《安汶植物志》（*Herbarium Amboinense*）和《安汶奇珍阁》（*Ambonese Curiosity Cabinet*），二者共同构成了东印度群岛的第一部博物志。他在研究过程中所承受的负担和悲剧，使他的声誉保持至今，而那些在他有生之年无法出版的书籍，至今仍在推出新版。

在安汶，他与一个名叫苏珊娜（Suzanna）的岛民结为夫妻。她帮助他收集岛上的植物和动物。据比克曼所述，这些植物和动物，连同他们的孩子，都成为了他的“挚爱”（*caritates*）[6]。然而，最让他倾心的，还是那些华丽的贝壳，他高兴地将这片出产贝类的地方称为“水印度群岛”（the water Indies）[7]。

贝壳收集的狂热

人们对软体动物外骨骼的特殊热情可能比人类本身还要古老。当然，贝类最初肯定是作为食物而为人熟知。有科学理论称，贻贝、蜗牛及类似的动物对大脑发育至关重要，而正是大脑的发育使我们成为了人类。[8]不过，人们很快就开始珍视这些贝壳，欣赏其表面精致而优美的纹路。人类学家已经确认，至少在10万年前，北非和以色列就已经出现了用贝壳制成的珠子[9]，这是现代人类文明中使用贝壳的最早已知证据之一。

在世界各地的人类社会中，贝壳还有更实际的用途，不只是作为装饰品，也作为刀片、刮刀、油灯、货币、炊具、船用水斗、乐器和纽扣等。海螺是某种珍贵紫色染料的来源[10]，一次只能费力地采集一滴，这使紫色成为皇室的象征颜色。贝类也能作为一种实用的性暗示，其曲线、孔洞和封闭的空间象征着女性的生殖器官。例如，在庞贝城一幅幸存下来的壁画中，就描绘了维纳斯斜躺在代表外阴的贝壳上。在将近2000年后，法国艺术家奥迪隆·雷东（Odilon Redon）又创作了更加直白的版本，不断重现这一主题。

螺壳也是希腊古典建筑中爱奥尼柱柱头涡卷装饰的原型。在文艺复兴时期，列奥纳多·达·芬奇（Leonardo da Vinci）在设计螺旋楼梯时也以螺壳为参考。在法国，贝壳启发了一场艺术运动。18世纪的建筑师和洛可可风格的设计者很喜欢类似贝壳的曲线以及其他复杂的纹路（“rococo”这个名字融合了法语“rocaille”和意大利语“barocco”，前者指利用贝壳和石头覆盖墙壁的做法，后者即巴洛克风格）。

当人类对贝壳的狂热达到顶点时，荷兰成为了交易中心，这主要是因为荷兰东印度公司的船只从印度洋－太平洋海域带回

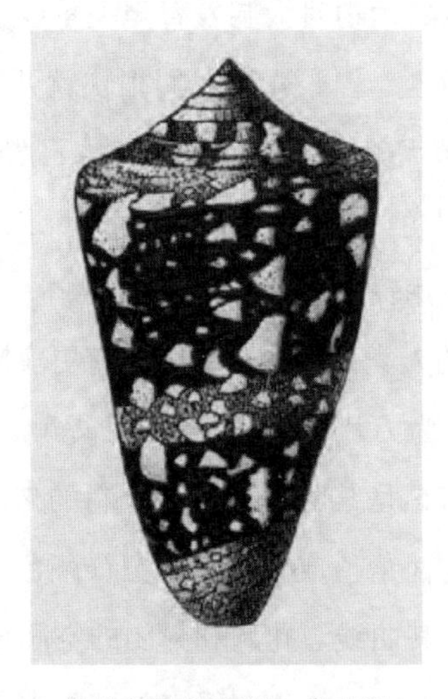

朗弗安斯所描述的一种芋螺

了大量惊艳的贝壳标本。它们成为富人和皇室私人博物馆的珍贵藏品。这场对贝壳的狂热被称为“conchylomania”（词根来自拉丁语 concha，意为“鸟蛤”或“贻贝”，通常指贝类），很快就与荷兰人收集郁金香球茎的疯狂程度不相上下，而受到影响的往往是同一群人。

一位阿姆斯特丹的收藏家在 1644 年去世时，留下的郁金香足够列出一份 38 页的财产清单。而据安妮·戈德加（Anne Goldgar）撰写的近代史著作《郁金香狂热》（*Tulipmania*）记载，这位收藏家还有 2389 枚贝壳，他认为这些贝壳非常珍贵，因此在去世前几天，将它们装进了一个有三道锁的柜子里。[11] 他的遗产执行人每人只有一把钥匙，仅当三个人都在场的情况下，才能向有意向的买家展示藏品。有位荷兰作家在两幅版画中分别嘲笑了郁金香狂热者和“贝壳疯子”[12]，并在图注中评论道，海滩上的贝壳曾经是孩子们的玩具，现在却有了珠宝的价格，“疯子在什么地方花钱真是匪夷所思”。

他是对的。在 18 世纪阿姆斯特丹的一场拍卖会上，有些贝壳的拍卖价超过了扬·斯特恩（Jan Steen）和弗朗斯·哈尔斯（Frans Hals）的画作，仅略低于维米尔（Vermeer）的《读信的蓝衣女人》（*Woman in Blue Reading a Letter*），这幅画如今已是无价之宝，在当时卖出的价格为 43 荷兰盾（大约相当于今天的 500 美元）。[13] 拍卖的藏品中包括一枚海之荣光芋螺（*Conus gloriamaris*）的螺壳，被人以 120 荷兰盾拍下，[14] 几乎是维米尔作品售价的三倍。

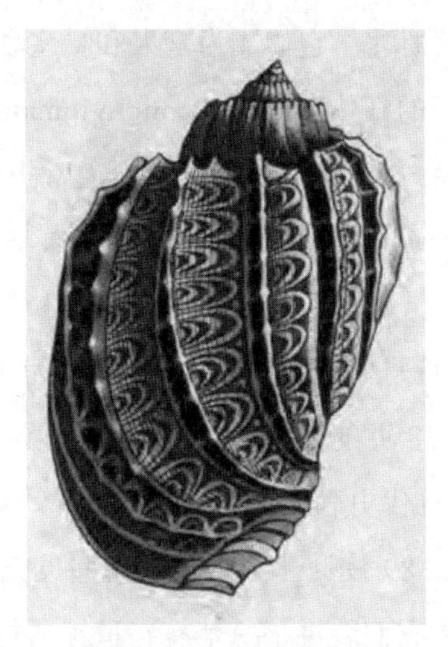

采自印度洋－太平洋海域的一种杨桃螺

从财务角度看，对贝壳的估值超过荷兰大师的画作，可能是有史以来最愚蠢的收购行为之一。世界上只有30多幅维米尔的画，而让贝壳显得异常珍贵的稀缺性，则几乎一直是一种假象。以海之荣光芋螺为例，其圆锥形螺壳长约4英寸（约10厘米），覆盖着由金线和黑线构成的精致花纹，几个世纪以来，它都是世界上最令人垂涎的物种之一，据称只有几十个标本。一篇关于贝壳贸易的报道称，一位富有的收藏家已经拥有了一件“海之荣光”标本，但当他在拍卖会上成功购得另一件标本时，出于稀缺性的考虑，他立即将这件标本踩得粉碎。[15]为了维持高昂的价格，收藏家们还散布谣言称，一场地震摧毁了该物种在菲律宾的栖息地，导致其灭绝。然而，在1970年，不可避免的事情发生了。潜水者最终在瓜达尔卡纳尔岛（Guadalcanal Island）以北的太平洋海域发现了大量海之荣光芋螺，使其价值直线下跌。如今，你可以用两个人在一家不错的餐厅里享用晚餐的价格买一件这种芋螺的标本。维米尔的画作呢？上一次有作品流入市场是在2004年，当时的售价为3000万美元[16]（而且这还是一幅不太重要的、真实性可能存疑的画作）。

不过，狂热可能只是视角的问题。我们现在司空见惯的东西对当时的人来说可能相当罕见，反之亦然。荷兰艺术家在17世纪创作了大约500万幅画，[17]就连维米尔和伦勃朗也可能在这种供过于求中迷失，或者因时尚的转变而失去价值。另一方面，来自欧洲以外的美丽贝壳，必须通过与遥远国度的贸易来收集或取得，这往往面临相当大的风险，之后再用拥挤的船只长途运输回家，途中又可能遭遇沉没或火灾。

带插图的贝类指南成了这个行业必不可少的工具。意大利牧师菲利波·博纳尼（Philippo Buonanni）在1681年就出版了这样一卷书，书名是《通过对贝壳的研究获得眼睛和心灵的消遣》（*Recreation for the Eyes and the Mind... Through the Study of Shells*）。大约在同一时期，朗弗安斯正忙于撰写《安汶奇珍阁》，讲述马鲁古群岛上的贝类和其他生物。由于林奈分类法还未面世，收藏者们在鉴定标本时没有通用的语言。因此，他们在书信往来中经常引用某本书中的插图。

在整个18世纪，购买者一直保持着对贝壳的狂热。根据贝壳历史学家S.彼得·当斯（S. Peter Dance）的说法，当时有位法国收藏家对一枚多刺的牡蛎壳垂涎不已，以至于当掉了妻子最好的银器才买下它。一场不可避免的激烈婚姻纠纷发生了，混乱中这位心烦意乱的收藏家不小心扑倒在椅子上，折断了那枚牡蛎壳上两根令其如此珍贵的棘刺。然后，丈夫和妻子开始互相安慰。[18]

为了满足这个市场，一些有“商业头脑”的人把普通帽贝扔进烧热的煤渣里，剥去其天然颜色，再染成金色，卖给渴望高价购买新物种的收藏家。林奈自己可能也落入了这种圈套：他命名的新物种“紫晶宝螺”（*Cypraea amethystea*）实际上并不新，而是之前已经描述过的阿拉伯宝螺（*C. arabica*），只不过，这件标本的背部表面颜色剥落，露出了下面紫色的壳层。[19]

水手和殖民地管理者也会利用这种贸易，将新发现的物种合法地带回家。1775 年，一位水手写信给约瑟夫·班克斯爵士，带着一种面对上层阶级时毕恭毕敬的语气：“请原谅我的鲁莽，我借此机会向阁下通报我们的到来。”[20] 此时他刚刚从库克船长的第二次环球之旅中归来。“经过漫长而乏味的航行……我从许多陌生的岛屿上为阁下搜集了一些奇珍异宝，希望像我这样身份的人能尽量满足您的好奇心。一起奉上的还有少数不同种类的贝壳。[21] 这些也都得到了冒牌贝壳评判者的推崇。”*

同在这支远征队的一位军官将一枚贝壳卖给了一位标本商人，后者经常在码头与返航的旅行者见面。这枚贝壳很快以超过 10 英镑的价格转售给博物馆所有者阿什顿·利弗爵士[22]，这在当时相当于一个普通水手 7 个月的工资。在一段时间里，这

* 最后这句话是一句狡黠的嘲讽，针对的是那些在第二次环球航行中取代班克斯地位的博物学家。

枚新西兰蝶螺（*Astraea heliotropium*）标本成为了世界上最令人梦寐以求的贝壳。那次航行还首次为欧洲带来了黄金宝螺（*C. aurantium*）[23] 的标本。有船员注意到，塔希提岛的酋长们会将黄金宝螺串在绳子上，作为珍贵的装饰品。在欧洲，收藏者则误将钻孔当成了这种贝类的自然特征。

"华丽的大厦"

对那个时代的许多收藏家来说，贝壳不仅是稀罕之物，甚至堪称上帝的礼物。一位 18 世纪的法国鉴赏家写道，这些自然奇观"宣告了造就它们的手多么灵巧"，并揭示了"宇宙的卓越造就者"。[24] 绮狮螺（*Epitonium scalare*）是一种具有细长纵肋的白色螺旋形海螺，最早出现在《安汶奇珍阁》的插图中。在另一位收藏家看来，这种海螺是只有上帝才能创造出来的"艺术品"。[25]

英国历史学家艾玛·斯派瑞（Emma Spary）称，这种宗教叙事使富人将其奢华的收藏作为赞美上帝的方式，而不只是满足自己。在海滩上收集贝壳象征着从日常世界中解脱出来，恢复心灵的平静，这是从西塞罗到牛顿等杰出人物所倡导的传统。尽管拥有精神上的意义，但真正会这么做的富有收藏者并不多。

贝壳所引起的虔诚情感也是真实的。许多贝壳的形状都暗示了一个隐喻：爬上螺旋形的楼梯，每一步都更接近内在的知识，更接近上帝。动物肉体与其贝壳的分离也代表着人类灵魂进入永生的过程。以鹦鹉螺为例，这种动物的外壳以螺旋形生长，一

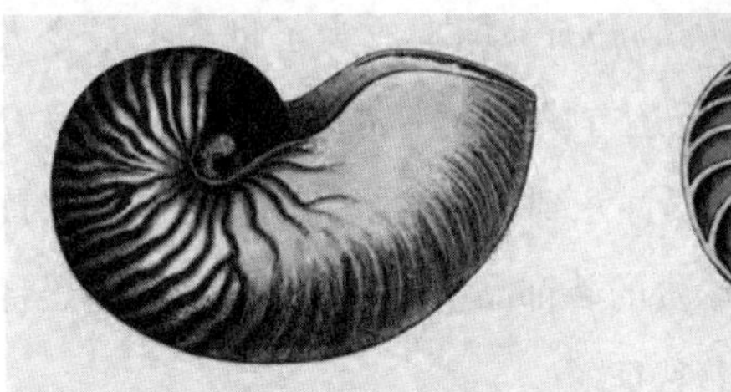
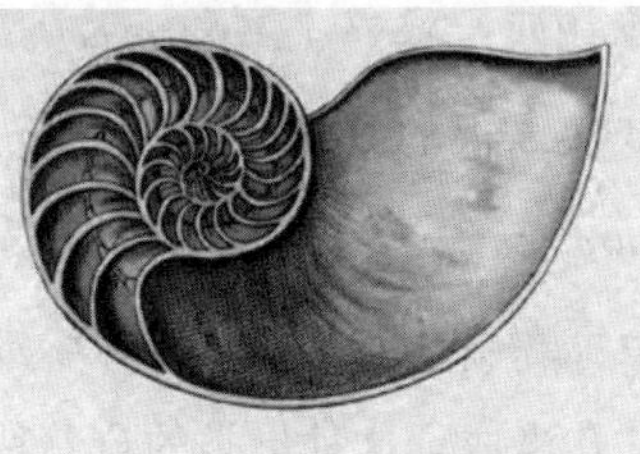

具有腔室的鹦鹉螺

个壳室接着一个壳室，每一个都比前面的更大。老奥利弗·温德尔·霍姆斯（Oliver Wendell Holmes Sr.）以鹦鹉螺为基础，创作了 19 世纪最受欢迎的诗歌之一："哦，我的灵魂，当四季倏忽流转，再为你修起更加华丽的大厦！……直到你最终自由了，让生命不息的海洋为你褪去陈旧的躯壳！"[26*]

奇怪的是，收藏家们并不关心建造这些贝壳的是什么动物。如霍姆斯在诗中就不经意地把两种鹦鹉螺的特点混为一谈。贝类历史学家塔克·阿伯特（Tucker Abbott）说："就好比他写了一首诗，讲的是一只优雅的羚羊，但它却有着豹子的后半身，还有在北极冰面上飞跃的习性。"[27] 收藏者通常对新物种充满热情，但主要是为了获得一种地位，即拥有来自遥远国度的某种奇怪而昂贵的东西，最好是在其他人之前。

事实上，缺乏肉体部分反而使贝壳更有吸引力，这涉及一个非常实际的原因。早期的鸟类、鱼类和其他野生动物的收集者不

* 这首诗名为《壳室里的鹦鹉螺》（The Chambered Nautilus）。

得不采取复杂的，有时甚至是可怕的措施来处理并保存珍贵的标本。（在一组给予鸟类收藏家的典型指导意见中，就包括“打开喙，取出舌头，用锐器穿过上颚直达大脑……”[28]）然而，这些标本不可避免地屈服于昆虫和腐烂，或者褪去美丽的颜色。

贝壳则历久弥新。它们与其说是活物，不如说是珠宝。19世纪40年代，一家英国杂志推荐称，收藏贝壳“特别适合女士”，因为“这种追求并不残忍”，而且贝壳“纯净明亮，是闺房的绝佳装饰”[29]。或者至少看起来如此，因为经销商和野外采集者常常不遗余力地清除贝壳上所有的生命印迹。

用自己的眼睛去观察

朗弗安斯是极少数在思考和写作时将贝类当作活物的贝类学家之一。例如，欧洲的大多数收藏者都很喜爱江珧的贝壳，主要是因为它们美丽的外形有点像一支宽叶的羽毛笔，但朗弗安斯注意到了这些贝类的行为。他报告说，这些江珧往往生活在安静的海湾里，在四五英尺（约1.2至1.5米）深的地方笔直站立着，窄端插在泥泞的海底。他还注意到，一种身长约1.5英寸（约3.8厘米）的小虾生活在贝壳内部，负责守卫。他写道，在遇到危险时，“小虾会夹一下江珧，迫使它合上外壳”。[30]

他描述的是一种互利共生现象。在这个例子中，两个物种生活在一起，一个提供了预警系统，另一个则提供庇护所。几个世纪之后，描述这种现象的生物学术语才正式出现。这种决心用自

欧洲的一种江珧

己的眼睛来观察事物的态度，加上取得发现时那种溢于言表的喜悦，使朗弗安斯成为那个时代最伟大的博物学家之一。他的《安汶植物志》是一本东印度群岛的植物学指南，书中强调了当地动植物的药用价值，这是一个很实用的关注点，旨在吸引他的雇主和其他欧洲博物学家。不过，据历史学家比克曼所述，“他把自己最富诗意的文字留给了”诸如水母这样“无用”的东西。

例如，朗弗安斯描述僧帽水母（*Physalia*）时写道，这种动物“颜色透明，就像一个水晶瓶……小小的背帆白如水晶，上方接缝处露出一些紫色或紫罗兰色，看起来很美，似乎整个动物就是一颗珍贵的宝石”。[31] 红厚壳（*Calophyllum inophyllum*）在他的笔下似乎也有了灵气：“这种树就如一个不谙航海者，想在大海里寻找所爱之人，因为它总是扎根在森林边缘，前面就是裸露的沙滩，但它不敢前进哪怕一步，而是以某个角度倾斜着，似乎随时都会向前倒下去。”[32]

但朗弗安斯最喜欢的还是贝类。他最著名的著作虽然取名《安汶奇珍阁》，但据比克曼介绍，这本书既不是“毫无生气的稀奇物品目录”，也不是“表现经济实力的财产清单”。[33] 相反，书中的重点一直是“生活在这些漂亮庇护所里的动物”。对于贝壳收藏者的“贪婪和浮华”，朗弗安斯在这本书也进行了温和的驳斥。他已经接受了印尼人的一种伦理观念，即物品只有被人们亲自发现，或者将其作为礼物接受时，才会具有特殊的力量，如果只是“用钱买来”的话，它们就平凡无奇。[在文学史上一次离奇的转折中，埃德加·爱伦·坡赋予朗弗安斯一种相反的人生哲学，形容他是“一个傻瓜”，曾经花“1000 英镑购买了第一批发现的短刺黄文蛤（*Venus dione*）* 标本中的一个”。[34] 更奇怪的是，这个错误出现在爱伦·坡生前出版的唯一取得商业成功的著作中。这是一本名为《贝壳学基础》（*The Conchologist's First Book*）的教科书，根据一本英国著作改编而成，由爱伦·坡重新编辑。]

对于朗弗安斯，撰写并出版书籍是巨大的挑战。身处地球的另一端，远离科学论述的中心，使他处于明显的不利地位。从安汶发出的请求可能需要数周才能到达巴达维亚，然后需要至少 20 个月才能从阿姆斯特丹得到答复。这就像把问题从一个加勒比岛屿送到纽约，然后等着长跑运动员从加州带回答案，一路上可能经常会遇到官僚或灰熊的阻挠。幸好荷兰东印度公司董事

---

* 现学名为 *Pitar dione*。

会，即十七人董事会（Heeren XVII）允许朗弗安斯用公司的船来运送科学著作，他最终得以建立了自己的小型研究图书馆。[35]

安汶的盲眼先知

1670 年，42 岁的朗弗安斯突然失明，原因未知。[36]尽管荷兰东印度公司非常注重利润，但还是将他留用，允许他把大部分精力用于探索有用的知识。朗弗安斯继续工作，依靠家人和助手为他朗读和记录。

几年后，一场地震袭击了安汶，朗弗安斯的妻子苏珊娜和一个女儿不幸被倒塌的墙壁压死。一位目击者记录了他在亲人尸体旁哭泣的情景。朗弗安斯将一种白色的兰花命名为“苏珊娜之花”（*Flos suzannae*），以示纪念，“她生前是我的第一位伴侣，也是我寻找药草和其他植物时的伙伴，正是她向我展示了这种花”。[37]遗憾的是，这个名字在现代分类法中没能保留下来，这种植物后来更名为龙头兰（*Pecteilis susannae*，归入白蝶兰属）。

朗弗安斯的不幸并没有就此画上句号。1687 年，一场大火席卷全岛，烧毁了他的图书馆，以及 30 多年来他和助手们创作的所有原始绘画。不过，他至少把文本抢救了出来。朗弗安斯并没有气馁，而是委托他人绘制新图，继续工作了 5 年，最终将他的《安汶植物志》前 6 卷装上船，准备运往阿姆斯特丹。这艘名字不大吉利的船——“水乡号”（*Waterland*）——在途中不幸遭到攻击，货物俱皆沉没。非常幸运的是（朗弗安斯本人似乎总是

失明之后的朗弗安斯依然能对自然界进行生动的描述

与幸运无缘），荷兰东印度公司的总督也是一位博物学家，在《安汶植物志》从巴达维亚运走之前，他特地让人抄写了一份。

于是，朗弗安斯得以完成他的12卷手稿，并将这些附有丰富插图的手稿于1696年一起完好无损地运回阿姆斯特丹。即便在那时，他也没能获得应有的成功者待遇。相反，对荷兰东印度公司雇员拥有绝对权力的十七人董事会拒绝出版这些手稿，可能是因为这本东印度群岛的植物群系百科全书有点太过实用，无法用来与欧洲列强竞争。《安汶植物志》在荷兰东印度公司的档案室中又保存了45年，直到1741年，一个出版商联盟终于将此书刊印。[38]

然而，根据比克曼的说法，朗弗安斯人生中真正的悲剧在于由他本人助力激发的收藏狂热。17世纪60年代末，托斯卡纳大公科西莫三世·德·美第奇（Cosimo III de Medici）前往欧洲的多个文化中心游历，包括荷兰。在那里，引领潮流的收藏家们向他展示了藏珍阁里的热带贝壳，令他深感羡慕。荷兰人的贝壳狂热具有高度传染性，科西莫也开始了自己的贝壳收藏。

彼得·布劳（Pieter Blaeu）是科西莫在阿姆斯特丹的向导，来自一个著名的地图制作和书籍销售家族。与布劳公司有业务往来的不仅包括美第奇家族，还有朗弗安斯和荷兰东印度公司。朗弗安斯的儿子在荷兰上学时，这家公司可能也照顾过他，这便又增加了一层责任感。荷兰东印度公司内部的主导势力本身也是收藏家，如比克曼所述，“这些有影响力的人物往往受到外国权势者的青睐”，因为后者希望打造自己的藏珍阁。在商业之上，收集贝壳和其他珍贵物品的共同兴趣成了巩固关系的手段。“资本主义与奇物珍品形成了一种互惠关系，二者的地位都得到了增强。”而朗弗安斯，则成为无辜的受害者。

1682年，在荷兰东印度公司或布劳家族的压力下，朗弗安斯向科西莫出售了自己贝壳收藏中最好的一部分：在28年里收集的360个物种的标本。这些收藏“对他而言，是最为名副其实的纪念，是他人生的回忆”。失明和妻女的离去，已经扼杀了他的人生。“放弃这些东西不是问题所在，”比克曼继续写道，“令朗弗安斯恼火的是在某种高压手段支持下的强迫，他不得不为了钱，把自己的一部分人生让渡给一个陌生人。”这是“西方资本主义规则和固执的印尼式形而上学的冲突”，而每当朗弗安斯提到这笔交易时，“他的语气要么是悔恨，要么是愤怒”。朗弗安斯写了一张便笺，附在运给科西莫的贝壳中。便笺开头是礼节必备的社交祝愿，然后便急转直下，充满了遗憾之情：“愿上帝……施恩这些物品所经的路途，愿它们安全到达……这样，我收集的这些宝藏就不会损坏。多年来，我为此耗费了许多金钱成本和劳力，未来我也不可能再去采集了，何况我现在又老又瞎。”[39]

比克曼指出，失去这些贝壳“使他的精神在生命最后20年里饱受折磨”。在《安汶奇珍阁》一书中，朗弗安斯提到1682年的次数是提到妻子去世那一年的两倍，是失明那一年的四倍。他的贝壳，他的“挚爱”，就这样被剥夺了。在印尼人的说法中，贝壳一旦被卖掉，也就失去了神奇的力量。

按照比克曼的描述，这段经历至少“为他指明了一条出版自己文字的道路”：他可以直接启发欧洲人的收藏兴趣，并将自己的“挚爱”以标本的形式在《安汶奇珍阁》中呈现。这是一笔浮士德式的交易，而且成功了。荷兰东印度公司一向行事缓慢且隐秘，但这本书却很快付印，于1705年出版。

就在此书出版的三年前，朗弗安斯在安汶去世，享年74岁，成为一位生前未出版任何作品的作者。

第五章　灭绝

有人可能会问，为什么我要把猛犸象画进去，就好像它仍然存在一样？我反问道，为什么我要把它省略掉，仿佛它不曾存在过？[1]

——托马斯·杰斐逊

1705年春天，在纽约哈得孙河附近的小镇克拉弗拉克（Claverack），一场暴风雨侵蚀了陡峭的悬崖，露出了一颗拳头大小的牙齿。它从山坡滚下，像上帝的礼物一样落在一个荷兰佃农的脚边。这位佃农拿起牙齿，发出一声类似于“Heilige Koe!”（我的天呐！）这样的惊呼，并很快把它卖给当地一个政客，换取了一杯朗姆酒。[2] 有人（很可能就是那个政客）试图把这颗牙齿倒过来，用酒灌满空心部分，做酒杯之用。然而，这颗牙齿的重量将近5磅（约2.3千克），当杯子用实在太重。于是，认为此物毫无价值的政客将它作为礼物送给了古怪的纽约州州长康伯里勋爵（Lord Cornbury）[3]。作为“州长行为不良”这一伟大传统的先驱，康伯里很快就因涉嫌贪污和受贿被革职。据康伯里的政敌称，他还喜欢异装扮成自己的表妹安妮女王。

按照安妮女王亲自下发的命令，殖民地总督在处理自然发现（如这颗牙齿）时，需要将其送到伦敦皇家学会的自然哲学家那里。康伯里也是这么做的，他将其标为“巨人的牙齿”，依据是《创世记》中大洪水之前“有巨人生活在地上”的说法。

无论是巨人还是野兽，这种被康伯里称为“怪物”的生物，很快就会被称为“不明种”（incognitum），即未知而神秘的物种。保罗·塞蒙尼（Paul Semonin）在其所著的权威历史书《美国怪物》（*American Monster*）中指出，在尚未发现真正的恐龙时，这一不明物种就是“早期美利坚共和国的恐龙”。在蓬勃发展的美国精神中，一些早期势力将它视为“这个国家第一个真正意义上的史前怪物”[4]。

马萨诸塞州诗人爱德华·泰勒（Edward Taylor）估计，它的高度在 60 至 70 英尺（约 18 至 21 米）之间，他还写了一些糟糕的诗句加以描述，如“像椽一样的肋骨”、“像树枝一样的胳膊”，更不用说像“吊柱一样宽”的鼻子。[5] 牧师科顿·马瑟（Cotton Mather）夸大其辞地说，新大陆生活着《圣经》中记载的巨人，使“噩、歌利亚以及所有亚衲族人”* 看起来就像俾格米人 **[6]。他的朋友，马萨诸塞州州长约瑟夫·达德利（Joseph Dudley）写道，这颗牙齿具有布满突起的上表面，表明它不可能来自大象。他将这个怪物归类为埋没在诺亚洪水里的未知生物[7]，并认为如果上帝愿意，在世界末日来临之前，它都不会再次出现。

---

* 原文为“Og and GOLIATH, and all the Sons of Anak”，这些都是《圣经》中记载的巨人。

** 俾格米人，指成年男性平均身高低于 150 厘米的人类群体。

“要么吃，要么被吃”

自亚里士多德以来，人们一直对化石困惑不解。然而，此时地球上开始不断出现已消失生物和往昔世界的证据，频率之高令人不安，但也同样令人兴奋和惊愕。一条鱼龙的残骸（想象一条披着海豚外衣的鳄鱼）曾出现在英格兰和威尔士的边界附近[8]。1718 年，在诺丁汉郡一所牧师住宅的花园里，一位名叫罗伯特·达尔文（Robert Darwin）的“好奇之人”帮助发掘了一条蛇颈龙的骨骼化石。[9]（和尼斯湖水怪一样，它有四片强有力的鳍和细长的脖子，头可以伸出去咬住猎物。）在许多山顶和坚实的地下深处，还发现了贝壳和鲨鱼牙齿。

随着工业革命的兴起，矿山、采石场和运河的开凿使乡村的土地被翻开，暴露出以往地质年代的遗迹。1767 年，罗伯特·达尔文的儿子，即查尔斯·达尔文的祖父伊拉斯谟·达尔文(Erasmus Darwin）前往诺丁汉附近的一处发掘现场，观察“躺在深闺中，赤身裸体的矿物女神”[10]，箭石、菊石，以及“无数其他石化的贝类”[11]，都随意散布在新挖开的河岸上。

伊拉斯谟·达尔文是一位医生、诗人兼哲学家，也是一个可爱的人——胖胖的，皮肤红润，长着麻子的脸上随时挂着笑容，同时又有一颗纵欲之心（不然他怎么能把运河的开凿工程想象成裸体女神？）。他热爱食物，最喜欢给患者开的药方是“要么吃，要么被吃”*[12]，这为他的孙子关于自然选择的想法埋下了荒诞的伏笔。他对人类进步有着深深的信念（尤其是对自己的家庭）。被重新发现的贝壳和其他原始生物的化石也让他想到了自然界的进步。多年后的1794年，他在《动物法则》（*Zoonomia*）一书中大胆提出了“生物演变论者”（transmutationist）的观点，即在“大概数百万年的时间里……所有温血动物都起源于一种活的丝体（filament）”[13]，一代代动物获得了新的特征，并将改进的结果传递给后代。但就当时而言，他以一种更简单的方式表达了自己对物种共同起源的信念，那就是在马车的车门贴上一句格言——就像汽车保险杠上的贴纸一样——“一切皆来自贝类”（*E conchis omnia*）。

在一些人看来，这几乎有点异端邪说的味道。当地一位牧师用诗句嘲讽伊拉斯谟·达尔文：“他是多么伟大的魔法师！通过魔法咒语就能让万物在鸟蛤贝壳中诞生。”[14]早在查尔斯·达尔文出生之前，诗人塞缪尔·泰勒·柯勒律治（Samuel Taylor Coleridge）就创造了“达尔文化”（Darwinizing）[15]一词来嘲笑这种进化理论。由于担心冒犯病人，伊拉斯谟·达尔文很快就只在书架上展示他的格言，而不是在大街上。

然而，即使没有这些进化观点，化石也引出了许多深层次的可怕问题：如果怪物曾经生活在古代，然后不知何故永远消失，被其他怪物取代，接着又有新的怪物取而代之，直到它们的骨头

---

* 原文为“eat or be eaten”，通常指弱肉强食。

填满山谷，形成高耸无比的石灰岩峭壁，那么，地球怎么可能只有《圣经》所言的6000岁？这些消失的生物又如何影响“物种是伊甸园永恒不变的遗产”这一信条？它们的消失是否说明上帝的工作不如想象的那般完美？在《创世记》中，上帝对动物们说：“要滋生繁多，充满海中的水；雀鸟也要多生在地上。”他没有让它们灭绝。

远古石头里发现的新物种使人们颇为沮丧，他们开始思考地球生命在人类出现之前是否有过一段历史。对现在的我们来说，这个问题有些奇怪，就好像维多利亚时代的天真青年因为发现爱人与其他男人交往过而垂头丧气。但是，这的确代表了思想上的深刻转变。“地球历史的新图景在启迪智识上将等同于哥白尼学说的革命，”科学史学家尼科拉斯·A. 鲁克（Nicolaas A. Rupke）写道，“它在时间上降低了人类世界的相对重要性，就像早期现代天文学在空间上降低了人类世界的相对重要性一样。”[16] 早在查尔斯·达尔文将生物学的思想应用到这一问题之前，天文学和地质学的证据就已经驱使人们近乎绝望地寻找方法，以维持旧的世界观。

丰富性的问题

与此同时，人们对这些新怪物既充满恐惧，又迷恋不已。18世纪中期，“不明种”的骨头再一次出现在大骨盐泉（Big Bone Lick），这是美国肯塔基州俄亥俄河附近一处充满硫黄味的沼泽。

法国和英国探险队分别将牙齿、骨头和巨大的獠牙运回欧洲，进行进一步研究。在巴黎，乔治－路易·布丰与解剖学家路易－让－玛丽·道本顿（Louis-Jean-Marie Daubenton，有时作为布丰的合著者）在物种灭绝的问题上反复讨论。根据对股骨和獠牙的比较，他们最终确定，这个“不明种”肯定属于当时已知的一个大象物种。（道本顿解释了臼齿的奇特形状，认为是河马化石与大象骨头混在一起了。）

在伦敦，内科医生威廉·亨特咨询了他的兄弟——解剖学家约翰·亨特，然后运用家族内部特有的方法，将“不明种”的臼齿与现代大象臼齿放在一起比较，发现前者具有多瘤的上表面，后者则相对平坦，具有波纹状的咬合面。他认为，这一“不明种”必定是博物学家未知的“另一种动物，一种伪象（pseudelephant）”，而且几乎可以肯定它是食肉动物。“虽然作为哲学家，我们可能会对此感到遗憾，”他补充道，“但作为人类，我们不得不感谢上天，它的整个世代很可能都灭绝了。”[17]

本杰明·富兰克林当时正在伦敦执行外交任务，他从实用层面提出了反对意见：这种动物的獠牙如此巨大，不太可能有足够的灵活性来“追逐并捕获猎物”。他还正确地指出，多瘤的牙齿“在磨碎小树枝时的用处可能不亚于嚼肉”[18]。另一些人则从哲学的角度提出反对意见：原始的杀人象威胁到了《圣经》中的正统观念，即暴力和死亡只是伊甸园人类罪孽的结果。

这类生物的消失也挑战了当时人们普遍信仰的“存在锁链”（the Great Chain of Being）。这一神学概念认为，自然界是一个完美的发展过程，从最低级的物质到最高级的物种，从水母到蠕虫，从蠕虫到昆虫，一步一步，最后发展到地球最辉煌的产物——智人（*Homo sapiens*）。存在锁链的一个推论是“丰富性”（plenitude）的概念，认为上帝创造了所有可以创造的形式。存在锁链上没有空隙。因此，哲学家们耗费整个职业生涯来绘制和修改图表，并寻找中间形式，即“缺失的环节”，以揭示这种天赐的完美。一位匿名美国作家抱怨说，认为其中某些形态已经灭绝的想法，是一种“对神的中伤”[19]。

不过，已经有人开始将宗教思想与科学事实结合起来。保罗·塞蒙尼在《美国怪物》中写道，美国人对一种观点产生了共鸣，那就是这一不明物种“曾经是一种巨大的食肉动物，它的消失是上帝对人类的祝福”[20]。如果它能证实“基督教长久以来认为的人类统治自然界的观点”，人们就更容易接受其灭绝。随着美国独立战争的结束，“爱国主义和史前自然交织在一起”[21]，使“不明种”成为这个国家过去（或许也是现在）“巨大力量”的象征[22]。

1780年，一位挖沟者在纽约州新温莎（New Windsor）发现了更多的牙齿，乔治·华盛顿将军从大陆军冬季营地出发，长途跋涉10英里（约16千米）来到此地。他注意到，这些新发现的牙齿与他私人收藏的一枚来自大骨盐泉的牙齿特征相符。有一些新标本最终被送到费城。在那里，当时美国最杰出的年轻画家查尔斯·威尔逊·皮尔（Charles Willson Peale）接受了一项任务：绘制这些标本的精细图画。这些骨头吸引了许多好奇的游客来到他的工作室，以至于皮尔决定建立自己的自然博物馆。日后，这家博物馆将在建立国家认同以及“不明种”的研究历史中发挥关键作用。

然而，托马斯·杰斐逊比任何人都更希望使这种未知动物的发现成为轰动一时的盛事。他在1781年出版的《弗吉尼亚纪事》(*Notes on the State of Virginia*)中写道:“自然的经济学便是如此，没有任何例子可以证明她允许她的任何一种动物灭绝；也没有任何例子能证明，在她伟大的事业中形成的任何环节会薄弱得不堪一击。”[23]但是，杰斐逊很坚定地认同“不明种”是一种活着的、仍在呼吸的美国巨兽的观点，因此关于灭绝的难题——丰富性问题——就迎刃而解了。在接下来的30年中，寻找这种野兽的念头一直萦绕在杰斐逊的脑海中，其间他担任过驻法国外交使节、美国国务卿、副总统和总统。他将这种巨兽称为“猛犸象”(mammoth)，在反对乔治-路易·布丰的“美洲退化论”[24]的论战中，猛犸象将成为最有力的论据。

“美洲退化论”最早提出于1749年，认为美洲恶劣的气候会使包括人类在内的所有物种变得体型更小、能力更弱。杰斐逊十分执着于推翻这一错误理论。在美国独立战争接近尾声时，法国政府提出要求，希望获得更多关于这个新兴国家的信息。作为回应，杰斐逊开始撰写《弗吉尼亚纪事》。考虑到这本书的读者，他精心制作了美国诸多物种的表格[25]，列出了“我们的动物，从老鼠到猛犸象……所具有的最大重量”，并将其与弱小的旧大陆同类动物进行对比。他认为，猛犸象“这种地球上最大的生物”，在其出生时就已经推翻了布丰的观点——“大自然在地球的另一端不如在这一端那么活跃，那么有活力”。[26]杰斐逊开始展现他的修辞才华："仿佛地球两端没有被同样和煦的阳光温暖；仿佛化学组成相同的土壤无法被加工成同样的动物营养物质；仿佛从这些土壤和阳光中孕育的水果和粮食（有所不同）……”1784年，杰斐逊乘船前往巴黎，出任美国贸易部长，后来又成为驻巴黎大使。他在行李中携带了“一张大得非同寻常的美洲豹皮”，打算亲手在布丰的眼前展开。后来他又给布丰送去了一张驼鹿的皮。[27]据说布丰已经承认杰斐逊言之成理，但当他几年后去世时，他的理论成为了又一个没有收回的“应受谴责的言论”。

据历史学家托马斯·卡尔·帕特森（Thomas Carl Patterson）所言，杰斐逊的担心不仅仅是一个自尊心受伤的问题。对18世纪70年代和80年代的美国外交使节来说，“如果他们想在欧洲获得急需的财政援助和贷款”，就必须驳斥这种天生低人一等的论调。[28]美国人需要证明他们的国家实验并非注定失败。相比杰斐逊的驼鹿，本杰明·富兰克林的机智可能更胜一筹。在巴黎的一次宴会上，一个法国人（按杰斐逊的说法，不过是“一只小虾”）正在为布丰的理论辩护。富兰克林[身高5英尺10英寸（约177.8厘米）]评估了分别坐在桌子两边的欧洲人和美国人的体型，提议道："让我们用眼前的事实来回答这个问题。双方都站起来一下，我们就会看到自然是在哪一边退化的。”[29]那个法国人一直坐着，咕哝着例外反证规律之类的东西。

杰斐逊的解剖学

杰斐逊相信“不明种”依然存在，并认为由特拉华州士兵代表团讲述的一个故事很有可信度。代表团讲述了古代“不明种”如何聚集成群，如何摧毁“熊、鹿、驼鹿、水牛和其他动物，而这些动物是为了供印第安人所用而创造的”。当一名愤怒的天神用接连的闪电击杀这群怪物时，一头强壮的公兽“闪身躲开”，并且越过俄亥俄河，窜到五大湖以外的某个地方去了。杰斐逊写道，在印第安人的传统中，“它是食肉动物，而且现在仍然存在于美国北部”[30]。

当杰斐逊准备把《弗吉尼亚纪事》寄给布丰的时候，他还写了一封信，由丹尼尔·布恩（Daniel Boone）* 带到肯塔基州，请他的朋友、西部军团的指挥官乔治·罗杰斯·克拉克（George Rogers Clark）从大骨盐泉收集标本。[31] 20多年后，已经成为总统的杰斐逊派遣克拉克的弟弟威廉·克拉克（William Clark）以及梅里韦瑟·刘易斯（Merriweather Lewis）去探索太平洋西北部，部分目的是希望发现现存的“不明种”。后来，杰斐逊在白宫东厅的地板上摆放了众多乳齿象的骨头。[32]［相对约翰·亚当斯（John Adams）** 和他的夫人而言，这是不小的进步，他们通常是把洗好的衣服挂在那里。］

---

* 美国著名拓荒者与探险家。

** 美国第二任总统。

托马斯·杰斐逊既是政治家，也是博物学家。他在白宫陈列了乳齿象的骨架，还描述了一种已灭绝的地懒，尽管他误以为那是狮子

对驳斥布丰观点的执着，导致杰斐逊犯下一个十分尴尬的科学错误。他获得了一些腿骨化石，末端是巨大的爪子，发掘自西弗吉尼亚州的一处硝石矿。就在杰斐逊刚刚成为美国副总统几天后，他设法抽出时间，将这一新发现的物种命名为“*Megalonyx*”，意思是“巨爪”。他还在 1797 年 3 月 10 日举行的美国哲学会会议上对其进行了描述。他认为“*Megalonyx*”是某种大猫，“它的大小超过狮子三倍以上；它位于有爪动物的顶端，正如猛犸象位于大象、犀牛和河马之上；对猛犸象来说，它可能是相当强大的对手，正如狮子之于大象”[33]。

在杰斐逊的想象中，这两种美洲巨兽仍然在广阔的美国西部对抗，“在如今我们大陆的内部，肯定有足够的空间和范围来容纳大象和狮子……以及可能仍生存在那里的猛犸象和‘巨爪’”[34]。不幸的是，杰斐逊很快就发现他命名的“巨爪”根本不是狮子，而是一只巨大的树懒。

证据来自于不久后在阿根廷发现的一块几乎完好无损的化石。在法国国家自然博物馆，一位解剖学家比较了这块化石和其他哺乳动物标本的细节绘图，确定它的牙齿和巨大的爪子与现代树懒和食蚁兽*几乎一模一样。这位解剖学家把它命名为“*Megatherium*”（大地懒），意为“巨兽”。[35] 身长 12 英尺（约 3.7 米），高 6 英尺（约 1.8 米）的大地懒引起了公众的极大兴趣。在发表关于“巨爪”的演讲前不久，杰斐逊碰巧在一本杂志上看

---

* 树懒和食蚁兽均属于披毛目。

到一幅关于大地懒的插图。他一定是带着惊恐的心情，匆匆加了一句附言，称这两种动物可能是同一物种。但他表示，至少在对牙齿进行检查之前，他仍会坚持自己的大猫理论。

幸运的是，一位法国解剖学家后来将杰斐逊获得的化石鉴定为另一种大地懒，保留了属名“*Megalonyx*”（巨爪地懒属），并优雅地加上了种加词“*jeffersonii*”，以示对杰斐逊的尊敬。后来发现的其他物种的化石证据也表明，尽管有鉴定错误，但杰斐逊至少在基本前提上是正确的。事实上，直到大约 1 万年前，还有美洲狮在这片新大陆游荡，它的体型比现代非洲狮大 25%。美国并不是物种退化的地方，而是出产巨兽之地，这里生活着黑熊大小的犰狳、200 磅（约 90 千克）重的巨型海狸和 700 磅（约 320 千克）重的剑齿虎，以及已知体型最大的熊。即使在四腿站立时，短面熊也比大多数人要高，其重量可达 1800 磅（约 820 千克）。这样的体重，只需爪子随意一挥，就足以将“布丰的谬论”击得粉碎。

当然，所有这些巨兽都灭绝了。在今天的我们看来，灭绝是一件稀松平常的事。“但如今这些问题之所以简单，是因为它们都得到了解答，”20 世纪的古生物学家乔治·盖洛德·辛普森（George Gaylord Simpson）曾提醒读者，“每一个答案都与 1700 年之前经千年积累的知识相悖。它们不仅要求摒弃人类最喜爱的一些信念，还要求发展出全新的思维方式和科学解释工具。这是 18 世纪的伟大成就，其革命性的进步意义，甚至比 19 世纪的演化论更为彻底……”[36]

对科学界来说，“存在锁链”的打破和消亡在1796年1月21日成为了现实。当时，一位负责解剖大地懒的解剖学家站在巴黎的国家科学与艺术学院讲台上，就大象的过去和现在侃侃而谈。26岁的乔治·居维叶英俊、自信，长着一头浓密的红发，脸形瘦长，下巴结实。他刚刚入职法国国家自然博物馆，得以有机会对各种厚皮动物标本进行详细比较，其中一些标本是法国军队刚从荷兰掠夺的。居维叶第一次提出了表明非洲象和亚洲象是不同物种的证据，并指出西伯利亚猛犸象和他所谓的“俄亥俄动物”[37]也不是一回事。他认为，像猛犸象这样的大型动物很难不被“一直在这块大陆上四处迁徙的游牧民族”[38]注意到，因此，它们的灭绝就成了无法改变的事实。

居维叶没有政治诉求，但他的思想反映了那个时代的政治事件。地质学家马丁·鲁德威克（Martin Rudwick）表示，居维叶认为物种的灭绝引领了“这个世界的变革”[39]，这样的表述在牛顿学说主导的科学世界里十分常见。灭绝也引发了剧变，“我们之前的世界，被某种灾难毁灭了”[40]，就像法国大革命刚刚把旧政权拖入深渊。

居维叶并没有这么说。但很快，他对往昔世界的研究工作就带来了某种复兴。

第六章 崛起

号筒要吹响，死的要复活，成为不朽坏的，我们也要改变。

——《哥林多前书》15：52

查尔斯·威尔逊·皮尔身材高大，相貌英俊，有一双敏锐而深邃的眼睛。他既充满孩子般的热情，又有着成年人的精力和抱负——他不仅是肖像画家，还是发明家、木匠和表演家；他同时也忠于家庭，是 16 个孩子的父亲，而三任妻子都先他而去。1782 年，在拥有第一批“不明种”的骨骼后，他开始了一场对自然界知识“无法抗拒且令人着迷的”探索[1]。按他的性格，他希望自己创建的博物馆能囊括“所有能走、能爬、能游、能飞的东西，以及其他所有一切”[2]。于是，位于费城伦巴第街和第三街交叉口的皮尔家族住宅很快就无法容纳他的藏品了。

1794 年，皮尔将他的博物馆向北迁移了 6 个街区，来到了美利坚共和国的中心地带。费城博物馆（也就是皮尔的博物馆）的新址将设在美国哲学大厅，几乎就是宾夕法尼亚州议会大厦（如今的独立大厅）的附属建筑。不久前，这个国家的领导者曾在此讨论过《独立宣言》和美国宪法的措辞。当时，美国国会的会议地点就在附近，自然和国家便紧密地联系在一起。由于史密森尼学会要等到半个世纪后才建立，因此皮尔所建立的实际上就是美国的国家博物馆。

皮尔有着企业家的手腕，将原本枯燥的搬迁事务变成了一场宣传活动。他雇了一些人，让他们扛着美洲水牛、美洲豹和“虎猫”的标本。他还招募了“附近所有的男孩”，拿着“体型较小的动物”标本，排成长队跟在后面游行。沿途的住户纷纷走到门窗前观看，使“孩子们感到无穷的乐趣”。这些年轻的志愿者们也使皮尔“节省了一些搬迁易损物品的费用”。[3]

皮尔的博物馆门票上印着这样的标语：“鸟兽会指教你！”[4]［转述自《约伯记》（12：7）的“你且问走兽，走兽必指教你”。］在他看来，飞鸟和走兽可以教导人们理解美利坚共和国的伟大。美国的物种以立体透视模型的形式展示，与国家的英雄人物肖像交替出现。美国野生动物的丰富性和有用性预示了这个国家未来的财富。皮尔甚至从中发现了美国与生俱来就体面正派的证据。旧世界的杜鹃是臭名昭著的不忠象征（它们把蛋产在其他鸟类的巢里），而美国的杜鹃则成双成对地建造它们的巢，并悉心照料后代。他写道：“我们很自豪地相信它们彼此忠诚，始终如一。”[5]

和杰斐逊一样，皮尔也认为“不明种”的庞大体型完美回应了布丰的“荒谬想法”。1801 年，皮尔得知在哈得孙河谷刚刚发现了“一种量级非同寻常的动物”[6]。当年 6 月，他用了三周时间，乘坐公共马车和单桅帆船来到纽约州的纽堡市（Newburgh）。在

查尔斯·威尔逊·皮尔希望他的博物馆能借助乳齿象颌骨（右下角）等标本使人们了解到美国的伟大

那里，一位名叫约翰·马斯滕（John Masten）的农民从泥灰岩坑里挖出了一具稍显零散，但几乎完整的“不明种”骨架化石[7]。他将其陈列在谷仓的地板上，对参观者收取少许入场费。皮尔假装自己只对画草图感兴趣，他将纸张粘贴拼合在一起，画出实际大小的骨骼。在一段时间里，他设法掩饰了自己的收藏渴望。最终，他花 200 美元——相当于现在的 2500 美元——买到了这些骨头[8]，另外还花了 100 美元，获得了亲自完成后续挖掘的权利。皮尔写道，赢得这场交易后，“我的心因喜悦而狂跳”。这位农民也尝到了甜头，他为大儿子买了一把枪，为女儿们买了几件纽约时兴的礼服。皮尔购买化石的消息“必定像野火一样蔓延开来”。回家途中，当他在纽约逗留时，好奇的人群围了过来，盯着他带回的怪物。皮尔写道，所有人“似乎都很高兴这些骨头落入我的手中”，因为它们“将被这个国家收藏并保存起来”。[9]

1801 年 8 月初，皮尔回到了纽堡，从美国哲学会（由托马斯·杰斐逊主持工作）那里借了 500 美元，并制定了一项雄心勃勃的计划，要从马斯滕农场一个被洪水浸没的池塘里挖掘出更多骨头。皮尔后来在一幅历史画中纪念了这一场景：闪电从天空的黑色角落霹雳而下，远处的马匹惊慌失措。为了抽干池塘里的水，皮尔在高高的河岸上设计了一个巨大的木制水车，由人在里面踩动，如同仓鼠踩着转轮。木轮的转动带动了一条长长的传送带，上面挂满了水桶。每个水桶舀起几加仑的水，倒入一条斜槽，让水流到附近的山谷里。工人们从暴露的池底往上递泥土，其他人则在筛选骨头碎片。一名赤裸上身的男子站在水中，举起一根似乎是腓骨的东西。皮尔还在主持这项工作，他的一只手张开，另一只手则拿着一幅长长的图卷，画的是乳齿象的腿骨。

尽管这幅历史画的标题是《发掘第一头美洲乳齿象》（*Exhuming the First American Mastodon*）[10]，但皮尔在这次挖掘中其实只找到了骨架中一些缺失的部分。在此后两次没那么有画面感的发掘中，皮尔获得了更好的回报——复原了第二具几乎完整的乳齿象骨架。皮尔用来展出的仍然是他从约翰·马斯滕的谷仓地板上买来的骨架。这幅历史画只是为了把故事讲得更好，更像是一个精明的自我推销作品。皮尔并未对此表示歉意，他说："考虑到我并没有因过度吹嘘而让博物学家的品格受到贬低——一点点的夸张似乎是绝对必要的，这样才能引起公众对这些物品的注意。"[11]

回到费城，皮尔花了三个月时间，进行了"无数次尝试，先放上一块，再将另一块放上去，然后不停地转动方向"[12]，才弄明白这些残骸到底是什么。皮尔的奴隶摩西·威廉姆斯（Moses Williams），他被皮尔称为"我的穆拉托*伙计摩西"[13]——做了很多工作，似乎都是在皮尔家的客厅完成的。不久之后，在皮尔家成长起来的威廉姆斯就赢得了自由，他的经历与故事里的灰姑娘有几分相像。皮尔的一个孩子只比威廉姆斯大六个月，却贬损他年轻时"一无是处"。皮尔自己则在一句话中同时赞扬和侮辱了威廉姆斯，他指出，即便是"最专业的解剖学家"，在研究乳齿象时也不可能比"学识最少的人"——也就是威廉姆斯——

---

* Molatto，又称 Mulatto，通常指白人和黑人混血的后代，有时泛指混血儿。

做得更好。威廉姆斯“试着把碎片拼在一起时，（并不是）找最可能的位置，而是找旁观者看来最不可能的位置。然而，在这方面，他比其他所有被雇佣的人都做得更好”。皮尔用纸浆和木材填补了缺失的部分，小心翼翼地标示了这些地方。不过，身为展览者或艺术家的他稍微夸大了“不明种”的大小，做出了一副肩高达到 11 英尺（约 3.4 米）的骨架。后来，他在关节处塞入软木，作为额外的“软骨”，使骨架变得更大。

第一副完整的骨架在 1801 年的圣诞节前准备就绪，皮尔自己则为即将完成的“第二件作品”感到自豪[14]。为了给开幕式招揽生意，他让威廉姆斯戴上印第安人的头饰，骑着白马，在小号的乐声中沿着城市的街道游行，一路分发印有印第安人传说的传单。“很久很久以前”，有一只动物漫步于“幽暗的森林中……它大得如同陡峻的悬崖，残忍得就像嗜血的豹子”。只要花上 50 美分，就能进入博物馆的“猛犸室”。现在，费城人可以睁大眼睛，一睹“陆地上最大的生物”了[15]！

这是世界上第二次复原化石物种（第一次是在马德里复原的大地懒，显然没那么激动人心），并成为一次全国性的狂热。消息迅速传开，“……直到大众比科学家更渴望看到这一伟大的美国奇迹，”传记作家（也是皮尔的后裔）查尔斯·科尔曼·塞勒斯（Charles Coleman Sellers）描述道，“单单‘巨大’的概念就令所有人激动不已。一夜之间，‘猛犸’一词*以新颖而惊

* “mammoth”一词意为猛犸，亦有“庞大、巨大”之意。

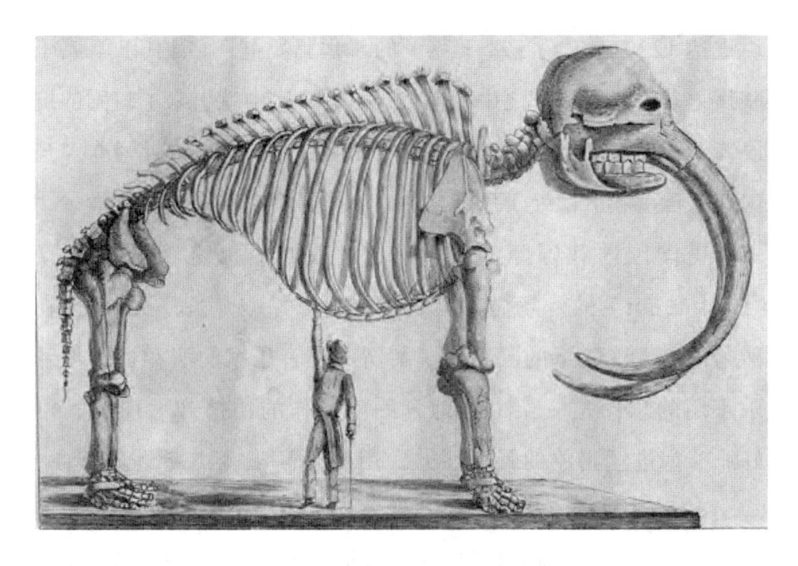

皮尔家族认为“不明种”“残忍得就像嗜血的豹子”，他们最初展示该物种标本时，还加上了向下弯曲、用于刺穿猎物的獠牙

人的方式广为人知。”[16]事后看来，“猛犸”一词其实是错的。我们现在知道，来自纽约的标本并非猛犸象，而是乳齿象，前者在美国西部的草原上更为常见。但在那时，费城的面包师售卖的是“猛犸面包”；在华盛顿，一个“猛犸食客”在10分钟内吃掉了42个鸡蛋；而在纽约，有人种出了20磅（约9千克）重的“猛犸萝卜”。[17]

不久前，托马斯·杰斐逊击败现任的约翰·亚当斯，成为新一届美国总统，他也深陷共和党人与联邦党人的激烈冲突中。考虑到他对博物学的长久兴趣，任何与“猛犸”相关的东西似乎都是在向他的对手挑衅。马萨诸塞州柴郡的妇女们给白宫送来了一块重达1230磅（约558千克）的“猛犸奶酪”，因其以不属于联邦党人的奶牛所产之牛奶制成，在运送途中就引来了喧闹的抗议者。“约翰·亚当斯发出了一个悲哀的警告，”塞勒斯写道，“当国家的自由和道德处于危险之中时，人们不应该谈论博物学。”[18]

美国国内和国际的政治形势也影响了皮尔之子伦勃朗（Rembrandt）的一场做秀。13位绅士，一人代表一州，坐在猛犸象巨大胸腔下的圆桌旁，聆听一位音乐家的演奏。这位音乐家用的乐器是一架由当地发明家制作的便携式大钢琴，刚好能够塞进猛犸象的骨盆下方。用餐者高唱《杰斐逊进行曲》（*Jefferson's March*）和《洋基歌》（*Yankee Doodle*），发表爱国的祝酒词，同时小心翼翼地不把酒杯举得太高。“敬美国人民：愿他们在世界民族之林中卓然超群，正如我们头顶的华盖胜过老鼠的躯体！”[19]1802年6月，年轻的皮尔带着第二具骨架从纽堡登船，前往欧洲展示这件象征美国强大力量的标本。

号角即将吹响

在巴黎，乔治·居维叶很快将博物学变成了一门更为科学的学科。其他博物学家热衷于研究动物的外表，居维叶却是一位比较解剖学家，他的分类基于动物身体结构的形态和功能，以及不同物种之间的差异。他还将自己标榜为大师，不仅能发现消失的物种，还能神乎其技地将它们的骨架一根一根地复原。“一篇又一篇详细的研究报告，都对现生哺乳动物进行了抽丝剥茧般的比较解剖学描述，”地质学家马丁·路德维克（Martin Rudwick）写道，“他由此证明了曾有类似大象、河马、犀牛、犰狳、鹿、牛这样的物种存在过。它们不同于任何现生物种，当中许多都有着更大的体型，而且，所有这些物种显然已从地球表面消失。复原一座如此壮观的动物园，确实是非常了不起的成就，这让居维叶在科学界声名鹊起。”[20] 凭借褪色的骨头和庞大的形体，他将吹响《圣经》的号角，“死的要复活，成为不朽坏的”[21]。

据推测，促使居维叶成为博物学家的开端，可能是他小时候在伯父家发现了一本布丰的《博物志》。和一些对书籍着迷的孩子一样，居维叶临摹了该书的插图并尝试涂色，而这有时需要仔细阅读文本。后来，他根据布丰的描述，尝试画一些书中没有插图的动物。尽管成年后的居维叶曾贬低布丰的作品不够科学，但正是这些作品在他的科学家生涯中起到了关键作用。不过，这听起来更像是一个“刚好如此”的故事。可以肯定的是，居维叶在斯图加特（Stuttgart）上学时就喜欢自然写生，后来在诺曼底（Normandy）当家庭教师时，他还画了许多昆虫、两栖动物和其他生物的精确详图。

在谈到自己如何对化石产生兴趣时，居维叶写道：“作为古物学家中的‘新物种’，我必须学会修复这些过往的纪念物，使它们有意义；我必须收集和整理这些碎片，按顺序重新组合起来，按它们的比例和特征重建其所属的古代生物，最后将它们与今天生活在地球表面上的生物进行比较。这是一种几乎无人知晓的艺术……”[22]

乔治·居维叶让科学界接受了物种灭绝是一个事实，而非异端邪说

居维叶似乎同时具备了扎实的解剖学知识以及由此锻炼出来的丰富想象力。典型的化石发掘很少是整洁或显而易见的；你无法像卷毯子一样把岩石卷起来，暴露出某个消失物种的完整骨

架，仿佛它在睡眠中被保存下来。更多的时候，你发现的是一堆毫无意义、支离破碎的骨头，而且往往是多个物种共用一个凌乱的墓穴。

为了使比较解剖学建立在合理的基础上，避免拼凑出“人工合成”的生物，居维叶遵循两个工作原则。“部分相关”原则认为，如果动物的某一部分明显具有某种功能，那么这种动物的其他部分也应符合这一功能。比如，如果一种动物有着食肉动物的牙齿，那它也会长有爪子。至少对居维叶来说，这其中许多微妙的相关性就如数学原理一般存在着必然性：“……牙齿的形态引出了髁（关节的圆形突起）的形态，肩胛骨的形态引出了指甲的形态，这就像一个蕴含着所有属性的曲线方程……同样，指甲、肩胛骨、髁和股骨，也分别揭示了牙齿或彼此的形态；从任意一个这样的部分开始，这位思维缜密、深谙有机体效用法则的教授都能重建整个动物。”[23]

在思考如何给复原生物分类时，居维叶从植物学家安托万－罗兰·德·朱西厄（Antoine-Laurent de Jussieu）那里借用了第二条原则，即“特征的从属关系”。他没有像林奈在研究植物的生殖器官时那样只关注单一特征，也没有对所有特征一视同仁，而是建立了一个生物特征的等级体系，并且在分类学上更着重考虑那些对特定生物的生活方式更为重要的特征。居维叶的推理研究方法使比较解剖学成为一门学科。但据传记作者威廉·科尔曼的描述，居维叶实际采用的工作方法很少符合自己的原则。

各部分的关联

在当时还是巴黎郊区的蒙马特（Montmartre），人们从一个石膏采石场发掘出了令人印象深刻的化石。该遗址如今深埋在通向圣心大教堂的花园之下，但当年的场景在文森特·梵高（Vincent Van Gogh）的一幅画作中得以保留。画中的采石场位于坡地底部，如同一条灰色裂缝。从这里开采的白色岩石，成为巴黎的主要建筑材料，留存至今；这里同样出产灰泥，即熟石膏。在检查了采石场的各式化石之后，居维叶不敢肯定他能实现必要的"小规模复原"。他担心自己缺少那支"全能的号角"。然而，他显然比这些话所暗示的更有信心。

其中一项复原工作涉及一种大型哺乳动物的骸骨。居维叶首先查看牙齿，这是数量最丰富，也最耐久的动物遗存，因此成为标准的复原起点。他认为，从牙齿的数量上看，这种动物很像现代的貘，但从臼齿的形状上看，它们又像犀牛。他排除了该动物头部具有犀牛角的可能性，因为鼻骨太小，无法提供支撑。从上颌骨的形状以及巨大的上颌神经导管（大象的特征）的缺失，居维叶推断出这种动物的鼻子较小，与貘类似。最终，居维叶在两个新的属——古兽马属（*Paleotherium*）和无防兽属（*Anoplotherium*）——之间犹豫不决，难点在于通过已有化石来复原这种动物的脚。居维叶写道，古兽马属在其他方面都与现代的貘极为相似，因此，没有博物学家能"克制自己不由自主地大喊：这只脚是为这个头而生，而这个头又是为这只脚而生"[24]。

传记作者威廉·科尔曼写道，居维叶的做法“严重背离了之前他所宣称的理论原则”[25]。他更多地是依赖对现代动物的了解，而不是骨骼化石中“各部分的关联”。一个可堪夸耀的例子是，有人从蒙马特运来了一块裂开的石板，其中一面显露出化石痕迹。居维叶检查了该化石的牙齿和下颌，发现它与现生负鼠非常相似。他不仅将其归入负鼠属（*Didelphis*），还在一群博学的客人面前，大胆预言自己将发现两根特征性的骨头，与现生有袋类动物一样，这两根骨头都从骨盆向前突出。接着，居维叶开始清理石板，很快就挖出了他预言的骨头。居维叶坚称，这并不是他那些“动物学定律”的“神奇典范”，但对他的观众而言，这简直是天才之举。

居维叶不仅复原了往昔的世界，还向其中补充了大量新物种，几乎赶上了现代世界发现现生新物种的速度。根据一件来自德国巴伐利亚州的化石标本，他鉴定出已知第一种会飞的爬行动物——翼手龙，并将其命名为 *Pterodactylus*。他把一种巨大的海洋蜥蜴命名为 *Mosasaurus*（沧龙属），并推测爬行动物曾经统治地球。在另一篇论文中，居维叶给“不明种”起了个新名字。这篇论文在 1806 年发表，标题十分冗长：《关于雄伟的乳齿象：一种非常接近大象但臼齿中镶嵌着巨大突起的动物，其骨头发现于两个大洲的多处地点，特别是在北美俄亥俄河的河岸附近，并被英国人和美国居民错误地称为猛犸象》。[26]

居维叶指出，作为草原动物的猛犸象，与作为森林动物的乳齿象之间存在关键区别：猛犸象的臼齿相对光滑，适合吃草；而乳齿象具有巨大的圆锥形齿尖，用于取食更难咀嚼的树叶和树枝。有点奇怪的是，这些圆锥形齿尖使居维叶想到了乳房。于是，他用希腊语中表示“乳房”或“乳头”的“mast”，与表示“牙齿”的“odon”组合成了“mastodon”（乳齿象）。

居维叶感兴趣的主要问题在于，这些灭绝物种如何在世界历史中占据一席之地。他逐渐认识到，从接近地表处发现的化石比存在于更深、更古老地层中的化石更接近现存物种。因此，化石记录中存在着某种方向性——如果还不能称为“进步”（progress）的话。让－巴蒂斯特·拉马克是居维叶在法国国家自然博物馆的同事，他已经提出了第一个完整的演化论理论，认为随着时间的推移，物种会随环境变化而改变并完善。但是，居维叶并不认为“在一代又一代的时间里，通过生活习性的改变，所有的物种都可以互相转化，或者从某个物种形成其余的物种”。他指出，化石记录中缺乏能够证明“这种奇怪谱系”的中间形态证据。他还指出，古埃及的朱鹭和其他动物的木乃伊与它们在现代世界的后代是一样的。因此，他总结道：“已经灭绝的古代物种在形态和特征上与如今存在的物种一样，都是永恒不变的。”[27]

“突破时间的限制”

所谓永恒不变，就是只有在发生末日灾难的时候，物种才会湮没。居维叶想象了一个动荡的世界：“无数生物体成了这些灾难的牺牲品。有的被洪水吞噬，有的在海床突然升高时被风干。

它们的族群甚至永远消失了，在这个世界上留下的，只是一些博物学家难以辨认的残骸。”[28]

正如居维叶所预想的那样，这种大规模灭绝的观点既让人激动，又让人恐惧，造就了19世纪浪漫的想象。法国历史学家克劳丁·科恩（Claudine Cohen）写道，居维叶选择“悲剧化和刻意夸张的词汇来打动读者，让博物学家成为新的英雄，让博物学成为新的史诗”。通过复原这段混乱的历史，“居维叶也建立了自己的神话”，展示自己“如同一个新的造物主，可以‘突破时间的限制’，并‘通过观察……重新发现人类物种诞生之前的世界历史和一系列事件’”。科恩还补充道：“灾难和洪水的画面会一直萦绕在浪漫的梦中，直到这个世纪的尾声。”[29]

几乎所有人都被居维叶的大灾变叙事所征服。在1828年的会面之后，法裔美国画家约翰·詹姆斯·奥杜邦以一种特有的风趣来描述这位伟大的古生物学家，使他看起来不大像博物学的浪漫英雄，而更像一只填充过度的鸟（居维叶有时被称为“猛犸”，不仅仅是因为他知识渊博）：“……体型肥胖，大约5英尺5英寸（约165厘米）；头大；脸上布满皱纹，泛着褐色；眼睛是灰色的，炯炯有神；鹰钩鼻，大而红；嘴大，嘴唇红润；牙齿很少，随着年龄的增长而变钝，除了下颌的一颗，大约有四分之三英寸（1.9厘米）见方。经过我这番描述，居维叶几乎像是一种新的人类。”[30]

在其他人看来，居维叶无疑是一个天才。矛盾的是，他描写往昔世界的作品成为了文学现实主义和浪漫主义的灵感来源——在同一个作者身上。据文学评论家理查德·萨默塞特

（Richard Somerset）的观点，奥诺雷·德·巴尔扎克（Honore de Balzac）是一个“试图让自己看起来像科学家的小说家”，他从居维叶的“复活程序”（即复原灭绝生物的过程）得到启发，开始密切关注看似平凡的细节。“据说居维叶能从一根骨头推断出整个解剖结构；巴尔扎克则认为，他可以从一个动作、一个眼神，从身形和穿着方式等推断出一个人的全部性格。”[31]

巴尔扎克也很愉快地借鉴了居维叶的凌厉文风和宏大叙事。“当你在阅读居维叶的地质学著作时，难道从来不曾进入过浩瀚的时空？”他在1831年的小说《驴皮记》（*La Peau de Chagrin*）的开头问道，“你是不是被他的想象迷住，如同被魔术师的魔杖托住，悬浮在无边无际的深渊上？……居维叶难道不是我们这个时代的伟大诗人吗？……我们不朽的博物学家用几块白骨重建了过去的世界；他像卡德摩斯（Cadmus）* 一样重建了城市，只不过用的是怪物的牙齿；通过从煤块里收集到的所有动物学秘密，他复原了整个森林；从猛犸象的脚上，他发现了一个体型庞大的种群。”[32]

由散落的“不明种”骨骼引发的一切，此时在现生世界里结出了果实。对美国来说，“猛犸”释放了19世纪美国人特有的对粗犷和庞大事物的喜爱，帮助建立了某种国家认同感和自信心。对于科学，“不明种”的灭绝创造了新的世界观。并不是每个人都能接受居维叶关于地球历史的灾变论，比如在英国，地质

---

* 腓尼基人，相传他建造了古希腊的忒拜城。

学家查尔斯·莱尔（Charles Lyell）提出了一个更为渐进的变化过程。然而，通过打破“存在锁链”的神话，并使灭绝成为不可否认的事实，居维叶摧毁了一个安慰人心的观念：自然界中充满秩序和设计。

直到最近，历史学家大体上还是将居维叶视为物种具有固定属性这一观点的坚定捍卫者。但通过复原消失的物种，并将化石按其在地球历史上的正确顺序排列等工作，居维叶建立并扩展了地质年代的尺度。他的革命性成就使现代生物学的发展成为可能。1832 年 5 月，61 岁的居维叶死于霍乱。也就在那个月，另一位物种猎人查尔斯·达尔文正随英国皇家海军的“小猎犬号”（*HMS Beagle*）沿南美洲海岸航行，开始以新的方式思考生命的本质。

第七章　大河向西流

总有一天，对于我们这片土地上一切产物的认知，抑或是我们的科学观点，我们都不必再对外国人士感恩戴德。[1]

——托马斯·赛伊（Thomas Say）

美国肯塔基州的路易斯维尔（Louisville）是位于俄亥俄河畔一个繁荣的边境小镇。1810 年春天，当地一名移民店主迎来了一位流浪博物学家的意外拜访。亚历山大·威尔逊（Alexander Wilson）来自苏格兰，在鲁莽地向当地磨坊主勒索钱财并惹上麻烦之后，他决定出走美国。他重塑了自己的形象，变成了观鸟者兼艺术家，同时也是一个热情的美国人。此时，他正在沿途收集物种并加以描绘。他还试图推销自己已经开始出版的九卷本著作《美国鸟类学》（*American Ornithology*）。在驳斥布丰关于美国物种"退化"的观点时，托马斯·杰斐逊用的是言辞，查尔斯·威尔逊·皮尔用的是博物馆，亚历山大·威尔逊则打算用他的速写本和野外调查。

以交嘴雀为例，这种鸟的特征如其名字所示，看起来有些怪异，特别是对于只从自然环境中采集标本的欧洲研究者而言。交嘴雀的上下喙是弯曲的，在闭合时呈交叉状，"这是一种自然的错误和缺陷，是一种无用的畸形"，布丰如是说。威尔逊采集了交嘴雀标本，检查了其胃内容物，并观察了它们的行为。事实证明，这些形状奇特的鸟喙可以完美地撬开松果，将种子取出。威尔逊写道，这种偏离寻常形态的特征，"并不是那位法国著名博物学家所暗示的缺陷或畸形，而是对伟大造物主的智慧和仁慈的惊人证明"[2]。

据费城的一位熟人描述，40 岁出头的威尔逊身形瘦削，略显严厉，额头很高，"有一双明亮的眼睛，头发是黑色的，像印第安人一样"[3]。相比之下，路易斯维尔那位店主的描述就没那么友善了。在时年 23 岁的店主看来，威尔逊长着鹰钩鼻，目光敏锐，唯一的伙伴是一只宠物鹦鹉，还喜欢用长笛吹奏忧郁的苏

在一次愚蠢的敲诈尝试失败之后，亚历山大・威尔逊出走美国，并将自己塑造为美国知名鸟类学家

威尔逊将交嘴雀视为对上帝智慧的证明

格兰曲调。威尔逊向店主推销了他的《美国鸟类学》，这本书后来成为观察美国鸟类的重要指南，奠定了他作为美国鸟类学之父的地位。据店主多年后的描述，在他正准备签字的时候，生意伙伴在隔壁用法语大声说道，店主自己的画明显“要好得多”[4]。这位合伙人很可能还提醒他，对一个事业刚刚起步的年轻零售商来说，120 美元的价格恐怕是相当沉重的负担。

不管怎么说，当威尔逊看到店主的羽毛笔停在半空时，不免有些沮丧。他以一种仍然希望做成这笔生意的推销员的态度，询问面前这位年轻店主是否也可能是艺术兄弟会的成员，答案再次令他失望。两年前，威尔逊曾写信给一位朋友：“如果我的错误是出版了一部对这个国家来说过于优秀的作品，那这个错误不太可能很快再犯。”[5]此时，这位名叫约翰·詹姆斯·奥杜邦的店主拿出了自己的画集，摊开在柜台上。这就是多年以后出版的、被称为有史以来最伟大图谱的《美洲鸟类》(*Birds of America*)一书的开端。

威尔逊别无选择，只能深吸一口气，称赞这位年轻人的作品。他注意到两种未被描述过的鹟，便记录下来。奥杜邦并不痴迷于发现新物种的荣誉，在博物学家中堪称另类。他将这两个物种的绘画送给威尔逊，并允许后者使用。威尔逊有些沮丧地回应道：“我必须自己去看看。”[6]不过，他同意让奥杜邦带他去路易斯维尔郊外的池塘，让他看看美洲鹤、沙丘鹤和其他物种。“我们一起打猎，收获了他以前从未见过的鸟类”，奥杜邦写道。多年以后，当威尔逊的部分日记在其去世之后出版时，奥杜邦或许会对威尔逊在离开路易斯维尔时写下的评论感到恼火。在这个地方，威尔逊一本书也没有卖出去，他因此写道：“科学或文学在这个地方找不到一个朋友。”[7]

两位这样的人物在俄亥俄河畔相遇，并在野外共度时光，追寻他们对自然界的热忱，其实并不稀奇。那些年里，曾有许多博物学家成群结队地穿过俄亥俄河谷，其中就有鱼类学家查尔斯-亚历山大·勒修尔(Charles-Alexandre Lesueur)，他曾随博丹船长的法国海军远征队航行到澳大利亚海岸；还有名字听起来颇具异国情调的德国探险家——莱茵河畔维德-新维德的马克西米利安王子(Prince Maximilian of Wied-Neuwied on the Rhine)。

费城，这座城市可能以“美国的雅典”[8]和新大陆博物学总部之名而自豪，但真正的发现工作是在俄亥俄河这条向西奔流的大河上进行的。博物学家们深入森林和沼泽，也深入河流之中，努力探索着发现的意义，以及如何描述和保存标本等具体的细节。这里也为许多探险队提供了舞台，正是他们的探险远征塑造了美利坚合众国，在法律和制度之外，将这个国家定义为一片充满生机的生物栖息地。

汽船海怪

1819 年 5 月，一个奇异的幽灵——外形好似童话怪物，身体里却蕴藏着当时最先进的技术——穿过俄亥俄河，向密西西比河远方的荒野进发。“西部工程师号”（*Western Engineer*）蒸汽船长 75 英尺（约 23 米），宽仅 13 英尺（约 4 米）[9]，可在狭小空间里航行，桨轮位于船尾，可以最大限度地减少障碍物和浮木的损害。探险队的官方记录很平淡地指出，沿河行进时“船体结构上的一些特点引起了人们的注意”[10]。

一位报社记者捕捉到了更为丰富多彩的细节：“这艘船的船头呈现一条大蛇的形状，黑色且布满鳞片，蛇头伸出水面，和甲板一样高，向前冲去。”这条大蛇张着大口，喷出大量来自发动机的废气，仿佛在喷火。在船尾，“一股泡沫横飞的水流”从船下涌了上来。“所有机械都被藏了起来……帮助船前进的既不是风也不是人手”。这艘船仿佛是被“一只水怪背着前行”，“既吸引了野蛮人的注意，又令他们感到敬畏”[11]。

略显实用主义的是，“西部工程师号”上载着两幅画，一幅描绘了一个白人和一个印第安人在握手；另一幅则是北美原住民所用的长杆烟斗，象征和平。不过，这艘船也“枪炮林立”，后甲板上的驾驶室还是防弹的。为了在“无法无天和掠夺成性的野蛮人”[12]中旅行，一位探险队员对军火库进行了清点：船头装有一架能发射 4 磅（约 1.8 千克）炮弹的黄铜大炮，此外还有 4 门榴弹炮、2 门小火炮、12 把滑膛枪、6 把步枪、若干鸟铳和 1 把气枪（大概是为了在收集鸟类时尽量减少对其羽毛的损伤），以及 12 把军刀和手枪等各种私人武器，“各种弹药都相当充足”。

船体两侧分别写着美国总统詹姆斯·门罗（James Monroe）和战争部长约翰·C. 卡尔霍恩（John C. Calhoun）的名字，他们是这次远征背后的“推动力量”[13]。卡尔霍恩曾命令三支探险队进入美国西部，其中两支由军人组成，奉命在密西西比河和密苏里河沿岸的印第安领地上营造堡垒。第三支探险队由斯蒂芬·哈里曼·隆少校（Major Stephen Harriman Long）指挥，乘“西部工程师号”探索这两条河的支流，然后骑马兼步行前往落基山脉。这是首次有训练有素的博物学家参与的美国西部探险活动，又称“隆远征”。

这艘“由怪物推动的船”“疲倦地冒着烟，猛烈拍打着波浪”，如此壮观的景象让记者想起哈姆雷特看到父亲的鬼魂时所提出的疑问：

> 你是慈悲为怀还是居心叵测？

你的这副形状是如此可疑。*

船上的人无疑会回答“慈悲为怀”。即使是战争部长也敦促探险队“用善意和礼物安抚印第安人”，同时查明“各个部落的数量和特征”，以及他们的领地情况。卡尔霍恩强调“科学目的”和记录“与土壤、国家面貌、水道和生产有关的一切有趣的东西，无论是动物、蔬菜还是矿物”的必要性。[14] 他写道，这是“我们国家越来越引人入胜”的一部分。和其他地方一样，科学将是占领和开发西部的“先遣队”。

俄亥俄河蜿蜒流过低矮崎岖的山丘，在19世纪的头几十年里，这条河沿岸仍覆盖着茂密的森林。经过大致位于匹兹堡和辛辛那提中间的加里波利斯（Gallipolis）时，“西部工程师号”上有人记载道，“这是我见过长得最好的水青冈林”。在辛辛那提的下游，一位同行者谈到了“森林的壮丽”[15]，悬铃木的“雪白”枝丫与其他树木的“翠绿形成了绝妙对比”。但是，定居者很快就砍伐了这些森林，以种植庄稼和建造城镇。到1819年，已有25 000人生活在辛辛那提。一位旅行者评论道，植被突然从茂密的森林变成开阔的田野，这很容易让河道领航员感到困惑。阴影和倒影使得夜晚行船时很难保持在河流中央。

古怪的合作者

甚至在离开匹兹堡之前，“西部工程师号”上的博物学家们

---

* 引自李其金译本。

就已经被康斯坦丁·拉菲内克这位天才怪人抢了先机。拉菲内克没有参与远征，但他的工作令这些博物学家黯然失色。他们用钩线最先钓到的物种之一，是一只奇特的水下蝾螈，它既有肺也有鳃，现在通常称为斑泥螈。船上的首席博物学家托马斯·赛伊给它起名为“*Triton lateralis*”[16]。在此次远征的官方记录中，他用了4个单倍行距的页面，以自己典型的方式一丝不苟地描述了该物种的细节（“……尾巴较扁，上下有边，矛尖状……”），还备注了他在费城自然科学院（Academy of Natural Sciences）* 对一个类似标本做的解剖记录。后来发现，拉菲内克早在一年前，也就是1818年时就已经发表了这一物种的描述。他的报告有些草率，而这也是他的特点。但是，优先权——成为第一个发表者——在科学发现中非常重要。于是，拉菲内克所取的学名“*Necturus maculosus*”就占了上风。[17]

尽管拉菲内克和赛伊都精力充沛地致力于美国博物学研究的神圣事业，但二者却代表了科学界的两极对立。拉菲内克是一个“物种贩子”，他太过沉醉于新的发现，对自己的工作却不太上心。赛伊则是一丝不苟的观察者，专注于描述那些真正的新事物，并且总是详尽无比，使其他博物学家能够在其工作基础上有所建树。他们都在俄亥俄河谷和费城工作多年，但相同之处也仅此而已。

俄亥俄州一位认识拉菲内克的女士将他描述为一个“孤独、

---

* 即今天的费城自然科学博物馆，已被纳入德雷赛尔大学。

没有朋友的小家伙”[18]。他的身材瘦小，有着黑色的眼睛和柔滑的头发。由于过度专注于工作，拉菲内克经常在野外考察后忘记清理身上的泥土。他出生在君士坦丁堡，父亲是法国商人，母亲是德国人［在欧洲，他使用的是双姓“拉菲内克－施马尔茨”（Rafinesque-Schmaltz）］。父母常带着他四处旅行，这使他在成长过程中很少接触到其他孩子，或许这就是他缺乏社交技能的原因之一。他几乎病态地痴迷于数字，并吹嘘自己在 12 岁时就读了 1000 本书。然而，对于后来他倾注激情的知识领域——新物种的发现，他却从未接受过正规的科学训练。拉菲内克对命名和分类的热情是如此之高，以至于有人推测，他曾经投稿过一篇描述 12 种雷击和闪电新类型的科学论文。

在肯塔基州莱克星顿（Lexington）的特兰西瓦尼亚大学，拉菲内克对听众说道：“自然就如同一位美丽而谦逊的女子，隐藏在层层面纱之下……”[19]他自认是极少数“备受眷顾”可以取下这些面纱，并“一睹她的芳容”的幸运儿之一。但在许多博物学家看来，他更像是想要强暴她，并且很可能在强暴的时候高喊其他女人的名字——Rosacia！ Petalonia！ Hippocris！*古生物学家路易士·阿格西（Louis Agassiz）后来写道：“他的不幸在于他对新奇事物有着色欲般的欲望，并且鲁莽地发表了这些东西。”不过，他也补充道，拉菲内克“是一个比外在看起来更好的人”。[20]参加“隆远征”的植物学家威廉·鲍德温（William

* 语出植物学家莱昂·克鲁瓦扎（Léon Croizat），比喻拉菲内克给新物种命名的狂热。

拉菲内克疯狂着迷于物种的命名，甚至被奥杜邦愚弄，
描述了一些编造的鱼类物种，包括一种具有防弹鳞片的鱼类

Baldwin）非常瞧不起拉菲内克的工作，称这是“一个文学疯子狂野的感情流露”[21]。

酷爱传奇故事的奥杜邦留下了与拉菲内克会面的最为生动的描述。那是1818年的夏天，33岁的奥杜邦依然在当店主，但此时他已搬到俄亥俄河下游的肯塔基州亨德森市（Henderson）。拉菲内克不请自来，弓身背着一袋植物和其他标本。奥杜邦邀请他住在自己家里。“我们都已经躺下休息了，”他后来回忆道，“除了我自己，我能想到的每一个人都在酣睡，这时我忽然听到那位博物学家的房间里传出一阵骚动。”[22]

在1832年的这段回忆叙述中，接下来发生的事情，就像早几年发表的诗歌《那是圣诞前夜》（'Twas the Night Before

Christmas）的疯狂版本："我起身，没一会儿就到了那里，打开门，惊讶地看见我的客人赤身裸体在房间里跑来跑去。他手里拿着我最喜欢的小提琴，琴身已在拍打墙壁的过程中遭受重创。他试图打死从敞开的窗户飞入的蝙蝠——可能是被在蜡烛上盘旋的昆虫吸引而来。我惊愕地站在那里，而他继续跳着，跑着，转着圈，直到筋疲力尽：此时他请求我帮他打几只蝙蝠下来，因为他确信它们属于'一个新物种'。尽管我不这么认为，但还是拿起那只面目全非的克雷莫纳小提琴的琴弓，在蝙蝠出现的时候轻巧地将其打落，很快就得到了足够的标本。"用小提琴打下蝙蝠的奥杜邦在当时的博物学界还鲜为人知，而35岁的拉菲内克已经因为疯狂地追寻新物种而声名狼藉。他是科学世界里的宫廷弄臣，不时迸发出天才的思想火花，却又总在数不清的胡言乱语中将其熄灭。

相比之下，托马斯·赛伊的工作细致，质量上乘，这将使他成为美国科学界众多默默无闻的英雄之一，为物种的恰当描述树立标准。在"隆远征"开始时，赛伊32岁，他的个子高高的，颇有贵族气质。他的前额也很高，头发浓密而不羁。和拉菲内克一样，赛伊也缺乏正规的教育，但由于在费城长大，他得以向世界上最好的博物学家学习科学方法。小时候，他经常流连于皮尔家族的费城博物馆，成年后有时会在那里工作到很晚，最后只能在乳齿象的骨架下睡觉[23]，那是唯一能让他伸展6英尺（约183厘米）身躯的地方。（这比赛伊在1812年帮助建立自然科学博物馆时的住宿条件要奢侈得多，当时他将毯子盖在一具马骨上，临时搭了一个帐篷。)

博物学已经融入赛伊的血液。他的曾祖父约翰·巴特拉姆(John Bartram)也是一位博物学家，曾四处旅行收集植物，足迹南至佛罗里达，西至俄亥俄河。林奈曾经短暂放下自负，称巴特拉姆是“世界上最伟大的自然植物学家”[24](他可能是因为收到了一个塞满新物种的“巴特拉姆箱”而兴奋得晕了头)。巴特拉姆家族拥有北美最好的植物园，距离费城仅数英里，位于斯库尔基尔河(Schuylkill River)岸边的悬崖上。在那里，赛伊从伯祖父，也就是约翰·巴特拉姆的儿子威廉·巴特拉姆(William Bartram)，以及身为鸟类学家的邻居亚历山大·威尔逊那里学习了博物学。在苏格兰人威尔逊身上，赛伊获得了一种信念，他相信美国的野生动物能够将这个国家形形色色的居民凝聚在一起，形成一种共同的命运感。与灰熊和骡鹿的相遇，使他们成为了美国人。

昆虫是赛伊的专长，他在一生中发现了大约1400种昆虫，其中许多对农业有着重要的经济意义。尽管曾发现并描述了四斑按蚊(*Anopheles quadrimaculatus*)，但他不无遗憾地承认，这样的成就可能会招致“毫无顾忌的嘲笑”[25]。然而，在他去世很久之后，这个物种被证明是导致“瘴气”(即疟疾)的原因。这种疾病常使感染者备受折磨，甚至死亡，影响范围北至波士顿。赛伊也擅长贝类学。根据帕特丽夏·泰森·斯特劳德(Patricia Tyson Stroud)撰写的权威传记《托马斯·赛伊：新世界的博物学家》(*Thomas Say: New World Naturalist*)，他是最早提出用贝类化石记录来确定岩层年代的人之一。

托马斯·赛伊是第一位探索美国西部的专业博物学家，
并成为详细描述新物种的典范

在“隆远征”中，赛伊得到了提香·皮尔的大力帮助，这是后者第二次重要的探险，此时年仅 19 岁。提香·皮尔出生于父亲的自然博物馆，从小就帮助保存和安置来自世界各地的标本，包括一只马达加斯加的蝙蝠、一只食蚁兽和一只似乎在吐口水的羊驼（根据老皮尔的说法，“当它还活着的时候就经常在博物馆里这么干”）。

在提香的孩提时代，他们一家就住在博物馆的楼上，楼下豢养的动物中有一对“温驯的”小灰熊，这是美国探险家泽布伦·派克(Zebulon Pike)带到东部的，杰斐逊总统将它们捐给了博物馆。

随着两头熊长大成熟，它们温驯的性情也渐渐消失。一只猴子在经过笼子栅栏时，被其中一头灰熊很随意地扯下了胳膊和肩膀。之后，这头熊跑了出来，袭击了皮尔家的厨房。不久以后，一块招牌出现在博物馆门口，上面写着“一头上好的密苏里熊的肉”[26]，皮尔试图将其兜售给费城的老饕。事实证明，这两头熊的皮和骨头还是作为静物展出时更容易管理。对提香·皮尔来说，此时的他已为自己在自然科学事业中冒险的一生做了最好的准备。

那时的奥杜邦活跃于俄亥俄河沿岸，似乎无所不在。奥杜邦曾在辛辛那提的德雷克西部博物馆短暂工作过，主要是为展览准备标本并描绘布景。也正是在那里，他遇到了“隆远征”探险队。博物馆里展出的肯定不是奥杜邦最好的作品，但也可能是艺术上的竞争再次玷污了这次邂逅。提香·皮尔只提到，博物馆收集了“几件物品”供展览，“主要是化石和动物遗骸”。奥杜邦似乎一直站在背景中，默默地看着，“提香·皮尔、托马斯·赛伊和其他几位先生都盯着我的画”[27]。然后他们就走了过去，没再说什么。奥杜邦一直在等待时机，稳步地做着他的绘画集。又过了7年，41岁的他出版了《美洲鸟类》。

如何描述一个物种

尽管没有相关的记录，但赛伊和拉菲内克一定见过面，即使没有也无妨。赛伊参与创办了《费城自然科学院杂志》(*Journal of the Academy of Natural Sciences of Philadelphia*)，并以此追求自己所坚持的信念——科学分类体系必须清晰而连贯。当时几乎所有博物学家都是业余爱好者，他们往往不知道如何正确地描述一个物种，使其能为其他博物学家所用，并以此获得发现该物种的荣誉。规则还在制定中，而赛伊决心将这件事做好，为美国博物学奠定良好而专业的基础。

拉菲内克同样吹捧“适当的规则、原理、法则和方法”是使科学知识“完整”的关键[28]。然而，当见到任何与新物种有关的迹象时，他似乎总会将这种想法抛之脑后。奥杜邦回忆道，当他陪同拉菲内克走到河边，以证明他的一幅画里的植物确实存在时，这位客人“跳起舞来，抱着我，并兴高采烈地跟我说，他得到的不仅是一个新物种，还是一个新的属”[29]。

赛伊反对没完没了的物种命名和重命名。某些博物学家，包括声名狼藉的拉菲内克，已经掌握了积累“发现”的技巧。他们会将一个完完整整的物种，根据微小的差异细分成六个新物种。这些“分割派”使原本温和友好的赛伊出离愤怒，他谴责道：“……后来者将奋起对所有这些盗用的名字进行审判，然后怒气冲冲地把它们从名单上划掉。”[30]（他说得没错。在20世纪，“统合派”将毕生精力投入到这项艰巨而乏味的工作中，将那些重复发现的伪造物种重新归类，放回正确的分类学位置。）

赛伊还反对许多过于简洁的科学描述。他想要的是详细的专业描述——必要时可以详细得令人生厌——这样其他博物学家就可以继续研究，将该物种与新采集的标本进行比较，判断二者是否为同一物种。拉菲内克的描述通常只包含物种名称本身。

有些博物学家根本就不发表任何关于物种的描述。1830 年，当奥杜邦有了更高的知名度时，一位英国博物学家警告他："你可能没有意识到，在名称和特征公布出来之前，一个存放在博物馆里的新物种没有任何权威性。"如果不能恰当地整理标本，"我担心，对于你拥有的几乎所有物种，你都会失去发现它们的荣誉"。[31]

其他博物学家（可追溯至林奈时代）则认为，简短的描述已经足够，因为在理论上，每个新物种的名称都与"模式标本"联系在一起，而这些标本都保存在博物馆或私人收藏家的柜子里。如果你想知道一个特定物种的细节，就得去看原始标本。然而，如果一位研究者碰巧在俄亥俄河谷工作，而模式标本被锁在荷兰某个地方的抽屉里，那就没有多大帮助了。当时的保存技术也很糟糕，模式标本往往在存放几年后就损毁了。

有些博物学家根本就懒得去收集模式标本。拉菲内克甚至会给他从未见过的物种命名。有时候，他只是根据别人旅行书上顺便提及的内容来描述一个新物种（也许他以为这就是"模式"标本的意思）。他还依据奥杜邦搞恶作剧所作的画——可能是为了报复被砸毁的小提琴——描述了 9 种鱼类。奥杜邦还给他编了一个故事，说有一种"恶魔杰克钻石鱼"具有能防弹的鳞片，樵夫可以用它的鳞片和燧石一起生火[32]。拉菲内克不失时机地将这种鱼记录为"*Litholepis adamantinus*"，意思大概是"坚不可摧的石质鳞片"。

不难想见，拉菲内克在记录自己的"发现"时遇到了麻烦。

1818 年，他在《费城自然科学院杂志》上发表了一篇论文，描述了一种新的鱼类。但是，身为编辑的托马斯·赛伊发现，拉菲内克已经在另一份期刊上以另一个学名命名了这种鱼。赛伊对自己被卷入这桩声名狼藉的勾当感到十分愤怒。传记作家帕特丽夏·泰森·斯特劳德写道："要么是拉菲内克在匆忙发表论文时没有意识到这个错误，要么是他希望将两项发现都据为己有。"后来，杂志向读者道歉，并宣称拒绝拉菲内克的文章"在科学利益上是绝对必要的"[33]。从那以后，拉菲内克不得不自己出版他的许多发现，或者是用大多数美国人看不懂的语言发表在晦涩的欧洲期刊上。然而，由于这些论文也可以算作对一个物种的首次描述，事情就变得更加混乱。

仿佛这一切还不足以成为憎恶的理由，赛伊还不得不忍受自己的第一本书被拉菲内克贬低的屈辱。1817 年，拉菲内克发表了一篇关于赛伊所著《美国昆虫学》（*American Entomology*）一书的评论，一开始还比较靠谱，"美国终于可以夸口本国有一位博学而开明的昆虫学家，他名为赛伊先生"。但接下来则是对成本（28 页的书售价 2 美元）和美观插图的吹毛求疵，"这本书应该不错，"拉菲内克嗤之以鼻地写道，"如果这种风格是为欧洲的王子和贵族准备的话。"[34] 这就好像 P. T. 巴纳姆（P. T. Barnum）在批评拉尔夫·沃尔多·爱默生（Ralph Waldo Emerson）。

这种批评尤其令人恼怒，因为带有版画的博物学书籍往往手工上色，价格不菲。它们并不只是茶座上的谈资，而是鉴别物种时必不可少的指南，因为像拉菲内克这样的人常常不能提供模式标本或插图，甚至连模糊的描述都没有。这就导致其他博物学家在一大堆令人抓狂的学名中陷入混乱，尽管这些名称具有优先权，实际上却没有任何意义。对赛伊而言，插图尤为重要。他生命中的最后九年是在印第安纳州新哈莫尼（New Harmony）这一乌托邦社区度过的。他遗憾地表示，这个偏远的地方“甚至连一个窥视科学世界的小孔都没有”[35]。

为拉菲内克说几句好话

可悲的是，拉菲内克完全够格成为一位伟大的博物学家。一位19世纪的鱼类学家称，拉菲内克“在许多方面都是我们这个阶层中最有天赋的人”[36]。一位现代评论家表示，拉菲内克“毫无疑问是他那个时代最好的野外植物学家”[37]。研究拉菲内克的学者查尔斯·伯韦(Charles Boewe)认为，他对“9种肯塔基蝙蝠”和“不少于5个蝙蝠的属”，以及草原犬鼠与许多其他哺乳动物都有“非常令人信服的描述”[38]。他还涉足俄亥俄河的瀑布之下，赤脚在泥土中摸索，记录了数量惊人的淡水贻贝物种。这似乎是又一次疯狂的物种拆分，令其他博物学家恼怒不已。然而，这些贻贝中有许多最终被证明是真正的新物种，在美国，这个动物类群拥有世界上最丰富的多样性。

拉菲内克还支持先进的科学思想。在其他博物学家仍然认为物种是永恒不变的造物时，他就已清楚地认识到，物种可能会演化。这个观点或许包含了某种一厢情愿。在为3种透骨草属植物命名时，拉菲内克受到了其他植物学家的批评，他们认为只有一个物种，而拉菲内克回答道，即使它们还不是实际上的新物种，但很快就会是了，这提供了“一个很好的例子，说明在我们的眼皮底下，早期的物种正在森林中形成”[39]。查尔斯·达尔文一看到这句话便理解了其中的妙处，尽管他认为拉菲内克是一个“差劲的博物学家”[40]。因此，在《物种起源》第三版中，达尔文将拉菲内克视为众多先行者之一，并且引用了他的评论：“所有物种都可能曾经是变种，而许多变种正逐渐成为物种。”[41]但是，传记作家查尔斯·伯韦认为，拉菲内克只是借鉴了更严肃的学者的工作。无论如何，他都没能了解是什么导致了演化，而这正是达尔文的关键洞见。

拉菲内克也是早期支持抛弃林奈人为分类系统的博物学家之一，该系统根据一些明显特征，如花的有性生殖部分来为物种分类。与之相反，拉菲内克采用了由法国博物学家米歇尔·阿丹森（Michel Adanson）和安托万－罗兰·德朱西厄引入的自然分类系统，这一系统很快成为标准。在这个系统中，为了确定物种，博物学家必须考虑各种不同的特征，其中很多是模糊的，而且要花时间与相似物种进行详细的比较（这从来都不是拉菲内克擅长的）。托马斯·赛伊也是这一自然系统的早期拥护者，他的背书毫无疑问更加有效。

新系统是一场重大变化的开始。林奈的方法简单易行，向普通人打开了自然界的大门。但不幸的是，生物世界既不简单也不容易。新系统使博物学家能够利用所有可用的特征来区分物种，帮助他们接受不断发现的令人震惊的复杂性。但与此同时，这也将不可避免地把自然界割裂成深奥难懂的小圈子，由专注狭窄领域的专家主持。一位老派植物学家曾在 19 世纪中叶抱怨称，自然系统“把植物学从大众中抽离出来，使其局限于有识之人”[42]。旧的“自然哲学家”正在消失，被专业人士取代。1834 年，大概是在英国科学促进会的一次会议上，有人以“艺术家”（artist）、“经济学家”（economist）和“无神论者”（atheist）等词汇为模板，引入了一个新名词：“科学家”（scientist）。无论拉菲内克和赛伊之间有多么不同，他们最终都会成为这场变化的受害者。

第八章 “如果他们失去头皮”

这次考察的目的是尽可能全面和准确地了解我们国家的这一部分，这片地区正变得越来越引人入胜。[1]

——约翰·C. 卡尔霍恩

就在“隆远征”开始前不久，查尔斯·威尔逊·皮尔为斯蒂芬·哈里曼·隆少校和探险队的其他成员绘制了肖像，画中每个人都穿着华丽的高领制服。皮尔还颇有战略意识，为门罗总统和战争部长卡尔霍恩也画了像，并说服他们将探险队的标本存放在自己的博物馆里。托马斯·赛伊和他的助理博物学家，皮尔最小的儿子提香，也坐下来让皮尔画了肖像。“如果他们失去头皮*，”老皮尔用父亲特有的虚张声势说道，“他们的朋友会很高兴得到他们的画像。”[2]

事实上，除了一些小插曲，远征队与印第安人的关系非常友好。从俄亥俄河开始，“西部工程师号”沿着密西西比河向上游推进，进入密苏里河，然后在今天的内布拉斯加州奥马哈（Omaha）北部停下来过冬。第二年春天，也就是1820年6月，

* 原文为“skalp”，指旧时美洲印第安人从被杀敌人头上剥下的作为战利品的带发头皮。

远征队继续沿着普拉特河骑马或徒步，前往落基山脉，并于当年晚些时候经由阿肯色河和新奥尔良返回东部。

赛伊显然是印第安习俗的细心观察者，其思想之现代常常出人意料。他不加评判地叙述道，一些印第安丈夫对妻子在自己外出狩猎期间的不忠表现出一种老成世故的态度。[一位奥托（Oto）酋长承认："我还没傻到相信一个女人会拒绝恰逢其时的求欢，即使是我的妻子，这个坐在我旁边的女人也不例外。"[3]] 远征队的官方报告还指出，在一些部落中，鸡奸"并不罕见，许多参与者都是众所周知的，看起来他们也没有受到鄙视，或者引起反感……"[4]

另一方面，赛伊十分厌恶美国西部的白人移民："经常有猎人攻击大群的野牛，仅仅是出于放纵和对这项野蛮运动的热衷，便竭尽所能地施以屠杀，留下尸体被狼和鸟类吞食；每年有成千上万头野牛被屠杀，但人们只为获取牛舌，其他任何部分一概不留。这种毫无顾忌的残忍做法，无疑是野牛飞也似的逃离我们居住地边界的主要原因。"[5]

那时距离美国最初的环保运动萌芽还有 30 年。其他地方的博物学家仍在虔诚地祈祷荒野被驯服并被基督教化，但赛伊已经在倡导"保护野生动物的法律……（应被）严格执行"，以防止"白人猎手肆意毁灭这些富有价值的动物"。

美国大沙漠

在设备故障、疾病和饥饿之外，"隆远征"成员面临的主要危险似乎来自他们的同伴。小托马斯·比德尔少校（Major Thomas Biddle Jr.）出身费城名门，在第一个考察季尾声时选择退出。一个原因是他认为这场探险是“纯属妄想且不可能完成”，另一个原因是一段“屈辱”的经历——他和他所保护的博物学家被印第安波尼族（Pawnee）叛徒劫走了马匹。比德尔和隆少校军阶相同，因此在探险队里的从属地位可能也令他痛苦。他的描述中提道，“我敢说（隆）在他的职责范围内是受人尊敬的”（可能指的是蒸汽船和其他机械方面），但“完全不适合这类远征”。[6] 多年之后，比德尔在与一位国会议员的决斗中死去。

接替比德尔的是约翰·R. 贝尔上尉（Capt. John R. Bell），他同样心怀不满，并且有着很适合糟糕情节剧的夸张举止。他一度朝隆少校咆哮道，“我们已经离开美国了，有本事你就执行命令吧”，以及“上帝啊，我们俩可都带着手枪”。[7] 后来，他在一起与此次远征无关的案件中被军事法庭传讯。同样在第二年加入远征队的地质学家埃德温·詹姆斯（Edwin James）曾抱怨随意的工资发放方式，指责隆少校“可鄙的欺诈”[8]，竟试图用肯塔基州的货币来支付工资——这种货币“现在的票面价值已经低于 37.5 美分，而且还在下降”。由于军事（而非科学）远征的失败，国会已经削减了经费。现在，隆少校在奉命对美国西部的大片地区进行探索的同时，还必须“尽可能快地结束”这场远征。于是，对美国西部的第一次科学探索便常常在半饥半饱中快马加鞭地进行，通常每天要走 20 英里（约 32 千米）。詹姆斯对此十分恼怒，“我既没有时间检查和收集，也不能运输植物或矿物”，他还补充道，自己已经好几个星期没有吃到面包和盐，只能吃“被污染的马肉、猫头鹰、老鹰、草原犬鼠和其他不清洁的东西”。他似乎认为，这些艰难困苦是隆少校强加给他的，只为“给大家带来娱乐”。[9]

正如《北美评论》(*North American Review*)不久后所指出的，隆少校被夹在政府“可憎的吝啬”[10]与下属不满的抱怨之间，但他似乎以娴熟甚至优雅的方式完成了使命。批评者指责他未能完成两项被指派的任务，即发现红河和普拉特河各自的源头。但是，这些东海岸人士显然低估了西部地貌的巨大规模。后来的历史学家谴责探险队将落基山脉以东的土地称为“美国大沙漠”[11]，这个标签一直延续到19世纪80年代，阻碍了移民的定居。然而，“隆远征”提供了一幅美国西部的基本地图，为了解那里的人类居民和野生动物提供了非常明智的指引。他带领的是一个易怒的团队，由20多个男人组成；他们穿越了数千英里的荒野，经过众多印第安部落的领地，途中遍布灰熊和其他危险的动物，但最终只有一人死亡：植物学家威廉·鲍德温(William Baldwin)以为在空旷的野外旅行有助缓解他的肺结核，但事与愿违，他很快就因病去世了。

博物学家赛伊和皮尔似乎也在极端困难的情况下表现出了优雅，尤其是在接近远征尾声时，他们遭受了所谓的“最严重的匮乏”[12]。1820年8月，当探险队沿阿肯色河而下时，他们发现自己要在连绵不绝的“弯道、丘陵、洼地和峡谷”(语出贝尔上尉)中为生存而战，在成群的绿头苍蝇驱赶下前进，又在响尾蛇的不断威胁下退缩。酷热使人虚弱不堪，就连探险队的一只狗都昏倒在马前，迫使队伍停下。队员们一天只能吃一顿饭，有时就是“一点发霉的饼干屑，在大量的水中煮过，再加上一些油脂，作为营养补充”[13]。猎人抓到的臭鼬也会被扔进锅里，那个味道“真是臭得够呛”。8 月 31 日夜里，3 名士兵逃走了，带走了最好的马。

更糟糕的是，他们还偷走了装有 5 本笔记本的马鞍袋[14]，这可是赛伊在那个考察季对两千英里旅途的详细记录。赛伊在日记中写道：“所有这些，对现在拥有它们的可怜人来说，都毫无用处，它们很可能被扔进海洋般的草原，数月的劳动就被这些没受过教育的破坏者毁掉了。”逃兵们此后音讯全无。就在 9 天之后，远征队余下的人到达了如今俄克拉何马州和阿肯色州交界处的史密斯堡（Fort Smith），那里相对安全舒适。

回到费城，在经历了一场疟疾之后，赛伊根据记忆和留存下来的标本重新整理了笔记。于是，在历经“考验、困难和危险”的“隆远征”之后，他得以向美国民众介绍一些最具代表性的动物，包括郊狼、草原狐、大平原狼、白腹蓝彩鹀和橙冠虫森莺。据霍华德·恩赛因·埃文斯（Howard Ensign Evans）所著的《隆远征博物志》（*The Natural History of the Long Expedition*），赛伊总共带回了 13 种新的哺乳动物、13 种鸟类、12 种两栖和爬行类动物，以及 4 种蛛形纲动物和甲壳纲动物。当然，还有 150 多种昆虫。有一次，赛伊讲述了他与一位堪萨（Kansa）酋长坐在一起时的情形，“他的几百名族人也集合到场，迎接远征队的成员，围观我们的武器和设备”，一只拟步甲突然从人群的脚下蹿了出来。在内心的外交尊严与对物种的热情发生短暂冲突之后，赛伊扑了过去，将甲虫用一根别针钉住[15]。这一幕让堪萨人惊奇不已，钦佩地称赞赛伊为巫医。现在，这种甲虫的学名是 *Eleodes suturalis* Say（红背拟步甲）。

旧的不和谐

赛伊于 1826 年回到俄亥俄河谷，与其他学者一起搭乘“满载知识之船”[16]前往印第安纳州新哈莫尼的乌托邦社区。在船上，他遇到了露西·西斯塔尔（Lucy Sistare），其父是一位西班牙船长，在康涅狄格的新伦敦定居。她随后成为赛伊所著《美国贝类学》（*American Conchology*）一书的插画师，而这本书也成为贝类研究的里程碑。后来，她成了赛伊的妻子。除了一次前往墨西哥的探险外，赛伊一直都和妻子居住在新哈莫尼，过着幸福的生活，直到他于 1834 年去世。

他们居住的小型社区位于沃巴什河岸，环境难称理想，并且与主流科学隔绝，工作中常常找不到足够的工具或书籍。那里的社会氛围更是“新和谐”*的反面——“旧的不和谐”。当地一位老师将早期美国反智主义的怒吼直指这些博物学家和他们的标本，“……告诉我，他们的工作对现在乃至未来几代人有什么好处，”她在一封信中要求道，“所有搞科学的人都这样。他们的知识不仅无用（因为没有应用场景），而且有害；它使头脑误入歧途，实际上就是伪知识。”[17]

赛伊也将在他的余生中与康斯坦丁·拉菲内克式的真正“伪知识”做斗争。和斑泥螈一样，“隆远征”的若干新发现后来被证

---

* 新哈莫尼的英文“New Harmony”直译为“新和谐”。

实已经由拉菲内克首先描述过，尽管比较粗略，其中包括草原响尾蛇和囊鼠。相比失去这些新发现，更让赛伊烦恼的，可能是自己在无意中用同义词将科学界搞得一片混乱。他对分类系统深信不疑。按传记作家帕特里夏·泰森·斯特劳德的记述，他“孜孜不倦地搜寻以往所有关于特定物种的参考文献，以免把已发表文章中描述的物种命名为新物种”[18]。

有一次，赛伊写信给一位朋友，描述了自己的困境。他无法获得一篇拉菲内克描述淡水贻贝新物种的重要文章，“我从（*Unio*）*monodonta** 侥幸脱险，没有那篇文章，发表任何新物种都很危险”[19]。在分类问题上，赛伊的语言流露出一种个人化的危难感，这在面对响尾蛇、狼、“野蛮”的印第安人以及其他常见危险时从未出现过。

在骡鹿的例子中，拉菲内克的所作所为尤其令人恼火。当“隆远征”接近尾声时，赛伊和皮尔发出悬赏，希望寻找最完美的骡鹿标本，他们认为这“无疑是一个新物种”[20]。但是，在某天晚上天黑后，当探险队的一个猎人终于把一头公鹿抱进营地时，探险队的其他人都太饿了，已经对科学失去耐心。皮尔不得不把那头鹿架在篝火旁，开始速写，而饿得半死的士兵们就在附近磨刀。赛伊从刀下抢过了骡鹿的皮肤和头，保留了大而漂亮的鹿角，以及外形独特的耳朵。他将这些保存下来，运回几千英里外的费城家中。

后来人们发现，拉菲内克在没有亲眼见到这个物种的情况下就

---

* 这种贻贝如今的学名为 *Margaritifera monodonta*。

已经给它命名了。他的消息来源是一名据称曾被苏族（Sioux）原住民俘虏的人发表的报告，现在认为，这其实是一场骗局。几十年后，更奇怪的事情发生了，分类学上的一次修订将北美所有的鹿，包括骡鹿，归入了空齿鹿属（*Odocoileus*）。该属最初由拉菲内克提出，依据是一颗他认为属于矮小公鹿的牙齿化石。而赛伊费了九牛二虎之力才带回家的骡鹿标本，最后却被虫子咬坏了。回到费城博物馆后，提香·皮尔在制作标本时巧妙布置了场景，同时也无意中附加了某种富含诗意的公正：当骡鹿（*Odocoileus hemionus* Rafinesque）的头展出时，正好被一只郊狼（*Canis latrans* Say）踩在脚下。

这头骡鹿似乎是一个极具价值的发现，但饥饿的探险者们很快将它做成了晚餐

迷失在荒野

到19世纪30年代，单凭个人就能对灰熊、鸣禽和甲虫等物种进行首次科学描述的观念逐渐消退。野外博物学家发现他们与"壁橱博物学家"之间的分歧越来越大。所谓"壁橱博物学家"，是指待在家中，对正确识别物种所需的标本、书籍和期刊进行整理的专家。他们通常在博物馆任职，或者拥有雄厚的个人财富，能为自己的工作提供资金支持。他们运用自己所在机构的影响力颁布新标准，旨在将世界上像拉菲内克这样的人物拒之门外。他们有时还将野外博物学家描绘成在丛林中漫步的怪人，以此提高自己的专业地位。

野外博物学家几乎没有办法为自己辩护。旅行使他们与最新的学术潮流隔绝，也被费城自然科学院等机构的小集团排斥。"科学掌握在少数贵族手中，他们希望独自站在公众面前，通过管理手段将所有竞争者挡在外面，"拉菲内克抱怨道，"我一向远离他们的冲突和花言巧语。"不过，他的"远离"也包括在书中将批评者痛骂为"一群谩骂者和呱呱乱叫的青蛙……最可鄙的诡辩家、批评家和内鬼……噢，自以为是的万事通和愚蠢的桑乔们"。[21]

乔治·奥德（George Ord）就是这样一位"批评家"。他来自一个富裕的绳索制造家族。作为费城自然科学院的一员，早年的奥德似乎很鼓励赛伊和皮尔的工作，并且和他们一起参加了1818年的佛罗里达远征。有一次，在为费城自然科学院的图书馆采买了一本具有重要价值的书之后，他欣喜若狂，“赛伊看到它一定会高兴得心跳加速”[22]。在亚历山大·威尔逊死后，他为《美国鸟类学》一书的最终完成做出了重要贡献。然而，随着奥德在费城自然科学院的地位上升，他的邪恶本性慢慢显露，毒害了他周围的一切。

奥德最为人所知的是他对奥杜邦的敌意，开始于1827年。这一年，奥杜邦终于在英国出版了《美洲鸟类》。该书包含435张手工着色的插图，描绘了超过500个物种，画中的生物栩栩如生，而且呈现了它们实际的大小。（也许是本着“反布丰主义”的精神，奥杜邦想让美国的野生动物看起来更大一些。）一位法

在费城，“壁橱博物学家”乔治·奥德似乎把大部分时间都用于贬损在野外工作的博物学家同行

国评论家称赞该书是“对新世界真实而清晰的描绘”[23]。穿着粗陋衣物，留着齐肩长发，喜欢社交的奥杜邦成为了蛮荒新世界的代表人物，很快在欧洲声名鹊起。彼时，詹姆斯·菲尼莫尔·库珀（James Fenimore Cooper）的新小说《最后的莫希干人》（*The Last of the Mohicans*）刚刚在国际上引起轰动。奥杜邦，这位精明的推广者，利用这种轰动效应将自己塑造成库珀笔下的英雄——富有才干的拓荒者“皮袜子”（Leatherstocking）——的现实版。

奥德的愤怒，不仅是因为亚历山大·威尔逊的《美国鸟类学》湮没在奥杜邦色彩斑斓的作品之下，还因为奥杜邦在描写威尔逊不愉快的路易斯维尔之旅时，“卑鄙地中伤了……杰出的亚历山大·威尔逊的人格”。奥德抱怨称，奥杜邦那些“可怜的鸟类版画集”看起来似乎可以用干草叉做得更好。[24]他还指出，奥杜邦曾被费城自然科学院拒绝入会，但没有提及他自己就投了反对票。[25]

奥德对赛伊的愤怒也不遑多让，因为后者在书中贸然批评了他的分类法，并且离开费城自然科学院，搬到了新哈莫尼。奥德使赛伊难以将论文发表在自己曾经编辑过的杂志上。在赛伊死后，奥德还发表了一篇诽谤性的悼词[26]，对赛伊的声誉造成了永久损害。他称赛伊的《美国贝类学》是“耻辱”，形容赛伊“缺乏基础知识”，并且需要“学术准确性”。自然科学院认为奥德的言论非常无礼，必须辞去副院长一职。然而，当露西·赛伊在丈夫死后将他收集的昆虫标本运回费城后，自然科学院的那些“壁橱博物学家”们却将它们遗忘在包装箱里，任由其腐烂。最终，奥德恢复了他的地位，成为了自然科学院的院长。

提香·皮尔也处于奥德的阴影之下。从1838年到1842年，他作为博物学家参与了美国探险远征。这意味着他要与家人分开，在海上度过四年，前往地球上环境最恶劣的地方。探险队绘制了太平洋大片区域的地图，并发现了冰冻的南极洲大陆。他们还带回了6万多种动植物标本，新的美国国家博物馆——史密森尼学会——便是以这些标本为基础。然而，当提香·皮尔回来后，他不得不向奥德抱怨，称自然科学院的工作人员甚至不允许他使用基本的参考资料来描述他收集的标本。奥德虚伪地回答道，肯定有一个骗取野外博物学家劳动成果的"阴谋"正在进行中。毫无疑问，皮尔感到很震惊。

至于拉菲内克，他死的时候身无分文，孑然一身，并很可能早在1840年就精神失常。他读过的最后一本书是达尔文的《小猎犬号航海记》[*Voyage of the Beagle*，当年这本书名为《研究日志》(*Journal of Researches*)]，并在书页中发现了一个未曾见过的真菌新属，对其加以描述。幸运的是，专业标准这一次占了上风。一位英国的研究人员已经根据实际标本描述了这一物种，其命名的学名*Cyttaria darwinii*便有了优先权。[27]在拉菲内克的财产售出时，他的个人物品与"垃圾"无异，被以"微不足道的金额"处置，而他的标本"根本毫无价值"。[28]

死者之城

这个故事有一段令人遗憾的后记。1825年，詹姆斯·菲尼莫尔·库珀正在努力完成“皮袜子”系列小说的第三部，即畅销书《最后的莫希干人》的续集。在《大草原》（*The Prairie*）中，库珀塑造了一个名叫奥贝德·巴特（Obed Bat）的新人物。按书中描述，奥贝德·巴特更愿意别人以卡尔·林奈的拉丁文命名方式称呼他为 Dr. Battius（巴提乌斯博士）。正如一位学者所言，这是一位博物学家的漫画形象，他“在对新物种的混乱探索中，心不在焉地置自己和他人于危险境地，并喋喋不休地说着难以理解的、来自林奈分类系统的拉丁短语”[29]。事实上，这正是对康斯坦丁·拉菲内克的讽刺式描述。

有时候，当发现某种在乡间跳跃的奇特“怪物”时，拉菲内克会高调地将其描述为一个新物种：“四足；借助星光和袖珍灯看到，在北美大草原——纬度和经线见随行日志。属：未知；因此以发现者为其命名，并由于恰巧在夜间发现，所以学名是 *Vespertilio Horribilis Americanus*……最大长度：11 英尺（约 3.4 米）；高度：6 英尺（约 1.8 米）……角：长而分叉，令人畏惧；颜色：铅灰色，带有火红的斑点；声音：洪亮、威武、骇人……一种动物……或许能与狮子争夺‘百兽之王’的称号。”[30] 一位没有科学背景的年轻女子向他指出，他看到的“新物种”实际上不过是他自己的驴子。

在 *Vespertilio** 这个属中，拉菲内克归入了他发现的多种蝙蝠，其中一种很可能就是奥杜邦在肯塔基州亨德森市帮他捕捉的。1824 年，大约是库珀写《大草原》的时候，奥杜邦回到了

* 在今天的动物分类学中，*Vespertilio* 为蝙蝠属，来源于拉丁语中的“vesper”，意为“夜晚”。这是最早用于蝙蝠分类的属名，蝙蝠科的学名 Vespertilionidae 也来源于此。

美国东部。作为一个天生会讲故事的人，奥杜邦很可能在与这位“古怪的博物学家”的滑稽邂逅中收获了不少谈资。无论如何，这个故事似乎广为流传，并可能传到了库珀的耳朵里，使他创造出了“巴提乌斯博士”。

另一位博物学家也为库珀对拉菲内克的讽刺式描绘提供了素材。在创作《大草原》时，库珀阅读的背景资料包括《一次从匹兹堡到落基山脉的远征记述》（*Account of an Expedition from Pittsburgh to the Rocky Mountains*），这是“隆远征”在1823年发表的官方记录，在当时引起了广泛兴趣。按照自己的“科学”行

奥杜邦在国际舞台上是一个狂妄粗野的形象

军令，托马斯·赛伊在书中收录了许多他认为对“好的博物学”至关重要的详细描述。例如，对于郊狼，赛伊写道：“两耳之间的头部混杂着灰色和暗肉桂色，毛的基部呈暗铅灰色……尾巴纺锤形，毛浓密，直，呈灰色和肉桂色，靠近基部有一斑点，末端黑色。”[31] 库珀的讽刺作品很容易就能从中取材。

因此，当奥杜邦利用库珀的作品，将自己描绘成一个现实版的“皮袜子”时，同样富有才干的野外博物学家托马斯·赛伊就被人遗忘了。也许更糟。库珀的小说将他与他的糟糕反面——康斯坦丁·拉菲内克——包在同一条裹尸布里，一起腐烂，直到永远……这一定是赛伊永久的恐惧。

第九章　当标本成为负担

博物学太像一门死物的科学，堪称一种对死亡的统计（necrology）。最常见到的是干燥的毛皮或羽毛，它们发黑、皱缩，以干草填充；各种东西……被插在大头针上，一排排放在软木抽屉里……[1]

——菲利普·亨利·戈斯（Philip Henry Gosse）

1820年前后，当威廉·艾尔福德·利奇（William Elford Leach）在大英博物馆担任动物管理员时，他就以“某些怪癖和奇想”而闻名，而且正如博物馆的历史记载，这些都“……与毋庸置疑的学识和能力紧密结合在一起”[2]。他的奇想之一便是“低估昔日的成就，夸大当前的功绩”，这在当时的博物学家中十分常见，渐成趋势。在利奇身上，这种蔑视尤其具有煽动性。

大英博物馆成立于1753年，主要以“卓越大师”汉斯·斯隆爵士（Sir Hans Sloane）的藏品为基础。斯隆生活在伦敦，是一位医生兼博物学家，收集了数千件标本，从微小的无脊椎动物到象牙，几乎应有尽有。他还经常对标本进行细致入微的科学描述。弥留之时，斯隆交给精心挑选的受托人一项任务，让国家接

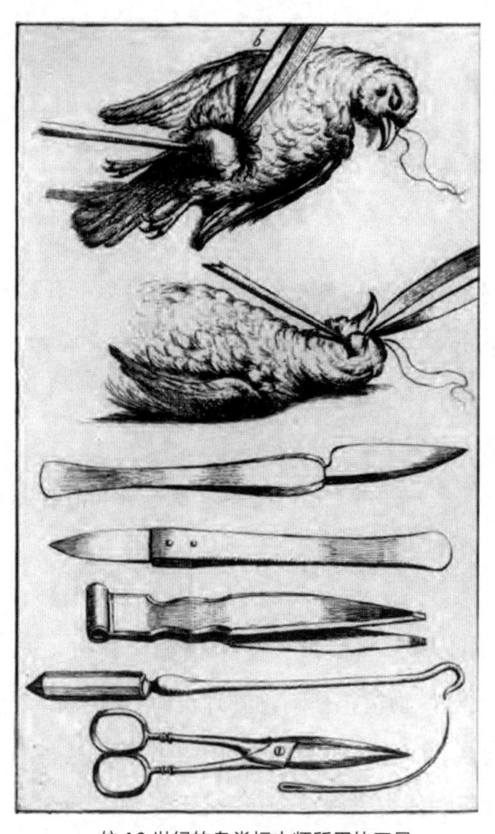

一位 18 世纪的鸟类标本师所用的工具

管这些藏品——并为此支付高价。“他的估价为 8 万英镑，”作为受托人之一的霍勒斯·沃波尔(Horace Walpole)对朋友抱怨道，“只有那些喜欢河马、独耳鲨鱼和鹅一样大的蜘蛛的人才会这样估价！这是一笔极不成熟的要价！你可能会认为，那些紧紧捂着钱袋子的人不会成为购买者。”[3] 这些精明的受托人表示，他们要把藏品卖到国外。大自然对英国人的民族自豪感有着非常重要的意义，这样的威胁足以使议会很快同意以 2 万英镑的价格将标本买下，在伦敦市中心的蒙塔古大楼（Montagu House）——一座高雅的 17 世纪宅邸——成立了博物馆。斯隆的遗赠最终不仅促成了大英博物馆的崛起，还惠及大英图书馆和伦敦自然博物馆。这是一笔可观的遗产，或许仅次于他在牙买加的一次标本采集之旅，他在那里发明了巧克力牛奶。

不过，时间是残酷的，记忆也大多变化无常。19 世纪上半叶，在斯隆去世 70 年后，布卢姆斯伯里（Bloomsbury）成为伦敦最时尚的街区之一。当地人喜欢在蒙塔古大楼北侧的漂亮花园中散步，而威廉·利奇似乎也以惹恼他们为乐。“他鄙视汉斯·斯隆爵士那个时代的标本剥制术，还定期用斯隆的标本来生火，”爱德华·爱德华兹（Edward Edwards）在出版于 1870 年的《大英博物馆创始人传记》（*Lives of the Founders of the British Museum*）中写道，“他习惯把这些叫作‘火葬’。”对邻居们来说这却是一大不幸，“蛇的尸体燃烧散发的刺鼻气味，让露台的吸引力和灌木的芬芳都大大减弱”。

斯隆遗赠的标本可能并不比当时的其他博物学藏品更差。无论在哪里，标本都要经历腐烂、虫咬、粗心的搬运等危险。甚至在英国议会 1823 年投票购买新标本时，一位作家在《爱丁堡评论》（*Edinburgh Review*）抱怨称，大英博物馆已经拥有的那些标本正在“蒙塔古大楼的地窖里朽坏、变黑，这个地方已经成为未知宝藏的坟墓或藏尸房”，飞蛾和甲虫“在华丽的异国鸟羽间忙个不停，或是在动物的毛皮之中呼啸穿行”。[4]

在物种探寻者的言语间，他们似乎可以赋予所采集的标本某种不朽。然而，新物种的发现速度远远领先于保存标本的技术。博物学家们一直绝望于处理尸体和防腐的问题——如何杀死动物而不破坏其美丽的外形；如何在跋涉穿过丛林和沙漠的过程中保存好动物的卵和其他脆弱的标本；如何将标本安全地装上潮湿、拥挤和颠簸的轮船；回到家中，又该如何保持标本完好无损；即使不能永久保存，也至少应该有足够长的时间来研究它们，探索它们的秘密，甚至一厢情愿地让它们呈现栩栩如生的姿势，如飞行、捕食或养育的瞬间。

与博物学家一样，普通大众也想抚弄和占有这些奇异而美丽的生物。物种探寻者们将这种长期压抑的对自然的渴望推向疯狂，但在弄清楚如何保存这些宝藏之前，他们也不可避免地使人们感到挫败。在费城博物馆，查尔斯·威尔逊·皮尔早在 18 世纪 80 年代就着手打造"一个微缩版的世界"，用树木、灌木和池塘等自然景观来安置鸟兽标本。他把自己艺术世家的天赋用在绘制景观背景上。这是博物馆立体展示的前身，而参观者显然被那些"最浪漫和最有趣"的展品吸引住了。他们甚至在阅读一条"不要触碰这些鸟，它们浑身都是砷毒物"[5]的警告时，都要漫不经心地用手指触摸标本。

杀戮的艺术

许多博物学家对捕杀野生动物的态度很矛盾。例如，1807

年秋天，费城的居民大量屠杀和食用旅鸫，因此惨死的旅鸫数量惊人，以至于鸟类学家亚历山大·威尔逊只能用伪造的谣言来对它们加以保护。他在当地报纸上发表了一篇文章，告诫那些小心谨慎的读者，这些鸟儿大口吃下的垂序商陆果实会有损他们的身体健康。据一位历史学家的记载，当威尔逊的故事将旅鸫市场彻底击垮时，他“不出意外地欣喜若狂”[6]。

然而，杀戮在物种发现中是必不可少的，学习相关的技术也非常必要。当时，大多数野外指南都假设博物学家已经知晓如何使用枪支。在采集标本的过程中，子弹与标本大小的相互匹配十分重要，否则你很可能将蜂鸟炸成一团血雾。据科学史学家安妮·拉尔森·霍勒巴赫（Anne Larsen Hollerbach）的描述，常见的技巧之一是携带一杆双管枪，一边装上大颗弹丸，另一边则装上最小号子弹[7]，“这样动物学家就可以射击任何进入视野的东西，无论是秃鹫还是红腹灰雀”。如果能通过轻量射击将鸟击昏，就再好不过了。接下来，按照 1818 年出版的《博物学家的口袋书，或旅行者指南》（*The Naturalist's Pocket-Book, or Tourist's Companion*）的建议，博物学家可以“把拇指和食指放在翅膀下，依鸟的身体大小用力按压”，迅速将其杀死。这样“羽毛就不会被弄脏，动物也会立刻从痛苦中解脱”[8]。

对于有某种信仰的旅行者，这本指南还建议“把种子、浆果或谷物浸泡在某种有毒的液体中”，使食用这种饲料的鸟类“只是被麻醉”[9]，这样用手就能温柔地将其了结。（约翰·詹姆斯·奥杜邦曾写道，蜂鸟“很容易用盛有甜酒的杯形花捕捉——它们会醉倒”。[10]）在合适的地点下饵，用“常见的折叠网或陷网”或者“由结实的马毛制成的脚夹”也能捕到鸟类。若是捕捉蝙蝠，一种奇怪的惯用方法是在晚上和一个提着灯笼的人走在一起，用灯光吸引昆虫，同时后面也要跟着两个人，一起举着一张大网，用来缠住那些急切追逐昆虫的蝙蝠。这种技术被称为“捕蝠”（bat fowling）[11]。

这些新的捕捉方式明显区别于传统狩猎，并强调避免对物种造成可见的伤害，但这也常常在人与动物之间形成致命的亲密关系。1833 年，奥杜邦得到一只活的金雕，他花了三天时间观察它的行为。在野外，奥杜邦可以在一天内毫不犹豫地捕捉上百只鸟，但为了在杀死这只金雕时获得想要的标本姿态，他不得不面对一场漫长的噩梦。一位朋友建议他用木炭烟雾闷死金雕。于是，奥杜邦用毯子盖住笼子，把金雕放到壁橱里，下面是一盆燃烧的煤炭。他听了“好几个小时”，希望“在某一刻能听到它从栖木上掉下来的声音”。但是，当他透过“令人窒息的浓烟”往里面看时，那只金雕还坐在那里，用“明亮、坚定的目光”看向他。此时奥杜邦和他儿子已经“无法忍受”壁橱里的空气，连隔壁房间也开始“难闻”起来。他最终放弃，在午夜时分上床睡觉。

令人难以置信的是，奥杜邦在次日早上又试了一次。这次他在有毒混合物中加入了硫黄，但那只鸟“继续笔直站立，每当我们走近它的殉道之所时，它都蔑视地看着我们”。最后，奥杜邦退而求其次，采用了“通常被用作最后手段的权宜之计”。他“用一根长而尖的钢条刺穿了它的心脏，我那骄傲的囚徒即刻倒下死去，没有弄乱一根羽毛”。在花了整晚时间描绘金雕的姿态之后，奥杜邦在接下来的几天里都平躺在床上，他感受到了“一种痉挛般的情感”，至于这是由一氧化碳中毒还是情绪波动引起的，他未置一词[12]。

据霍勒巴赫的描述，杀死昆虫有时也异乎寻常地艰难且令人不安；“通常的踩踩和拍打技巧是行不通的”[13]。把昆虫钉在软木塞上很容易，但有些昆虫会一直蠕动好几天才死去。一位博物学家曾吃惊地发现，刚刚被他用针刺穿胸腔的蜻蜓，仍然用前腿抓住一只挣扎的苍蝇，然后吃掉了它。1799 年，人道主义者兼反奴隶制活动家约翰·科克利·利特森（John Coakley Lettsom）出版了一本面向博物学家的野外指南，他在书中动情地引用莎士比亚的话：“一只被我们践踏的可怜的甲虫，其肉体的苦痛，与一个巨人临死时所感到的并无异样。”然后，他继续推荐尽快杀死每一种昆虫的方法：对于甲虫，钉住并浸在热水里；对于蚜虫或飞虱等半翅目动物，可以插针并“用一滴挥发性松节油涂在头部”；对于小飞蛾和蝴蝶，可以将罐子里的硫黄加热以散发出烟雾，“当昆虫瞬间死亡时，它们的颜色和翅膀不会受损”[14]。

作为一名医生，利特森还为较大的飞蛾设计了一种长 6 英寸（约 15 厘米）、带有象牙柄的钢针。首先，他挤压胸腔以“剥夺昆虫的运动能力，（它）可能会还有几分钟的知觉”。然后，他用针穿过昆虫胸腔，远端安上一个薄薄的黄铜或锡制盾片，针尖则放到蜡烛火焰里灼烧。高温通过钢针传入昆虫体内，在 30 秒内将其杀死，而金属盾片可以防止翅膀烧焦。

19 世纪上半叶，昆虫学家一直在尝试使用宽口的“杀虫罐”。霍勒巴赫描述称，其中一个实验利用了嗅盐产生的氨气，但结果并不令人满意，“因为它漂白了虫体明亮的颜色，而且含有毒药的罐子暴露于炎热阳光下有一种恼人的爆炸趋向”[15]。最后，在 19 世纪 40 年代末，昆虫学家们找到了杀死大多数昆虫的最好方法，就是在罐子底部放上用氰化钾（后来改用乙醚）浸泡过的一层灰泥，这样能最大程度地降低它们的痛苦和外形损伤。

准备野外工作

“永远不要把一只未做标记的鸟收起来，哪怕一小时也不行，”19 世纪的一本野外指南建议道，“说不定，你一转头就把它忘了，或者死了都有可能。”[16] 在鸟腿上贴上标签，潦草地写上地点、日期和栖息地的细节，是使标本在几个月后仍具有意义的唯一方法，尤其是考虑到当时的博物学家有时一天就能获得几十个标本。对同一物种采集多个个体是全面而科学地记录正常差异（normal variation）的方法之一。所谓正常差异，是指幼体和成体，雄性和雌性，或者邻近岛屿上不同种群之间的微小差异。即使是同一种群，个体之间的正常差异对于确定一个物种在哪里结束以及新的物种在哪里开始也至关重要。采集多个标本对一些博物学家的生活同样很重要，因为回国后将重复标本卖给收藏家是他们唯一的谋生手段。

然而，标本需要立即保存起来，以避免一位鸟类学家所说的“每天看着它们被贪婪的昆虫破坏而感到愧疚”[17]。专业人士可能1小时就能处理好10张鸟皮，但大多数人平均就只能处理4张，这包括剥皮、清洗、补漏和打包等所有工作。因此，在野外辛苦一整天后，工作到深夜是家常便饭。

理想的情况是，如果博物学家在一个地方逗留足够长的时间，他就可以训练当地的帮手，并建立野外工作站。“房间里有三张大桌子，其中一张靠窗，一个黑人青年坐在桌旁，”英国博物学家菲利普·亨利·戈斯在一次牙买加之旅中写道，“他面前放着6只鸟，正在给其中1只剥皮；旁边放着剪刀、小刀、钳子、镊子、一盒捣碎的粉笔、一罐含砷的肥皂、针线、棉绒和其他器具，还有几个纸锥，用来盛放剥好的鸟皮。房间的另一头拴着数条不同方向的线，上面悬挂着数百个类似的纸锥，每个纸锥上都有一张鸟皮；之所以这样放置，是为了让鸟皮在老鼠够不到的地方晾干。有时候，老鼠能巧妙地沿着细长的线攀爬，啃咬标本的脚和翅尖。”[18]

戈斯写道，在另一张桌子上，有人正在用沸水杀死陆生贝类，拿针把它们的肉取出来，然后用牙刷把残留物清理干净。还有人将植物标本压在粗糙的棕色纸之间，再用石头压住。与此同时，博物学家本人要么正在把甲虫浸到沸水里，做野外笔记，要么“对一些会被死亡毁掉的形状和颜色进行素描”。戈斯描绘了一幅田园诗般的场景，地上堆着新采摘的兰花，蜂鸟在房间的各个角落飞来飞去。

然而，这种工作节奏也可能是致命的。深夜，这位鸟类观察者终于完成了标记和装箱工作。“让自己倒在床上——如果有床的话，”澳大利亚鸟类学家塞缪尔·怀特（Samuel White）在阿鲁群岛（Aru Islands）探险期间写道，“再次爬起来已是黎明，重新开始工作，没有时间洗掉手上和脸上的污垢，也几乎没有时间来喂饱自己。这种情况会持续几个星期或几个月，直到常年艰苦的工作和贫乏的生活引起某种气候性热病，这时他的工作便突然停止。”[19] 几周后，45 岁的怀特就以同样的方式去世，原因是肺炎或发烧，而他的双手已经由于长期工作至深夜而严重砷损伤。

然而，在野外处理标本只是物种发现过程中的步骤之一。野外博物学家还需要将自己的发现带回家乡。一本指南推荐了特制的标本保护盒，当中的软木衬里浸润在混合着升汞（氯化汞）、松节油和“加了樟脑的烈酒”的溶液中。接缝常用纸带密封，用升汞或砷制成的胶剂封口也很常见。“一旦出现最小的孔洞，”一本野外指南警告称，蚂蚁和其他“贪婪的害虫”就会开始“它们的破坏工作。装有 200 或 300 只昆虫的一整箱标本会在一夜之间被这样摧毁，有些标本甚至没有完全死亡”[20]。为了杀死经常在密封盒里孵化出来的蛾子，一本指南建议将保存下来的动物毛皮标本放在有玻璃盖的盒子里，然后把盒子放在火边烤 8 个小时，利用高温使蛾子四处飞舞并死亡。如果放在船上，整个箱子还要涂上一层厚厚的油漆。

标本很快就成为难以承受的负担。亚历山大·冯·洪堡在南美洲旅行时曾说，“我们的进程时常停顿，因为必须要用 12 到 20 头”骡子驮着标本箱，“每次都要拖上五六个月”[21]。有时他不得不扔掉旧标本，为新标本腾出空间。精明的采集者会抓住每一个机会将珍宝运回国内，小心翼翼地分存，并送出重复标本，以应对海上旅行中屡见不鲜的意外。

然而，事情并不总是如人所愿。例如，法国鸟类学家和植物学家朱尔·韦罗（Jules Verreaux）花了 13 年时间在非洲收集物种，终于在 1838 年将标本装到“卢库勒斯号”（*Lucullus*）上，启程回国。在法国拉罗谢尔海岸附近，这艘船遭遇风暴沉没。韦罗设法游上岸，他是唯一的幸存者，尽管已经两手空空。显然，他并没有因此而气馁。几年后，他又进行了一次新的探险，目的地是太平洋。

第十章　砒霜与不朽

当参观者随后凝视它时，他将惊呼："那只动物是活的！"[1]

——查尔斯·沃特顿

每一位采集者都会遇到一个令人头疼的问题：当你设法将标本带回家后，应该如何处理它们？包括如何把它们取出来，如何保存和展示它们，如何重现它们活着时的样子。如今被认为是"现代科学和艺术标本制作之父"[2]的查尔斯·沃特顿给出了一些最具创意的答案。他最喜欢的防腐剂是升汞，一种汞化合物，会让制帽商和其他工业人员中毒发疯。这种偏爱或许可以解释他作为怪人的名声，即使在19世纪丰富多彩的博物学历史中也相当突出——或者用一位传记作家的话说，他是一位"独一无二的愚人"（unique dodo）[3]。

沃特顿是一个地主乡绅家族的第14代，住在西约克郡一个湖中小岛上的沃尔顿庄园。他的众多成就之一，就是将这块260英亩（约105公顷）的土地变成了被广泛认可的世界上第一个自然保护区。[4]他还成功发起了最早的污染治理行动，在1853

年赶走了在隔壁开店的肥皂制造商。[5]（那位制造商——有传记作家称他为“手上长茧的勤苦老爷”——最终实现了复仇，当沃特顿的儿子破产时，他从这位没落贵族的手中买下了沃尔顿庄园。）

沃特顿自己的生活方式无疑十分简朴。他四次前往南美洲探险，并敦促他的效仿者“把你们的调味菜、美酒和佳肴留下；只带能够让你自己感到舒适的东西”。沃特顿 47 岁时娶了一位 17 岁的姑娘，她是他从小养大的养女，有一部分阿拉瓦克（Arawak）印第安人血统和一部分苏格兰皇室血统。一年后，她在分娩时死去。此后沃特顿开始在家里过起了僧侣般的生活，他以地毯为床，木块作枕，在凌晨 3 点半起床。很显然，他工作和睡觉就在同一个房间，周围弥漫着升汞和死肉的气味。“梳妆台同时也是标本制作台，”传记作家布莱恩·埃丁顿（Brian Edginton）写道，“光秃秃的椽子上垂下被剔去内脏的狒狒，这将引导他进入有益的冥想和甜美的梦境。”[6]他唯一慷慨对待的是家族的天主教信仰，沃尔顿庄园一楼的小教堂就十分奢华。

沃特顿从未假装自己是科学家，他也很讨厌物种的拉丁文学名。因此，尽管他对动物行为的第一手描述非常生动，但人们并不总是很清楚他说的是什么动物。他在 1825 年出版的《南美洲漫游》（*Wanderings in South America*）一书充满了丰富多彩的冒险，比如与蟒蛇搏斗，或是骑在凯门鳄身上，试图在不伤害表皮的情况下将其捕获。质疑者认为这些故事都是虚构的，不屑一提，但沃特顿确实启发了许多刚刚崭露头角的博物学家，包括查

查尔斯·沃特顿描写的南美洲冒险经历（包括骑到凯门鳄背上）
令当时的年轻读者兴奋不已，他们当中的许多人后来也成为了博物学家

尔斯·达尔文和阿尔弗雷德·拉塞尔·华莱士。他前往鲜为人知的地区旅行，只为寻找完美的标本。于是，当其他博物学家带回来成百上千的新发现时，沃特顿却不知何故，只赢得了发现一个新物种的殊荣。这个新物种就是长尾妍蜂鸟，学名为 *Thalurania watertonii*。[7]

沃特顿的真正兴趣并不在分类学，而是有关动物标本剥制术及生死界线的一切。他的成就之一，是发现了南美洲一些部落用于制作毒箭的植物毒素。他还测试了这种毒素能在多长时间内使一只家禽、一只三趾树懒和一头重 900 磅（约 408 千克）的牛因麻痹而窒息，家禽 5 分钟内就死了，后两者分别是 11 分钟和 25 分钟。不过，当他回到英格兰，试图在一头名叫“乌拉利亚”（Wouralia，取自印第安人对这种毒药的称呼）的驴身上进行试验时，他的目的才真正显现。这头驴似乎在10分钟内就死了，然后沃特顿使用风箱从它的气管切口向肺里充气，试图以人工呼吸让它苏醒。[8]在沃特顿所有的工作中，“复活”是贯穿始终的潜台词。

沃特顿抱怨其他动物标本制作者的手艺，称他们把曾经鲜活的鸟搞得面目全非，“就像被一个平庸小丑拉长、填积、硬化并用金属线缠绕了几圈”。他有一套在野外剥制标本的独家方法，其细致程度堪称神圣，“……找出弹孔，用手指分开羽毛并吹气，然后用小刀或树叶仔细去除凝结的血液，并用一小团棉花塞住洞口……在水里清洗这一部分（不要使用肥皂），然后用手指不断地轻轻拨动羽毛，直到羽毛完全干燥”。

为了让标本栩栩如生，沃特顿还花了许多时间观察它们在原生栖息地如何活动，“你必须密切注视鸟的形态和姿势，了解每条曲线的比例，或拉长，或压缩，或是撑开特定的部位，使其与其他部位大小相称”。举例来说，“要让你的麻雀保持它惯常的无礼姿态，方法就是把尾巴稍微抬高一点，并让脖子适当地拱起”。[9]

沃特顿相信，他所处理的标本“在为其填充的双手腐烂成灰之后，还能多年保持原始的形状和颜色”[10]。事实上，他的标本至今保存完好，陈列在离沃尔顿庄园不远的韦克菲尔德博物馆内（该博物馆也留存下来，如今是一家酒店）。对于升汞的防腐价值，他也有足够的信心。据传记作家克莱尔·劳埃德（Clare Lloyd）的描述，他不仅将升汞用于标本，还用于“高帽、外套、裤子、马车内饰，以及家中女眷帽子上的皮草和鸵鸟羽毛”[11]。

作为博物学家，查尔斯·沃特顿的作品中奇怪地流露出一种与复活有关的潜台词，这可能是受他作为英国天主教贵族成员的背景影响

这并没有杀死他。到 80 多岁时，他仍然十分活跃，还能爬树去数鸟窝里的蛋。他特有的机智（peculiar）——堪称如水银般的灵活善变（mercurial）——也一直保留着。他还喜欢用各种招数来逗朋友们开心，包括用大脚趾搔后脑勺，或是躲在桌子底下，趁客人不注意时扑过来咬他们的腿。[12]

沃特顿的古怪也体现在他剥制的标本中，他以此表达自己的诸多偏见，并因此在科学家圈子中落下了永久恶名。他的杰作是一件名为“不伦不类”（Nondescript）的标本，看起来显然是一个人的半身像，放在木架子上。这个人眉头紧皱，睁着褐色的大眼睛，焦虑地扬起眉毛，黝黑的皮肤上缀着淡红色的头发。沃特顿在自家庄园的大阶梯上展示了这件作品，还将其画像放在《南美洲漫游》的卷首刊印出来。有传言称，他“射杀了一个原住民”，并将其做成一件普通的博物学标本摆了出来。

事实上，“不伦不类”是一只吼猴。通过巧妙的处理，沃特顿赋予“这只野兽一张人类的脸，脸上还带着一种理智的表情”。在19世纪20年代，沃特顿所做的这些事情其实比射杀原住民或嘲弄自然科学更令人不安。“你难道不知道吗？”他对一位好奇的朋友说，“现在流行的说法是，猴子很快就会取代我们的位置。我只不过是预告了未来的时代，或者说预示了即将发生的事件……”[13]

善良的朋友们

其他博物学家仍然深陷历史的泥潭，并对普遍糟糕的标本保存状态感到麻木。来自英国的威廉·J. 波切尔（William J. Burchell）由于一段不幸的爱情经历而成为博物学收藏家。1805年，在圣赫勒拿岛担任教师的他写信给未婚妻，让她从英国过来与他团聚。然而，他的未婚妻最后嫁给了带她过来的船长。当两个人一起出现在南大西洋中部这个长5至10英里（约8至16千米）的火山岛时，对波切尔想必是不小的打击。他在余生中都是单身汉，并全身心地投入到工作中。

在1811年至1815年的南非之旅中，波切尔收集了265种鸟类，其中许多都是科学上的新发现。他乘坐一辆装满采集工具、车顶盖着帆布的牛车旅行，并得到专业的科伊科伊（khoi khoi）猎人的帮助。[14] 与当时许多博物学家不同，他记下了这些猎人的名字，尽管带着一种殖民者的占有感。他写道，斯佩尔曼（Speelman）"为我增加的鸟类收藏，比其他任何霍屯督人（Hottentots）都多。朱利（Juli）……用热心和勤勉为我搞到的东西，无论从数量上，还是从价值和稀缺性上，都不比斯佩尔曼差。我只给自己排第三……"[15]

不过，与许多采集者一样，波切尔在回家后也遇到了如何处理这些珍宝的难题。1819 年，已经回国四年的他向朋友威廉·斯文森（William Swainson）坦承："我在非洲旅行时收集的那些鸟一直都装在箱子里，至今我还没能把它们中的任何一只进行填充。主要原因是，那样它们会占据更多的空间，超出我目前的能力范围。自从我回到英格兰，确实还从未有人见过它们。"他被标本腐坏的恐惧吓住了："为了确保它们不受飞蛾和其他昆虫的破坏，我不得不把它们封存在箱子里，到现在都没有打开来看过。我打算继续保持这种状态，直到我开始鸟类部分的研究工作。"[16]

19 世纪 20 年代初，波切尔发表了他在非洲旅行的记录。然后在 1825 年，当非洲的标本还躺在箱子里的时候，他抓住一次偶然机会，前往巴西进行了又一次采集探险。不过，他依然希望能够描述自己的发现。他从里约热内卢写信给斯文森，谈到他听闻的一个流言："据说有人认为你拥有我所有的鸟并且受雇于我，负责对它们进行描述。一定要驳斥这种毫无根据的说法。因为我希望回国后能亲手将我在非洲的所有发现都发表出来，我将因此获得期盼已久的满足感，这也将是我在那个国家辛苦跋涉所获得的最令人愉悦的成果之一。”[17]

到 1831 年，波切尔开始明白这种希望是多么渺茫。深入野外采集物种要比受雇专门从事将标本分门别类的枯燥工作容易得多。政府不会“伸出援手，使我所有的收藏和观察都对科学和公众有用”[18]。当斯文森提出与他合作出版著作时，波切尔答道，这个建议“正好符合我目前在这个问题上的想法”。来自巴西的标本，加上此前非洲的标本，“增加了我在各个门类的收藏，单凭一己之力处理如此大量的材料简直是不可能的”。不过，这并不是要全力推进这项工作的指令。“我们必须见面讨论一下这个问题”，他写道。

1834 年，另一位非洲旅行家爱德华·吕佩尔（Eduard Rüppell）参观了大英博物馆，并说服年轻的管理员约翰·E. 格雷（John E. Gray）带他去看波切尔的藏品。[19] 格雷将在 19 世纪中期一些重大的生物学争论中扮演重要角色。他个性奇怪，说话尖刻，好争吵，是一个“壁橱博物学家”，总是发表一些令野外收集者反感的评论。在他记述的与“我善良的朋友”波切尔的会面中，所有这些特点都十分明显。这次会面中波切尔非常不情愿，最终也没有打开精心密封的箱子。

格雷和吕佩尔没有领会波切尔的暗示，几天后他们又来了。格雷写道，这一次他们“携带着一把锤子和一把凿子，以防同样的麻烦再次发生。波切尔先生嘲笑我们的坚持，并同意我们打开那个箱子，称里面装的是包裹得非常仔细的秃鹫”。但当盖子打开时，盒子里“除了光秃秃的颅骨、翼骨和腿骨以外，什么都没有，身体其余部分都被吃光了，而且不幸的是，我们仔细察看的所有装着非洲鸟类的箱子都是这种状态，这让我们既悲伤又恶心”。波切尔收集的一些物种，直到吕佩尔在几十年后亲自采集并描述时才被真正“发现”。

在众多无畏的旅行者中，被标本编目和保存的双重挑战吓住的并非只有波切尔一人。安德斯·斯帕尔曼（Anders Sparrman）是林奈的学生，曾陪同库克船长完成了第二次环球航行，并在南非和西非的探险中幸存下来。然而，在这些探险结束多年之后，他的标本还一直保存在装运箱中。同样地，在探索美国西部的刘易斯与克拉克远征（Lewis & Clark expedition）* 中，探险家们采集的标本大部分也没有编目。即使是查尔斯·达尔文，也很难找到专业人士来帮他处理“小猎犬号”多年旅行带回来的所有物种。1836 年 10 月，他在给妹妹卡罗琳（Caroline）的信中写道，地质学家们“愿意提供一切帮助，但动物学家们似乎认为一些未被描述的生物相当讨厌”。[20] 这是有充分理由的：这些专业人士已经淹没在新物种之中，而新物种的腐烂速度往往超出了他们所能描述和分类的速度。

多年来，波切尔所背负的标本压力一直很重，直到 1863 年去世。1839 年，他在一种“忧虑与失望”的情绪中再次写信给斯文森：“我旅行和辛劳了这么久，到底是为了什么？！就只是在

---

* 指 1804 年 5 月至 1806 年 9 月，美国国内首次横穿大陆、西抵太平洋沿岸的往返考察活动。

多年的沉寂中静静坐着，为打开的箱子而悲伤，默默忍受着这些长久以来使我的努力付诸东流的境况吗？”[21]不过，格雷也过分夸大了对波切尔的标本状况的糟糕评价。事实上，波切尔的野外保存工作做得确乎很小心。他的大部分藏品至今仍保存在牛津大学自然博物馆。1953 年，在这位探险家回到家乡 138 年后，他在南非采集的毛皮标本终于被分类命名。此外，随着新技术的发展，标本的保存日益完善，波切尔和其他博物学家所遭受的失望和悲伤也在他的有生之年画上了句号。

“黑猩猩”和“臃肿的皮纳塔”

制作标本是一项漫长而危险的工作。18 世纪，一位英国作家推荐了一种典型的标本剥制技术，所用材料包括一种含有升汞的干燥药品混合物，以及一种由松节油和樟脑制成的清漆；据一位法国医生在 1773 年的评论，前者是“一种可怕的毒药”[22]，后者则具有高度爆炸性。这位医生还警告称，制作清漆“需要熟练艺术家的经验和技巧”。在煤床上加热松节油产生的“浓厚、恶臭的黑气”，会“突然被不小心拿到附近的灯火点着，或是当气流从打开的门或窗户冲进来时，把烟引到煤炭上，也会着火”。推荐这种技术其实是给予“无知的人一种新奇而危险的艺术”，将他们暴露在“几乎肯定会伤害自己的危险”之中，并伤害周围的人。然而，这些技术并无效果。这位医生用所有已知的保存方法处理了标本，将它们放到容器内，再放入昆虫。结果是标本被渐渐吃掉，最终归于虚无，里面的昆虫则度过了一段快乐时光，变得又肥又大。

架设标本的技术几乎同样糟糕。早期的标本剥制师尝试用金属丝做支撑，再加入填充物，试图让鸟的皮肤恢复自然形状。然而，这样做的结果往往是眼睛突出，脖子伸长，许多标本最后都松弛下垂。一些剥制师用金属线和包裹起来的实心填充物，制造出了“胸肌发达、填充物过多的鸟”，还有些动物看起来就如同“臃肿的皮纳塔*”[23]。其他标本则“缩小、扭曲，变成了它们原本形象的怪诞样式”。在安装过程中，解剖学细节往往会丢失或变形。荷兰解剖学家彼得鲁斯・坎普（Petrus Camper）曾抱怨，在18世纪的欧洲博物馆里，填充的猩猩和黑猩猩标本具有人类的膝盖和其他特征，导致认为这些物种“与人类非常相似”的愚蠢想法“继续存在”（他还不安地指出，“在布丰的黑猩猩标本上，具有雄性特征的部分和人类的完全一样……”）。[24]

沃特顿对这一切非常不屑：“毫不夸张地说，从罗马到俄罗斯，从奥克尼（Orkney）到非洲，在任何一个博物学陈列室中，都找不到一件按照科学原则填充、处理或架设的四足动物标本。因此，所有这些标本在每一处都是错的。”[25]

但在19世纪早期，动物剥制标本的制作方式经历了一次转变。18世纪80年代，皮尔家族在费城博物馆开创了一种自然主义的标本制作风格，如今已被普遍应用。到1819年，利物浦一

---

* piñata，西班牙文化中一种纸糊的容器，内部装满玩具和糖果，造型多样。

位“鸟类填充师”骄傲地提出，制作一只画眉大小（或更小）的鸟类标本需要 3 先令 6 便士，并承诺“这只鸟的精神（广义上的）很容易通过肢体的动作和姿态复原”[26]。这是一件激动人心的新鲜事。诚如这位剥制师所言，他允许预算有限的顾客以半价购买其他鸟类标本——“如果你想要的还是眼睛突起的老旧样式。”

巫术和魔法

砷是标本剥制技术取得巨大进步的关键。1755 年，药剂师兼博物学家让－巴蒂斯特·贝科（Jean-Baptiste Bécoeur）从德法边界附近的法国小镇梅茨出发，把用砒霜（砷化合物）保存的标本送到国王的内阁，以宣传自己的标本剥制技术[27]。布丰亲自回信，称这些标本“保存得很好”，并指出当时最好的标本剥制师的作品也只能保存三四年，即使是放在真空瓶中。三年后，布丰又写了一篇文章，惊叹这些标本仍然“状况极佳”。从其他博物学家热情洋溢的赞美来看，这显然是保守的说法。

“如果贝科生活在过去的年代，”一位同时代的人后来写道，“他会被指控使用巫术和魔法……这些都是真正不朽的动物。”

贝科在有生之年成功守住了他的秘密配方。“如果我的发现关系到人类的健康或福祉，我将只听取人性的呐喊，并为公众牺牲我的工作成果，”他带着些许辩护的语气写道，“但是，既然我的秘密不属于这一类，我相信我可以毫无顾虑地等待，尽管它给我带来了许多麻烦和损失。”奇怪的是，贝科声称他的配方中不含毒药。科学史学家保罗·劳伦斯·法伯（Paul Lawrence Farber）认为，贝科的目的可能是误导竞争对手，或者他只想说明这种药剂不会释放有毒气体。贝科于1777年去世，之后他的配方被送至法国国家自然博物馆，在1800年之后成为公共知识。根据法伯的说法，1830年时，砒霜或砷皂几乎已经成为通用的标准配置，以至于博物学家"不再认为标本剥制是一个问题，而是将其视为一项技术"[28]。如威廉·利奇那般在大英博物馆的后花园里焚烧标本将不再是一种日常需要，布卢姆斯伯里的居民在散步时也不必再担心会闻到烧蛇的味道。

标本剥制术的变革不仅对采集者（和他们备受折磨的邻居）很重要，对科学也很重要。将模式标本作为凭证，与物种的原始描述永久联系在一起的想法第一次成为现实，这也促进了命名法和分类法的标准化。标本剥制术也使博物学家能够建立理解世界所需的庞大标本库。法伯写道，这些收藏"决定了鸟类学这门新兴学科的特点"，也决定了整个动物学学科的特点。动物学的学术写作从对单个物种的描述发展到对科、目、纲的详细研究，需要"对来自遥远地区的成千上万件标本进行细致比较"。除非标本能保存完好，否则这是一项不可能完成的任务。包括查尔斯·达尔文和阿尔弗莱德·拉塞尔·华莱士在内的生物学家，此时就可以专注于研究物种如何变化，以及这些变化如何反映它们的地理分布，进而理解它们的演化。

法伯表示，标本剥制术还鼓励了博物馆从业者更多地思考动物在自然环境中的行为。他们不再像警察指认嫌犯那样将标本排成一列，而是开始在生境类群中展示物种。与此同时，石版印刷术（lithography）的发展也使动物插画变得更加精确和逼真。“因为博物学家可以直接在石板上作画，无需依赖雕刻家，后者通常对科学插画没有什么鉴赏力。”法伯写道。就在几年前，博物学家在绘图时还必须使用活的或刚杀死的动物。乔治·斯塔布斯和约翰·詹姆斯·奥杜邦等动物学家常常工作到深夜，对着眼前腐烂发臭的动物进行描摹，试图捕捉这些物种的真髓。而现在，良好的标本剥制技术使艺术家们能够在闲暇时观察成千上万件标本，进而开创一个博物绘图的伟大时代。

查尔斯·沃特顿是这股“砷狂热”中一个特殊的例外。他对此的描述是“非常危险”，“有时伴随着可悲的后果”[29]，并援引1816年他在法属圭亚那遇到的一位博物学家为例。这位博物学家向他展示了一个装有16颗人类牙齿的盒子。“这些美丽的牙齿曾经属于我的颌骨，”博物学家道，“它们的掉落，皆因我用砷皂来保存动物的皮。”

其他热衷于此的人士则倾向于否认或淡化这些危险。“既然传闻砷如此危险，”19世纪80年代的一本博物学杂志轻描淡写地写道，“我们将向任何感到砷有害的人询问有关这方面的信息。”[30]很显然，编辑们没有意识到“消息来源”可能会保持沉默，因为他们正在死去。

艺术家拉斐尔·皮尔（Raphaelle Peale）是查尔斯·威尔逊·皮尔的儿子，一直从事家族博物馆的标本制作。在经历多年不稳定的身体和精神状况之后，他于1825年死于砷和汞中毒，享年 51 岁。同样来自费城的约翰·柯克·汤森（John Kirk Townsend）是一位医生兼药剂师，他显然意识到了在美国西部发现并保存鸟类的危险性，但仍然在 1851 年死于砷中毒，享年 42 岁。费城鸟类学家约翰·卡森（John Cassin）描述了 198 个新物种，在此过程中，他一直在处理保存下来的鸟皮，并担心“因为砷中毒和肝病而永远赔上自己”。1869 年，他死于砷中毒，享年 55 岁。1914 年，在加利福尼亚州，从泥瓦匠转行而来的博物学家亨利·亨菲尔（Henry Hemphill）在制作贝类标本时，莫名其妙地用砷毒死了自己。在标本的采集地，可能还有许许多多科学家的助手因为砷中毒而殒命，但各种科学年鉴从未提及他们的名字。

永恒的晨曦

然而在 19 世纪中叶，对于没有实际经验的空想旅行者*，保存完好的标本是那个时代的一大奇观，无论是陈列在钟形罩中，还是放在正面为玻璃的柜子里。朱迪思·帕斯科（Judith Pascoe）在《蜂鸟标本柜》（*The Hummingbird Cabinet*）一书中写道，人们“被剥制标本抵抗腐烂和衰败的神奇能力迷住了”[31]。疲惫的现代人看到的是“粉饰的死亡”，当时的人们则从翅膀上闪烁的光泽，以及极近距离的观察中看到了永生的暗示。

---

* 原文为 armchair traveler，指坐在扶手椅上以空想方式旅行的人。

1851年，鸟类学家兼实业家约翰·古尔德（John Gould）在伦敦动物园举办了一场壮观的蜂鸟展览。维多利亚女王在参观后评价道："很难想象还有什么比这些小巧的蜂鸟更可爱的了，它们种类繁多，颜色也格外鲜艳。"古尔德在一个特别建造的房间里放置了24个蜂鸟陈列柜，阳光从天窗照射进来，在舞台灯光下，羽毛闪耀着金属光泽。他把蜂鸟摆成栩栩如生的姿态，或是在凤梨科植物上方盘旋，或是将鸟喙探入花心。查尔斯·狄更斯（Charles Dickens）曾将自己想象成森林里的蜂鸟，"它们在空中保持平衡，尽管听不到翅膀的嗡嗡声，但我们几乎能想象这种美丽生命所发出的声音"。艺术评论家约翰·拉斯金（John Ruskin）"对造物的形式和规律充满了理性和自律的喜爱"，这让他将收集矿物作为爱好，但此时他悲叹道："我在矿物学上浪费了生命，却一无所获。如果我献身于鸟类，献身于它们的生命和羽毛，我也许就能做出一些有意义的事情。若能看到一只飞翔的蜂鸟，那将成为我生命中的新纪元。"

值得一提的是，古尔德本人从未见过活的蜂鸟，但他仍然是一位知识渊博的鸟类学家。博物学家查尔斯·沃特顿于1825年出版的《南美洲漫游》一书为他提供了标本剥制的专业指导。沃特顿详细介绍了最新的保存技术，并鼓励标本剥制师表现出"普罗米修斯式的勇气，将火与活力带入标本中"[32]。威廉·布莱克那首著名的诗《永恒》（Eternity）曾这样写道：

将快乐束缚于身的人，

折损了高飞的生命。

谁亲吻了飞翔的快乐，

就活在永恒的晨曦。

现在看来，标本剥制术看似永久保存了这些长着翅膀的生灵（有些物种在后来灭绝），却也可能彻底破坏了布莱克诗句的意境。

第十一章 “难道我不是你的同胞兄弟吗？”

（在爱尔兰）看到的如人类般的黑猩猩让我心神不宁……白色黑猩猩令人恐惧；如果它们是黑色的，这样的感觉就不会太过强烈。[1]

——查尔斯·金斯利

1831 年的圣诞节刚过，一位 22 岁的博物学家登上了英国皇家海军的“小猎犬号”。他来自一个在反对奴隶制运动中历史悠久的显要家族，外祖父乔赛亚·韦奇伍德（Josiah Wedgewood）是一位陶瓷制造商，其大规模生产的浮雕碧玉陶瓷制品成为反对奴隶贸易的象征，常作为手镯或发饰佩戴，正如今天人们佩戴的粉红丝带或其他象征和平的饰品。这些陶瓷浮雕上绘有一个黑人戴着镣铐，单膝跪地乞求自由的图案，下方配的文字是：“难道我不是你的同胞兄弟吗？”[2]

然而，12 个月后，当查尔斯·达尔文在南美洲南端第一次遇到未开化的人类时，所谓的兄弟情谊已被他抛到脑后。在达尔文那上流社会的眼中，他在火地岛所见到的人“发育不良……丑陋的脸上涂着白漆，皮肤肮脏油腻……头发蓬乱……声音刺耳……举止粗暴，毫无体面可言”。他在报告中未加考证地写道，火地岛人饥饿时宁愿把家族里的老妇人烤来吃，也不肯牺牲他们的狗（“狗能抓水獭，”他们解释道，“老妇人抓不到。”）。[3]

多年以后，火地岛之行仍然困扰着达尔文。他在《小猎犬号航海记》的结语部分问道：“我们的祖先也是这样的人吗？这些人，他们的手势和表情对我们来说比家养的动物还难以理解……”[4] 内心的痛苦溢于言表。1838 年，当达尔文在伦敦动物园第一次见到类人猿时，火地岛原住民带给他的震惊再次跃入脑海。达尔文在笔记本中写道，“让人们来参观驯养的猩猩吧”，这样他们就能发现这种生物不仅善于表达、充满智慧，而且富有情感。相比之下，当看到有人处于“野蛮”状态，“火烤亲生父母，赤身裸体，举止粗俗，无可救药”时，任何人都不可能“夸耀他的卓越超群”。[5]可以说，人们更容易接受人类起源于猿类的观念，而不愿意相信自己与某些人群存在亲缘关系。

毫无疑问，被早期欧洲探险者所探访的人也有着同样的恐惧，尽管我们能参考的只有探险者困惑的描述。例如，在 18 世纪的冈比亚（Gambia），年轻的非洲人对探险家蒙戈·帕克（Mungo Park）的白皮肤和高鼻梁很是不解：“他们坚持认为二者都是人为的。前者是在我还是婴儿时，被浸到牛奶里形成的；而我的鼻子，他们坚称这是因为每天都被人捏，直到变成今天这样难看和不自然的形状。”[6] 探险家们有时会引导读者嘲笑那些天真的原住民，因为他们没有认识到欧洲人才是人类的原型。帕克称，当他称赞“他们可爱的塌鼻子”时，冈比亚朋友告诉他，“甜言蜜语”或恭维话并不会让他有任何收获。但在这个笑话的背后，怀疑开始滋长。

在寻找新物种的过程中，众多博物学家发现自己处处面对着令人不安的新观念：地质时代的扩展；表明上帝创造的大量物种不知何故已经灭绝的证据；更令人不安的怀疑是，大自然并不是一条完美有序的“存在锁链”，而是杂乱无章的大杂烩；物种被认为产生于不同的造物行为，但又存在如此多的相似之处，这一悖论就好比上帝需要剽窃自己的作品；还有不断涌现的演化论思潮。

1831 年，在大英博物馆担任动物学助理的约翰 · G. 邱拯（John G. Children）给同事写了一封怒气冲冲的信。在信中，他一时疏忽，写到了物种之间的“联系”（connexions）[7]，但马上纠正为这只是“造物之间存在的相似性”。他接着写道：“我的确反对，而且将永远抗议拉马克和他的门徒们所吐出来的令人憎恶的垃圾，他们鲁莽地，几乎是亵渎地，将一段相对愚蠢的时期完全归咎于全能的上帝！他们喋喋不休地说着自己幼稚、粗鄙的言论，说着大自然——那是上帝——的进步，从失败的、不完美的最初尝试，到越来越完美的努力和结果！”邱拯要求对方对他的言论保持“沉默”，并以一个引人同情的请求结尾：“我请求不要让我卷入争论。”整个科学界可能都会附和这句话。

当然，没有什么能与第一次见到其他灵长类物种和其他人类种族并列时所引发的焦虑相提并论。这两种事物——类人猿和人类种族——在关于智力的辩论中频繁地一起出现，在现代人看来简直难以置信。我们十分清楚人类和其他灵长类物种之间的界线。但同样清楚的是，早期欧洲思想家在划定这条界线时往往经过了精心计算，以维护欧洲人对于自身特殊属性的幻想，并将“低等”种族置于奴役和灭绝的境地。我们现在知道，人类种族之间不可能划出清晰的界线；种族分类没有科学意义。

即便如此，抛开现有的知识，我们也能想象早期思想家对物种问题有多么困惑：为什么突然间出现这么多种类的动物——和人类？为什么不同地方的动物差异如此之大？这些差异在什么时候只是个体之间的正常变化？又在什么时候叠加起来以区分不同的物种？这些问题都触及一个特殊的论点，即我们在本质上与其说是上帝的孩子，还不如说是灵长类动物。林奈所创造的“primates”（灵长目）一词本身就包含潜在的等级意味，即“第一等的”。

尽管大多数 18 世纪的博物学家从未见过类人猿，但他们担心

“几乎没有任何标记”能将它们与人类区分开来

在很长一段时期，大约从智人走出非洲的5万年前和尼安德特人灭绝的3万年前，一直到不足700年前的大发现时代，欧洲人的生活基本上与猿猴和其他人类族群隔绝，或许只有在皇家动物园或中世纪动物寓言集的插图里，以及旅行者的故事中才能听闻一二。这段时间足以使他们产生一种隔绝于自然界其他部分的强烈感觉，同时对自己在世界上的特殊地位洋洋自得。

欧洲文献中关于猿类的最早记录之一出现在1641年，带着典型的混乱[8]。文献中提到的动物是一只幼年黑猩猩，由西非一个奴隶贩子运到欧洲。然而，在接下来一个世纪里，"chimpanzee"（黑猩猩）一词在非洲以外的地区依然不为人所知。可能是由于荷兰人在马来西亚和婆罗洲有着广泛的贸易，来自阿姆斯特丹的解剖学家尼古拉斯·图尔普（Nicolaes Tulp）用了人们更熟悉的名字"orangutan"（猩猩），在马来语中意思是"森林中的人"。1699年，伦敦医生爱德华·泰森（Edward Tyson）解剖了一只黑猩猩幼崽，他也称其为"orangutan"（或"orang-outang"），并提到另外两个名称："pygmy"（俾格米人）和"*Homo silvestris*"（意为丛林人）。直到19世纪中期，"orangutan"一直是所有类人猿的统称。

图尔普和泰森都夸大了猿类和人类的相似之处，这不足为奇，因为乍看之下，它们比欧洲人见过的任何动物都更加震撼人心。图尔普的文章中有一幅插图，描绘的是一只眼睛微微向下低垂的类人猿，双手遮挡着生殖器。[9]同样，泰森在论文中也用一张黑猩猩借助拐杖直立行走的插图来说明自己的观点。这两只类人猿看起来几乎和人类无异，部分原因在于它们都尚处少年，有着和我们一样的扁平面庞（黑猩猩的下颌在青春期才开始向前突出）。对“存在锁链”的深信不疑，也鼓励着博物学家将人类与猿类的差别最小化，以此来填补缺失的环节。和亚里士多德一样，他们认为“自然不会突然地跳跃”。

然而，他们也想与猿类保持距离。这种精细分级的进化思想从最低级的阿米巴变形虫不断向上，一直延伸到人类物种，增强了等级与社会阶层的传统观念。因此，泰森在文章中引入了一种修辞手法，后来成为灵长类文献的标配。在一封写给贵族资助者的“致谢书信”中，他强调与其说人与动物之间存在普遍相似性，倒不如说是“最低等级的人与最高等级的动物之间的相似性”[10]。后来的思想家便以这种方式，不断地将人类与猿类相似性的全部影响转嫁给社会阶层、国籍或肤色“错误”的人。

令人遗憾的是，详细区分类人猿的第一手知识相当匮乏。“在很多情况下，博物学家从未亲眼见过他们所描述的动物，”朗达·施宾格（Londa Schiebinger）在《自然的身体》（*Nature's Body*）一书中写道，“他们根据古人充满想象力的说法，结合未经训练的航海者的观察，得出了对这些生物的观点。”[11] 古罗马博物学家普林尼描述过阿特拉斯山脉的洞穴居民，而柏拉图在《理想国》一书中，提到了一则非洲洞穴居民的寓言。林奈以此为基础，提出了第二个人类物种：穴居人（*Homo troglodytes*）。这个物种名取自希腊语，字面意思是“爬进洞里的人”。（时至今日，黑猩猩的学名仍为“*Pan troglodytes*”，尽管它们生活在树林中，而不是洞穴里。）萨堤尔（Satyrs）*、俾格米人、偶尔出现的野孩子（传说由狼养大），以及异常多毛的人类，都引发了严肃的思考。

林奈将猿类与人类归为同一分类等级的做法令许多批评者感到惊愕。“我非常清楚地知道，从道德的角度来看，人与野兽之间存在着巨大的差异：人是唯一拥有理性和不朽灵魂的生物，”林奈写道，“然而，如果从博物学的角度，而且只考虑躯体的话，

19 世纪的插图画家仍将黑猩猩画得很像人类，只不过稍微有点扭曲

---

* 希腊神话中半人半羊的森林之神。

我几乎不能发现任何可以区分人和猿的特征……”[12] 尽管这一宽泛的断言仅基于他在 1760 年见到的一个幼年黑猩猩标本[13]，但林奈继续写道："无论是脸还是脚，抑或是直立行走的步态，或任何其他方面的外部结构，人与猿都没有什么不同。"

猿类甚至像我们一样看待这个世界。在《自然系统》第十版中，林奈将自己对等级结构的痴迷投射到同样未曾亲见的猩猩身上："白天躲藏起来；到晚上，它会观察，走出去觅食。说话时发出嘶嘶声。它认为，并且相信，地球是为它而造的，总有一天它会重新成为主人……"[14]

"全身性雀斑"

人类在这一令人困惑的图景中处于何种位置？欧洲人对此的争论通常始于《圣经》传统，即所有人类都是亚当和夏娃的后裔。18 世纪末，德国医生约翰·布卢门巴赫（常被认为是"人类学之父"）将人类分为五类：黑色人种、白色人种、黄色人种、红色人种和棕色人种，最后一个指的是东南亚和太平洋岛民；但他坚决主张，这些人种（varieties）都属于同一个人类物种。与当时大多数博物学家一样，布卢门巴赫认为人类祖先是欧洲白人，可能起源于高加索山脉。因此，如历史学家温斯洛普·D. 乔丹（Winthrop D. Jordan）所言，他创造了一个"不怎么恰当却一直被使用的术语，'高加索人'（Caucasian）"[15]。

根据传统观点，由于饮食、生活方式和气候等环境因素，其他种族（races）已从这种原始类型分化或退化。以深色皮肤为例，这被认为是暴露在热带阳光下的结果，正如阳光会让白人长雀斑，黑色皮肤也被一位思想家称为“一种全身性雀斑”[16]。环境似乎能挖掘出人类属性中的潜在能力，使某些种族更适应特定的环境。例如，德国哲学家伊曼努尔·康德（Immanuel Kant）将肤色与“黑人身上强烈的体臭（任何程度的清洁都无法避免）”归因于他们在沼泽和茂密森林的“燃素气体”（phlogisticated air）中生存的特殊能力[17]。根据一个可追溯至古希腊的荒谬理论，燃素（phlogiston）是一种由呼吸和分解产生的可燃物质，在潮湿的热带生境中大量存在。因此康德认为，非洲人已经发展出一种特殊能力，可以通过排汗来使血液“脱燃素”。这一理论暗示了欧洲殖民事业可能遇到的实际影响，因为缺乏这种特殊能力的白人往往会在造访那些潮湿地区时死亡。（我们现在知道，白人缺乏的是对热带病的获得性免疫。）

单一物种理论的支持者认为，人类可以获得诸如肤色之类的特征，并将其传递给后代。一些思想家争论称，在适当的情况下，这些特征也会“改变回去”。1787年，在一篇颇有影响力的关于人类多样性的论文中，新泽西学院（现普林斯顿大学）的院长塞缪尔·斯坦霍普·史密斯（Samuel Stanhope Smith）认为，向气候温和的美洲移民加上从奴隶制中解放，将使黑人逐渐回归到原始类型。他的理由是，在寒冷地区生存的狐狸、熊、野兔和其他动物都会变得雪白[18]；类似地，黑人会逐渐失去“非洲种族特有的畸形”[19]，变成名副其实的白人，从而实现与白人的平等[20]。史密斯指出，黑奴在三代或四代之后，往往变得不那么像非洲人，“这是社会状态影响外在特征的一个显著例子”[21]。或许是身为长老会牧师的缘故，史密斯并没有意识到，在文明白人的仁慈陪伴之外，还有别的因素在起作用。

史密斯认为，出生在弗吉尼亚州的奴隶亨利·莫斯（Henry Moss）就是一个活生生的例子，证明了种族改变的可能性。[22]根据1796年在费城刊登的一则广告，莫斯在38岁时“开始褪去自然肤色”，现在“他的身体变得和任何白人一样白皙，除了一些变化非常快的较小部位”。这则广告出现在市场街的黑马酒馆，承诺观看这一奇观将“为哲学天才提供广泛的娱乐”。史密斯从普林斯顿赶来，和其他人一样花了25美分一睹为快。医生本杰明·拉什（Benjamin Rush）也前来参观，他的结论是，莫斯的黑皮肤病已被“治愈”。在某种意义上，这么说也是对的。莫斯患有白癜风（一种皮肤色素脱失症），而他正是利用自己“畸形秀”的收入摆脱了奴役，获得自由。

白人所谓的优越性几乎毋庸置疑，甚至当一位不迷信传统的思想家辩称人类起源于黑人时也是如此。詹姆斯·考尔斯·普里查德（James Cowles Prichard）来自英国布里斯托尔，是一位医生兼人种学家。他意识到，人工选择的力量可以改变驯养动物的外观。他最后的结论是，文明的实现是一个自我驯化的过程，其结果便是白人发展为一种新的改进型人类。[23]

平等与面部角度

受所处时代的局限，荷兰解剖学家彼得鲁斯·坎普与普林斯顿的史密斯牧师一样，都是直率的种族平等支持者。坎普是一位医生和杰出的博物学家，他发现了鸟类骨骼轻盈、充满空气的特征，并将一头爪哇岛的犀牛确定为新物种，推翻了独角兽的神话。在东印度群岛贸易中积累的人脉使他生活富足，而他也利用这一点，获取并解剖了猩猩标本，证明它们是独立物种，而非退化的人类。

彼得鲁斯·坎普还着手驳斥非洲黑人“是旧时代白人与类人猿或猩猩混居之后裔”的说法。1758年，他在阿姆斯特丹解剖一个安哥拉黑人男孩时报告称，他发现“他的血液和我们的非常相似，他的大脑也是白色的”。在这场解剖中，他依据“德高望重的泰森有关‘丛林人’或‘猩猩’的著名描述”进行了逐项比较，“我必须承认，我发现这只动物与白人没有什么不同之处；与白人相比，所有特征都是一样的”。坎普邀请他的听众和他一起“向尼格罗人和黑人伸出兄弟之手，承认他们和我们一样，都是我们视为天父的第一个人的真正后裔”。

可怕的是，尽管提出过这样的平等主义观点，但坎普后来的理论却成为贬低和奴役黑人的重要视觉符号，这无疑相当讽刺。科学史学家米里亚姆·克劳德·梅杰（Miriam Claude Meijer）最近指出，后来的善辩者歪曲并滥用了坎普的工作，坎普只是对头骨形状的差异进行了如实的研究。[24] 布丰认为，非洲人出生后，由于被放在紧贴母亲背部的吊袋里，导致鼻子扁平（与蒙戈·帕克“被捏过”的鼻子截然相反），而坎普则认为，不同种族的面部特征源自头骨的基本结构。

18世纪70年代，坎普开始构建关于面部角度的理论。所谓“面部角度”，描述的是从门牙到前额的连线偏离垂直线的程度*。他注意到，古典雕塑中笔直的脸部轮廓，与荷兰和佛兰德艺术中相对倾斜、下颌更突出的脸部形成了鲜明对比。[25]坎普并没有将更高的智力归功于头骨形状，但出于某种美感，他决定根据面部角度来排列自己收集的头骨，就像有人会根据封面颜色来排列书架上的书一样。坎普写道，排列结果“看起来很有趣”：首先是面部角度为40至50度的猴子和猿类；然后是尼格罗人，70度；在一系列中间种族之后，便是面部角度为80度或更大的欧洲人，略逊于希腊诸神和大天使。[26]坎普并没有下结论，但通过将非洲人与猿类并列比较的简单把戏，他所列举的面部角度直到20世纪仍是黑人种族低劣的视觉象征。

即使在最为进步的知识界，固有的白人优越感也占据着主导地位。托马斯·杰斐逊认为黑人低人一等，不可救药。他哀叹这个种族缺乏适当的自然演化进程，写道：“因此，我只是提出一种怀疑，即黑人，无论最初即是一个独特的种族，还是由于时间和环境的原因而变得独特，他们在精神和身体上的天赋都不如白人。”[27]［多年后，非裔奴隶莎丽·海明斯（Sally Hemings）成为

* 即门牙与额头最前端连线与水平线（从鼻孔到耳朵）的夹角。

杰斐逊的情妇并为他生了几个孩子，但这些说法一直备受争议。]

大卫·休谟（David Hume）是启蒙时代最伟大的自由主义哲学家之一，他的观点不仅仅止于怀疑。休谟宣称："还没有其他肤色（的种族）像白人一样建立起文明国家。"他认为其他人类种族甚至不属于同一物种。"在牙买加，人们确实把一个黑人说成是多才多艺，又有学问的人；不过，这很可能只是由于他浅显的造诣，就像鹦鹉学舌，只会简单地说几句话。"[28]

查尔斯·怀特（Charles White）是 18 世纪的一位产科医生，也是英国皇家学会的成员。在他眼中，世界上没有什么事情能比在镜子里看到自己面色苍白的形象更加愉悦。"沿等级上升，终点便是白色的欧洲人，"他写道，"与野蛮的造物相距最远……最美丽的人类种族。没有人会怀疑他在智力上的优越性……除了在欧洲，我们还能在哪里找到像这般拱起的高贵头颅，里面有如此容量的大脑……？去哪里找如此笔直的脸、隆起的鼻子，还有圆润突出的下巴？……除了在欧洲女人的胸脯上，哪里还能找到两个如此丰满、雪白的半球，各点缀着一抹朱红？"[29] 这段话仿佛是对吉尔伯特与沙利文（Gilbert & Sullivan）* 所创作歌剧唱段的拙劣模仿，一群戴着假发、穿着齐膝裤的绅士们载歌载舞地合唱，他们传递的信念，几乎足以使台下观众无视那些被锁在甲板下的奴隶们的低沉呐喊。

然而，这种信念的后果有时却显而易见。罗伯特·尚伯克

---

* 指英国维多利亚时代幽默剧作家威廉·S. 吉尔伯特与作曲家阿瑟·沙利文。

（Robert Schomburgk）是一位德国博物学家，他最著名的发现是王莲（*Victoria regia*），一种叶子大而圆、如同圆盘的睡莲。1831年，尚伯克刚好身处维尔京群岛最北端的阿内加达（Anegada）。当时，一艘路过的西班牙贩奴船"复兴号"（*Restauradora*）撞上了礁石，沉入浅水区。不久后，当他经过沉船地点时，发现在"清澈平静的大海"之下，"无数的鲨鱼、岩鱼和梭鱼……潜入船舱，在那些至死都未能摆脱锁链束缚的不幸的非洲人身上撕扯着"。[30]

第十二章　对头骨的渴望

我的伊肖戈（Ishogo）小奴隶罗加拉（Rogala）生病了，今晚就要死了——我早已预料到。你常说想要一个伊肖戈人的头骨，现在你可以拥有一个了。[1]

——一个骷髅贩子致探险家保罗·杜·沙伊鲁的信

1822年，理查德·欧文还是一名年轻的医生学徒，在英格兰西北部兰卡斯特市的监狱工作。那是一座阴暗的哥特式城堡，与欧文阴郁的外表十分相称。一缕又长又密的黑发从他高高的额头、凹陷的双颊和带浅沟的下巴上方掠过。在最著名的一张肖像中，他的头向前倾斜，面部角度远远超过90度，眼窝深陷，目光有意识地向上看去。当时，城堡里繁忙的绞刑架为解剖学研究提供了大量新鲜的材料。监狱也为欧文经常讲的"一个黑人头颅的故事"提供了素材。最终在1845年，他以赛拉斯·西尔（Silas Seer）的笔名发表了这个故事，并且显然进行了文学加工。

此时的欧文已跻身世界最著名科学家之列，他是乔治·居维叶和解剖学先驱约翰·亨特的学术继承人。事实上，他是皇家外科学院的“亨特教授”*，约翰·亨特的解剖学标本就保存在那里。和亨特一样，欧文定期解剖所有来自伦敦动物园的尸体。他拥有如亨特般广博的专业知识，对从鹦鹉螺到大地懒等诸多物种进行了精彩的描述。他还创造了“恐龙”（dinosaur）一词，并在不久之后帮助做出了第一批真实大小的恐龙复原作品。正如居维叶对“部分相关”原则的神奇应用，欧文也表演过解剖学上的“魔法”。他在研究了一块骨头碎片后，公开宣布新西兰存在过一种鸵鸟大小的鸟类，或许仍然存在。几年后，已灭绝的恐鸟被发现，这是一种高12 英尺（约 3.7 米），重 500 磅（约 226.8 千克）的鸟类[2]。

然而，就在其权力的巅峰时期，欧文不知为何，竟抽出时间在《胡德杂志及喜剧杂集》（*Hood's Magazine and Comic Miscellany*）上发表了一篇他在接受专业医学培训时的鬼怪故事。[3] 故事从一个不久前去世的船长说起。这位船长曾经做过奴隶贸易，其家人所居住的小房子就位于城堡大门前的陡峭斜坡下。在一个冬天的晚上，他的遗孀坐在火炉前，试图向女儿证明丈夫的谋生之道有其正当性。突然，她们听到一阵脚步声，前门被一声巨响震开。紧接着，母亲发出一声尖叫，她看到一个黑影和“一个黑奴的鬼魂躺在地板上，那恐怖的脑袋转过来，用突出的白色眼珠瞪了她好一会儿”。在那之后的几天里，这家人向朋友们展示了地板上留下的血迹，称这是鬼魂出没的物证。

---

* “亨特教授”（Hunterian Professor）是外科领域最负盛名的奖项之一，以外科先驱约翰·亨特的名字命名。自 1810 年以来，这一奖项每年由英国皇家外科学院颁发，以表彰对外科医学做出重要贡献的人士。

理查德·欧文以出色的解剖学描述而闻名，
但他为了实现野心而歪曲事实的行为也众所周知

但是，正如欧文所述，只有他知道这次幽灵事件的真实情况。在克服了初为医学生头几个星期的恐惧之后，他开始喜欢上解剖学。事情是这样的："在监狱医院一个黑人病人去世的当天，一篇关于'人类种族多样性'的论文落到我的手里，这大大增加了我对人类头骨的渴望。"欧文买通狱卒，让他允许自己在正常工作时间后返回停尸房。回家等待了一段时间后，欧文带着"一个结实的棕色纸袋，在1月一个结霜的夜晚出发，去采集这个埃塞俄比亚人的标本"。

当欧文爬上哈德良塔楼的螺旋形楼梯，来到城堡停尸房时，他脑子里正思索着"面部角度"和"突出的下颌"，这都是种族伪科学中的关键概念。欧文想要得到证据。借着灯笼的光，他独自在“死者的石头房间”里，砍下这名囚犯的头颅，装在袋子里，再藏到斗篷下。他将棺材盖上，在走出去的时候停了下来，嘱咐狱卒将棺材埋了，以减少被发现的风险。

但当他来到监狱外面时，却在结霜的斜坡上“滑了一跤”。欧文写道：“我被斗篷绊倒，失去平衡向前一摔，那黑人的头猛地从袋子里掉了出来，顺着滑溜溜的陡坡往下蹦跳。双腿刚恢复知觉，我就拼命地追赶它，但是已经来不及了。我看着它撞在一间正对着斜坡的农舍门上，门猛地开了，我也冲了进去，因为无法停住脚步。我听到尖叫声，看到一个女人的衣服拂动，她冲进了里面的门；房间空了；那可怕的头就在我的脚下。我抓住它，一边往后退，一边把它裹进斗篷里。我觉得我应该在出来时随手把门关上，但我一步不停，直到跑回诊室。”

对欧文和其他收藏者来说，这些主要来自欧洲以外的人类头骨，只不过是又一个博物学标本类别，与个人和文化无关。1834年，在伦敦的约翰·詹姆斯·奥杜邦给南卡罗来纳州的博物学家、路德教牧师约翰·巴克曼（John Bachman）写信道：“我的朋友麦吉利夫雷（MacGillivray）想拥有一些尼格罗人的头骨，如果可以的话，最好是非洲人。不过，无论如何，给他送去半打吧，或者其他你能送他的任何东西，诸如红头美洲鹫和小嘴乌鸦的头骨，或各种类型的头。他还想要一些不同大小的短吻鳄的头。”[4]

同样的批量购物单也出现在约翰·卡森的信中。1843年，在费城自然科学院任职的他写信给身在利比里亚（Liberia）的圣公会传教士兼博物学家托马斯·S. 萨维奇（Thomas S. Savage）："如果您能送来一桶原住民的头骨——少一些也无妨——并附上其所属部落名称的话，将大有助益，这将促进对我们种族的科学研究。"[5]（我们不知道萨维奇是如何回应这个令人毛骨悚然的要求的。但几年后，他带回了灵长类动物学史上最重要的两个头骨，这也是第十五章的主题。）

有时头骨的新鲜程度令人惊愕。19 世纪 60 年代，探险家保罗·杜·沙伊鲁以每个 3 美元的价格在加蓬收购头骨。[6] 他将这些头骨运回美国，只为反驳"我们国家的医生……认为黑人只是类人猿，几乎和大猩猩一样"。后来，一位热心商人答应卖给他一个身患重病，但还活着的奴隶的头骨，此时沙伊鲁显然意识到，自己可能无意中资助了一场谋杀。在新西兰，约瑟夫·班克斯成为收集酋长头颅的第一人，而那位酋长的脸上还保留着复杂的毛利人面部纹身——原住民称之为"莫克"（moko）。他在信中写道，"人们无法不去欣赏这些图案的极致优雅和精确"，这些同心圆的螺旋图案"类似于古代雕镂的金银制品，所有这些都以绝佳的品味和技艺完成"[7]。后来，由于欧洲对头骨的需求剧增，酋长们有时甚至会给奴隶刺上莫克纹身——通常只有贵族才能享此殊荣——然后杀掉，用烟熏他们的脸，再将头颅卖给收藏者。[8] 盗墓也很普遍。在北美，一位旅行者在 1837 年洗劫了一座下葬不久的印第安人坟墓，并将头骨放在背包里装了两个星期，"情况非常糟糕，如果被发现还会招致危险，甚至可能丧命"[9]。

"美国的各各他"

这些头骨是为费城的贵格会教徒、医生兼博物学家塞缪尔·乔治·莫顿（Samuel George Morton）准备的。莫顿身材高大，面色苍白，有一双蓝灰色的眼睛，举止谦逊。他是一个忠于家庭的男人，"没有傲慢的自负，脾气宽容，仁慈且尊重他人"[10]。他从1830年开始研究头骨，最终收集了1000多件标本。他的朋友将这些收藏称为"美国的各各他"（the American Golgotha）。（"Golgotha"的字面意思是"骷髅地"，是《圣经》中一座山的名字，耶稣基督曾被钉在这座山的十字架上。）这些藏品就安置在费城自然科学院。

莫顿相信，他可以通过脑容量来描述各个种族，头骨越大意味着大脑越大，而大脑越大意味着智力越高，最大的大脑自然属于欧洲人。他一开始是用芥菜籽填充倒置的头骨来进行测量，后来为了获得更好的一致性，他改用8号弹丸填充。[11]这种方法在当时被认为非常客观和科学。在莫顿于1851年去世时，纽约的一家报纸评论道："恐怕没有哪位美国科学家在全世界享有如此高的声誉。"[12]在致悼词时，一位朋友说："我相信我还可以更进一步地说，我敢肯定，任何扰乱他人宗教信仰的想法，对于他善良的心灵而言都是格格不入的……"

然而，宗教信仰要求人们接受其他种族同样是亚当和夏娃的后代，而莫顿更倾向于异端的做法，将各个种族区分开并保持安全的距离。直到去世前几年，他才公开宣布不同的人种属于不同物种，但他从一开始就认为种族和物种一样，都是不可改变的。[13]在1839年出版的《美洲人的头骨》(*Crania Americana*)一书中，莫顿质疑《圣经》中的洪水是否覆盖了整个地球，以及不同人种能否在大洪水过后的短时间内发展和扩散。其他思想家则过于草率地得出结论，认为种族差异完全是由于“气候、地域、生活习惯和各种附带的环境变迁”造成的。莫顿则主张“合理的结论是，每一个种族从一开始就适应了其特定的定居地”。在1844年出版的《埃及人的头骨》(*Crania Aegyptiaca*)一书中，他进一步阐述了自己的观点，认为埃及文明的遗迹——当时备受关注且具有重要影响的一个话题——并非出自黑人，而是白人的杰作。[14]

塞缪尔·乔治·莫顿是一位贵格会教徒，

他的头骨研究工作使他成为宣扬种族伪科学的关键人物

莫顿的工作漏洞百出。古生物学家斯蒂芬·杰伊·古尔德在1978年重新分析了他的数据，指出对于同样一个头骨，用芥菜籽测量的数据会出现多达4立方英寸的变动，用铅弹测量时的变动则为1立方英寸（约16立方厘米）。[15]无论用哪种方法，都会受到“无意识偏见的影响”。莫顿也没有区分男性和女性的头骨，性别之间正常的大小差异使得他的结果存在偏差，特别是在只依赖少数个体作为样本来描述整个群体的情况下。尽管古尔德找不到“欺诈或有意操纵的迹象”，但他称莫顿的工作是“臆想和欺骗的拼凑，可能在无意识中进行了控制”，因为莫顿迫切希望“把他的同族放在顶端，把奴隶放在底部”。[最近一项研究对古尔德的这一指控提出了反驳。人类学家约翰·S. 迈克尔（John S. Michael）认为，与其说莫顿在方法上犯了错误，不如说他对臆造的种族分类概念深信不疑，进而误入歧途。[16]]

厌恶理论

在莫顿的背景中，学者们找不到任何东西来解释他对不同种族的敌意。[17]然而，莫顿却将种族厌恶提升到了理论的高度。[18]对其他作家而言，表达种族厌恶是一种表明自己白人身份的方式，也掩饰了他们明显被性吸引力困扰的窘境。正因为如此，托马斯·杰斐逊才用“永远单调的……掩盖所有情感、无法去掉的黑色面纱”来对“另一个种族”加以贬低。他还援引标准的兽性意象——人们经常用这种意象来排解自己在性和灵长类动物方面的困惑——以说明黑人也觉得白人更有吸引力，就像“Oran-ootan”*更喜欢“黑人女性而不是他的同类”[19]。

对约翰·詹姆斯·奥杜邦而言，宣称自己厌恶黑人可能不单是为了处理性吸引力的问题，也是在处理自己不确定的身世[20]。据说，他是老奥杜邦和27岁的法国女仆珍妮·拉宾（Jeanne Rabin）的私生子。拉宾就在奥杜邦家位于法属圣多明戈（现在的海地）的糖料种植园里工作。老奥杜邦还有一个名叫罗丝（Rose）的私生女，是他与种植园的一个混血儿所生。18世纪90年代初，当奥杜邦一家回到法国时，拉宾已经去世，而奥杜邦的父亲把她列为罗丝的母亲，从而将女儿登记为白人。同样的事情可能也发生在奥杜邦身上。他没有足够的安全感，以至于在晚年描述母亲是“一位有着西班牙血统的女士……美丽而富有”。当年轻的他漫步于新奥尔良的堤岸上，穿过肤色混杂的人群时，他特别指出：“对于一个喜欢美国佬或英国人那样红润面颊的人来说，处处可见的棕黄色皮肤是非常恶心的。”[21]

在莫顿的“厌恶理论”[22]背后，似乎没有这样的个人动机。在探索科学问题时，他十分谨慎，不挑起论战，这使他的观点被广泛接受。他写道，对于人类和类似人类的动物，“不同物种之间的分离完全是由非同类个体之间的‘自然厌恶’所引起的”[23]。这种“道德和肉体上”的厌恶“在所有引入黑人的欧洲血统国

---

* 一说“Oran-ootan”即“orangutan”，意为“森林中的人”，参见201页；又有观点认为“Oran-ootan”指的是与人类关系最近的黑猩猩。

家中都是公认的”。作为永远客观的观察者，莫顿还补充道，“生活在自己国家的非洲人，对于被丢到他们中间的欧洲人，几乎同样有着自然的厌恶”。这种近乎双向的恐惧只有在“奴隶制所引起的道德堕落”的作用下才会部分瓦解。

在建立人类种族各自构成独立物种这一理论时，莫顿遇到了一个无法避开的棘手问题：费城的街道上，到处都是不同种族的人在一起繁衍了数百年的证据，就连莫顿自己也承认，他们的后代“或多或少都有些生育能力”。按照传统分类学的观点，这几乎可以肯定他们属于同一物种。因此莫顿在1847年指出，动物界中不同物种产生可育杂交后代的情况也很常见，他试图以此驳斥物种定义中普遍将杂交作为关键要素的做法。

他在名为《就人类物种的统一性问题思考动物的杂种性》（Hybridity in Animals, considered in reference to the question of the Unity of the Human Species）的论文中，不仅提到了斑马和马、狼和狗之间的杂交，还提到了鹿和猪之间的杂交，后者生出了印度的“斑点豚鹿”。[事实上，这里提到的物种是花鹿（*Cervus axis*），也被称为斑鹿（chital），是一种名副其实的鹿。]他采纳了一份俄国发表的报告，内容是一只家猫与一只貂交配生出了可育后代。[24]（考虑到貂连同类都不太喜欢，这可以说是在更高分类等级上克服厌恶。此外，貂属于鼬科动物，与猫不仅物种不同，在分类学上甚至不是同一个科。）莫顿的结论是，不同物种之间可以产生可育的杂交后代，这“与它们能够被驯化的倾向成正比”，对于人类而言尤其如此，因为人类是最容易被驯化的物种。

历史学家威廉·斯坦顿（William Stanton）对莫顿大加赞赏，称其与查尔斯·达尔文所研究的“本质上是同一个问题”，也就是如何解释“物种的数量之多以及它们之间奇怪的外观差异”。斯坦顿在1960年出版的《豹子的斑点：1815—1859年美国对种族的科学态度》（*The Leopard's Spots: Scientific Attitudes on Race In America 1815–1859*）一书中补充道，莫顿对杂交物种的思考“在很大程度上被证明是正确的”，因为我们现在知道，不同物种之间的杂交是促使新物种出现的可能因素之一。[25]但更确切地说，莫顿的研究是一个极好的例子，展示了对种族的痴迷如何主导并扭曲了美国人关于“物种问题”的思考。

莫顿的密友、植物学家查尔斯·皮克林（Charles Pickering）对物种的兴趣更加广泛，但也产生了同样悖谬的结果。从1838年到1842年，作为参与美国探险远征的博物学家，皮克林花了四年时间在达尔文几年前刚刚去过的水域旅行[26]，并思考了一些相同的问题，包括物种如何适应范围狭窄的栖息地。众所周知，美国探险远征是美国第一次在世界舞台上展示其科学专长的伟大尝试。

皮克林的旅行使他能够自信地描写“散布在这个广大地球上的数以百万计的物种，包括植物和动物”——这个数字在他同时代的人看来一定很荒谬。就在80多年前，林奈在1758年出版的《自然系统》第十版中，只识别了大约4400种动物。然而，仅在植物方面，美国探险远征队就带回了5万件标本，属于1万个物种，其中许多是此前不为科学界所知的。[27]参与探险的地质学家詹姆斯·德怀特·丹纳（James Dwight Dana）仅在龙虾、虾类、螃蟹和藤壶等类群中就描述了500个新物种[28]。

据斯坦顿的描述，令皮克林感到震撼的既有生命的丰富性，也有动植物“精确的适应能力”。皮克林注意到，不同种类的动物和植物不仅局限于特定的国家，“也局限于小得多的区域——在达尔文研究加拉帕戈斯群岛的鸟类时，这一事实令他印象深刻”。[29]

然而，在皮克林收集了如此丰富的资料，并在演化和生物地理学方面取得诸多可能发现之后，他转而选择追随美国人对种族的痴迷，直接冲入了生物学学科历史的垃圾堆。在旅行中，他列举了不是5个而是11个不同的人种，包括黑人、矮黑人、霍屯督人和埃塞俄比亚人等。[30] 他认为，人类与植物和动物一样，都不是“被气候改变或塑造的，而是与生俱来就精确适应了其自然所处的气候”。[31]

皮克林急切地想指出，不同的人种构成了不同的物种，有着不同的起源。但是，为了获得一个联邦政府委员会（负责审查美国探险远征的出版物）的出版许可，他不得不在1848年出版的《人类种族及其地理分布》（*The Races of Man and Their Geographical Distribution*）一书中模糊了这个有争议的结论。最后的结果，正如医生兼诗人老奥利弗·温德尔·霍姆斯所说，“像雾一样无形无状，像饺子一样不分层次，像廉价香肠一样参差混杂”[32]。

“炸掉”《圣经》

莫顿的一些追随者更清楚地说明了所谓“美国学派”人种

学的真正含义。约西亚·克拉克·诺特（Josiah Clark Nott）是亚拉巴马州莫比尔镇（Mobile）的医生，也是个令人印象深刻的人物。他有一双深邃的、富有远见的眼睛，一把浓密的山羊胡子垂到笔挺的白色衣领和黑色领结上。他天生就有一种热衷辩论的心态，运用文字的方式如同滥用私刑的暴民。他还将莫顿的研究浓缩到他所谓的“黑人学”（niggerology）[33] 讲演中。作为奴隶主，他将人种多元论——认为白人和黑人以独立物种起源的理论——看成表面上为奴隶制辩护的科学依据。诺特虔诚地宣称，他厌恶抽象概念上的奴隶制；但这又是一种公共服务：这种制度使较低级的人类物种获得了“他们顶级的文明”。他还说，“（美国）南方的黑人现在是……世界上最满足的人”[34]。莫顿不仅没有远离这种扭曲的推论，反而在诺特提出他自己曾有所保留的观点时写道，他的内心获得了“莫大的喜悦和指引”[35]。

与此同时，诺特却没有这样的顾虑。面对宗教对人种多元论的攻击，他热切地谈论着“牧师剥皮”*，并努力想要见证《圣经》中关于创世的描述“被炸得粉碎”。[36] 他写道，当《圣经》里的无稽之谈被清除后，“整个领域都向我们敞开，而且如果这场争论得到妥善处理，世界就做好了准备”[37]。他想让“人类的诞生和演化摆脱《圣经》”[38]，目的只有一个，便是确立黑人独立且低人一等的地位。诺特和另一位莫顿的追随者乔治·R. 格里登（George R. Gliddon）在 1854 年出版了《人类的类型（人种学

* 意指与牧师等神职人员纠缠、争论的行为。

研究)》(*Types of Mankind; or, Ethnological Researches*),书中他们堂而皇之地将自己描绘成“科学与教条主义之间最后一场伟大战役”的发起者[39]。

来自南卡罗来纳州查尔斯顿的约翰·巴克曼牧师对莫顿阵营提出了最严厉的反驳,这也是在为科学真理和宗教进行辩护(仅此一次)。此人也就是奥杜邦写信请他寄一些非洲人和红头美洲鹫头骨的那位巴克曼。作为一位训练有素的博物学家,巴克曼对物种问题了如指掌。[40]在圣约翰路德会,他利用工作之余的闲暇发表了在植物学、鸟类学和哺乳动物学方面的研究成果。他还和奥杜邦合作出版了一本名为《北美胎生四足动物》(*Viviparous Quadrupeds of North America*)的著作,并发表了对数十种哺乳动物的详细描述,为当时的分类学树立了很高的标准[41]。两人在家庭生活上也有“合作”,奥杜邦的两个儿子分别娶了巴克曼的两个女儿。

巴克曼谨慎避开了宗教上认为所有人类同属一个物种的论点,而是依赖在动物界中用于区分物种的科学方法。例如,他指出,美洲天鹅*和黑嘴天鹅非常相似,以至于长期以来被视为一个物种。后来,解剖结果揭示了它们在骨骼数量和其他内部结构上的显著差异,使博物学家将它们分成两个不同的物种。巴克曼建议:“现在,让我们把这一严格的研究规则应用到不同人种的骨骼解剖和各种器官的生理学上。”随后他列举了一些数字:人类胸骨在婴儿期有 8 块,青年时有 3 块,老年时有 1 块,这与种

---

* 名称出自奥杜邦的图谱《美洲鸟类》。此处应是指小天鹅的亚种(*Cygnus columbianus*),分布于北美,喙部黑色。——编者注

族无关；人类的头骨包含 8 块骨头，耳朵里有 4 块，这同样与种族无关；在所有种族中，乳牙的数量和成年时牙齿的数量都是相同的。

巴克曼写道，单是喉部结构就足以将夜莺和嘲鸫区分为不同的物种。但在人类当中，喉部结构是相同的，并且“即使是肤色差别最大的种族，也具有同样的语言能力，同样的歌唱能力和对音乐的相同爱好”。鉴于在所有人类种族中都发现了一系列共同特征，他问道：“就任何科学原理而言，我们有什么理由否认他们的共同起源？”他将不同人类种族间的差异与家牛对比，指出后者表现出“各种各样的头骨构造”，有些长着“巨大的角……就像象牙一样，又长又粗”，有些则完全不长角；有些牛大如体型较小的大象，有些牛则和狗差不多大；有些牛长有肩峰，有些牛的耳朵长而下垂，还可以看到黑色、棕色、白色或有斑点的牛……但它们普遍被认为是同一个物种。“如果他们能创造出 5 种、10 种或 100 种人，”巴克曼感到奇怪，“那为什么不遵循这种原则，再创造出 5 种、10 种或 100 种常见的牛呢？”[42]

整个 19 世纪 50 年代，这场争论渐趋激烈，敌意也越来越深。希波克拉底誓言并没有阻止诺特说出他的愿望，“杀死巴克曼”、“剥下巴克曼的皮”、看巴克曼“被切碎做成香肠肉”。在一次自认为特别有效的还击之后，诺特这样描述巴克曼：“我感到这就像一条毒蛇被杀死在美丽的科学花园，我希望他的死将警告所有像这样亵渎上帝法则的人。”[43] 这里所谓的法则，便是让黑人成为一个单独、劣质的物种，从而正当地保持他们的奴隶状态。

“科学的蠢话”

面对这种暴民私刑般的语言，一个新来者在1854年*加入了与莫顿及其追随者的辩论。弗雷德里克·道格拉斯（Frederick Douglass）时年25岁，曾经是一个奴隶，在马里兰州东海岸和巴尔的摩的种植园里长大，后来逃到了纽约。他很早就与母亲分开，背上留有鞭打留下的伤疤。但是，外表并不表明他天生低人一等，也不能暗示他可能属于其他物种。身高超过6英尺（约180厘米）的他有一身橄榄色的皮肤，浓密的头发斜披在宽阔的前额上，一双伤感的眼睛炯炯有神。女权主义者伊丽莎白·卡迪·斯坦顿（Elizabeth Cady Stanton）生动回忆了她第一次听到道格拉斯演讲的情景，那是在波士顿的一次反奴隶制会议上，道格拉斯滔滔不绝的话语令听众从欢笑到泪流满面。“在弗雷德里克·道格拉斯之后，其他所有演讲者似乎都变得平淡无奇，”斯坦顿写道，“他站在那里，就像一个非洲王子，愤怒中带着威严。”[44]

俄亥俄州的西储学院迈出了大胆的一步。该校的文学社团决定在毕业典礼周邀请一位黑人前来演讲。借此机会，道格拉斯发表了名为“从人种角度思考黑人的权利主张”的演说[45]，对当时的科学进行了激烈批评，“奴隶制和压迫所滋生最盛的罪恶，正是奴隶主和压迫者从他们的制度中转移出来，强加到受害者天生品性中的那些罪恶”。道格拉斯痛斥塞缪尔·乔治·莫顿所谓

---

* 此处原文年份可能有误。根据相关资料，弗雷德里克·道格拉斯出生于1818年，于1843年开始在美国东部和中西部巡讲，宣传废奴。

的客观性："欧洲人的面孔，在绘画中与美丽、尊严和智慧等最高级的概念和谐统一……黑人，在另一方面，却呈现为容貌扭曲、嘴唇夸张、前额凹陷，整个表情和面容与黑人低能和退化的流行观点相互吻合。"

道格拉斯嘲笑莫顿关于埃及人是白人的断言，并声称埃及文明的荣耀归功于黑人和黑白混血儿。他以自己的存在和演说，粉碎了那些否认黑人具有完整人性的企图。"他的演讲，他的说理，他获取并牢记知识的能力，他完美的笔直脸庞，他的习惯，他的希望，他的恐惧，他的抱负，他的预言，横亘在他与野蛮生物之间，这种区别是永恒且显而易见的，"他宣称，"因此，所有将人与猴子联系在一起的科学的蠢话都见鬼去吧。"尤其是"那种随意指定的等级标尺，使一端的弟兄成为猩猩，另一端则成为天使"。

在马萨诸塞州的伍斯特，废奴主义者的喉舌《谍报》(*Spy*)注意到了道格拉斯的演讲，但只给予轻描淡写的赞扬：道格拉斯表现出"他熟悉人类的一般历史和自然演化。他的语言是朴素的，而他的推理是有力、有用且符合逻辑的"[46]。道格拉斯意识到，即使是废奴主义者，也认为他充其量不过是人类中的次要成员。不是弟兄，而是一项动产，一件物品。

"'它'会说话。"他尖锐地评论道。

第十三章 “大自然的傻瓜”

博物学家的热情极易让普通人感到惊奇。[1]

——威廉·斯文森

托马斯·爱德华（Thomas Edward）是苏格兰东北海岸班夫（Banff）的一名鞋匠，从小就对“野生动物”爱得深沉，也因为如此，他取得了一项非凡的成就：被三所学校开除，并最终在6岁时放弃了正规教育。[2]他的违规行为包括把水蛭放到同学腿上，还有把寒鸦偷偷藏在裤子里带进教室。（对一个小男孩来说，寒鸦是一种相当大的鸟类，把它藏在裤子里并不容易，但爱德华并未轻易放弃。）这种嗜好一直延续到他工作之后，他曾因带鼹鼠上班而惹怒老板，也曾用毛毛虫吓到过同事。[3]

成年后的爱德华外表看起来有些凶狠，深陷的眼窝，高耸的眉毛，头发如同风吹过的波浪一般向后卷起，胡须凌乱。他在一家鞋厂工作，每周工作6天，从早上6点到晚上8点或9点。每逢星期天，他和虔诚的苏格兰邻居一样，在祈祷和休息中度过。但到了晚上，他就在北海岸的乡下游荡，采集几乎所有活着的东西。他随身带着用来装蝴蝶和甲虫标本的箱子，一本用来压标本

对博物学的热情感染了各个阶层的人，鞋匠托马斯·爱德华就是其中之一

的书，还有一把破旧的猎枪，枪管就用粗绳绑在枪托上。

累了的时候，爱德华经常在岩石、墓碑或废弃建筑物的掩蔽处过夜。有时他会先把脚伸到沙洲上的狐狸洞或獾洞里。有一次，一只獾回家时发现洞穴被占，便向这位不速之客龇牙咧嘴起来。爱德华不得已射杀了它，带着些许遗憾（他不喜欢浪费弹药）。一个暴风雨之夜，他睡在一块由四根柱子支撑的平坦墓碑下。在暴风雨最猛烈的时候，一声奇怪的呻吟惊醒了他——当它们从他的双腿间跑过时，他才发现，那不是鬼，只是几只猫。[4]

爱德华对自然界的热情甚至远不止这些：无论杀了什么动物，他都会将其裹在枪弹填絮里，在睡觉时放在头上，再盖上帽子。一天早晨，他醒来时发现“前额和帽檐之间有什么冰冷的东西压着”。那是一只活生生的黄鼠狼的鼻子，正准备抓他藏在帽子下面的鸟。爱德华两次抓起黄鼠狼，扔到一边，然后继续睡觉。第三次，他站起来，把黄鼠狼丢到 100 码（约 91 米）以外的另一片田野。但黄鼠狼还是跟了回来。爱德华写道，在它第五次尝试时，“我让它继续自己的动作，直到我发现自己的帽子快要掉下来了。然后我扼住这个大胆的小家伙，最后掐死了它，不过我的手还是被狠狠地咬了一口。”[5]

随后，爱德华再次睡去。毫无疑问，这个新标本也被安全地藏在他头顶的“行李”中。这样的情况发生过不止一次，有时是老鼠，有时甚至是欧洲鼬——爱德华与它搏斗了两个小时。他宣称：“当我可以徒手解决时，我从来不会浪费火药和子弹。”

这番话让爱德华听起来像一个来自蛮荒地区的反社会分子，而在那些不大走运，碰巧在黎明前看到他从墓碑下蹒跚而出的陌生人看来，他可能就是这样的人。但事实上，爱德华是一位博学的博物学家，被林奈学会推选进入了会员的小圈子。他也十分顾家。他的传记作者是写下《自助》（*Self-Help*）一书的塞缪尔·斯迈尔斯（Samuel Smiles），后者公正地指出，“他对马尔萨斯的人口论一无所知”，只是“跟随他的自然本能”[6]。他的妻子索菲亚（Sophia）“活泼开朗，随时准备欢迎他从流浪中归来”。就这样，他们生下了 11 个孩子，并在饥饿的边缘度过了大半生。

尽管有位捐助者为爱德华的工作提供了一台显微镜，但向他求取标本的其他博物学家似乎大多都没有注意到他的处境。他们经常答应寄来他想要的书，但很少寄到。[7]有一次，爱德华举行了一场展览，展品是他在班夫周围采集的标本，但最终还是未能赚到足以养家糊口的钱。这个绝望的时刻曾令爱德华试图自杀。[8]但是，当他涉水入海，想淹死自己的时候，一只罕见的鸟分散了他的注意力。他花了半个小时追逐这只鸟，与此同时，他一定也意识到，自己与生命的种种精彩如此紧密地联系着，绝不能轻易放弃。回到家里，爱德华继续向贝特先生供应甲壳类动物，向诺曼先生供应棘皮动物，向保尔班克先生供应海绵，向纽卡斯尔的阿尔德先生供应海鞘和软体动物，不一而足。从这些客户那里，爱德华获得的主要是他提供的标本的学名，以及与志趣相投的科学家通信的机会。他还倍感荣幸地用自己的名字命名了一种等足类动物（*Praniza edwardii*）和一种鱼类（*Couchia edwardii*），然而，这两个名称都被证明是先前所描述物种的同种异名，因此未再使用。* 在一本名为《英国柄眼甲壳类动物史》（*A History of the British Sessile-Eyed Crustacea*）的书中，作者赞扬爱德华是"不知疲倦的自然爱好者"，并称他仅为该类群就提供了 20 个新物种。除此之外，爱德华和那个时代的许多标本采集者一样，纯粹是出于对自然界的热爱而工作。正如他所说："我一生都是一个大自然的傻瓜。"[9]

---

* 这两种动物的学名分别是 *Gnathia maxillaris* 和 *Enchelyopus cimbrius*。

“名为‘无聊’的吸血鬼”

当时物种鉴定非常普遍。到19世纪中叶，对自然和新物种的兴趣已经从探险者和精英阶层的消遣，变成了流行的狂热。尤其在英国，这种狂热的潮流席卷了民众。“前一年他们都围绕着苔藓转圈，下一年就换成了石珊瑚，”琳恩·巴伯（Lynn Barber）在《博物学的全盛年代》(*The Heyday of Natural History*)中写道，“在1845年到1855年的十年间，他们先是从海草转到了蕨类植物，再转到海葵。在接下来的十年里，他们又令人困惑地转向了海蛇、大猩猩和纤毛虫。这些都是全国性的狂热。”

很难想象在全国范围内会掀起一股纤毛虫的狂潮。这是许多微小水生生物的统称。那个时代的人可能会有同样的困惑，而且有更好的理由，毕竟现在很多人对搔痒娃娃、宠物石或数独也十分痴迷。不过，对当时的中产阶级而言，价格实惠的显微镜为他们的好奇心打开了一个新世界。同样，装饰华丽、有着玻璃圆顶的“蕨类栽培室”也助长了“蕨类狂热”(pteridomania)，即疯狂地收集和种植蕨类植物。据琳恩·巴伯的著述，有些地方甚至爆发了更离奇的狂热，比如19世纪30年代，北爱尔兰的班格尔（Bangor）出现了“帽贝热”；19世纪70年代，在利物浦附近的绍斯波特（Southport），原本理智的女性开始热衷于饲养幼年短吻鳄。[10]那些标题看似不可思议的书——比如《英国植虫类（珊瑚）的通俗史》(*A Popular History of British Zoophytes, or Corallines*)——销量颇丰，这部分要归功于新的印刷技术使丰富的插图成为可能。

博物学的地位已经由业余爱好上升到新的高度，以至于小说家查尔斯·金斯利这样描述一位在伦敦的商人总管：尽管这是“一位最好的生意人，善于解读苏格兰的政治经济，在货币问题上有特别清晰的概念，颇具天赋”，但他还是因为“夜深人静时在艾坪森林的举动”[11]被逮捕，当时他“带着一盏遮光提灯和一罐奇怪的甜味物质”，口袋里还塞满了药盒。在这样一位“无可指摘的昆虫学家”看来，在树干上涂上一层含糖的混合物，或者说“给蛾子来点糖”，是吸引精品昆虫标本的绝佳方法。只不过，逮捕他的护林员们太过迟钝，没有意识到这一点。当然，金斯利可能夸大了博物学的地位。他将“克罗莫蒂的一个石匠”描绘成“爱丁堡最重要的人”，依据是他“在鱼类化石方面的工作”；他还宣称，“这位对最微小动物的成功研究者”现在是“公爵和王子们的良伴”。[12][尽管金斯利没有提及，但可以确定这位“克罗莫蒂石匠”的名字就是休·米勒（Hugh Miller），他写过几本颇受欢迎的地质学书籍。]

激励这些“新傻瓜”研究自然的动机各不相同。这是一个社会激变的时代，工厂的工作占据了主导地位，人们纷纷涌向城市。在更贴近绿色的生活被迅速抛弃的同时，工业革命也催生了一股浪漫主义的自然冲动。到乡村和海滨郊游似乎是一种很好的锻炼和娱乐方式，还能陶冶情操，丰富知识。博物学的社会地位也使其成为跻身上流社会和开创事业的绝佳手段。

新兴的中产阶级发现，研究自然还是治疗“无所事事”的良方。琳恩·巴伯写道："维多利亚时代富裕家庭的无聊程度实在令人难以想象。"而探索大自然的野外指南提供了一种引人入胜的消遣方式。"博物学家对厌世（*taedium vitae*）一无所知，那是一个名为'无聊'（*Ennui*）的吸血鬼，将千万人的生活变成了负担，"戴维·兰兹伯勒牧师（Rev. David Landsborough）在1849年出版的《英国海草通俗史》（*A Popular History of the British Sea-weeds*，某种意义上相当于他那本植虫类著作的前传）中建议道，"对他来说，每一小时都是宝贵的。"[13]来自自然界的标本当然也很有观赏性，维多利亚时代的人们最喜欢的，莫过于用填充的野鸡标本和固定在玻璃下方的蝴蝶来装饰自己的家。

为了满足这一需求，也为了满足科学界更严肃的需求，标本交易商在世界各地设立了几百家营业机构。这些经营者包括伦敦的塞缪尔·史蒂文斯（Samuel Stevens）、巴黎的梅森·维勒、纽约罗切斯特的沃德（Ward）、柏林的奥古斯特·马勒博士等。他们本身就是典型的采集者，早年经常参与探索冒险。有时在带回新物种之后，他们还会发表首次科学描述。（这种描述可能会刺激标本采集者的需求，因为他们希望找到自己专门研究的芋螺、步甲或天蛾的"全套"标本。）

这些交易商向博物学家们付费，请他们提供标本，并按件计酬，以此构建一个广泛的野外采集者网络。他们的工作室也为年轻的博物学家和未来的博物馆工作人员提供了训练场。许多博物馆本身就是在交易商的介入下成立的。例如1825年，在朱尔·韦罗的帮助下，南非博物馆在开普敦建立。根据科学史学家马克·巴罗（Mark Barrow）的说法，沃德自然科学机构的亨利 · A. 沃德（Henry A. Ward）不仅为一些新建的博物馆提供标本，"还经常向人们灌输他的理念，帮助寻找合适的赞助者，发起捐赠活动，设计展览并进行其他方面的工作，以实现他雄心勃勃的计划"。一个例子是，他努力说服百货公司巨头马歇尔·菲尔德（Marshall Field）在芝加哥创办了菲尔德博物馆。到 19 世纪末，仅美国就有 100 多家自然博物馆，这在很大程度上要归功于标本交易商们的努力。[14] 博物学会也开始在各地涌现。

并不是所有人都赞同这种对自然界越来越广泛的兴趣，比如费城自然科学院的乔治 · 奥德。在这位很难相处且极其势利的鸟类学家看来，这是一种侵犯。1842 年 11 月，他写信给同样脾气古怪的英国朋友查尔斯 · 沃特顿，严厉谴责"一个名叫史密森或其他类似名字的英国傻瓜"[15] 为了推动科学发展而在美国捐建了一座新的国家博物馆。

奥德嘲笑道，新成立的史密森尼学会已经自顾不暇，忙着"在英国学会的模式下，建立一个汇聚国家智慧的大型学会，以便'科学的光辉可以传播到这片土地的最偏远处'。预备集会定于几天后举行。届时将是一场巨大的骚动；各种高谈阔论，以夸夸其谈、浮夸空洞和胡言乱语为特征；文学和科学的'狒狒们'会用他们的恶作剧来娱乐大众，然后闹剧就此结束。华盛顿那里还能有科学和知识？我宁愿相信二者在纽盖特的管辖范围内蓬勃发展"。纽盖特是伦敦一座臭名昭著的监狱。接下来一句话中，奥德道出了他愤怒的真实原因——身为博物馆馆长的嫉妒心，

"就是这个国家机构把它那贪婪的爪子伸到了（美国探险远征的）珍贵藏品上"。当时，美国探险远征队刚刚结束在太平洋最偏远地区的四年旅程，返回了国内。发现新物种的竞争越来越激烈，使得各个标本采集者、博物馆、城市和国家为了争夺下一个伟大的荣誉而针锋相对。

高要求的通信者

对于前往国外旅行的博物学家而言，收到索要标本的信件已是家常便饭。博物学爱好者的队伍不断壮大，他们不满足于只在自己居住的社区收集标本，或从最近的标本交易商那里购买标本。1841 年，康涅狄格州的一名男子给托马斯·S. 萨维奇牧师写信："我只希望能把我对植物的热情传递给你。"[16] 当时，萨维奇牧师正在利比里亚担任传教士和医生的工作，并且对动物学表现出"误入歧途"般的爱好。为了让对方愧疚，这封信的作者还提到了当时在亚拉巴马州的一位熟人，"他抽时间收集了大量的植物……我亲爱的朋友，思考并行动起来吧"。他在信的最后写道："如果你有幸遇到了那种著名的树，即猴面包树（*Adansonia digitata*），我恳求你采一些它的花、叶和树皮的标本。"

大多数通信者都设法用相互援助的外交语言来表达这些要求。比较学术的人通常会附上一两篇科学论文，还会提供一些小道消息，夹杂着学院式的抱怨和实用的建议。一位邻居给萨维奇写信道："我发现很少有昆虫学家了解并重视松节油的价值。在炎热的天气里，昆虫箱在合起来的时候很容易发霉，但松节油可以防止这种情况发生，而且不会损伤甲虫。对于蝴蝶，则需要更加细心。”[17]

有时这些建议并不实用。奥古斯都·古尔德（Augustus Gould）是波士顿的一位医生兼杰出的博物学家，很晚才开始研究贝类。“您研究大自然的主要目的似乎是为了保持身体健康，”他在给萨维奇的信中写道，“您也许会乐于偶尔去寻找贝类……在世界各地所有的淡水河流和小溪中都能找到它们。”[18]这些生境显然是蚊子传播疟疾的理想场所，尤其在西非。但在19世纪中期，没有人知道这一点。

1850年，有人写信问萨维奇：“您家附近有短吻鳄吗？”当时这位通信者刚回到美国，开始在密西西比州的一座教堂执事。他继续写道：“长期以来，我一直渴望得到一副五六英尺（合1.5到1.8米）长的（短吻鳄）骨架……我唯一想麻烦您的，就是把它的肉大致去掉……”[19]

“神奇的三叶虫”

在寻找生命本身秘密的同时，当时的博物学家也获得了很多乐趣，他们穿越陆地和海洋，参与一场大型寻宝游戏，目的是发现并命名新的物种。例如，1845年夏天，杰出的博物学家爱德华·福布斯（Edward Forbes）搭乘朋友的游艇在苏格兰海岸巡航，沿途放下挖泥器采集标本。他很快就描述了20个水母新物种以及几种新的海星和贝类，并为它们勾画了草图。“这次旅行中最有趣的一点，”他的同事乔治·威尔逊（George Wilson）和阿奇博尔德·盖基（Archibald Geikie）在《爱德华·福布斯回忆录》（*Memoir of Edward Forbes*）中写道，“便是我们发现，几种当时被认为是化石状态的软体动物原来还都活着……”[20]后来，福布斯南下爱尔兰海，与古生物学家亨利·德拉·贝切（Henry De la Beche）一起在爱尔兰东南沿海的胡克角展开挖掘。

“发现新化石和鉴别旧化石，探寻这个国家宏伟的物理结构，并解开其错综复杂的细节，这些激动人心的事情让整个团队十分忙碌，”威尔逊和盖基写道，“户外劳动的新鲜感，给他们的灵魂注入新的活力和热情，使他们能应付这种强体力劳动。事实上，

爱德华·福布斯有时会在新物种的草图中融入异想天开的想象

对于任何一家同时拥有德拉·贝切和福布斯的公司，不大可能缺少生命力。他们在工作时充满了魅力，即使在处理最乏味的部分时也同样如此。”

他们的夜晚“在小木屋或乡村旅馆的炉火边愉快地度过”，福布斯会“吟唱他创作的幽默科学歌曲”，或是画几张矮人和精灵的草图，也许还会将他们花了一整天时间挖掘的物种进行异想天开的描绘，以此娱乐团队。福布斯甚至将这些草图收入到他最著名的科学作品《英国的海星及其他棘皮动物的历史》（*A History of British Star-fishes, and other animals of the class Echinodermata*）当中。书中，有一章的开头就是丘比特驾驶一架海上战车的插图，战车由两只海洋生物拉着，它们是蛇尾纲动物，身体像蛇，头部像海胆；另一章的结尾处是一张帕克（Puck，英国民间传说中的精灵）吹笛子的插图，两只蛇尾似乎在随之舞蹈，其中一只蛇尾甚至还把一只“手”放在突出的“臀部”上。在书中的另一处，他还画了一条抽着烟斗、眨着眼睛的黄貂鱼（别名魔鬼鱼）。

科学和奇思妙想之间有一条清晰的分界线，但有些博物学家却在这条线上纵情穿梭。例如，德拉·贝切画过一张漫画，巧妙讽刺了地质学家查尔斯·莱尔提出的一个理论——地球的历史是一个不断重复的循环。莱尔设想，有一天禽龙可能会“重新出现在森林里，鱼龙可能会重新出现在海洋里，而翼手龙可能会再次飞过茂密的桫椤……”于是，德拉·贝切在漫画中描绘了一位鱼龙教授正在介绍一个“低等动物”——智人（*Homo sapiens*）——

头骨上“无关紧要”的牙齿和“微不足道”的下颌。[21]

对于这些天才的博物学家，创作诙谐诗似乎就像画漫画一样轻松自如。例如 1845 年年初，时年 30 岁的福布斯在《文学公报》(*Literary Gazette*)上发表了一首情人节情诗，把自己的心描绘成一块化石：

> 就像神奇的三叶虫，
> 灭绝于志留纪的海中，
> 长眠于斯，远离凡世，
> 我向你臣服的心也是如此。
> 如今它从石头基质中解脱出来，
> 你的古生物技能，
> 再一次将它召唤，
> 成为你意志的仆人。[22]

持续不断地发现奇特的新生命形式，不仅在博物学家中间引起一种富于幻想的情绪，也激发了荒诞文学类型的百花齐放。以爱德华·利尔(Edward Lear)为例，他在因为诗作《猫头鹰和猫咪》(The Owl and the Pussycat)或《呆头人》(The Jumblies)而成名之前，是一位鸟类插画家。他的第一本书《鹦鹉画册》(*Illustrations of the Family of Psittacidae, or Parrots*)于 1832 年出版，绘画水平可以和奥杜邦的作品相媲美，当时他年仅 19 岁。然而，爱德华·利尔很快就转向荒诞叙事，经常让他笔下的人物像博物学家一样，

一位地质学家用漫画巧妙讽刺了查尔斯·莱尔提出的理论——
地球历史是一个不断重复的循环

前往僻远之地进行野外探险（“他们航行前往西海，他们做到了，抵达了一片被树木覆盖的土地……”）。他还让这些角色投入相当大的精力来收集当地的奇特风物：

> 他们买了一头猪和一些绿色的寒鸦，
> 一只可爱的猴子，长着棒棒糖似的爪子，
> 还有四十瓶铃波雷（Ring-Bo-Ree），
> 和数不清的斯蒂尔顿奶酪。

荒诞文学几乎就是博物学的副产品。探索和分类学这两个主题“作为整体出现在这一文学类型中，甚至出现在刘易斯·卡罗尔(Lewis Carroll)的作品里，他对这方面并没有特别的兴趣”。让－雅克·勒赛克勒（Jean-Jacques Lecercle）在《荒诞的哲学》（*Philosophy of Nonsense*）中写道：“《爱丽丝梦游仙境》（*Alice's Adventures in Wonderland*）的读者就像一个探险家：这里的风景非常新奇，新的行星进入他的视野，而且在每一个转弯的地方都会遇到新物种，每个物种都比前一个物种更具异国情调。荒诞文学充满了神奇的野兽、素甲鱼和絮絮叨叨的蛋。”[23]

以勒赛克勒的观点来看，查尔斯·达尔文本人有时也像刘易斯·卡罗尔一样异想天开。例如，达尔文写道，他曾在加拉帕戈斯群岛拽过一只性情暴躁的蜥蜴的尾巴，“它对此非常吃惊，很快就站起来看是怎么回事；然后盯着我的脸，好像在说：‘你为什么拉我的尾巴？’”同样的事也发生在巴塔哥尼亚，达尔文与类似骆驼的原驼亲密接触：“它们确实很好奇；因为如果有人躺在地上，做出一些奇怪的动作，比如把脚踢向空中，它们就会慢慢地靠近察看。”达尔文当时只有23岁，还不是后来那位阴郁的显赫人物，但是令勒赛克勒感到安慰的是，“这位著名科学家竟然就像利尔笔下的‘格里高尔港的老人’*那样，‘头朝下倒立着，直到他的马甲变红’。”

---

* 原文为 Old Man of Port Grigor，是爱德华·利尔的一幅漫画作品。

爱德华·利尔在文学上的荒诞叙事借鉴了博物学的知识，
也借鉴了他自己作为鸟类插画家的早期作品

作为自然选择演化论的共同提出者，阿尔弗雷德·拉塞尔·华莱士也十分喜爱刘易斯·卡罗尔的作品，以至于在晚年，当亚马孙河和东印度的旅行成为久远的回忆时，他将自家的房子命名为“秃儿钙林”（Tulgey Wood）。在刘易斯·卡罗尔的《炸脖龙》（Jabberwocky*）一诗中，秃儿钙林受到了“诛布诛布鸟”（jujub bird）和“符命的般得佤子”（frumious bandersnatch，意为暴怒的猛兽）的侵扰：

---

* 该词在英语中意为“无意义的文字游戏”，由刘易斯所创。

他正在那儿想的个鸟飞飞，

那炸脖龙，两个灯笼的眼，

且秃儿钙林里夫雷雷，

又渤波儿波儿的出来撵。

勒赛克勒总结道，荒诞文学是“新物种发现和分类热潮的一部分”，科学家有时会羡慕作家的自由，因为后者能从想象中创造出各种物种：“啊，乏比哦的日子啊，喝悠！喝喂！”*

你所造的一切，必将赞美你

对当时的其他博物学家而言，研究真实物种是他们宗教信仰的延伸。威廉·佩利牧师（Rev. William Paley）在1802年出版的《自然神学》（*Natural Theology*）一书中普及了一种观点：大自然揭示了上帝的工作。造物主就像一个聪明的钟表匠，把每一个物种都设计得完美适合其栖息地。发现这种完美是一门神圣的学科，博物学家对这些适应性的描述越详细、越科学，他们就越接近上帝。自然神学不仅看起来真实，还为人们走到户外追逐甲虫提供了借口，甚至赋予宗教使命。历史学家戴维·艾伦（David Allen）在书中写道，如果不是这样，标本采集者很可能会“受到缺乏灵魂的功利主义者的挖苦”[24]，因为他们对看似无

---

* 同样来自《炸脖龙》，诗句皆为赵元任译本。

用的追求有一种“强迫性的迷恋”。他们最好的辩护，也是“通常无可辩驳”的回应，就是在他们的消遣中“发现一些道德内容”，从而“宣扬其具有教化属性”。在超越个人的层面上，自然神学也为殖民探索提供了道德理由。

上帝为了人类的舒适，用无数种方式创造出了生物世界，这令自然神学的支持者发自内心地感到喜悦。E. P. 汤姆森（E. P. Thomson）在 1845 年的《博物学家笔记》（*Notebook of a Naturalist*）中写道，“一个全智而仁慈的上帝”指派了鸟类，“将我们从昆虫的乌云中解救出来，否则这些昆虫会滋扰我们的住所，摧毁田野的劳动所得”[25]。因此，自然神学也是一种发现自然界完美性的经济论证。例如，有一位无情的功利主义者提出，“大自然的产品，尽管种类繁多，数不胜数，但在未来的某一天，每一种产品都可能成为广大制造商的基础，并给数百万人带来生命、工作和财富。”[26]

上帝也没有忽视动物们的舒适。博物学家菲利普·亨利·戈斯在牙买加采集标本时，仔细观察了树蛙的瞬膜，这是一层保护眼睛的半透明眼睑。这种树蛙生活在野生松树的“锋利锯齿棘刺”之间，时常“猛地向前跳跃，来回移动。它需要最敏锐的视觉来引导这种跳跃”。他继续写道：“看到仁慈的造物主为它提供了一扇透亮的窗户，这是多么有趣！它可以瞬间盖住眼睛，避免危险，而丝毫不妨碍它清晰的视觉！……‘天主啊，你所造的一切，必将赞美你。’”[27]

作家玛格丽特·加蒂（Margaret Gatty）选择让自己成为海

草专家，去发现新物种并让他人以她的名字来命名，以此赞美上帝。加蒂同时还是一位非常成功的童书作家。[28] 她于1855年创作的《自然寓言》（*Parables from Nature*）出版了100多个版本，译本众多。她写道，大自然充满了“神圣真理的奇妙预兆”，正如一只幼虫变形为蜻蜓——从黑暗的水下世界爬出来，伸展翅膀，飞入天堂般的阳光中。这些现象为人类灵魂具有来世的信念提供了科学依据。（“亲爱的！”幼虫说道，此时它就要变成一只蜻蜓了，追随一个它曾经哀悼过的兄弟，“我飞了起来，像他一样，向上，向上，向上！”[29]）加蒂还写道，她无意在自然类比的道路上走得太远，正确把握细节才是最基本的。因此，即使当她把一种贝类塑造成一个会说话的角色时，她也会附上注解，说明它是欧洲帽贝属（*Patella*）的一员。

其他博物学家则准备通过描述上帝的造物来赞美上帝，却遇到了意想不到的情况。考虑到地质时代的巨大跨度，他们开始思考，为什么在人类到来之前，就有如此多的物种出现后又消失，来不及让人欣赏。古生物学家兼福音派基督徒休·米勒，也就是那位“克罗莫蒂石匠”，十分喜爱螺旋形的菊石化石。“可是，既然没有人的眼睛来观看和欣赏，为什么还有这么多的美呢？这些美丽的小动物应该成群地散布在海湾，把它们的小帆伸到风中，让珍珠般的颜色在太阳下发出辉光，而此时，外部并没有智慧生命的眼睛看着它们，并因它们的可爱而感到欣喜，这难道不是很奇怪吗？”[30]

许多教徒努力维护着传统世界观的安全，即上帝是为了人类的舒适而创造了世界。地球在人类之前有过一段历史的想法令人深感不安——这就像一个孩童懵懵懂懂地意识到，在他愉快地扮演掌上明珠的角色之前，他的父母还有其他的生活。此外，《圣经》与自然事实之间的不符之处也一年比一年明显。

《自然神学》的一位读者后来回忆道，他在剑桥上学时，从阅读这本书中得到了巨大的满足。他宣称，书中的逻辑论证给予他的“喜悦就如欧几里得所给予的一样多”[31]。很显然，他并不认为这是一句无足轻重的赞美。他把威廉·佩利和欧几里得这两位学者放在自己“思维教育中”最首要的位置。也因为如此，这位学生认识到了研究自然界细微变化的重要性，而他的名字正是查尔斯·达尔文。

第十四章 天翻地覆的世界

我突然想到，我们对地球结构的所有认知，其实就像一只在角落里刨地的老母鸡对那百亩田地的认知一样。[1]

——查尔斯·达尔文

1837年春季，达尔文开始撰写第一本关于物种起源的笔记，而在他动笔前两个月，一位未曾受过任何科学训练的苏格兰记者已经开始尝试发表演化理论的大纲。罗伯特·钱伯斯（Robert Chambers）在他和兄弟出版的大众周刊《钱伯斯爱丁堡杂志》（*Chambers's Edinburgh Journal*）上写道，动物和植物已经“形成了适合同时期环境的形态”[2]。他接着指出，当环境发生变化时，“这两类生物都被毫不留情地毁灭了，而适应新环境的新生物很快就会涌现出来，接着又被消灭，没有留下任何副本”。当年晚些时候，钱伯斯对竞争和灭绝进行了思索，并推测了化石物种如何随时间推移转变成完全不同的生物。

苏格兰农场主帕特里克·马修（Patrick Matthew）也对后来为人熟知的“适者生存”理论发表了见解。他在1831年出版的书中写道，“那些缺乏必要的力量和胆识，不够敏捷或不够狡诈的个体”，通常会由于捕食、饥饿或疾病而“过早地死去，未能繁殖”，“它们的位置被更加完美的同类所占领”。他认为，“这种自然的选择过程”可能会导致新物种的演化，“相同双亲的后代，在环境差异很大的情况下，可能在几代之后变成截然不同的物种，无法实现繁殖”[3]。达尔文后来表示，这是对他的理论“完整但并不成熟的预见”[4]，而且这个先例只出现在马修所著《军舰木材与林木栽培》（*On Naval Timber and Arboriculture*）一书的附录中，因此他“未曾发现”也是情有可原的（尽管如此，马修还是修改了他的名片，称自己是“自然选择理论的发现者”[5]）。

就在几十年前，英国的伊拉斯谟·达尔文和法国的让－巴蒂斯特·拉马克等人首次宽泛地提出了生物演化的观点。此时，这些观点集结在表面之下，积聚着压力，使传统话语形成的表层外壳逐渐变形，一场剧变即将在知识世界的偏僻角落爆发。之后，在 1844 年 10 月，随着一本名为《创世的自然史之遗迹》（*Vestiges of the Natural History of Creation*，以下简称《遗迹》）的匿名小册子问世，这些观点突然就出现在公共街道上，从教堂的走道到咖啡馆和绅士俱乐部，到处都有人在谈论这本书。《遗迹》堪称一部奇迹般的作品，尽管存在很大的缺陷，充满了“危险”的思想[6]，却广受欢迎。研究达尔文的历史学者詹姆斯·A. 西科德（James A. Secord）将这本书称为“维多利亚时代的轰动”，并以此为题出版了一本关于该书权威历史的著作。

《遗迹》的匿名作者——后来被称为“遗迹先生”（Mr.

Vestiges）——巧妙地将生物演化编织成笼统的宇宙历史，宣称一切开始于某种原始的“火雾”（fire mist）[7]。他直到第116页才提到上帝，然后以“荒谬”为理由，驳斥了一个观点：全能的上帝必须“亲自干预，特别是当一种新的贝类或爬行动物即将出现时”[8]。相反，他提出，这位“伟大的建筑师”是先让世界运转起来，再任由自然法则自行发展的。因此，不同的物种拥有相同的基本生理结构，并根据自身需要对其进行调整。例如，蛇的肋骨用于移动，大象的鼻子成为善于抓握的工具，而构成人类手掌的骨骼在蝙蝠体内则用于张开翅膀。就在达尔文还认为承认物种可变异的信念就如“承认谋杀”之时，《遗迹》一书的匿名作者已明确宣称，人类起源于猴子和类人猿。

“在很多方面，”西科德写道，“达尔文已经被人抢先一步。”[9]尽管《遗迹》一书在今天已基本被遗忘，但它的确改变了公众观点的发展进程，并引领达尔文和一位名为阿尔弗雷德·拉塞尔·华莱士的不知名研究者走上职业道路。多年之后，他们的人生终于在演化思想的胜利中交汇。

“蚯蚓和猴子”

不过，《遗迹》一书的真正奇迹在于甫一问世就受到了大众的欢迎。“遗迹先生”将科学思想与政治激进分子、无神论者甚至法国人（特别是饱受嘲笑的拉马克）联系在一起，以某种方式将其变成了阿尔伯特亲王可以在白金汉宫向维多利亚女王大声朗读的文学作品。这位作者用令人振奋的信息来吸引所有阶层的读者，称演化是关于进步和改良的，而智人站在金字塔的顶端（并且仍在向上攀登）。例如，他先是写人类的大脑服从于自然法则，但紧接着又补充道："这一器官的构造又是多么神奇，赋予我们思想和感情的意识，让我们通晓地球的无数事物，又使我们提升观念，与上帝本身进行交流！"[10]

奇怪的是，一些人也会近乎轻佻地看待这种人类起源于低微生物的观点。爱开玩笑的人在街上打招呼时会说："喂，卷心菜之子，汝欲何往？"[11]奥古斯塔斯·德·摩根（Augustus De Morgan）是一位爱搞恶作剧的数学家，他对这种字面意义上的倒退也十分担忧——"通过不断认为自己是原始猴子的后代"，我们是否可能"真的再次长出尾巴？"[12]如果有同事在评论《遗迹》时显得很懂，德·摩根就会嬉笑着在他身后寻找尾巴的痕迹，并以此为乐。另一些人则更加严肃地对待演化问题。在一次参观博物馆的过程中，弗洛伦斯·南丁格尔（Florence Nightingale）注意到，现代的无翼鸟属（*Apteryx*，一类不会飞的小型鸟类）具有退化的翅膀，正如前不久才发现的恐鸟。她评论道，这是一个物种与另一个物种的偶然相遇，就像"《遗迹》里所写的那样"[13]。

牧师们在讲坛上大声疾呼，反对这种演化思想。但科学家也憎恨《遗迹》，因为其中的推论十分宽泛，而且在事实的使用上十分草率（这些错误包括，作者天真地接受了低等生物自发产生的"证据"）。鉴于威廉·佩利所著《自然神学》的普遍影响，对《遗迹》的宗教和科学批评往往是同一的。亚当·塞奇威克牧师

（Rev. Adam Sedgwick）曾在剑桥大学担任过达尔文的地质学导师，他发出了痛苦的呐喊："这个世界经不起天翻地覆了。"[14]他认为《遗迹》的错误逻辑显露出一位女性作者的手法，而这种错误的信念也为其修辞增添了感情色彩——他准备"以铁踵踩在那肮脏的流产儿头上，制止它的爬行"[15]。在发表于《爱丁堡评论》的一篇长达85页、言辞激烈的攻击文章中，他直接称《遗迹》是邪恶的，如同"毒蛇缠绕在一种错误的哲学上"，邀请读者"伸出手来摘取禁果"。[16]

乔治·B. 契弗牧师（Rev. George B. Cheever）也在美国出版的第一版《遗迹》中对该书进行了猛烈抨击，称其让人更相信"死的踪迹，而不是生的道"[17]。在所有推荐给文人雅士的书籍中，这肯定是唯一在序言中呼吁《圣经》"以雷霆一击来摧毁这位作家对自然的猜疑"[18]的书。

1845年6月，在英国科学促进会的一次会议上，著名天文学家约翰·赫歇尔（John Herschel）批评该书未能解释演化可能会如何发生，《遗迹》就像《圣经》记载的上帝创世一样不可思议。（在这次攻击中，"遗迹先生"碰巧就坐在前排，可能一直在尽量避免扭动身体。）博物学家爱德华·福布斯评论道，一个作家"如果能成功地让大多数读者大致相信……他们和全人类都是蚯蚓和猴子的直系后代……那么他的体内就有一种力量，可以用来实现更好的目的"[19]。这其中缺少的只是实际知识的补充。达尔文也不喜欢这本被他评论为"奇怪的、非哲学的，但写得很好的书"[20]。有些人甚至猜测达尔文就是作者，对此他"既感到受宠若惊又不为所动”。他向身为植物学家的好友约瑟夫·胡克（Joseph Hooker）透露，书中的“地质学部分让我印象很糟，动物学部分则差得更远”[21]。达尔文和其他科学界人士很快推测出，《遗迹》的真正作者其实是一个局外人：来自爱丁堡的记者兼出版人罗伯特·钱伯斯。

写给普通人的科学

钱伯斯兄弟的父亲是一个失败的制造商，而他们在 1832 年创办《钱伯斯爱丁堡杂志》的目的，则是提供“健康、有用且令人愉快的精神食粮”，即使是“国内最穷的工人”也能够负担得起，并理解其中的知识。[22] 尽管没有受过特殊训练，但罗伯特·钱伯斯却成为一位充满热情的科学新闻记者，对地质学、天文学、古生物学和流行的伪科学——颅相学——有着浓厚兴趣。科学史学家乔尔·施瓦茨（Joel Schwartz）写道，作为博物学家，罗伯特·钱伯斯“明显缺乏分类学知识，但他通过巧妙地向读者传达惊奇感，弥补了这一点”。

钱伯斯兄弟都有遗传缺陷，每只手有六根手指，每只脚也有六根脚趾。矫正手术让罗伯特的脚瘸了，当其他孩子出去玩的时候，他只能自己看书。或许正是身体的原因，他特别留意生物学力量可能改变一个物种的方式。在《遗迹》中，他借鉴了查尔斯·巴贝奇（Charles Babbage）的工作，这位数学家设计了一种计算数学数据的机械系统（因此被誉为发明了可编程计算机概念的先驱）。钱伯斯用巴贝奇的理论来解释，在一代又一代的父母生出与自己相似的后代之后，一个物种是如何突然变得不同的。

巴贝奇相信，上帝只是颁布了法则，在适当的时间引入适当的物种，而不是在每次需要新物种的时候都创造奇迹。他让读者想象一台计算机，它能产生一系列数字，每次增加 1 位数字，直到 100 000 001；然后，规则突然变为每次增加 10 001 位数字，并继续遵循这个更复杂的新模式，直到这个模式在未来的某个时刻发生变化。

身为记者，罗伯特·钱伯斯比大多数科学家更清楚生物学的发展方向，尽管胡乱的猜测削弱了他的论点

在现代人看来，巴贝奇的这番表述似乎在说，一个物种可以通过其程序上的突变来演化，后来证明确实如此。当然，巴贝奇和钱伯斯都没有遗传学的概念，这门学科直到20世纪后期才发展起来。自然法则中预先设定的变化也忽略了基因突变的随机性，巴贝奇和钱伯斯都没有提出任何类似自然选择的理论，来解释为什么一些突变可能存留，另一些则迅速消失。

钱伯斯认为，自然法则的这种变化主要作用于胚胎的发育。他举了蜜蜂控制幼虫的例子[23]，一些幼虫会变成工蜂，另一些则变成雄蜂。他还谈到了在发育过程中，错误的环境有时会导致人类和其他物种繁殖出畸形的后代，这里他没有提及自己的六指症。不过，他也认为发育的力量有时能产生积极的改变。他了解一些科学家所提出的观点，即胚胎在发育过程中会经历更原始动物类群的形态，如爬行动物、鱼类等。由此，他在分类学上又走到了另一个极端。他写道，在发育过程中，适当的环境可以使一条鱼发育出爬行动物的心脏，或者使一只鹅赋予其后代如同老鼠的身体，从而生出鸭嘴兽。难怪科学界发出了强烈的抗议声浪。但这种抗议的另一个原因是，钱伯斯迫使他们直面物种之间紧密的联系，而原本他们只以发现这些物种为乐。

另一方面，钱伯斯认为自己对自然的观点，要比专业领域狭窄的科学家更为广阔。“一年又一年，一代又一代，”他写道，“我们看到他们一直在工作，增加了许多知识，也推动了许多重要的兴趣，这毫无疑问。但与此同时，他们在建立全面的自然观点方面却毫无作为。在科学团体中，无论多么狭窄的实验路径，多么微小的事实，都能赢得声誉；而在团体之外，一切事物都被怀疑和不信任。”[24]

钱伯斯对于自己视野广度的看法并不完全是错的。20世纪的古生物学家乔治·盖洛德·辛普森（George Gaylord Simpson）写道，在《遗迹》中，“一个业余爱好者比大多数专业科学家更清楚，也更快地认识到当时生物学发展的新方向”。钱伯斯也许确实“将合理的证据和错误的数据，以及天真的论点、疯狂的推测和不可能的理论都混杂在一起”。不过，这么做的结果至少让达尔文多年后提出的演化论更容易被人接受。因此，辛普森认为《遗迹》“是对观念史，而非思想史的贡献”[25]。《遗迹》应该得到肯定，也可以说应该受到谴责，因为它加重了达尔文所特有的谨慎。

“完完全全的文人”

达尔文并不需要演化论来成名。1836年10月，达尔文随“小猎犬号”返回英国。在五年的探索旅程结束之后，他立即凭借在南美洲获得的化石取得了成功。这些化石包括大地懒和大小如河马的已灭绝啮齿动物。（对头骨兴趣浓厚的医学生理查德·欧文，此时已成为英国皇家外科医学院的解剖学家，负责为达尔文处理化石描述。）早些时候，达尔文还在地质学会发表演讲，提供了智利海岸由海底隆起形成的证据，这为他赢得了学术上的赞誉，甚至令他感觉“就像孔雀在欣赏自己的尾屏”[26]。他被允许进入著名的雅典娜俱乐部（Athenaeum Club），并坦承第一次“坐在那间大客厅里，我一个人坐在沙发上，感觉自己像个公爵”[27]。比起旅途中和罗伯特·菲茨罗伊（Robert FitzRoy）船长单独进餐，或是躺在吊床上晃来晃去，这可以说是长足的进步。更何况，在“小猎犬号”的五年里，他还要与两位低级军官共享一间10英尺乘12英尺（合3.1米×3.7米）的舱室。

达尔文从哥哥伊拉斯谟那里租了一间街角的单身公寓，位于大万宝路街36号。这段时间，他的研究成果得以出版，使他成为“一个完完全全的文人”[28]。（他在书中还加上了一句“愿上帝帮助大众”。）和其他年近三十的年轻人一样，达尔文也会抽出时间来考虑婚姻的可能性，尽管是从物种探寻者的独特角度。“对于妻子，整个脊椎动物系列中最有趣的一个样本，”他写信给一位老朋友，“只有上帝知道，我能否捕捉到一个，或者如果能捉到的话，我能否养活她。”[29]他承认，农舍的场景和“衬裙之类的白色物体”常常会把花岗岩、暗色岩和其他地质学主题“以最不具哲学意味的方式从我的脑海中赶出去”。也许是为了同时考虑地质学和异性，达尔文常常造访地质学家伦纳德·霍纳（Leonard Horner）位于布卢姆斯伯里的家，后者拥有五个受过高等教育的女儿（霍纳的女儿玛丽已经嫁给了地质学家查尔斯·莱尔，他后来成为达尔文的重要学术盟友）。然而，达尔文的父亲却把他介绍给了30岁的表妹艾玛·韦奇伍德（Emma Wedgwood），因为性情温和的她能带来一笔可观的嫁妆。两人于1839年年初结婚，不久就开始在布卢姆斯伯里社区寻找他们自己的第一个家，尽管艾玛谨慎地建议不要住得离“霍纳丽塔丝”

（Horneritas，指霍纳的女儿们）太近。[30]

1839 年 5 月，《小猎犬号航海记》的出版令达尔文声名鹊起。这是一本集地质学、博物学和旅行回忆录于一身的迷人书籍。最初，这本书只不过是菲茨罗伊所编撰的《“冒险号”和“小猎犬号”探险船勘测航海记事》（*Narrative of the Surveying Voyages of His Majesty's Ships Adventure and Beagle*）的第三卷。然而，由于达尔文的记录非常受欢迎，当年晚些时候就出现了一个盗版版本。很快，这本书就脱离了菲茨罗伊的著作，独立成册，题为《研究日志》（《小猎犬号航海记》这个书名直到 20 世纪才开始流行起来）。

稳定性

私下里，达尔文也开始完善关于物种如何随时间变化的想法。在“小猎犬号”沿非洲西海岸返航的路上，达尔文回顾了自己的鸟类学笔记并评论道，加拉帕戈斯群岛的三种嘲鸫似乎只出现在各自的岛屿上，这太奇怪了。据达尔文回忆，当地人曾报告象龟也具有类似的现象，尽管他未曾亲见。一个岛屿上的物种似乎促使另一个岛屿上形成了略有不同的物种，这种分化表明群岛的动物学值得仔细审视，“因为这样的事实破坏了物种的稳定性”[31]。这是达尔文对“演变说”（transmutation，认为物种会随时间和栖息地改变的学说）的第一次让步，也是他第一次得到自然选择的暗示。按惯常的做法，达尔文重新思考了一下，对前文进行了修改，指出这“会”（would）破坏物种的稳定性。

回到家之后，物种问题一直困扰着达尔文。在旅程中，他积累了许多关于物种如何变化以及为什么变化的记录。1837 年 7 月，他打开了第一本笔记。达尔文并非唯一在研究这些问题的人。同一年，英国著名科学家约翰·赫歇尔公开支持一种观点，认为可能存在一种“有别于奇迹”的自然造物过程，以解释“谜题中的谜题”——物种的起源[32]。但达尔文看到了这种自然过程的可能情况。1838 年 9 月 28 日，还住在大万宝路街的他取得了突破。当时，他正在阅读人口统计学家 T. R. 马尔萨斯（T. R. Malthus）关于人口增长限制因素的论述。达尔文突然意识到，在动物中，饥饿、捕食和其他对种群数量的“制约”可以提供“像千百个楔子一样的力量”[33]，将较弱的个体推挤出去，创造出可供更适应的个体茁壮成长的空间。但是，完善这一洞见并参照证据对其进行检验，还需要多年的工作。

在与虔诚的基督徒艾玛结婚之前，达尔文向她坦白了自己的生物演变论者倾向。艾玛担心这种异端邪说会使他们永远分离（想必会将他置于地狱之火），但还是嫁给了他。除此之外，达尔文关于物种起源的想法只有他自己知道。他和艾玛搬到了上高尔街一套租来的联排砖房里，因其装饰十分花哨，他们将它戏称为“金刚鹦鹉小屋”。如达尔文所说，此处的生活“极其安静”，“如果伦敦有一处是安静的，那么这里的安静便无可比拟——缭绕的烟雾，还有远处沉闷的出租车和长途汽车的声音，都带着一种庄严”。[34] 达尔文可以从后花园眺望伦敦大学学院的主楼，他曾经的导师罗伯特·格兰特（Robert Grant）就是在那里成为动物学教授的。格兰特曾在爱丁堡大学教过达尔文基本的野外生物学知识，但是在高尔街居住的三年时间里，达尔文设法避开了他；很显然，他不希望自己的职业生涯被格兰特的激进信仰——包括早期的演化思想——所玷污。

“责难多于赞赏”

1842 年，达尔文和艾玛带着三个孩子搬到了伦敦郊外一个名为唐恩（Downe）的小村庄。他们在俯瞰村庄的山坡上买下一座牧师古宅，称为唐恩宅（Down House）。到 1844 年，达尔文已经将自己的演化论观点扩展成一份 231 页的手稿，详细阐述了他称之为“自然选择”的过程如何在没有上帝的干预下及时产生新的物种。但就在那时，《遗迹》的出版使达尔文预感到了自己可能激起的愤怒。演化论不仅是对《圣经》的威胁，也是对社会秩序的威胁，尤其在激进分子的手中，演化论成为一种摧毁神圣的社会等级观念的手段。达尔文自己就舒适地坐在这个等级制度中的上层位置。他是财富的继承者，也是其他同为博物学家的绅士——包括神职人员——最亲密的同行。

“圣公会的大学教师相信，上帝主动维持着来自上天的自然和社会等级制度，”阿德里安·德斯蒙德（Adrian Desmond）和詹姆斯·摩尔（James Moore）在其合著的传记《达尔文》（*Darwin*）中写道，“摧毁这至高无上的上帝，否认这种对现状的超自然认可，引进一种势均力敌的演化论，都将导致文明的崩溃。[35] 更关键的是，教会特权也会丧失。”亚当·塞奇威克牧师“末日性地预言了‘这种信条的毁灭和混乱’”。他警告称，破坏物种稳定性将“毁坏整个道德和社会结构”，带来“不和谐和致命的灾祸”。[36]

由于害怕宗教和政治机构的反应，达尔文在1845年放弃了发表手稿，把它放在唐恩宅楼梯下的玩具壁橱里。在后来的十多年中，这份手稿和孩子们的网球拍及槌球棒放在一起，像定时炸弹一样滴答作响。

达尔文犹豫的原因，除了不愿意破坏自己所处的整个社会阶层（他那年迈的导师也身在其中），还在于《遗迹》一书中松散的猜测性论证让他明白，自己的理论尚需详细的证据。达尔文曾向同事约瑟夫·胡克分享过演化论的观点，胡克告诉他，没有人“有权在未曾详细描述过许多物种的情况下研究物种的问题”。这种含蓄的批评并未阻止达尔文继续前进。“尽管责难多于赞赏，”他写道，“但我会继续尝试，用一生的时间。”此外，他把胡克的评论当成是针对个人的，并肯定意识到了自己对胡克的回答听起来是多么有戒心：“我唯一的安慰是……我涉猎了博物学的多个分支，见到许多优秀的专业人士（也就是分类学家）鉴定我的物种，并了解一些地质学……”[37]

把自己描述成业余爱好者不仅仅是一种自嘲。如今我们往往会认为，达尔文发现在加拉帕戈斯群岛栖息着不同的雀鸟物种，是人类认识世界的伟大转折之一。但是，在1835年9月和10月，也就是达尔文造访该群岛的时候，他显然不这么认为。他将收集到的各种各样的棕色小鸟鉴定为鹪鹩、蜡嘴雀、美洲拟鹂和燕雀，并承认它们难以区分，让他处于一种“无法解释的困惑”状态[38]。他甚至都没有记录这些小鸟分别是在哪个岛上采集的。

1837年1月，回到伦敦后的达尔文将自己采集的鸟类交给鸟类学家约翰·古尔德。仅仅8天后，古尔德在伦敦动物学会的一次会议上报告称，这些鸟实际上都是雀类，属于12个新物种，其差别主要体现为喙的形状。对达尔文而言，在研究中仰仗世界各地像古尔德这样熟悉特定动物类群的专业人士，当然是必不可少的。但为了避免以后的学者将“D先生”(指达尔文本人)与“遗迹先生”混为一谈，达尔文认为，自己很需要了解一些严谨的分类学知识。

遇见“节肢先生”

10年前，在智利的海滩上，达尔文捡起了一只海螺，壳上有不少小孔。他在显微镜下观察其中一个小孔，发现了一只头朝下粘在里面的小动物，肢体还在空中摆动。这看起来像一只藤壶，但是此前从未有人描述过这样一种没有坚硬外壳的藤壶。达尔文将这种生物称为“节肢先生”(Mr. Arthrobalanus，后来达尔文将其命名为 *Cryptophialus minutus*)，并试图找出其分类学特征。这一过程使得达尔文暂时远离理论，开始专注于描述一个无脊椎动物类群——藤壶，即蔓足亚纲(Cirripedia)——内部各个物种之间极其细微的差异。

在其他方面，达尔文也安顿下来。在唐恩宅，他将显微镜放在书房的窗户上，并说服世界各地的博物馆和采集者将藤壶标本寄给他。丽贝卡·斯托特（Rebecca Stott）在《达尔文与藤壶》（*Darwin and the Barnacle*）一书中指出，藤壶对于达尔文提出自己的理论至关重要，并且确保了他在科学界的可信度。

在斯托特的描述中，达尔文自己也变得有点像藤壶了。在"小猎犬号"返回英国10周年纪念日那天，他在给老搭档菲茨罗伊的信中写道："我的生活过得像钟表一样，我已经固定在我将结束此生的地方。"[39] 研究藤壶占据了他所有的注意力，以至于小儿子乔治以为这就是成年人的工作。遇见邻居家的小孩时，乔治曾

《遗迹》一书引起的轰动使查尔斯·达尔文放慢了理论研究，但这本书也为公众开启了通往演化思想的大门

问道："你爸爸是在哪里弄藤壶的？"[40]

无脊椎动物可以很好地梳理生物学问题，因为它们表现出十分极端的多样性，在微小的生态位之间往往有显著的差异。那个时候，藤壶是特别有趣的研究对象，它们坚硬的壳状外表使林奈、居维叶等人将其错归为软体动物。但是在1830年，一位名叫约翰·沃恩·汤普森（John Vaughan Thompson）的博物学家在爱尔兰的科克（Cork）附近收集了一些活着的甲壳动物幼体，把它们养了起来，然后惊奇地看着它们变态成为藤壶，粘在罐子底部。藤壶终究不是软体动物，而是固着于物体表面的甲壳动物。因此，达尔文对这个类群的兴趣恰逢其时，而从"节肢先生"开始，事情很快就变成了对整个蔓足亚纲的修订，涉及数百个物种。

细致地解剖并描述物种的过程时常令达尔文感到满足。他在1848年写信给胡克："我和我心爱的藤壶关系很好。"[41]在观察到从一个物种到另一个物种的细微变化后，他补充道："我不在乎你怎么说，我的物种理论都是真理。"但藤壶也会让达尔文抓狂。1850年，在梳理藤壶无穷无尽的多样性时，他阴沉地嘟囔着，"真是让人讨厌的变异"。两年后，还在纠结于分类学细节的他发出呐喊："我恨藤壶，从没有人像我这么恨。"[42]又过了一年，他又说："我恨得咬牙切齿，可恶的物种；试问我犯了什么罪，要受到如此惩罚。"[43]

在这段时间里，达尔文和艾玛生了10个孩子，其中7个活到了成年。尽管在人们普遍的印象中，达尔文一直是一个体弱多病的人，或是一个阴郁的大人物，但在那些年里，这所房子似乎充满了嬉闹。在达尔文挣扎于藤壶的分类时，他的孩子们快活地争抢他的日常用品，有时甚至拖走他的显微镜观察专座——一把装有黄铜轮子的瘿木圆凳。他们将这把凳子当成船，用一根手杖作桨，在房子的一楼划了起来。

达尔文的日常活动似乎也像在撑船。在书房图片中，他的椅子有着高而窄的椅背，略显冷峻。不过，长长的铁椅脚取自床架，如同鸟的长腿，并且装有轮子，可以从书架滑到桌前，或者滑到窗口看一眼来访者。达尔文还经常从书房走出来，在大厅的陶罐里蘸一下鼻烟，或是查看信件。当时每天都有人送好几次邮件过来［达尔文通信项目（Darwin Correspondence Project）统计了达尔文一生中收发的 14 500 封信件］。他有时和管家约瑟夫·帕斯洛（Joseph Parslow）一起打台球，“我发现台球对我大有好处，能把那些可怕的物种从我的脑袋里赶出去”。[44]

然而，即使为了避免重蹈“遗迹先生”的覆辙而将手稿藏在楼梯下的壁橱里，或是将研究藤壶作为某种拖延战术，达尔文还是感到十分煎熬。那些可怕的物种仍在温柔地、坚持不懈地呼唤他回来。

“一个独创性的假说”

1845 年，在威尔士的小村庄尼思（Neath），一位铁路测量员也在研究《遗迹》。他的名字是阿尔弗雷德·拉塞尔·华莱士，年仅 22 岁，家境每况愈下，对推动社会进步的政治事业和植物学、催眠术和颅相学等“科学”课题有一种“饥不择食”的兴趣。在英国东米德兰兹的莱斯特市，他做过一段时间的校长，并在此期间结识了年轻的昆虫学家亨利·沃尔特·贝茨。贝茨向他介绍了采集甲虫的知识，并让他吃惊地意识到，在距离莱斯特市不到10英里（约16千米）的地方，就有大约1000种甲虫。华莱士很快置办采集瓶和标本别针，加入了贝茨的昆虫学远足。

后来华莱士搬到了尼思，接替突然去世的兄弟继续做勘测工作，他和贝茨也保持着通信。投机性的“铁路狂热”在19世纪40年代中期达到顶峰，而华莱士通过研究潜在的新线路赚了不少钱。（达尔文夫妇也投资了这项新技术。）不过，他还是抽出时间来研究博物学。阅读《遗迹》一书使华莱士开始思考所有这些甲虫物种都是如何形成的。当贝茨贬低这本书时，华莱士回答道：“我不认为这是一个轻率的归纳，而是一个独创性的假说，一些惊人的事实和类推有力支持了这一假说，但还有待进一步证明。”[45]

对自然法则可能推动演化的观点进行检验，为华莱士提供了更深层次的动机，而不仅仅是满足探寻新物种的好奇心。“这为每一位自然观察者提供了一个值得关注的主题，”华莱士写道，“他所观察到的每一个事实，可能支持这一观点，也可能反对这一观点。因此，这既可以作为对收集事实的激励，又可以作为收集时的目标。”[46]

第二年，华莱士写信给贝茨，讲述了达尔文的《小猎犬号航海记》和亚历山大·冯·洪堡的《旅行自述》如何激发了他对热带的渴望。（洪堡对 1799—1804 年在中美洲和南美洲的旅行的记录启发了许多博物学家，包括达尔文本人，他后来写道："没有什么东西能如此激发我的热情。"[47]）接下来一年，华莱士仍在英国乡村采集甲虫和其他标本，并短暂访问了巴黎和伦敦的自然博物馆。他写信给贝茨："我开始对仅限当地的采集不大满意了……我想对某一个科彻底研究一下，主要是为了研究物种起源的理论。"[48]

他们决定进行一次探险。1847 年，美国人 W. H. 爱德华兹（W. H. Edwards）出版了《亚马孙河之旅》（*A Voyage up the River Amazon*），正是这本书将他们的注意力引向了亚马孙河地区。华莱士和贝茨没有像达尔文那样的家庭财富和社会关系，于是通过采集和销售标本来筹措旅行资金。皇家植物园邱园的园长威廉·胡克爵士（Sir William Hooker，其子约瑟夫·胡克是达尔文的朋友）给他们写了一封介绍信，并同意为妥当处理过的标本支付费用。大英博物馆鳞翅目动物的管理员爱德华·道布尔迪（Edward Doubleday）也同样提供了资助（这里的"资助"可能还有屈尊俯就的意思，因为他们毕竟是新手，在科学事业中无足轻重，而且来自较低的社会阶层）。幸运的是，贝茨找到了一位能力出众的标本交易商——塞缪尔·史蒂文斯，并委托他以抽取佣金的方式处理他们的重复标本。史蒂文斯的店铺在贝德福德街，转过街角便是大英博物馆。史蒂文斯估计，一件典型的昆虫标本能卖到 4 便士，其中 3 便士要返给野外采集者。面对如此惊人的预期财富，华莱士和贝茨没有露怯，他们于 1848 年 4 月启程前往亚马孙。

从那时起，华莱士便开始在偏远的丛林中艰难跋涉，达尔文则在位于唐恩的书房里继续盯着显微镜观察。他们开始了一场竞逐，试图回答同一个基本问题，并获得同样伟大的奖赏——理解物种起源的关键之匙。

第十五章　名为“野人”的灵长类

这只丑陋的猴子多么像我们啊！[1]

——昆图斯·恩尼乌斯（Quintus Ennius），

约公元前200年

1847年7月16日，一名刚从西非抵达纽约的传教士将一批骸骨装进箱子，寄给了马萨诸塞州的同事。在一封信中，他承认自己“相当不适”，意思可能是“痛苦不堪”[2]。这名传教士便是托马斯·S.萨维奇，他已经在利比里亚时断时续地忍受了十多年的热带病，并亲眼看到前两任妻子饱受疾病折磨，最终在当地死去。他不是那种随便抱怨的人。

无论如何，萨维奇的虚弱状态是显而易见的，一开始他还把箱子的物品清单放错了地方。尽管他最初计划“亲自描述那只动物的骨头”，但最后不得不让同事接手。描述这种生物的习性“将是我力所能及的一切”。几周后，当回到康涅狄格州米德尔顿（Middletown）的家中休养时，他又提笔在信中写道：“请问您是否收到了保存最好的那个雄性颅骨的两颗犬齿？我记得其中一颗掉出来了，但不确定我是否把它放了回去。自从把骨头寄走后，我就再没见过它。”

他寄来的东西已经足够轰动。当年 8 月中旬，在波士顿博物学会的会议上，萨维奇与哈佛大学的解剖学家杰弗里斯·怀曼（Jeffries Wyman）在合著的文章中提出了一个地球生命科学中最惊人和最重要的发现，一种令人不安的熟悉生物也将很快进入大众传说，并在未来关于达尔文演化论的争论中发挥关键作用。

他们将这一新物种称为“大猩猩”（gorilla）[3]。

今天的读者在浏览生物学文献时，可能很容易得出这样的印象：大猩猩的发现是理查德·欧文的功劳，这位富有野心的英国解剖学家以创造“恐龙”一词和质疑达尔文而闻名。也有人将这份功劳记在法裔美国探险家保罗·杜·沙伊鲁身上，他在 19 世纪 50 年代成为第一个向外界提供大猩猩野外目击记录的西方人。甚至还有消息称，该发现来自一位默默无闻的英国船长，名叫乔治·瓦格斯塔夫（George Wagstaff）。1847 年，也就是萨维奇寄出头骨的那一年，他在加蓬海岸进行贸易时收购了几个大猩猩头骨。“在这些东西被采集到之前，大猩猩被认为是虚构的……瓦格斯塔夫船长在抵达布里斯托尔不久后去世，关于这第一批头骨的完整故事也随他进了坟墓。”[4]

事实上，大猩猩的科学发现完全是萨维奇和怀曼的合作成果。他们一个来自耶鲁大学，一个来自哈佛大学，都是医生出身，也都来自古老和略显刻板的新英格兰家族。当时，许多科学家都在为发现新物种而激烈竞争，甚至互相窃取荣誉，但这两位美国博物学家表现得十分公正，一丝不苟，甚至谦逊得近乎滑稽。因

托马斯·S. 萨维奇（左）和杰弗里斯·怀曼（右）都是非常谦逊的人，
但他们的发现使当时的人们在情感上受到了巨大冲击

此，当专业的解剖学家怀曼将大猩猩列入博物学年鉴时，他放弃了在科学上名垂青史的机会，以萨维奇作为描述者来为这一新物种命名：*Troglodytes gorilla* Savage。萨维奇带着惊愕，彬彬有礼地答复道："我……非常遗憾您这样做了；因为对我而言，把没有所有权的东西归为己有并不是一种诚实的行为。我充满敬意地将您视为描述者。"[5] 二人如此绅士，然而也是由于这个原因，他们基本上已被历史忘却。

萨维奇是这项发现的关键人物，他在正确的地点和正确的背景下，从一个头骨意识到这是地球上存在的体型最大的灵长类动物。这种生物后来被理查德·欧文描述为"对人类最不祥与最可怕的讽刺，超出了一个狂乱诗人的想象，也超出了博物学家的认知”[6]。不知何故，在过去的400年里，这种庞然大物一直没有引起西非海岸的欧洲旅行者的注意，只有一些模糊的传言。

追寻灵魂和物种

在萨维奇取得这一发现时，他已经是一个非洲通。1836年的圣诞节，32岁的他第一次来到这片大陆。尽管从耶鲁医学院毕业才三年，但萨维奇已经在利比里亚的帕尔马斯角（Cape Palmas）开始工作，主要是作为一名圣公会传教士（他曾在弗吉尼亚神学院学习），其次才是医生。[7]现在看来，当萨维奇在利比里亚传教时，可能既带有基督教的殖民热情，又混杂着对科学强烈的好奇心。

作为传教士兼医生，萨维奇逐渐了解了“非洲人的思想和语言”[8]，包括在帕尔马斯角通行的格雷柏语（Grebo）。作为博物学家，他还为发现非洲物种贡献了敏锐的眼光和不同寻常的深度认知。他定期将昆虫标本寄给一位英国朋友。后来，他发表了第一篇关于矛蚁行为的详细描述，这绝非胆小者所能做的研究：他把小指头放在一只身首异处的兵蚁头上，结果被狠狠咬住，以至于其“下颚的尖端都深入手指表皮以下”；然后，兵蚁收回下颚，开始交替切割，“把伤口弄得更宽更深”[9]。

萨维奇对待自己的宗教信仰也同样勇敢无畏。1839年，在新的服役期开始4个月时，疟疾夺去了他第一任妻子苏珊

（Susan）的生命，时年 28 岁。现存的记录中并没有记载他自己的失落感，我们也不知道他对妻子的父母说了什么。苏珊是这对可怜的老人唯一长大成人的女儿，他们此前曾有过 7 个孩子，都在婴儿期便夭折了。不过，萨维奇的一位朋友（也是牧师）写了一首挽歌，展现了激励他和妻子的宗教情感力量。“如果殉道者的鲜血是教会的种子，”这位朋友写道，苏珊的坟墓中“就会出现一支悄无声息的天堂军队，他们将把战争带到非洲，在异教徒的山丘上插上福音的旗帜”。[10] 萨维奇于 1842 年再婚，而当第二任妻子死于热带病之后，他仍继续在帕尔马斯角传教。

当萨维奇在非洲传教时，杰弗里斯·怀曼正致力于解剖学研究。他在巴黎学习了一年，后来在伦敦接受理查德·欧文的指导。怀曼在弗吉尼亚州里士满的一所医学院教了 5 年的解剖学和生理学，颇感旷费时日，他希望波士顿的朋友能帮他在哈佛大学找到一份教职。[11]

萨维奇和怀曼大概在 1843 年 8 月相遇，当时这位传教士经由波士顿返回家中，准备休养 10 个月。他们几乎立即在一篇关于黑猩猩的论文上展开了合作。[12] 基于报告中“胸部松弛下垂，稍微隆起”这样的描述，萨维奇更像医生而不是传教士。接着，对于其他生物学家混淆黑猩猩和猩猩大脚趾位置的倾向，他又发表了颇有见地的评论。（尽管当时的欧洲科学家已经知道这两种灵长类动物，但了解并不深。）他还挑战了伟大的法国解剖学家乔治·居维叶对黑猩猩突出眉脊的解释。这种自信以及对黑猩猩解剖结构的详细了解，很快被证实是发现大猩猩的关键。

“具有非凡特征的动物”

萨维奇在 1847 年年初结束了多年的非洲之旅，乘船返回家乡，而奇怪的是，属于他的光辉时刻也就此到来。他从利比里亚搭船，沿着西非海岸向东航行，来到加蓬河。在那里，船被“意外扣留”[13]了一个多月。萨维奇住在朋友兼传教士约翰 · L. 威尔逊牧师（Rev. John L. Wilson）的家里，位于如今加蓬首都利伯维尔（Libreville）以南的一个村庄。

威尔逊和妻子简（Jane）养了一只鹿、一头豪猪和其他一些动物作为宠物，但很显然，他们也会用非洲的标本和其他珍奇物品来装饰自己的家。一个头骨立刻引起了萨维奇的注意。相比黑猩猩的头骨，这个头骨有点太大了，它具有大而阴森的眼窝，一道高耸的矢状隆起从头骨的顶部向后延伸，像莫霍克人一样；还有横跨背面的颈脊（nuchal crest），如同宽阔的架子，可以用来固定较大的下颌和颈部的肌肉。[14]

萨维奇向当地猎人询问，后者告诉他，“有一种像猴子一样的动物，体型庞大，凶猛异常，习性惊人”[15]。头骨的形状，加上“来自当地几个聪明人的信息”，使萨维奇确信自己研究的是“一个新的猩猩（Orang）物种”。[马来语中的“orang”意为“人”，这个术语因东南亚的猩猩（orangutan，意为“森林中的人”）而为人所知，至今仍广泛用于所有大型猿类。]

在此之前，萨维奇曾与英国皇家外科医学院的理查德 · 欧文以及布里斯托尔科学艺术发展研究院*的院长塞缪尔·施特奇伯里（Samuel Stutchbury）有过通信。此时他再次写信给他们。他在信中写道："我在这个地方发现了一种具有非凡特征的动物。"[16] 萨维奇还将头骨的详细绘图寄给欧文，请他与英国皇家外科医学院收藏的一个猩猩头骨进行比较。

实际上，萨维奇从未亲眼见过活的大猩猩。他继续等待着乘船回国，而附近并没有大猩猩种群。不过，他是一位优秀的采访者。当地猎人并没有像"对待那些轻信的商人一样，给出不可思议的描述"，而是非常准确地描述了大猩猩的外形和行为。除此之外，萨维奇还了解到，每一群大猩猩都由一只成年雄性所控制，其毛发会随着年龄的增长而变得灰白。

"步态拖曳，"萨维奇写道，"身体从不会像人一样直立，而是向前弯曲，有点像在左右摇摆。"大猩猩"有一种能力，能够自由地前后移动头皮，据说当它发怒时，眉毛上方会有力地收缩，呈现一种难以形容的凶恶相貌"。但萨维奇也补充道："那些关于它们从当地城镇掳走妇女，并战胜大象的愚蠢故事……都被毫不犹豫地否认了。"[17]

萨维奇对这一信息的追踪，以及对标本的试探性询问，引起了加蓬其他商人的注意，其中可能就包括瓦格斯塔夫船长。一位当地猎人最终向萨维奇提供了该新物种的头骨和其他各种骨头，分别来自两只雄性和两只雌性。一场竞价大战随之而来。当时，

* 布里斯托尔城市博物馆与美术馆的前身。

瓦格斯塔夫正指挥着一艘名为“约翰·卡博特号”（*John Cabot*）的双桅帆船，装载的货物主要是象牙、黑檀木和坚果。不过，船长们通常也会通过“私下贸易”来赚取外快，贩卖一切他们认为可以卖回国内的东西，包括各种自然奇珍。

回到美国后不久，萨维奇在写给怀曼的信中抱怨道：“我有三个竞争对手，包括两个船长和一个传教士，他们的渴望将当地人的期望值抬升到了很高的程度。”如果不是东道主且同为传教士的约翰·L. 威尔逊帮忙，“我就不可能成功得到它们”。威尔逊“对杀死动物的奴隶的主人和酋长施加了影响。其他人几乎已经准备为它们支付任何价格。而且，我相信它们是唯一一组从加蓬带出来的（骨头）”。[18] 这些骨头花了他 25 美元，价格不菲。萨维奇还报告称，酋长已经同意让那位猎人脱离奴隶身份。

但对萨维奇而言，这一切“超过了我所能失去的”。尽管他想把这些骨头标本捐赠给波士顿博物学会，并且“对必须为它们索取回报而感到抱歉”，但他还是不得不将它们交给任何能够补偿他费用的人。怀曼刚刚获得了哈佛大学的教职，这也是萨维奇一直耐心等待的职位。在第二次回信的时候，怀曼就把款项寄了过去。

萨维奇希望这个物种能以加蓬当地原住民所起的名字——转换成英语便是“*engé-ena*”——为人所知。不过，他将确定学名的权利留给了怀曼。怀曼注意到，古迦太基探险家汉诺（Hanno）曾用“gorilla”这个词来指代生活在西非海岸的“野人”。[19] 于是，大猩猩就有了一个非洲名字。西非的富拉尼人(Fulani)用“gorel”一词来表示“小矮人”或俾格米人。

不体面的野心

在与萨维奇的书信往来中，怀曼曾建议他给伦敦的《博物学年鉴与杂志》(*Annals and Magazine of Natural History*) 写信，以确立物种发现的优先权。“我会这么做的，但我并不认为这有什么要紧，”萨维奇有点天真地回答道，“如果谁有幸也发现了它，并在我之前发表，我得说我一点也不后悔，因为这就在科学上有了定论。” [20]

不久以后，他的感觉就会不一样了。事实上，通信记录表明，在萨维奇和怀曼彬彬有礼的表面之下，他们其实都非常在意能否成为第一人。1848 年 2 月，理查德 · 欧文根据施特奇伯里提供的头骨，发表了他自认为的第一篇关于这个新物种的科学描述。怀曼后来承认，他对这一策略“非常吃惊”，因为欧文“肯定知道我们已经描述，或是即将描述自己从非洲带回来的颅骨和其他骨骼”。[21] 事实上，欧文不可能不知道：怀曼所建议的“占位”公告其实就刊登在上一年 10 月的《博物学年鉴与杂志》上，而那期杂志的主要内容是欧文撰写的蛇颈龙文章。这是第一篇提及大猩猩的文字，以“新的猩猩”(New Orang-Outang) 作为标题，并宣布不久后将在《波士顿博物学会期刊》(*Journal of the Boston Society of Natural History*) 上发表对它的描述。[22]

当萨维奇看到欧文的文章时，他的反应是一种不寻常的怨恨，不是针对欧文，而是针对施特奇伯里。就在几年前，萨维奇还安排将一只怀孕黑猩猩的尸体装进木桶，寄给施特奇伯里。这可是个不小的人情，而施特奇伯里也表达了深深的谢意："当一位完全陌生的人向您提出请求时，您做出了如此友好的回应，我简直不知道如何表示感谢，实在无以为报。"[23]然而，当回报的时刻终于到来，萨维奇从加蓬寄来了一封信，询问关于一种新"猩猩"的信息，施特奇伯里甚至连信都没回。相反，他转而委托瓦格斯塔夫和其他船长为他提供标本。在萨维奇看来，似乎施特奇伯里一想到可能存在一种新的大型灵长类动物，就迫不及待地尽最大努力来窃取发现的功劳。在写给怀曼的便笺中，萨维奇写道，"如果我没有采取预防措施……按照你的建议（在《博物学年鉴与杂志》上）宣布……这一发现"，那么"施特奇伯里的努力"可能就会将这一发现"据为己有或给予瓦格斯塔夫船长"。[24]

在欧文看来，这并没有什么不妥。他在文章中坦率地叙述了施特奇伯里如何"要求一些从布里斯托尔到加蓬河进行贸易的船长对该物种进行调查，并努力获取其标本"[25]。事实上，在萨维奇启程返回美国之后，瓦格斯塔夫终于成功获取了更多的头骨。1847 年 11 月，他在返回布里斯托尔时，把这些头骨交给了施特奇伯里，然后很快死于"非洲热"。后来，施特奇伯里又将头骨交给了理查德·欧文，认为他是最有资格对此做出恰当科学描述的解剖学家。

当时，欧文在博物学家同行中已经声名狼藉。就在一年前，他主持了英国皇家学会的一次会议，他的一篇关于一枚乌贼形状化石的论文获得提名，参选奖励自然知识进步的皇家奖章。在欧文获得这项荣誉之后，人们发现，他于论文中描述并命名的化石其实早在四年前，在欧文参加的一次会议上，就由一位业余古生物学家描述过。

但在大猩猩的问题上，萨维奇认为，这位英国解剖学家表现得“整体上像一位绅士”[26]。收到施特奇伯里寄来的头骨后，欧文很快在《伦敦动物学会汇刊》（*Transactions of the Zoological Society of London*）上发表了他的描述。不过，倘若施特奇伯里有意窃取这项荣誉的话——如萨维奇所怀疑的那样——那么欧文所取的学名显然是一种谴责。他称该物种为 *Troglodytes savagei*，“以托马斯·S. 萨维奇医生的名字命名，萨维奇医生发现了它，并使它的存在为欧文教授所知”。[27]

有证据表明，萨维奇对施特奇伯里过于严厉了，因为后者在关于此次发现的记录中，对萨维奇给予了应有的赞扬。与此同时，萨维奇可能对欧文太宽容了。怀曼似乎就是这么想的，尽管他自己与欧文的关系也很密切。1866 年，他在一本横线笔记本中写下了一份关于该发现的手写笔记。他显然从未打算发表这些笔记；那不是他的风格。但是就记录而言，他小心地用下划线强调了相关的日期：“我们在<u>1847 年 8 月 18 日</u>向波士顿博物学会提交了一份合写的回忆录……在我们的回忆录于波士顿宣读六个月后，欧文教授于<u>1848 年 2 月 22 日</u>向伦敦动物学会提交了一份报告。”[28]

在了解到之前的出版物后，欧文别无选择，只能承认是美国博物学家首先描述了这个物种。这意味着“*gorilla*”这个种名将会成为主流，而“*savagei*”则成为同种异名。（这无疑是一件好事，因为萨维奇的名字也有“野蛮人”的含义。欧文已经表现出一种倾向，一位历史学家称之为“令人毛骨悚然的暗示”[29]，正如他将恐龙命名为“dinosaur”，这个词的原意是“恐怖的蜥蜴”；但大猩猩从一开始就背负了耸人听闻的凶残名声，并深受其害，称它们为“野蛮人”肯定于事无补。）在自己的文章发表几个月后，欧文将怀曼对这些骨头的描述加入了《伦敦动物学会汇刊》。但是，怀曼在自己的笔记中尖锐地指出，“然而，在我们发表文章时，这些描述并没有出现，无论是在论文集还是在汇刊中，我们的描述都比他更早。”[30]（事实上，欧文继续公开地将荣誉归于施特奇伯里和他自己，宣称是他们使大猩猩的存在“豁然开朗”[31]，这个词也许暗示着，之前美国人的发现已经消失在大西洋中部的迷雾中。）

怀曼还补充道：“很明显，这项发现的功劳主要属于威尔逊先生和萨维奇医生，主要是后者，他首先确信这是一个新的物种，也是他首先让博物学家注意到这一事实。因此，该物种最终就记录为 *Troglodytes gorilla* Savage。”几年后，法国动物学家若弗鲁瓦·圣伊莱尔（Geoffroy Saint-Hilaire）将这种新的猿类与黑猩猩（当时也被归为 *Troglodytes* 属）区分开来，并将其归入新的大猩猩属（*Gorilla*）。[32] 在 19 世纪的剩余时间里，热心的博物学家们对这种大型猿类进行了大量的描述，提出了过多的新物种。1929年，哈佛大学的一位灵长类动物学家对此进行了一次修订，删去了多余的物种名称，最终确定为如今被广泛认可的两种：东部大猩猩（*Gorilla beringei*）和西部大猩猩（*Gorilla gorilla*）。对于后者，他克服了怀曼过分的谦虚，将其名字加了上去，作为共同描述者。[33]

“大猩猩方阵舞曲”

人类与其他灵长类动物之间的相似性依然令人不安，这种情绪并没有随时间推移而有所减少。1842年，维多利亚女王在伦敦动物园见到了一只抿茶的猩猩，断言这只野兽和人相像的程度十分“可怕、痛苦和令人不适”。[34]然而，在所有灵长类动物中，只有大猩猩会将这种对我们自身起源的不安情绪推入激烈的公开辩论中，而驱动这场辩论的，往往是阶级和种族的强大暗流。

种族主义从一开始就很明显。在1847年向外界宣布发现大猩猩的论文中，怀曼在他撰写的部分里写道，任何解剖学家“如果费心比较黑人和猩猩的骨骼，一眼就会发现它们之间的巨大鸿沟”。但接着他又补充道：“黑人和猩猩确实提供了人类与野兽……之间最为接近的那个点。”[35]与17世纪的解剖学家、第一次解剖黑猩猩的爱德华·泰森类似，怀曼可能是在试图将关注点转向“最低等的人”，从而将大猩猩与人类之间的相似性最小化。但另一些更具争议性的作者则用这种思维来为蓄养黑奴辩护。与此类似，幽默杂志《笨拙》（*Punch*）将爱尔兰民族主义者变成了“猩猩先生”

（Mr. O'Rangoutang）和"大猩猩先生"（Mr. G. O'Rilla）。[36] 该杂志的一幅漫画以这种方式剥夺了一个民族主义者的人类身份，并单刀直入地问道："难道他不应该立即被消灭吗？"

在接下来的15年里，大猩猩的形象在公众辩论中越来越突出。对理查德·欧文来说，它将成为一场奇怪战争的主要武器，而这场战争的对手便是演化思想。尽管出身于中下阶层，但此时的欧文已经升至伦敦社会的顶层，在大英博物馆担任要职，拥有女王御赐的宅邸，还享有向王室子女讲授动物学的特权。作为英国最重要的解剖学家，当权者求助于他，让他在不断崛起的演化思想面前捍卫现状。

欧文尽职地为神圣的、指引物种发展的"原型光"[37]*（archetypal light）做辩护。他坚持认为，大猩猩头骨上突出的眉脊使其与人类头骨截然不同，而且其他差异也"显然不符合演变的假说"。之后，随着演化争论升温，他开始利用大猩猩的大脑作为证据，论证人类具有上帝赋予的独特天性。他宣称，区分我们与大猩猩和其他类人猿的基础，就在于三个只出现于人类体内的大脑结构。实际上，这些结构并不存在。然而，即便在被发现歪曲事实和伪造证据之后，欧文仍坚持为自己的论点辩护。

大猩猩不仅成为严肃的科学讨论话题，也出现在杂耍表演和通俗小报上，特别是在法裔美国探险家保罗·杜·沙伊鲁带回完整的大猩猩标本之后。19世纪60年代初，"大猩猩芭蕾"在

---

* 《赫尔墨斯文集》中对上帝的描述，意指其为所有光的原型，即在"光"现象之前已经存在。

伦敦的舞台上震撼上演，而在欧洲和美国的会客厅里，业余钢琴家常会弹奏一首“大猩猩方阵舞曲”[38]。[舞曲歌词中的大猩猩是一个“黑鬼”（darkie，对黑人的蔑称），有着各种荒诞可笑的刻板印象。]

可能是出于失望，挑起这一切的两个人避开了这场争论。萨维奇的文章在很大程度上依赖非洲当地的知识，因此也对原住民充满了尊重，这意味着他不会参与在种族问题上对大猩猩的滥用。他的发现似乎也没有让自己引起任何宗教上的质疑。对另一些人来说，大猩猩将会威胁到人类在神授宇宙中的中心地位，其影响之深，几乎可与意识到太阳并非绕地球转动相提并论。但萨维奇显然不这么看，他遵循内心的召唤，回到了牧师岗位。他与第三任妻子抚养了四个孩子，并先后在密西西比州和马里兰州担任牧师，最后来到了纽约州的莱茵克利夫（Rhinecliff），并在那里去世，享年 76 岁。他的墓碑上只写着他是一位“先驱传教士”，没有提及他在医学和科学上的工作。与此同时，怀曼成为低调的达尔文理论倡导者，他继续从事解剖工作，但让其他人在公开场合阐明观点。怀曼去世时，诗人詹姆斯·拉塞尔·洛威尔（James Russell Lowell）用一首十四行诗歌颂了他，这首诗对萨维奇同样适用：“质朴，谦逊，男子气概，真诚，/ 远离众人，受少数人尊崇。”[39]

在萨维奇 1847 年带回家的四个大猩猩头骨中，有两个头骨的下落无人知晓。在写给怀曼的信中，萨维奇曾要求将它们留给曾在加蓬接待他的威尔逊。因此，这两个头骨可能被当作古董，尘封在威尔逊某个家族成员的家里。另外两个头骨，一雄一雌，如今存放在哈佛大学比较动物学博物馆一间温控室的金属抽屉里，置于白色聚乙烯泡沫底座上。它们是模式标本，即可供世界各地的科学家定义物种的典型标本。雌性的头骨被从前向后切成了两半，似乎怀曼曾在某一时刻试图寻找哪怕最模糊的头骨证据，以验证欧文一直在说的大脑差异。

雄性头骨基本上完好无损，表情略显愤恨和孤独。怀曼在其颧弓上整齐地书写了采集编号。头骨表面布满了黑色的斑点，并且处理得光洁锃亮，就好像猎人在经过长途旅行之后，刚把它从背包里取出来一样。头骨的左上犬齿厚如手指，而右侧犬齿缺失不见，正如萨维奇在 1847 年那个炎热的夏天所担心的那样。

第十六章　“物种人”

隐藏之物，去找寻吧。去到那山峦之后。

山峦之后有失落之物。失落却等候着你。去吧！

——鲁德亚德·吉卜林（Rudyard Kipling），

《探险家》（*The Explorer*）

亚马孙河的宽广和力量令人惊叹，黑色的支流与浑浊的干流互相冲撞，最终在下游几英里处形成漩涡，混合在一起。猛烈的风暴会突然来袭，使这条大河狂乱如海。汹涌的河水经常冲蚀河岸，使树木倒下，落入水里。博物学家亨利·沃尔特·贝茨写道，独木舟上的人“一直生活在对‘terras cahidas’，也就是滑坡的恐惧中，这种情况偶尔会发生在陡峭的泥土河岸上，尤其是在水位上升的时候”。[1]一开始，他并没有过多理会“这些泥土和树木的崩塌”可能吞没更大船只的说法。然而有一天黎明前，“一种不寻常的类似大炮轰鸣的声音”将他从睡梦中惊醒。起初，他感觉可能是发生了地震，“因为，尽管夜晚平静得透不过气，但宽阔的河流却异常动荡，船摇晃得非常厉害”。

爆炸声“如雷鸣般响亮”，在河面上回荡，间或发出“长长的、沉闷的隆隆声”。天亮时，他向 3 英里（约 4.8 千米）外的对岸望去，看到“大片的森林在晃动，大约有 200 英尺（约 61 米）高的高大树木前后摇摆，然后一棵接一棵地倒下，落入水中”[2]。巨大的冲击引发了一场“亚马孙海啸”，侵蚀了河岸的其他区域，将滑坡延伸到沿岸的一到两英里处。两小时后，当他们的船向上游驶到已经看不见滑坡的地方时，“碰撞仍在继续，船前后摇晃着，丝毫没有停下来的迹象”。

他们生命中最好的时光

贝茨很擅长在这样的危险中航行，船只常常剧烈颠簸，却又从未沉没。他和旅伴阿尔弗雷德·拉塞尔·华莱士都拥有一种从容镇定的品质，面对任何困难都能泰然处之。尽管旅途中的困难比比皆是，但在他们为家乡热切的读者所撰写的旅行回忆录中，快乐总是多于痛苦。

和华莱士一样，贝茨也来自推崇社会进步的家庭背景，信仰一位论，致力于宗教自由和公民自由。[3]他 14 岁时成为学徒工，每天早上 7 点开始清扫仓库，一直工作到晚上 8 点。但他也热衷于自我提升，经常在凌晨 4 点起床，自学希腊文原版《荷马史诗》。他还参加了莱斯特机械学院的夜校，而当地神职人员谴责该学院鼓励“异教徒、共和主义者和平等原则”（换言之，即提倡对穷人进行教育）。就这样，贝茨忙得筋疲力尽，而他的家人之所以同意他去亚马孙探险，只因为听从了一位家庭医生的劝告，认为热带的天气可以改善他的健康状况。

在亚马孙地区，贝茨一如既往地辛勤工作，并且天生有一种看淡苦难的倾向。例如，苍蝇的叮咬本来是一件令人抓狂的麻烦事，但在他口中却几乎如同一件幸事，“我所有暴露在外的身体部位”都“覆盖着密密麻麻的黑色刺孔，这些吸血的小虫子很难找到一块空地下嘴”。[4] 生活是美好的，即使在很不幸的时候。

这种态度让贝茨和华莱士成为了19世纪最具忍耐力的物种探寻者。从他们一起旅行的那两年开始，贝茨在亚马孙度过了他所谓的“一生中最美好的11年”[5]（1848—1859）。华莱士在那里待了4年（1848—1852），在东印度群岛待了8年（1854—1863）。他们似乎很好地适应了当地恶劣的气候，而其他欧洲访客往往会在数周或数月内死于非命。[华莱士的弟弟赫伯特（Herbert）就是一位受害者，他在1850年加入华莱士的采集者行列，次年死于黄热病，年仅22岁。[6]]

贝茨的父母后知后觉地担心起死亡和疾病的可能性，于是前往伦敦拜访了跟儿子合作的标本交易商塞缪尔·史蒂文斯。[7] 在直升机出现之前，他们就已经是“直升机式父母”* 了。经营家族袜子生意的老贝茨就物种搜寻的经济回报问题盘问了史蒂文斯，并暗示这样一份差事对于“已被证明失败的”阿尔弗雷德·拉塞尔·华莱士来说，可能已经足够好了；而他的儿子，则可以在袜子制造业做得更好，也更安全。

---

* 指过分介入儿女生活，像直升机一样盘旋在儿女身边的父母。

在亚马孙雨林中，亨利·沃尔特·贝茨曾被成群的曲冠簇舌巨嘴鸟包围

1850 年 3 月，华莱士和贝茨决定分开。两人都没有提到分开的原因，他们也依然是朋友。资金可能是一个问题：由于跨大西洋贸易的困难和延误，当他们将第一年在野外采集的标本运回国内之后，并没有获得任何报酬。华莱士的传记作者彼得·拉比

（Peter Raby）认为，在野外工作的几个月里，他们可能也表现出了性格上的差异："相对来说，贝茨与人相处得比较自在，他更宽容，更善于理解气氛，在知识的积累上也循序渐进；华莱士则更有紧迫感，缺乏耐心，更加好胜。"[8]不过，分开可能只是一个现实的选择，部分是由河流本身的分汊决定的。分开之后，他们能探索更多的地方，并避免一起旅行时在所难免的重复工作。贝茨会继续向西，沿亚马孙河上游前往秘鲁，华莱士则开始探索内格罗河，这条伟大的亚马孙河支流往西北流向哥伦比亚和委内瑞拉的边界。

"身负奇怪使命的陌生人"

贝茨很遗憾失去了一位在智识上旗鼓相当、能够就当天的发现讨论一番的伙伴。但除此之外，他很满意这种有条不紊地寻找新物种的生活，尽管无利可图（在 20 个月的时间里，他总共才赚了 27 英镑[9]）。每天早晨，他都穿上靴子、长裤和一件彩色衬衫，戴上一顶旧帽子，走进森林。他的衬衫前面有一个针垫，用来放置 6 种不同大小的昆虫针。他的左肩扛着一支霰弹枪，其中一支枪管装的是 10 号子弹，另一支装的是 4 号子弹，可以射击从小鸟到像雁一样大的动物。他的右手拿着蝴蝶网，身体左侧的皮包里装着弹药和一个用来放昆虫标本的盒子，右侧的狩猎袋则装着其他物品，包括用来悬挂蜥蜴、蛇、青蛙、大型鸟类和其他标本的皮带。

对住在河边的人来说，他的形象一定相当古怪且超凡脱俗。但他也有融入人群的技巧。有一次，一位村里的年轻人借了他的帽子和衬衫，扮演起一个戴眼镜的昆虫学家，带着网兜和书包在森林里乱蹦乱跳。[10] 贝茨和大家一起哈哈大笑，他十分清楚自己的形象就是"一个孤独的、身负奇怪使命的陌生人"。[11]

他是一个宽容、好奇、从不埋怨的旅行者，能以欣赏的眼光看待当地风俗。不过他也承认："作为一个欧洲人的住所，这里的设施当然还有很多不足。"例如，在河里悠闲洗澡的乐趣可能会被一条潜伏的鳄鱼破坏。在清洗脚趾的同时，贝茨不得不"目不转睛地盯着那只怪物，它在水面上用令人厌恶的目光望着他"。[12] 这并不是为读者编造的戏剧情节。后来，在贝茨所住的村庄，就有鳄鱼咬住了河岸上的一个醉汉，并吃掉了他。

贝茨还提道："在研究树干上的昆虫时，一转身……一双亮闪闪的眼睛和一根分叉的舌头就突然出现在离头几英寸的地方，这是相当吓人的。"有一次，他踩到了一条剧毒的美洲矛头蝮（*Bothrops jararaca*）的尾巴，"它转过身来咬住了我的裤子；在我后面，一个年轻的印第安小伙子还没等它挣脱出来，就用刀子利落地把它切成了两截"。[13] 然而，贝茨又写道，那里"几乎没有任何来自野生动物的危险"，而且"在这个国家，一个无冒犯之意的陌生人极少受到无礼对待，至于当地人十分危险的观点，连反驳都显得近乎荒谬"。[14]

不过，在河上旅行也可能惊心动魄。在一次航行中，贝茨的"古贝塔号"（*Cuberta*）——一艘形似独木舟的大船——在停泊

蚊子和其他夜间访客常让人无法安睡

过夜时，一阵“可怕的喧嚣”惊醒了船员。狂风吹过河面，将“古贝塔号”撞向河岸。一名船员跳到岸上，用杆子把船抵住，绕行着把船推开，然后“敏捷地抓住经过的船首斜桅，把自己荡上了船”。当船驶入相对安全的河中心时，沿岸的树木纷纷倒下。

贝茨有时似乎更担心他的标本而不是性命。有一次，他们想在风暴来临前满帆入港，“那艘老船颠簸得很厉害，绳索断了，帆桁和船帆哗啦一声倒了下来，所有人都被困在这艘破船上。我们不得不划起船桨；接近陆地时，我担心这艘发疯的船会在到达港口前沉没，于是请求马查多（Machado）先生把我的标本中最珍贵的那部分用小船送到岸上”。[15]

超越表象的观察

最终，贝茨保住了 14 712 件标本，它们代表了 8000 个新物种，其中大部分是昆虫。他定期将这些标本寄给伦敦的交易商史蒂文斯，由后者在重要的期刊上发表贝茨的来信摘录，精明地推销这些标本。“这些标本是无与伦比的，”他的朋友昆虫学家 W. L. 迪斯坦特（W. L. Distant）后来回忆，“至今还有人提起……可以想见人们对贝茨所寄售标本的强烈兴趣。由于这些标本的广泛流通，欧洲的动物学家们终于开始了解这条伟大河流两岸的居民了。”[16]

迪斯坦特在 19 世纪末的作品中回忆了贝茨所处年代的科学界是多么不同。在不久之后，馆藏全面的博物馆被认为是理所当然的，但当时这样的博物馆尚未出现。当时也没有完整的物种系列，可供撰写一部关于某个属的详细专著。人们对物种的分布只有最模糊的概念，而且与贝茨不同的是，大多数野外采集者缺乏耐心或训练，无法在采集标本的同时观察它们的行为。“这是属于图像学者的时代，他们研究的是各种非同寻常的形态……”[17] 迪斯坦特写道。“图像学者”这个称谓并不像听起来那么有称赞意味。

史蒂文斯的买家都是典型的“壁橱博物学家”——这些相对富裕的人士从未离开过家，也从未见过他们所研究的昆虫，除了用针钉住的标本。他们将获取标本的风险留给野外采集者——这些采集者有时被不屑地称为“物种人”（species men）——自己则坐在家中，享受着在科学期刊上描述新物种的荣耀。贝茨对此并无不满。他感兴趣的不仅仅是自然分类。在他看来，许多这样的博物学家不过是些“物种迷”，就像“集邮和收藏陶器的人”[18]。

对贝茨来说，研究非凡形态的图像学只是开始。他的目标是理解大自然如何运作，而旅行使他有机会了解不同物种在其栖息地如何生活，尽管有时这会让他汗毛倒竖。例如，有一次当他在树木枝叶间搜寻时，突然遇到了一只巨大的毛毛虫，令他的心猛地一跳。这只虫子正伸展身体，惟妙惟肖地模仿一种小而致命的蛇。（他带着孩子般的喜悦写道：“我把那只毛毛虫拿到我住的村子里，把每个人都吓了一跳。”[19]）有时，当他网住一只蝴蝶，拿在手里仔细审视时，他会“惊奇地叫出来”，意识到这和他原本以为的实际上是完全不同的物种。

这正是他乐于琢磨的那些神秘事物。其他博物学家注意到，一些翅膀较长的蝴蝶有着惊人相似的颜色图案，其缓慢地扑打翅膀的飞行方式似乎也很相近。因此，这些物种都被丢进了袖蝶科（Heliconidae）。（在华莱士和贝茨还是新手时曾给予他们鼓励的爱德华·道布尔迪也参与了这场混乱的分类。）而当贝茨更仔细地观察翅膀颜色以外的特征时，他发现这样的分类毫无意义。例如，袖蝶都是用后面两对足站立的，将弱小的前足收起来。但是，它们的一些模仿者则像其他大多数蝴蝶一样，用6只正常大小的足站立在叶片上。另一些蝴蝶的不同之处则在于翅脉的纹路。于是，贝茨着手将这些模仿者分成不同的类别，其中一些与袖蝶相差甚远。对于这些不同的物种为何会变得如此相似，他也提出了自己的推测。

贝茨注意到，蝴蝶翅膀的颜色不仅让人迷惑，可能还会影响它们在森林里的生存。“我从来没有在树林里见过缓慢飞行的袖蝶群被鸟和蜻蜓捕食……当它们在树叶上休息的时候，似乎也不会受到蜥蜴或掠食性（食虫虻）的骚扰……它们经常会扑向其他科的蝴蝶。”贝茨推测，是某种特性使它们不合捕食者的口味（他曾提及“它们都有一种特殊的气味”。），而翅膀颜色正是一种向潜在捕食者发出警告的方式。[20]

当附近有足够多这样的蝴蝶，明晃晃地展示它们的可怕之处时，捕食者就会识趣地避开它们。因此，随着时间的推移，少数与它们亲缘关系较远的蝴蝶也借用了这些警告信号，“以它们的外衣作为伪装，从而分享它们保护自身的能力”。这种保护性的伪装如今被称为“贝氏拟态”。[21] 为了理解这一概念，贝茨建议读者想象“一只有着鹰一般外形和羽毛的鸽子”。

不过，实际情况要复杂得多。贝茨在旅行中发现，在不同的河湾之间，这些令捕食者不快的蝴蝶可能会呈现不同的颜色图案，甚至属于不同物种。因此，亲缘关系较远的蝴蝶只能模仿极小范围内的对象。贝茨将这些近邻尺度的适应性称为“自然界最美丽的现象之一”。[22] 然而，他没能推断出这种局部适应是如何发生的。只身在亚马孙，没有图书馆，没有标本抽屉，也没有才华出众的伙伴，他只能贫乏地解释道，是“局部环境的直接作用”导致了这种适应性。事实上，是捕食者的直接作用逐步淘汰了缺乏保护性翅膀颜色的蝴蝶，使具有拟态的物种逐渐繁盛。贝茨目睹了一个在自然选择的作用下演化的重要实例，而这一理论在不久后就进入了人们的视野。

“一小段放荡的生涯”

由于缺乏社交和智识上的刺激，贝茨天生的乐观主义受到了打击，他也愈发体验到长时间孤身一人的痛苦。他所能依靠的，是每隔两到四个月从英国船运过来的一包信件和阅读材料。他还控制每天的阅读量：“以免在下一次到来之前读完，让我一无所有。我非常仔细地翻阅杂志，比如《雅典娜神庙》(*Athenaeum*)*，每一期都要阅读三遍：第一遍是如饥似渴地阅读有趣的文章，第二遍是阅读剩下的部分，第三遍则是把所有广告从头到尾读完。”[23]

当阅读材料耗尽时，那一望无际的森林看起来既令人沮丧又令人愉悦。河豚“翻滚、呼气和喷鼻的声音，尤其是在晚上”，令他感到一种“大海般的辽阔和孤寂”。鸟儿的叫声有着“忧郁或神秘的特征”，使这种“孤独的感觉”愈加强烈。有时，那些被“虎猫或鬼鬼祟祟的蟒蛇”抓住的动物会突然发出尖叫，刺破周遭的宁静。黎明时分，吼猴发出“可怕的、令人痛苦的声音，让人很难保持精神上的轻松”。[24]

贝茨与沿河的定居者和印第安人都相处得很好，常和他们

* 1828 年至 1921 年在英国伦敦发行的一本文学杂志。

一起喝酒，并参与他们的娱乐活动。他并不是什么一本正经的人。“在这些人身上，羞怯并不总是纯真的标志，因为亚马孙上游的大多数混血女性在结婚并安定下来之前，都有过一小段放荡的生涯，”他写道，不带一丝反对的意思，“女人是不会失去名誉的，除非她们彻底堕落……”[25] 作为一个二十多岁的年轻人，贝茨时常赞赏地评论亚马孙女性，称她们“有一双善于表达的深色眼睛，头发十分浓密”，她们“混杂着肮脏、丰饶和美丽”。[26] 至于是否也喜欢在她们中间度过“一小段放荡的生涯”[27]，贝茨就明显有所保留了。

有时，贝茨会与当地人分享他工作中令人兴奋的事情。在沿着亚马孙河的支流塔帕若斯河（Tapajos）逆流而上时，他从自己的独木舟里取出两卷本《奈特的绘画博物馆之生动的自然》（*Knight's Pictorial Museum of Animated Nature*），向一位酋长及其妻子们，以及迅速围过来的妇女和儿童们展示了其中的版画。[28] 在一些记述中，他曾认为亚马孙印第安人“欲望冷淡，感情麻木，缺乏好奇心且思维迟钝”[29]。不过，奇特的新物种显然让他们激动不已。

“把全部插图看完可不是件轻松的事，但他们不让我漏掉任何一页，每当我想跳过的时候，他们都会让我翻回去。大象、骆驼、猩猩和老虎的绘画似乎最让他们吃惊，但他们几乎对一切都感兴趣，甚至贝壳和昆虫……他们表达惊讶的方式是用牙齿发出咔哒声，类似于我们所发出的声音，或是发出低声的惊叹——嗯！嗯！在我翻完之前，已经聚集了五六十个人。”

然而，这种互动的时刻太少，也太浮于表面，无法支撑他的精神。贝茨“最终不得不写下这样的结论，单单对大自然的沉思不足以充实人类的心灵和头脑”。[30]除了孤独和疾病，长期的严重饥饿也使他情绪低落。他一度在“最艰难的必要性”驱使下吃了熏烤蜘蛛猴，这是他吃过的最好吃的肉，却因近似于同类相食而令人不安："猴子肉让我撑了大约两个星期，最后一大块肉是一只拳头紧握的手臂，我吃得非常节省，在俭朴的三餐间隙，我把它挂在舱室的一根钉子上。"[31]

1859年6月，贝茨订了回家的船票。他提醒父母，称这趟旅行已经将自己从一个稚气的23岁年轻人变成了一个“老相、黄脸、长着大胡子的男人”[32]，而且健康状况严重受损。对于将要在工业化的英国生活这件事，他有着自己的想法，“……长长的灰色暮光，阴沉的空气……工厂的烟囱和一群群脏兮兮的操作工，一大早就被工厂的钟声催着去工作……密闭的房间，虚伪的关心和奴隶般的日常。我离开了一个永远是夏天的国度，要重新在这种沉闷的环境中生活。”[33]

离开了彬彬有礼的亚马孙部落，贝茨又回到了时不时激烈内斗的英国博物学界。约翰·E.格雷，作为大英博物馆的动物学管理员，对任何野外生物学家都鲜有善言好语。他后来抱怨贝茨在道德、智力和身体上的缺陷，称其“在懒惰和放荡的亚马孙原住民之中耗费了他所有的时间”[34]，并没有采集到8000个新物种；无论如何，他的大部分经费支持都来自大英博物馆。（事实上，大英博物馆只不过是史蒂文斯的一个客户，购买了贝茨寄过来的标本。）

由于缺少社会关系，贝茨失去了在博物馆里担任博物学家的机会，
但他仍然在皇家地理学会谋得了一个行政职位，继续帮助其他探险家

至少贝茨的父母很高兴他平安回到了莱斯特。他的博物学家朋友们最终为他在伦敦的皇家地理学会谋得了一个行政职位。此前，他在申请大英博物馆的动物学职位时，被一位拥有良好社会关系但没有科学工作经验的诗人击败了。[35]

不过，此时的贝茨倒是可以从事家族的袜子生意了。

第十七章　“野外劳动者”

我在这里就像一个印第安人，自给自足——
钓鱼，打猎，划着我的独木舟，
看着我的孩子长大，像年幼的野鹿，
身体健康，心境平和，
无财但富有，无金但幸福！

——阿尔弗雷德·拉塞尔·华莱士，《亚马孙和内格罗河游记》（*Narrative of Travels on the Amazon and Rio Negro*）[1]

“我担心船上着火了。过来看看，说说你是怎么想的。”船长说道。这是1852年8月6日，早餐刚过，而讲述这一可怕时刻的便是阿尔弗雷德·拉塞尔·华莱士。在235吨的“海伦号”（*Helen*）帆船上，他是唯一的乘客。[2]此时此刻，这艘用木头和帆布制造的双桅帆船满载着芬芳的树脂，在大西洋当中熊熊燃烧。救生船年久失修，厨师不得不用软木塞把漏洞堵住。当船员们争先恐后地寻找桨叉和船舵时，华莱士木然地走回舱室，穿过令人窒息的烟雾和热气，救出一个锡盒，里面装着一些他在旅行中的笔记和图画。而三年来的日记，以及大张对开页的图画和注解，都被他留在身后。船上还装着一箱箱从未在亚马孙之外出现过的物种，还有一片精心包装的 50 英尺（约 15 米）长的棕榈叶，准备在大英博物馆展出。这些都是华莱士经过漫长、艰苦的旅行，克服疟疾、黄热病、痢疾和其他艰难困苦而收集到的。事实上，就在船燃烧的时候，他还没有从一场高烧中完全恢复过来，“对抢救任何东西都漠不关心”。

离开的时候到了，华莱士来到船尾，抓住一根绳子，滑落到“随着海浪起伏而上下摇摆”的小船上，手上的皮肤也被磨破了。第二天早晨，他们在附近徘徊了一阵，想看看燃烧的火焰是否会引来救援，“我们支起了小桅杆，装上帆，向仍在燃烧的船体残骸告别，在一阵轻柔东风的吹拂下轻快地颠簸前行”。华莱士不时从船舱里往外舀水（盐水渗入了他的伤口），他那双博物学家的眼睛望向身旁的水母和鲣鸟，仿佛身处一个呆头人乘着筛篮出海的世界 *。

华莱士写道，直到七天后，当他们被一艘从古巴开往伦敦的船救起时，他才意识到自己的损失有多大。也许“获救”这个词有点过了，因为救起他们的是一艘笨重的老船，船壳上腐烂的木头可以像湿面包一样撕下来。在一次风暴中，他们还面临着随时可能沉没的危险，以至于华莱士之前那艘船的船长不得不带着一把斧头睡觉，用来“把桅杆砍掉，以防船只在夜间倾覆”。

尽管如此，此时的华莱士已经感到足够安全，可以回顾一下自己的损失：“有多少次，当我几乎被瘟疫（指疟疾）征服时，

---

* 爱德华·利尔的诙谐诗《呆头人》（The Jumblies）中描绘的场景。

我爬进森林，获得了一些未知而美丽的物种作为回报！有多少除我之外尚未有欧洲人涉足的地方，因为我采集的珍奇鸟类和昆虫，而不断在我的脑海中记起！多少个疲惫的日子已成过往，支撑我的唯一希望，便是从这些荒野地带将诸多新奇美丽的生命带回家……现在一切都不见了。”[3] 这就好比达尔文在加拉帕戈斯群岛采集的所有珍宝尚未用于科学研究就随着“小猎犬号”沉入大海。不过，“我尽量不去想可能会发生什么，”华莱士写道，“而是让自己专注于那些实际存在的事物。”

当年10月，阿尔弗雷德·拉塞尔·华莱士回到了英国。他在海上度过了近三个月，包括在敞篷救生艇上的十天。此时的他衣衫褴褛，憔悴不堪，但同时又充满喜悦。“噢！光荣的一天！”他在肯特郡的迪尔（Deal）上岸时叫道，“噢！牛排和李子馅饼，真是饥饿罪人的天堂。”[4] 在伦敦，华莱士的标本代理商塞缪尔·史蒂文斯为他买了一套新衣服，并请自己的母亲在家里照顾华莱士饮食，直到他恢复健康。史蒂文斯预先采取了措施，为采集者们寄来的所有货物投保。因此，华莱士至少获得了200英镑的保险赔付，虽然相对损失而言只是很小的补偿，但已经足够现在的他生活下去。

在救援船上，华莱士做了两个明智的决定，一是不再将自己的生命托付给大海，二是“用一段时间尽可能地享受生活，以弥补失去的时间”[5]。不过这两件事他都没有做到。刚回家没有几天，华莱士就开始考虑下一次探险。接下来的一年，他还忙于撰写四篇科学论文和两本书，一本是关于亚马孙棕榈植物的技术论著，另一本则是《亚马孙和内格罗河游记》，由家信与回忆拼凑而成。

正如华莱士自己后来所说，他是一个“着急的年轻人”，[6]的确如此。回国两个月后，即 1852 年 12 月，华莱士就在伦敦动物学会的一次会议上对着博物学家们兴奋地唠叨了一通。[7]他沮丧地发现，博物馆的标签和博物学书籍上的记录很少会写明标本来自哪里，最多是非常模糊的“巴西”、“秘鲁”，甚至“南美”。

“如果标本带着‘亚马孙河’或‘基多’的标签，”华莱士说，“我们就会觉得自己十分幸运，能得到如此确切的东西……尽管我们无法知道这是来自亚马孙河以北还是以南，也不知道是来自安第斯山脉的东面还是西面。”他在旅行中亲身体会到，这样的地理屏障通常是“不同动物区域”的分界线。

当“原住民猎人”想要某个特定的物种时，他们“完全了解”哪里是它们的栖息地。但科学界依然对这一基本事实漠不关心。“几乎没有一种动物，”华莱士说，“我们可以在地图上标出其确切的地理界线。”他向听众介绍了我们今天所谓的“生物地理学”，即研究物种之间如何在空间（通过绘制精确的地理范围）和时间（借助地质学和后来遗传学的帮助）上相互联系的学科。事实上，华莱士是在向他们介绍作为一个物种意味着什么。

尽管华莱士总是很有礼貌，但他的观点很难被忽视，因为其他博物学界人士的确都在做着错误的事。他的鲁莽批评很快遭到了反击。大英博物馆的动物学管理员约翰 · E. 格雷就在听众当中，他是一位“壁橱博物学家”，也是世界上第一位邮票收藏家，这显然绝非巧合。（1840 年 5 月 1 日，英国的“黑便士”邮票成为世界上发行的第一种邮票，而格雷就购买了一枚作为纪念。）格雷总是想方设法贬低在野外采集标本的同行。前面提到过，他曾经带着锤子和凿子去找威廉·波切尔，想要看非洲的鸟类标本。对着动物学会的听众，格雷漫不经心地说道："我们得到了一些华莱士先生自己采集的标本，可上面为什么只写着'内格罗河'的字样？"[8]

华莱士慌乱得不知如何作答。但后来，他写信给亨利·贝茨，指出这些标签模糊的标本是他早年在巴拉［Barra，现在的玛瑙斯（Manaus）］采集的，那时他还没有意识到河的两岸可能是不同物种的栖息地。不久后，当地猎人就告诉他，有一些猴子只生活在亚马孙北部和内格罗河东部，从来没有去过河对岸——那里有其他种类的猴子，通常亲缘关系很近，占据了它们的位置。同样地，对于蜂鸟和巨嘴鸟，"由两到三个关系很近的物种组成的小群体"也经常出现在"同一地区或邻近地区"。[9]棕榈树和昆虫种类也显示出类似的分布模式，似乎都是从一个地区扩展到另一地区。

传统博物学家仍将新物种视为上帝创造行为的结果，而这些创造是独立的，似乎也是随机的。但华莱士发现了其中的联系，并思考了这些联系意味着什么。为什么相似物种的集群都出现在一个小区域内？为什么不同物种在不同岛屿之间只有微小的差异？面对动物学会的听众，他说道："亲缘关系非常紧密的物种是否曾被宽广的地区分隔？什么物理特征决定了种和属的边界？等温线是否准确限定了物种的范围，还是完全独立于物种之

阿尔弗雷德·拉塞尔·华莱士是 19 世纪最伟大的野外生物学家，
同时也是一位杰出的理论家

外？”（在地图上，等温线标明了不同地区的温度差异；华莱士在思考，不同地区之间平均温度的变化是否会导致物种之间的隔绝。）“是什么环境条件使某些河流和某些山脉——而非其他地形——成为众多物种的分界线？在我们能准确断定大量物种的分布范围之前，这些问题都不能得到满意的回答。”

认为其他博物学家做错事情的观点引来了众怒，尤其是这种观点来自一位像鞋匠一样以计件报酬为生的野外采集者。华莱士的传记作者彼得·拉比称，“伦敦博物馆里的专业人士，以及教区牧师住宅和乡间别墅里的鉴赏家”，甚至都不允许贝茨和华莱士这样的人进入他们的学术团体。[10] 1854 年，昆虫学会的主席爱德华·纽曼（Edward Newman）不得不告诫他的会员，请他们不要如此势利。然而，尽管纽曼的热情辩护使这位野外采集者荣幸地成为“真正的野外劳动者”，同时具有“观察和动手”能力，“无论处于什么地位”都值得尊重，但一想到那些粗俗的野外采集者要求为他们的蝴蝶和甲虫付费，鉴赏家们似乎就吓得发抖。“他们的动机是毋庸置疑的，”纽曼告诫道，“就像艺术家或作家一样，他们通过富有针对性的工作获得了公正的回报。”

向东逐日

华莱士仍然专注于检验“遗迹先生”提出的观点——自然法则可以推动生物演变——只不过他十分谨慎，没有过分声张。一条这样的法则已经在他的头脑中形成，若非失去如此多有价值的证据，他或许能更快地提出自然选择的概念。“小型雀鸟和昆虫，都无疑会提供许多有趣的事实，进一步证实这些已提及的观点，我没什么可说的，”他在《亚马孙和内格罗河游记》中写道，“我广泛采集的标本……都加上了我要用到的标签，但它们都已丢失；当然，在这样的问题中，物种的确切鉴定是至关重要的。”[11]

华莱士努力思索着新的方法，试图解决后来被他称为“地球博物学中最困难和……最有趣的问题”[12]——物种的起源。马来群岛从马来西亚一直延伸到巴布亚新几内亚，由于其“极为丰富的资源”和相对未被开发的状态，似乎为“博物学家的探索和采集提供了最好的野外环境”。[13]在亚洲和澳大利亚截然不同的动物群之间，马来群岛架起了桥梁，其 17 500 个岛屿面积不一，提供了几乎无限多样化的栖息地，以及各种程度的隔离。华莱士后来向困惑的家人解释道，他需要“去造访并探索尽可能多的岛屿，从尽可能多的地方收集动物，从而（在物种的地理学方面）取得尽可能多的确切结论”。[14]这就是他所说的再也不会将自己的生命托付给大海。

1854 年年初，在回到欧洲一年多之后，华莱士登上了半岛东方轮船公司（又称铁行轮船公司）的一艘蒸汽轮船，经埃及前往新加坡。皇家地理学会得到了一些资助，为他买了一张头等舱船票，堪称难得的奢侈体验。不过，在华莱士到达目的地之后，他又要再次成为一位科学上的“野外劳动者”，通过将那些稀有而美丽的标本寄回英国，卖给博物学界的约翰 · E. 格雷们来赚取收入（至少这些标本会标明确切的地点）。1855年年初，正值雨季，华莱士躲在沙捞越（Sarawak）河口的一间小房子里，对面就是婆罗洲北海岸的三都望山。[15]

华莱士的书籍经过绕道非洲的漫长航线而姗姗来迟，现在他有时间来查阅这些书，并仔细思考蜂鸟、巨嘴鸟、猴子和其他物种在亚马孙地区令人费解的分布情况。他将结果发表在当年9月份的《博物学年鉴与杂志》上，提出了一条简单的规律："每一个物种的出现，都在空间和时间上有一个早已存在且联系紧密的物种。"[16]也就是说，它们并不是从天堂掉下来的。

华莱士的文章题目是《论新物种产生的相关规律》（On the Law Which Has Regulated the Introduction of New Species）。很显然，这样的题目并不引人注目。但这篇文章明确无误地指出了问题的紧迫性："迄今为止，还没有人试图解释这些奇异的现象，或说明它们是如何产生的。为什么几乎所有棕榈树和兰花的属都局限于一个半球？对于亲缘关系密切的咬鹃物种，为什么背部棕色的都在东半球，而背部绿色的却在西半球？为什么金刚鹦鹉和凤头鹦鹉的分布有同样的局限性？昆虫也提供了无数类似的例子……总之，亲缘关系最接近的物种在地理分布上也很接近。每一个有思想的人都会问这样一个问题：为什么会这样？"

华莱士避免提到演化这个字眼。他没有说新物种已经"演化"，而是说"创造"；他没有把它们与"祖先物种"或"共同祖先"联系起来，而是使用了一个相对陌生的词——"原型"（antitype）。这个词模糊了他的逻辑结论——亲缘关系密切的物种之所以紧挨着一起出现，是因为一个物种从另一个物种演化而来。华莱士也未能提出这种演化发生的机制。因此，即便是达尔文，在阅读这篇文章时也没有抓住重点，草草写下了“没什么很新的东西”和“似乎都是他编造出来的”等评语。[17]令华莱士烦恼的是，他收到了史蒂文斯的一张便条，上面委婉转达了乡村宅邸的有钱人士和教区牧师的抱怨，认为他应该用“推理”的时间出去捉一些漂亮的新蝴蝶。[18]

来自野外的记录

华莱士把自己酝酿的理论和野外考察笔记都记录在一本日记里，如今保存于伦敦的林奈学会。日记本的封面是硬纸板材质，装订书脊的皮革已经陈旧褪色，本子近乎散架，许多书页松散易碎，边缘损坏。不过，在字里行间，这位19世纪最伟大的野外采集者的形象依旧鲜活。例如，华莱士在新几内亚附近的阿鲁群岛捕捉到一只鸟翼凤蝶（*Ornithoptera*），他称之为“最大、最完美和最美丽的蝴蝶”。正如我们想象的那样，他记下了发现的那一刻：

“看着它庄严地向我飞来，我激动得浑身颤抖，几乎不敢相信自己真的得到了它，直到我把它从网里拿出来，凝视它天鹅绒般、呈黑色和亮绿色的华丽翅膀，以及金色的身体和深红色的胸部。它展开的翅膀宽达6.5英寸（约16.5厘米）；我笃定自己从未见过比这更华丽的昆虫。”华莱士认为他发现了一个新物种，

并将其命名为 *Ornithoptera poseidon*。“我几乎记住了所有已知物种的特征，”他写道，“我认为把它定为一个新物种是没错的。”[19]

在华莱士的日记中，即便是在描述一些并不特别新奇或壮观的事物时，也能明显看出他对大自然的热爱。有一天，他带了一片草叶回家，上面爬满了吸食植物汁液的蚜虫。他写道，它们的触角向后折叠，“整个群体看起来就像许多长耳的白兔，在啃食一些长得很短的草”。一只蚂蚁将这些蚜虫赶到一起，收集它们分泌的甜味黏液。它跑来跑去，同时“窸窣着，轻敲着，期待着，并相当滑稽地张大嘴看着，直到蚜虫轻轻地抬起尾部，吐出一滴透明的黏稠液体”。这只蚂蚁立刻“抓住那甘美的液滴，在它张开的下颚之间悬了几秒钟，再慢慢地吸了进去。然后它用前脚擦了擦脸，清理了下颚，又开始照看它的‘羊群’”。[20]

不过，采集生涯中痛苦乏味的现实也会出现在华莱士的笔记中。在访问位于婆罗洲以东的西里伯斯岛［Celebes，现在的苏拉威西岛（Sulawesi）］时，他感叹道：“无论我走到哪里，都会有狗的狂吠和孩子的尖叫，女人跑开，而男人惊奇地盯着我看，就好像我是某种奇怪而可怕的食人怪物。”[21] 他苍白的皮肤令当地人不安，以至于他学会了在驮马或水牛靠近时躲在树后。否则，它们一见到他就会“伸长脖子”，挣脱束缚，并践踏路上的任何东西。如此日复一日地引发“过度恐惧”，让“一个不喜欢被人讨厌的人，一个从来不曾习惯于认为自己是食人魔或其他任何怪物的人”感到十分沮丧。

在阿鲁群岛一个名叫瓦南拜（Wanambai）的村子里，“一位有趣的老人”甚至对华莱士家乡的名称愤愤不平。他尝试了各种发音，诸如“Ung-lung”、“ang-lang”和“angor-lang”，但最后还是只能摊手。“那不可能是你们国家的名字，你在欺骗我们……我的国家是瓦南拜，任何人都可以读出瓦南拜……但是，Ngling？！”然后老人开始问华莱士，他打算如何处理这些精心保存的鸟类、昆虫和其他动物。华莱士如实做了解释，老人回应道："它们又都复活了，是不是？”于是，华莱士写道，“我被看作一个魔术师，而且无法反驳。”当老人又开始念叨“Ung lung! 这不可能”的时候，华莱士深感绝望，只能挣扎着去睡觉。[22]

虽然经常因为处理标本而忙到深夜，但华莱士总能找到时间，在日记中评论各种各样的书籍和文章，从图隆姆（Tullom）的《科学的奇迹》（*Marvels of Science*）（华莱士称其为“充满错误的荒谬之书”）到迪福尔（Dufaur）的《卖淫的历史》（*History of Prostitution*）。[23]（在多年的旅行途中，后者倒是引人入胜的选择，但华莱士注意到一条参考文献，称早期人类在脊柱底部有一簇毛发，代替失去的猴子尾巴。）这本日记还被他当成一个“论坛”，用于讨论一些宏大的计划，比如“确定地球物种数量的记录”、“建立一个完整的博物学图书馆”，以及“阻止同种异名的情况进一步增加”。

最后一条，即同一物种重复命名的泛滥，尤其令华莱士恼火，他认为这是“我们学科的一个污点”。科学描述的规则可能不需要博物学家确切说出某个物种生活在哪里，但的确要求列出“所有与之相关的各种错误，并引用在区分该物种时提到或描述过的每一项工作”[24]。原始的物种描述常出现在不知名的期刊甚至报纸上，因此物种名称往往会重复出现，对此，华莱士希望将物种描述的发表限制在每个主要国家的三种期刊上。然而，即便是华莱士，也不可避免地使用了同种异名，尽管他做了相当大的努力。例如，他命名的“*Ornithoptera poseidon*”其实是另一位昆虫学家已经命名的亚种，如今的学名是 *Ornithoptera priamus arruana*（绿鸟翼凤蝶阿鲁岛亚种）。

在旅行中，华莱士也会遇到一些更惊心动魄的干扰，比如当地的一些风俗。在望加锡，当一个男人陷入绝望时，他会突然发狂，用波状刃短剑猛烈攻击陌生人，理由是“最好和最容易的方式就是在战斗中死去，并且通过先杀死尽可能多的人来为自己报复社会”。[25] 一次这样的暴乱，往往会造成多达 20 个无辜旁观者的死亡。华莱士雇佣的一位鸟类标本剥制师很快就坐船离开，去了新加坡，“因为他觉得在这样一群嗜血又未开化的人当中活不过几个月”。至于华莱士，当然是留下来继续他的标本采集工作。

第十八章　缓慢的自然力量

野生动物的生活就是一场生存斗争……最弱小、组织最不完美的动物必然总是屈服。[1]

——阿尔弗雷德·拉塞尔·华莱士，1858年2月

尽管华莱士认为自己那篇《论新物种产生的相关规律》在1855年发表后就如石沉大海，但事实上，该论文还是引起了一些重要圈子的兴趣。作为达尔文的朋友兼导师，查尔斯·莱尔对华莱士的观点相当重视，并开始在一系列笔记中阐述自己关于物种问题的见解。[2]

长期以来，莱尔一直信奉创世论的教条，即所有物种从一开始就与它们的起源地相适应，此后便没有太大的变化。但现在，他的"反演化"信念开始动摇。[3]在阅读了华莱士的文章两天后，他写下了第一条笔记，对蛇形爬行动物的退化肢体是其从四足动物祖先演化而来的证据这一观点进行了质疑。"反对物种此类变异的论据太有力了。"他写道，紧接着又补充了一句："难道不是吗？"[4]与此同时，华莱士也在写笔记，阐述鲸类的退化肢体如何揭示它们从四足哺乳动物而非鱼类演化而来。[5]在接下来的几

个月里，相距8000英里（约12 900千米）的华莱士和莱尔都在反复思考对方的观点。

这两个人生活在截然不同的世界中，这种不同不仅仅体现在地理位置。一位熟人写道，莱尔有“一种大法官的风度”[6]。达尔文的传记作者阿德里安·德斯蒙德描述道：“他善于交际，富有教养，是同侪和首相的朋友。……他是一名训练有素的律师，依地位而言是一名绅士：他靠资本生活，以地质学为业。”[7]相比之下，此时的华莱士只是偏远村庄里某个有趣老头的朋友，而且很明显，他还是一个被拔高了的体力劳动者，以捕捉蝴蝶为生。他的性情也急躁得多，更喜欢新的想法。

不过，莱尔的巨著——多达1200页的《地质学原理》（*Principles of Geology*）——却产生了持续的影响。该书以律师特有的精确性，论证了海底上升、峡谷下切和山脉隆起的原因在于自然力量，而不是某种神迹。莱尔认为，地质变化是逐渐发生的，各种力量在现代世界中仍然发挥作用。他驳斥了乔治·居维叶关于地球在大灾变时期（灭绝浪潮席卷地球）和相对平静时期（新物种涌现）之间交替的浪漫想象。与灾变论的世界观相反，莱尔等均变论者认为，自然的变化过程更稳定、更缓慢，过去与现在并没有太大的区别，偶尔会发生几次灭绝。不过，灾变论者和均变论者都相信，新物种，尤其是人类，都是上帝“特殊造物”的结果，而且大多具有永久的属性。[8]

莱尔将《地质学原理》的第二卷用来驳斥让-巴蒂斯特·拉马克的演化论思想。然而，身处野外的华莱士反复阅读了这本著作，却认为缓慢的自然力量也可以导致活的动植物发生重大改变，甚至产生新物种。[9]（达尔文也从莱尔那里得出了这种观点，他在《物种起源》的手稿中坚称，是自然原因导致了渐进变化。[10]）令华莱士烦恼的是，莱尔并没有看到这一点。作为一个生物演变论者，对“特殊造物”的深信不疑使华莱士在日记中显得十分纠结：“在距离大陆不是很遥远的一小群岛屿，比如加拉帕戈斯群岛上，我们发现动物和植物除了与最近陆地上的动植物相似以外，不同于其他任何地区。如果它们是特殊的造物，为什么会与最近陆地上的造物相似呢？这一事实不正表明它们起源于那片陆地吗？”[11]这不过是华莱士匆忙间给自己写的一条简短记录。

在不同岛屿间的旅行中，华莱士的思绪不断回到莱尔的著作上，并时常带着一种论辩的态度。这位地质学家关于“物种平衡”的言论将华莱士推到了崩溃边缘。“这句话毫无意义，”华莱士单刀直入，“有些物种非常罕见，另一些则异常丰富。平衡在哪里？某些物种在特定区域内驱逐了所有其他物种。平衡在哪里？当蝗虫毁灭大片地区，导致动物和人类死亡的时候，说维持平衡有什么意义？”接着便是很关键的一句话：“对人类来说，这不是平衡，而是一种常常是你死我活的斗争。”[12]在极度愤怒的状态下，华莱士似乎一时未能真正领会自己这些话的含义。他所描述的正是自然选择。

球胸鸽和斯皮塔佛德的织工

同一时期，莱尔在1856年4月初到访唐恩宅[13]，达尔文向他展示了自己收集的众多观赏鸽[14]。这种新的激情，几乎和他之前对藤壶的爱恨情仇一样强烈。达尔文的动机没有变：藤壶为他提供了自然选择产生无限变异的证据，而现在，这些花哨的鸽子又提供了 5000 年来人工育种所成就的“最奇妙的变异案例”[15]。养鸽子是一种下层阶级的消遣，但大部分时间隐居的达尔文却沉浸在这个世界中。他经常出入酒馆等场所，与鸽子爱好者会面，并与“斯皮塔佛德的织工，以及各式各样爱好鸽子的古怪人类亲密无间”[16]。

达尔文本人无疑是其中最古怪的一个。他告诉莱尔，他很快就将自己的鸽子看成“人类所能得到的最好礼物”[17]。与所有鸽子爱好者一样，达尔文和女儿埃蒂（Etty）都喜欢“注视外面的鸽子”，欣赏它们的羽毛和飞翔姿态。然而，身为博物学家，强烈的兴趣也促使达尔文“将它们剥皮去骨，观察内部的情况”。他想知道球胸鸽、扇尾鸽、杏仁筋斗鸽 * 等品种在骨骼结构、血细胞和其他特征上有何不同。这是“最可怕的工作”[18]，无论是要把心爱的鸟儿掐死，还是面对腐烂的肉和难闻的气味，都令人生畏。但达尔文认为，这么做对于发展他的理论十分必要。

在带领莱尔参观鸟屋时，达尔文解释道，许多漂亮的鸽子品种都是从单个物种——原鸽（*Columba livia*）演化而来的。他指出，现在这些品种与其祖先物种以及彼此之间的差异已经足够大，构成了 3 个独立的属和 15 个独立的物种。[19] 莱尔是一位地质学家，

---

* 原文为 almond tumbler，英国短脸筋斗鸽的品种之一。

而非博物学家，他可能夸大了达尔文所说的话；达尔文当时可能相当兴奋，因为他获得了从单个物种发展出巨大多样性的生动证据。在后来的《物种起源》中，达尔文反复提到，如果鸟类学家在野外遇到如此高的多样性，他们就会将这些品种定义为不同的鸟类物种。然而，达尔文并不是这样的鸟类学家，他也从来没有试图为这些品种命名。今天的鸟类分类学家不再将各式观赏鸽当作单独物种，而是视为原鸽的品种，正如吉娃娃和爱尔兰猎狼犬只是狗的品种。无论如何，这场对话成为了达尔文和莱尔友谊的转折点。

过去近 20 年中，达尔文一直设法向莱尔隐瞒他完整的演化

达尔文在鸽子身上看到了“最奇妙的变异案例”

论思想。在这一代人中，莱尔一直是反对演化论的主导人物。但现在，达尔文揭示了令人震惊的事实：他相信，通过自然选择或人工选择，物种的变异和演化几乎有无限的可能性。莱尔有些惊慌。达尔文并不是像“遗迹先生”那样自以为是的记者，也不是像拉马克那样令人生疑的欧洲大陆人士，而是一位谨慎而又备受尊敬的博物学家。而且，他和莱尔同属一个社会阶层，这一点关系重大。莱尔也知道，这种学说不单单与由原鸽演化而来的观赏鸽有关；更是意味着人类从“猩猩”演化而来[20]。当月晚些时候，达尔文在唐恩宅举行了一次聚会，巧妙地向客人们阐释了他的演化理论。[21]在场人士包括生物学家兼作家托马斯·亨利·赫胥黎（Thomas Henry Huxley）、植物学家约瑟夫·胡克和昆虫学家T.维农·沃拉斯顿（T. Vernon Wollaston）等，而沃拉斯顿刚刚出版了一本关于甲虫物种变异的书。

莱尔在伦敦一个哲学俱乐部的会议上碰到了赫胥黎，并几乎在同时听说了他们的聚会。在那次会议上，他也听到许多声音，足以令他怀疑其他年轻的博物学家正在对他的旧学说失去信心，即物种具有固定不变的属性。在给达尔文的一张便笺中，莱尔担心对方和他的客人们正“变得越来越异端”[22]。他在给一位朋友的信中写道：“我不明白他们怎么能走得如此之远，而不接受整个拉马克学说。”（这位朋友回信说，即使达尔文也必须承认变异是有限度的，他几乎不会“认为苔藓可以变成木兰，或牡蛎可以变成市议员”。）

但莱尔也不得不承认，达尔文的“物种形成”机制——自然选择——可能确实有道理。因此，尽管他自己一直抱有反演化论的信念，但作为学者和朋友，他还是做了正确的事，敦促达尔文至少发表“你的一小部分数据……然后拿出理论，写明日期，从而被引用、被理解”。如果达尔文现在不出手，其他人就要采取行动了。“无论达尔文能否说服你我放弃对物种的信仰，”莱尔在那年夏天写信给胡克，“我可以预见，许多人会转而支持这种无限可变的学说。”[23]

截至此时，华莱士与达尔文也时有联系。通过代理人，华莱士给达尔文寄去了来自巴厘岛和龙目岛的家禽标本。[24]达尔文在1857年5月回信鼓励，谨慎赞扬了华莱士关于物种形成的论文：“我可以清楚地看到，我们有很多相似的想法；而且在一定程度上也得出了相似的结论……我同意你在论文里所阐述的真相，几乎每一个字……”[25]但是他也温和地警告华莱士：“这个夏天将是我打开第一本（关于物种问题的）笔记本的20周年！”[26]并补充道，这些笔记的出版可能会花费他两年的时间。当年晚些时候，达尔文又写信鼓励华莱士继续开展在物种分布方面的研究，并对博物学界甚少回应他的理论著作表示同情，“只有极少的博物学家关心物种描述以外的事情”[27]。

动荡的一年：1857

对于达尔文和华莱士，一些事情似乎是绕不过去的。自《遗迹》一书出版以来，关于人类物种特殊地位的争论就一直在酝酿，到此时已经沸腾。作为解剖过最多类人猿的人，理查德·欧文此前就报告称，将人类与类人猿区分开的解剖学证据与上帝“向我们揭示的关于我们自身起源及动物学关系”的证据相吻合。[28] 如今，在林奈学会的多次演讲中，他又更进一步地表明了态度。他可能打算将这次突袭作为一场先发制人的行动，来反对达尔文未完成的手稿，也反对莱尔听到的那些关于演化的闲聊。[29] 无论如何，此时欧文提出，人类属于一个独立于其他所有哺乳动物的亚纲“Archencephala”*，意思是“支配性的大脑”。他宣称，我们与大猩猩及其他类人猿的不同之处在于，有三种大脑结构只存在于人类体内。在接下来的几年里，欧文经常重复这一论点，但他的热情却与证据成反比。对欧文来说很不走运的是，博物学家赫胥黎就坐在林奈学会的观众席上，竭力压制着自己的怀疑。赫胥黎时年 32 岁，显得紧张而缺乏耐心，据一位熟人称，他“英俊得像阿波罗”，思维“如同萨拉丁手中能刺穿坐垫的利剑”。[30] 欧文的分类方案在他看来“就像牛粪做的科林斯式门廊”，他要马上将其拆掉。[31] 这是一场对峙的开始，接下来的几年里，这场对峙将以一种毁灭性的、高度公开的方式展开。

同一年，德国研究人员在杜塞尔多夫附近的尼安德（Neander，意思是“新人类”）河谷发现了一些化石遗迹，它们属于一种外形野蛮的人类。这种古人类的脑容量与现代人类相当，但具有和大猩猩一样的突出眉脊——又是一个令理查德·欧

* 理查德·欧文根据大脑特征将哺乳动物划分为 4 个亚纲，其中 Archencephala 为最高等，只包含人类。

文难以安眠的麻烦。一些科学家认为，这只是一种畸形的人类，可能是白痴，或者患有佝偻病的"蒙古哥萨克人"（Mongolian Cossack）。然而，一位英裔爱尔兰地质学家很快将其作为一个新的人类物种列入生物学记录，并以其发现地点命名为"尼安德特人"（*Homo neanderthalensis*）。达尔文在藤壶中，以及华莱士在蝴蝶和甲虫中发现的变异现象，如今也即将出现在人类身上。

理查德·欧文并不是唯一试图阻止演化论洪流的博物学家。在达尔文主义风暴爆发前动荡的一年，出现了一些特别辛酸、堪称堂吉诃德式的尝试，试图调和《圣经》与科学。菲利普·亨利·戈斯是当时最执着的博物学家之一。1849年，当他唯一的孩子出生时，他在日记中写道："埃米莉生了一个儿子。收到来自牙买加的绿色燕子。"[32] 戈斯在追求物种方面也无所畏惧。其他采集者可能仅满足于在海滩上捡贝壳，戈斯则一头扎进了汹涌的海浪。他写了许多颇受欢迎的书，其中一本有一段很经典的描写，关于如何借助木槌"聪明地敲击"，并用一把"老旧的圆头餐刀"撬开岩石上的贝壳。"然而，操作并非没有困难，岩石的突出部分非常锋利，还有充满力量的海浪，经常狠狠地浇在我的头上，有一两次甚至把我撞倒。我必须抓住海浪退去的间歇，把战利品取下来；有时候，当我刚刚弄完，海浪就猛扑过来，把它从我的手中冲走了。"[33]

多年来的积累让戈斯在海洋生物学和鸟类学方面拥有了广博的专业知识，而这种充满激情的采集方式以及引人入胜的描写手法，也使戈斯成为当时作品最畅销的作家之一。1857年夏天，达尔文寄来了一张便笺，请求戈斯提供一些证据。达尔文称呼他为“看尽所有海洋生物的您”[34]。他的儿子埃德蒙·戈斯（Edmund Gosse）后来在经典回忆录《父与子》（*Father and Son*）中写道，戈斯已经看到了充分的证据，表明亿万年来“有机自然的各个部分”都存在“形态的缓慢改变”。[35]因此，达尔文和胡克都很自然地向他寻求对演化论的支持。埃德蒙指出，作为一位科学家，戈斯“智识中的每一项本能都在迎接（自然选择的）新曙光”。然而，戈斯对于宗教是虔诚的，甚至是狂热的。他还相信自己将打破演化论的胡言乱语，用一种完全不同的地球生命理论，使物种问题沐浴在神圣真理的光芒之中。

嘲笑

戈斯的新书名为 *Omphalos*（希腊语，意为“肚脐”）。“没有哪本书能被寄予比这本书更大的成功期望，”当时只有 8 岁的埃德蒙后来写道，“我的父亲，而且只有我的父亲……拥有一把能顺利解开地质之谜的钥匙。”[36]在戈斯看来，答案其实简单得出奇。他总结道，对于化石动物为何埋藏在地球深处这一似乎需要用数百万年才能解释的难题，实际上就如同上帝隐藏起来的复活节彩蛋，等待着被他那些幸福的孩子发现。[37]戈斯写道，在创世的时刻，“造物主在他的脑海中有地球生命历史的完整投影”。他还宣称，生命并不是在地球诞生之初就存在，而是形成于地球历史上某个偶然的时刻。因此，在那一刻，似乎“其历史中所有之前的时代都是真实的”[38]。

在某种程度上，这种说法要比听起来更合乎逻辑。戈斯解释道，伊甸园里的树木如果没有同心圆形状的年轮，就很难直立起来。因此上帝一定创造了它们的完整形态，用年轮来表示它们没有真正生活过的岁月。[39] 同样，上帝创造了亚当和夏娃，他们有着正确的解剖学结构，肚脐将他们与从未生过他们的母亲联系起来。从虚无中创造出来的贝壳同样具有生长线，这代表着它们不存在的过去。地球本身就具有现成的史前时代，“从未真正存在过的动物”就埋在地壳的地层中。这种对虚构过去的神圣再现是如此完美，就连粪化石——那些从未在地球上生活过的动物粪便化石——也被纳入其中。

不出所料，整个世界（除了戈斯本人），包括宗教人士和无神论者，灾难论者和均变论者，酒醉者和清醒者，都对此报以嘲笑。就连戈斯的朋友、身为牧师的查尔斯·金斯利也写道，他不能放弃自己的地质学知识，来承认“上帝已经在岩石中写下一个巨大而多余的谎言”[40] 这一说法。埃德蒙写道，戈斯一直是“被公众宠坏的人物，媒体喜爱的红人”[41]。现在，他正以最糟糕的方式在时代浪潮中翻腾：尽管“在巨大的生物学波涛中……被推举起来”，但戈斯“做梦也没有想过要放弃对古老传统的坚守，而是悬在那里，（在浪潮中）被拉扯着、击打着”。

戈斯搬到了德文郡海边一栋几乎没有什么家具的新房子里。他的妻子埃米莉·鲍斯·戈斯（Emily Bowes Gosse）在当年早些时候死于乳腺癌，留下他和年幼的儿子——他最大的崇拜者——相依为命。在“那个阴冷的季节”里，戈斯变成了一头神圣的怪物，“对上帝感到愤怒”，并为“知识体系的混乱”而饱受折磨。[42] 在当时，夹在科学和宗教之间的思维错乱司空见惯。但戈斯却通过放弃所有的快乐来消除这种痛苦，在儿子床边的祈祷除外。（埃德蒙回忆道：“我不禁认为，他喜欢在一位仰慕他的听众在场时，听自己对上帝说话。”）他们在炉火边谈话时的话题通常是谋杀。（“我不知道，其他 8 岁男孩在夜晚马上就要一个人上楼的时候，会不会经常和鳏夫爸爸讨论暴力犯罪？”）

圣诞节庆祝活动是被禁止的。[戈斯怒斥道：“这个词是天主教用语。基督弥撒（Christ’s Mass）！”]但在 1857 年的圣诞节，仆人们“暗中反抗，为他们自己做了一个小的李子布丁”，并好心地塞给小埃德蒙一块。他狼吞虎咽地吃了下去，但很快，饱受责难的良心就迫使他承认“吃了祭偶像之物”。戈斯气急败坏地冲进厨房，一只手抓起剩下的甜点，另一只手拖着埃德蒙走了出去。他将甜点丢到灰堆里，还“把它往深里耙了耙”。

对于这对父子，在祈祷以外唯一的安慰，也是唯一允许的乐趣，便是在海边的潮池里搜寻物种。“在潮涨潮落之间，那些岩石成为水下花园，其美丽常常令人难以置信。”埃德蒙写道。作为一个 9 岁的孩子，他通过发现一个新的属而成功取悦了父亲。拨开潮池上方的层层海草，他们会“在片刻间，看到水池两侧和底部铺满了绽放的花朵，呈现乳白色、玫瑰色、橙色和紫水晶色，然而只要我们投进一颗卵石，这种如梦如幻的景象就会被破坏，所有华彩将融化消失，收拢到中空的岩石里”。[43]

“最适者生存”

新年伊始，在地球的另一端，旅途中的华莱士来到了巴布亚新几内亚西部一个多山的岛屿上，住在海岸边一座屋顶漏雨、摇摇欲坠的小木屋里。他称这个岛为济罗罗岛（Gilolo），现在的名称是哈马黑拉岛（Halmahera）。该岛是最初所谓“香料群岛”*的岛屿之一，而该群岛曾经是世界上唯一的丁子香、肉豆蔻和其他香料的来源地，也是中东和欧洲殖民列强长期争夺的目标。然而，这片土地的大部分仍未被探索，于是华莱士计划在那里逗留一个月。在旅途的大部分时间里，他都是躺着度过的，身上因疟疾发作而裹着毯子。疾病迫使他停下无休无止的采集工作，也让他开始思考。

华莱士躺在那里，思考着物种的问题。有一天，一本书出现在他的脑海里，那就是马尔萨斯的《人口论》（*Essay on the Principle of Population*）[44]。达尔文也曾受到这本书的启发。华莱士后来回忆道：“我突然想到一个问题，为什么有些人死了，有些人活了下来。”他思考着，最健康的个体如何在疾病中生存下来，最强壮、最敏捷的个体又如何逃离捕食者。“我突然想到……在每一代中，较弱的个体都将不可避免地被杀死，而较强的个体将会留下来——也就是说，最适者生存。”[45] 在接下来的三天里，华莱士几乎是一边发烧，一边把这个想法记录下来。1858 年 3

---

* 15 世纪前后欧洲国家对东南亚盛产香辛料的岛屿的泛称，多指马鲁古群岛。

月 9 日，他回到特尔纳特岛（Ternate，这座火山岛是该地区的商业中心），将这些文字寄给了达尔文。

接下来发生了堪称科学史上最严重的职业误判。能够被著名的查尔斯·达尔文引为同行，显然令华莱士受宠若惊。他可能认为，没有什么能比为达尔文打磨了 20 年的手稿做出贡献更伟大的成就了。在达尔文最近的一封信中，也提到莱尔对华莱士的工作印象良好；华莱士还在附信中请达尔文将新手稿拿给莱尔看，如果他认为值得的话。然而，如果华莱士按照以前的做法，将手稿通过史蒂文斯寄给《博物学年鉴与杂志》的编辑，那么自然选择的发现将完全归功于他，"华莱士"这个名字可能就会和今天的"达尔文"一样尽人皆知。

或许华莱士只是被探寻新物种分散了注意力，而没有过多考虑手稿发表的策略。回到特尔纳特岛后，他立即开始筹划在巴布亚新几内亚的"为期四个月的行动"[46]，在那里，他将得到"四个仆人、两个猎人、一个厨师和一个伐木工人"的协助。他的购物清单很长，但在"悲惨贫穷的特尔纳特岛"很难得到满足。在他所需的众多物品中，包括 15 磅（约 6.8 千克）火药、4000 个火帽和一袋子弹，以及 10 磅（约 4.5 千克）砷和其他防腐剂，还有两个存放鸟皮的窄箱子、10 个存放昆虫标本的盒子、6000 根昆虫针和一些常规的食品，如 8 磅（约 3.6 千克）咖啡、40 磅（约 18.1 千克）糖、两瓶醋和一瓶酱油。他计划在途中储备一些西米糕，一种由棕榈树髓心制成的廉价淀粉食物。（华莱士总会幻想一些宏伟的计划，比如是否值得把西米糕以每磅一便士的价格

“送到英格兰”，作为一种“供猪和牛食用的廉价食物”。）1858年3月底，华莱士出发去探索新几内亚“那些黑暗的森林”，那里孕育了“地球上最非凡、最美丽的长着羽毛的居民——极乐鸟”。[47]

“我所有的独创性”

几个月后，也就是1858年6月中旬的一天早上，查尔斯·达尔文从书房走出来，翻阅着客厅桌子上的邮件。一个厚厚的信封引起了他的注意，里面装着华莱士的20页手稿——《论变种无限远离原始型的倾向》（On the Tendency of Varieties to Depart Indefinitely from the Original Type）。[48] 达尔文读着读着，开始有种豁然开朗之感，同时也感到了恐惧。

“野生动物的生活就是一场生存斗争，”华莱士写道，“最弱小、组织最不完美的动物必然总是屈服。”他描述了一个物种内部通常发生的某些变异，并从理论上阐述了不同形态如何决定动物的生死：腿较短或较弱的羚羊更容易成为大型猫科动物的猎物，翅膀不那么有力的旅鸽将很难找到足够的食物，“在这两种情况下，结果必然是改变过的（modified）物种数量减少”。另一方面，环境的改变，比如一场干旱、一场蝗灾，或是出现新的捕食者，都可能使一个物种的上一代形态灭绝，同时使一些改动过的分支“数量迅速增加，并占据已灭绝物种和变种所在的地区”。

华莱士在文稿中用了很长的章节来展示他的理论与拉马克演化论有何不同。他指出，长颈鹿的脖子变长并非因为它们“想要”吃到更高处的植物；相反，脖子较长的长颈鹿之所以随着时间推移而受到青睐，是因为它们“与同一片土地上脖子较短的同伴相比，获得了新的食物来源，而当第一次出现食物短缺时，它们就能活得更久”。[49] 简而言之，这就是自然选择。

达尔文在很早之前就意识到，有人可能会在他之前就发现自然选择。他后来写道：“我幻想自己拥有足够崇高的灵魂，能够不在乎这些。”[50] 然而，现在他发现自己错得很严重，他在写给莱尔的信中哀叹道：“我所有的独创性，无论它的价值有多大，都将被粉碎。”[51] 达尔文小心地表示，他“现在非常乐意”发表一篇关于自己长篇手稿的简要描述，但“我宁愿烧掉我的整本书，也不愿（华莱士）或其他任何人认为我的行为是卑鄙的”。他的毕生事业受到了威胁，而且来得真不是时候。当时达尔文的女儿埃蒂年仅 15 岁，患上了可怕的白喉；[52] 他 18 个月大的儿子查尔斯没过多久就死于猩红热。[53] 于是，作为莱尔和达尔文最亲密的朋友，植物学家约瑟夫·胡克便接手了这件事。[54]

“杰出人士”

在一些现代评论家看来，接下来发生的事情，就是这位绅士的朋友们利用他们的社会阶层和职业地位来保护自己人的故事。他们声称，莱尔与胡克串通起来，否认了一个鲜为人知的局外人对优先权的合法要求。然而，当华莱士在三个月后发现这件事时，他自己却不这么认为（在写给母亲的信中，他有些过于谄媚地写

查尔斯·莱尔（左）和约瑟夫·胡克（右）小心谨慎地确保了
达尔文相对于华莱士的优先权

道，在莱尔和胡克的安排下，他与达尔文的合作“确保了我在回家之后能结识这些杰出人士”[55]）。他后来写道，他很荣幸自己的“灵光一现”能够得到与“达尔文长期努力的成果处于同一水平”的赞誉。[56]他的论文是“匆忙写成并立即寄出的”，而达尔文进行了多年的工作，“用一套系统化的事实和论据向世界展示了他的理论，让人不得不信服”。

华莱士并没有直接发表他的文章，而只是以一位博物学家的身份写信给另一位博物学家。基于这些理由，达尔文的确有权利主张优先权。1857 年 9 月 5 日，也就是华莱士信件寄出的六个月前，达尔文给美国植物学家阿萨·格雷（Asa Gray）写了一封信，概述了自己的理论。他的措辞呈现了与华莱士的几乎一致的观点："我毫不怀疑，在数百万代的时间里，一个物种的个体在出生时会带有一些轻微的变异，这在某种程度上对它的经济性*是有利的……这种变异……将会通过自然选择的累积作用而慢慢增加；如此形成的变种要么与亲本共存，要么将亲本消灭，而后者更加常见。"[57] 除了这封信，达尔文还向胡克展示了他在1844年写的关于自然选择的手稿。

莱尔与胡克匆忙制定了一个折中方案，要求在几天后（1858年7月1日）林奈学会的一次会议之前，进行一场联合陈述。他们写了一封介绍信，指出"两位不知疲倦的博物学家"，即达尔文和华莱士，在平等的基础上，"各自独立、互不知晓地构思了同样巧妙绝伦的理论"。[58] 但莱尔与胡克也明确表示，达尔文提出的时间更早，并强调了1844年的手稿，"其内容我们都已知悉多年"——对莱尔而言，这么说有些夸大，因为他在1856年4月才第一次听说达尔文的理论。这封信的结尾强调了达尔文"多年的深思熟虑"，顺便把华莱士贬低为"一位有才能的通信者"。

宣读会在伯灵顿府一间狭窄而闷热的舞厅举行，就在皮卡迪利广场附近。大约30名听众听取了达尔文1844年手稿的一段摘录，然后是达尔文给阿萨·格雷的信件摘要，最后才是华莱士的文章。两位作者都没有出席。当天达尔文埋葬了他的儿子，[59] 华莱士则在新几内亚寻找极乐鸟的标本（"糟糕的潮湿天气……没有东西吃，我们都生病了。"[60]）。达尔文本人后来也对演讲的

---

* 指具有更高的生存和繁殖机会。

顺序表示惊讶，他认为莱尔与胡克的信与他自己写给阿萨·格雷的信“只是华莱士论文的附录”。在一封写了一半的信中，他承认华莱士拥有全部优先权。若非莱尔和胡克的操纵，这一点“肯定不会改变”。他还写信给胡克，理由很充分地指出：“我向你保证，我觉得应该如此，不要忘记这一点。”[61]

在伯灵顿府，林奈学会的会议结束了，会员们发表了一系列其他领域的科学论文，但没有讨论自然选择。学会主席回家后，抱怨着当年没有任何“惊人的发现”[62]。就这样，科学史上最伟大的革命开始了。

上帝与甲虫的翅膀

16个月后，也就是1859年11月24日，达尔文终于出版了他的伟大著作《物种起源》(*On the Origin of Species by Means of Natural Selection*)，将曾经不可想象的事情变成了常识。他不仅提供了他和华莱士发现的演化机制，而且通过对藤壶、鸽子和众多博物学家在此前一个世纪收集到的大量其他物种进行的艰苦研究，再加上他在“小猎犬号”航行中获得的声誉，使之成为可信的理论。

甚至在《物种起源》出版之前，牧师、博物学家兼小说家查尔斯·金斯利就已经看到演化思想与宗教信仰的分离，并认为二者可以共存：“如果你是对的，我必须放弃我相信且写下的很多东西，”金斯利在感谢达尔文提前寄来新书样本的信中写道，“我完全不在意……让我们知道是什么……我已经逐渐认识到，就上帝的概念而言，有两种信念同样神圣，一是相信他创造了能够自行发展成各种必要形态的原始形态……二是相信他需要采取新的干预行动”来填补自然过程所造成的每一个空白，而这些自然过程正是由“他自己创造的。我对前一种思想是否更加崇高抱有疑问”。[63]换言之，相信一个颁布法则并让一切自然发展的上帝，也许比相信一个如布丰所言，不得不忙于安排“甲虫翅膀折叠方式”[64]的上帝，要好得多。

然而，演化思想不可避免地打击了那些信仰较弱的人，认为这是对宗教的攻击，与今天的情况相差无几。他们读出了这些思想隐藏的含义——人类就此失去了与神的特殊联系。1859 年 2 月的一天，理查德·欧文得到一个强有力的暗示，提醒他这种失去可能意味着什么。那天早上，在白金汉宫的一次晨间接见中，欧文被介绍给了维多利亚女王和阿尔伯特王子。“女王陛下看上去气色很好，很幽默——我从未见过看起来如此年轻的祖母，”他在写给妹妹凯瑟琳的信中说，“我面带礼貌的微笑，王子和我握手……女王的裙裾是深红色天鹅绒的，白色缎子上饰有荷叶花边，头戴一顶美丽的王冠，上面镶嵌着蛋白石和钻石……那天阳光明媚，古老的宫殿显得格外富丽堂皇。”[65]觐见女王有点像升入天堂，与热情迎接的上帝面对面；这是一种对来世的彩排。

就在那天下午，欧文和博物学家弗兰克·巴克兰（Frank Buckland）在圣马丁教堂有一次会面。人们正在清理该教堂的地下室，称里面的墓葬已经威胁到了健康。两人希望抢救出伟大的外科医生兼博物学家约翰·亨特的灵柩，搬到一个与其地位相匹配的地方。欧文写道："可是这样的场景实在可怕！ 20 名爱尔兰劳工拖着这些棺木，杂乱无章地从一个黑暗的凹处拖到另一个凹处。"教堂司事指着一口棺木说，某家暴利的殡仪馆没有在里面装上所需的铅衬。"他把脚踩到上面，将一侧的棺盖拨开，以察看黑色干瘪的'女士阁下'遗骸。"她的脸上现在覆盖了一个涌动的、由幼虫组成的面具，"是皮蠹和拟步甲（的幼虫），足有一英寸（约 2.5 厘米）厚——呸！我离开了那里……"难怪欧文如此强烈地抵制演化思想：与上帝同在的愿景被与自然合而为一的理念所取代，而后者看起来实在有些骇人。

"我们的品味、我们的需求、我们的虚荣"

达尔文在书中将荣誉归于华莱士，也归于马尔萨斯、拉马克，甚至匿名的"遗迹先生"。华莱士在新几内亚读到了达尔文寄给他的样书，感到十分激动："达尔文先生给世界带来了一门新学科，在我看来，他的名字应该位列每一位哲学家之上，无论是古代还是现代。"[66] 对于达尔文获得如此高的名望，华莱士似乎未曾感到一丝嫉妒或占有欲的刺痛。（在这方面，名望也没有给隐居的达尔文带来多少乐趣。）

在 1862 年回到英国后，华莱士无疑有过被轻视的经历：在阶级高度分层的英国社会中，一个地位较低的人可能会受到伤害并心怀怨恨。亨利·沃尔特·贝茨就描述了这样一次遭遇。[67] 那是 1863 年的一个周日，他在参观伦敦动物园时遇到了富裕的贵族查尔斯·莱尔。“他像往常一样扭来扭去，不时地把小望远镜举到眼前。”贝茨写道。

“华莱士先生，我认为——”

“我叫贝茨。”年轻人回答道。

“哦，对不起，”莱尔说，“我总是把你们俩搞混。”

贝茨认为这有点奇怪：“我们经常见面，在地质学俱乐部的晚宴上，我还曾经是他的客人。”此外，贝茨当年出版的《亚马孙河上的博物学家》(*The Naturalist on the River Amazons*)一书引起了轰动，达尔文在写给胡克的便笺中称这本书是“英国出版史上最好的博物学游记”[68]。相比之下，华莱士只是与人共同发现了该世纪最伟大的科学思想。在那年夏天，他也去莱尔家吃过午餐。也许莱尔混淆这两位杰出人物的原因，是他们的名字都由三个部分组成——阿尔弗雷德·拉塞尔·华莱士和亨利·沃尔特·贝茨，抑或是因为他们对蝴蝶、甲虫和亚马孙有着共同的兴趣。但正如贝茨所言，莱尔“为他的贵族朋友和熟人而自豪”，在这个圈子里，华莱士和贝茨都没有多大价值。

然而，从现代的角度来看，华莱士和几乎所有野外博物学家一样，也存在自身的阶级局限性。在《鸟类采集者》一书中，芭芭拉·默恩斯和理查德·默恩斯赞颂了默默无闻的当地鸟类采集者对科学的贡献，并特别提到了鸟类学家弗雷德里克·杰克逊(Frederick Jackson)。当一种鸟类以他的名字命名为“杰克逊织雀”(*Ploceus jacksoni*，苏丹金背织雀)时，他做出了很得体的反应：

“这个新物种的发现并不归功于我，因为这个标本是一个塔维塔（Taveita）小男孩带给我的，他把它和其他几只常见黄色小鸟的脚绑在一起。”[69]

默恩斯夫妇在书中写道，华莱士的行为更具代表性。当时他的团队发现了幡羽极乐鸟（*Semioptera wallacii*，又名华莱士天堂鸟）[70]，这是一种新的极乐鸟，也是这个属（幡羽极乐鸟属）唯一的物种，而他“凭借卓越的鸟类学知识和助手团队的雇主身份，认领了这份荣誉”。这件事发生在 1858 年年末或 1859 年年初，正值自然选择理论在英国国内流传开来的时候。在《马来群岛》（*The Malay Archipelago*）一书中，华莱士将这种鸟类的采集归功于野外助手阿里（Ali），但马上又补充道：“我现在知道，我获得了一个巨大的奖赏，一种全新的极乐鸟。”在书的后面，他只简单地将这种鸟类描述为“是我自己发现的”[71]。

如果有人认为阿里会因此憎恨华莱士，或者华莱士也应该憎恨达尔文，那就有些脱离时代了。无论是阿里还是华莱士，他们都把自己的命运与另一颗更明亮的星星联系在一起，各自也都得到了想要的东西——对阿里而言，是为时七年的一份工作，以及在旅行中从事崇高事业所带来的激情（和危险）；至于华莱士，他获得了在更大舞台上发声的机会。“我的论文绝不会让任何人信服，也不会让人注意到它不只是一个新颖的猜想，”华莱士在 1864 年写给达尔文的信中坦率承认，“而你的书彻底改变了博物学研究，让当代最优秀的人为之折服。”[72]

伟大的发现很少会像我们乐于想象的那样浪漫——晴

空闪过一道霹雳，孤独的天才跑过街道，大喊着："我找到了（Eureka）！"正如演化本身，科学往往是小步前进，从不同路线汇聚到同一个答案。这是一项社会性的事业，不管我们喜不喜欢，它都是层级分明的。目不识丁的当地猎人、善良而自负的野外博物学家和不光彩的分类学家日积月累的工作所产生的各种想法，几乎很快就被全部遗忘了。

然后，一些具备深度思考能力，并且有条件沉迷其中的人（比如达尔文），或者一些有着非凡勇气和洞察力的人（比如华莱士），将这些想法收集并综合起来，为世界所见。承认应有的功绩无疑是重要的，否则150年后的人们就不会为此争论不休了。但是，达尔文和华莱士都依赖于众多其他博物学家从自然界中发现的例子。尽管这些博物学家也会竞争优先权，甚至竞争甲虫的命名，但用查尔斯·金斯利的话来说，他们最终也需要接受"每个事实和发现，并不是我们的自有财产，而是属于它的创造者"，也就是地球本身，它们"不依赖于我们，包括我们的品味、我们的需求、我们的虚荣"。[73]

达尔文主义用一个人的名字代表了其包含的所有思想，但实际上，这些思想代表的是人类心智，尤其是物种探寻者们的广泛胜利。

第十九章　大猩猩战争

他是一个美国人，有关他同情黑人的诸多怀疑一直挥之不去。[1]

——《纽约时报》驻伦敦记者

1861 年 10 月 1 日晚上，一位颇受欢迎的牧师走上了伦敦都城会幕（Metropolitan Tabernacle）的讲台，面前是 6000 名只能站着听讲的付费信徒。台上还有另外三位“名人”：一位政客；一位刚从非洲回来的充满争议的探险家；还有一件大猩猩的填充标本，《纽约时报》形容其为“摆出说话的姿势，胳膊向外伸展，双手抓住讲台前方的护栏”[2]，大致位于牧师通常所在的位置。

这是礼拜堂里出现过的最古怪的场景之一，亵渎圣地的戏谑使一种神经质般的欢腾情绪冲上了会堂二楼。在这座点着煤气灯的会堂里，大多数人是第一次看到大猩猩。达尔文的演化论仍然是一个新概念，而几乎同时出现的这只猿类，居然与人类如此相似，这太令人震惊了。在介绍查尔斯·司布真牧师（Rev. Charles Spurgeon）时，那位政客狡黠地问道，未来是否会有一位“大猩猩先生给司布真先生讲道，而不是司布真先生给大猩猩讲道”。

尽管在科学上饱受非议，保罗·杜·沙伊鲁还是为西非的
博物学研究做出了重要的贡献

对大多数人来说，那天晚上也是他们第一次见到探险家保罗·杜·沙伊鲁。他是一个瘦削、结实的法裔美国人，30岁左右，胡须浓密，前额突出，眼睛炯炯有神，台上台下都充满魅力。杜·沙伊鲁第一次将大猩猩的野外行为目击记录带回了欧洲。在西非国家加蓬历时三年半的探险中，他还采集了超过20只大猩猩的皮肤和骨头标本。1861年年初，大英博物馆博物学部的负

责人、颇具影响力的解剖学家理查德·欧文向英国公众介绍了这位年轻的探险家。在巡回演讲中，杜·沙伊鲁讲述了丰富多彩的故事，包括猎杀猛兽的经历，以及与食人族谈笑风生的体验，这为他赢得了一大批热情的追随者。据《泰晤士报》报道，人们对杜·沙伊鲁的冒险经历甚至比对庞贝古城的发现更感兴趣。在美国，政治家埃德温·M. 斯坦顿（Edwin M. Stanton）很快就称亚伯拉罕·林肯总统是“原始的大猩猩”[3]，并开玩笑说，杜·沙伊鲁就是个傻瓜，他去非洲所寻找的东西，在伊利诺伊州的斯普林菲尔德（Springfield）* 就能轻易找到。

但在英国，杜·沙伊鲁很快成为众矢之的，遇到了科学史上最持久、最恶毒的攻击之一。批评家们并没有遵循学术界的标准做法，对杜·沙伊鲁进行隐晦的侮辱，而是直接抨击他是一个吹牛大王、剽窃者和江湖骗子。据《纽约时报》驻伦敦记者报道，他们一边指责他曾是奴隶贩子，一边窃窃私语，“他是一个美国人，有关他同情黑人的诸多怀疑一直挥之不去”。他的主要对手、大英博物馆的动物学管理员约翰·E. 格雷认为，杜·沙伊鲁没有发现任何新东西，也不曾有过他所声称的长途旅行，他很可能从没有亲手杀死过一只大猩猩，甚至可能根本就没有去过非洲。

博物学家们有足够的理由来形成他们的怨恨情绪：嫉妒杜·沙伊鲁受到大众的追捧，鄙视他那种冒险故事般的写作风

---

* 林肯前后在斯普林菲尔德居住长达 24 年，被暗杀之后葬于此地，墓地所在公园现已成为旅游景点。

格，对令人尴尬的事实错误或彻头彻尾的谎言感到沮丧，质疑他将大猩猩描绘成凶猛的怪物，并为如此一位几乎没有受过科学训练的业余人士侵入了训练有素的博物学家的领地而恼火。在大英博物馆，杜·沙伊鲁无意中被卷入两位科学界死对头——欧文和格雷——的交火中。当他的大猩猩成为达尔文学说和人类起源争论的焦点时，间接伤害也随之而来。

对杜·沙伊鲁的许多指控确实有一定根据。他夸大了自己的成就，对其他博物学家和探险家的功绩过少提及，有些东西还是剽窃而来。他把大猩猩描绘成凶猛的怪物，也扭曲了后世对这种动物的态度，无意中为20世纪好莱坞传奇电影《金刚》（*King Kong*）提供了素材。不过，杜·沙伊鲁的反对者还被其他一些事情困扰着，在很大程度上，这些事情都被禁止发表，但在大西洋两岸的私下议论不绝于耳。这一事件很快被称为“大猩猩战争”[4]，在大量的相关文献中，充斥着需要省略的人身攻击，以及“不适宜”发表的事实[5]。很久以后，认为杜·沙伊鲁“严重被低估”的探险家玛丽·金斯利（Mary Kingsley）指出，她有一份传记手稿“出自他的一位宿敌，（稿件被）寄给我用于出版，而这份手稿绝对可以打动伦敦任何出版商——我没有拿给任何人看过”。[6]

为什么大家都在私下谈论？是什么指控具有如此轰动的爆炸性？在19世纪中期，一个外行装成科学家的样子，其实算不上什么难以形容的罪行。不过，杜·沙伊鲁的批评者还怀疑他有另一种欺骗手段——这一点，再加上杜·沙伊鲁对女性的巨大吸引力，似乎就威胁到了他们作为白人男性的崇高地位。

“恶魔般的梦中生物”

杜·沙伊鲁在1848至1852年间住在加蓬，他的父亲是一位商人，也是当时法国政府在当地的代理领事。[7]他在利伯维尔附近的美国新教教会学校上学，青少年时期就住在约翰·L.威尔逊牧师家中。威尔逊牧师和妻子简曾帮助托马斯·S.萨维奇发现了大猩猩。这对夫妇对博物学的兴趣显然影响了他们的学生。当他们最终安排杜·沙伊鲁前往美国担任法语教师时，他把鸟类和哺乳动物的标本都放到了行李中。

在美国，杜·沙伊鲁的非洲冒险故事很快就引起了轰动，无论是他的亲口讲述，还是在《纽约论坛报》(*The New York Tribune*)上刊登的文章。费城自然科学院的鸟类学家约翰·卡辛(John Cassin)找到了杜·沙伊鲁，对他的一些西非鸟类标本进行了描述。这种关系促使杜·沙伊鲁开始筹划前往加蓬的探险。他于1855年秋天出航，时年约24岁，差不多就是达尔文、华莱士、贝茨和其他许多博物学家第一次探险时的年纪。作为采集者，他缺乏他们的纪律性和专注度——年轻时对甲虫的着迷有助于他们集中注意力——而且与他们不同的是，杜·沙伊鲁对理论不感兴趣。但卡辛在《费城自然科学院院刊》(*Proceedings of the Academy of Natural Sciences of Philadelphia*)上报道称："杜·沙伊鲁先生获得了充足的必要装备……这要归功于本学院绅士们的慷慨。"[8]

杜·沙伊鲁在他的畅销书《赤道非洲的探险》（*Exploration and Adventures in Equatorial Africa*）中写道："接下来的三年半时间里，我旅行了大约8000英里（约12 875千米），全程都是徒步，并且没有其他白人男性的陪伴。我射杀、填制并带回了2000多只鸟，其中60多只是新物种，我还杀死了1000多只四足动物，其中200多只被填制并带回了家，包括60多只科学界至今未知的动物。我遭到了50次非洲热病的侵袭，为了治好自己的病，我服用了超过14盎司（约0.4千克）的奎宁。至于饥饿、长久持续的热带暴雨、凶猛蚁类和毒蝇的攻击等，就不值一提了。"[9]

杜·沙伊鲁声称，他是凭借自己之前在加蓬海岸上学到的当地知识和语言，以及他父亲作为商人的人脉，才得以进入这片荒野的。非洲内陆的酋长们把他当作"他们的白人"[10]一样护送，就如同塔希提人和爱斯基摩人在炫耀来访的伦敦人。杜·沙伊鲁称，正是这种与不同部落的密切关系，使他带回了外界从未了解的非洲风俗传说。

举个例子，在姆蓬戈韦族（Mpongwe）部落中，他出席了一场国王的选举。选举结束后，人们立即聚集起来辱骂他们的新领袖。"有人往他脸上吐唾沫，有人用拳头打他，有人踢他，还有人向他扔恶心的东西……"据杜·沙伊鲁所述，他们是在进行先发制人的攻击，因为很快他们就将别无选择，只能听从国王的命令。[11]他还报告称，在芳族（Fan，又称Fang）当中，他看到了食人盛宴上堆积起来的残骸，有个女人还抱着一条人的大腿，"就像她去市场，从那里拿回一块烤肉或牛排一样"[12]。

杜・沙伊鲁投入了大量精力来采集和保存科学成果——以新物种的形式——同时也十分生动地描述了自己的发现。例如，有一种捕食蜜蜂的鸟类，“胸部呈艳丽的玫瑰色”，飞行时“像一团火”；还有一种长达10英尺（约3米）的海牛，“呈深铅灰色”，光滑的皮肤上“覆盖着一根根刚毛”，而它的肉“有点像猪肉，但纹理更细，味道更鲜甜”。[13]

普通读者对危机四伏的冒险活动更感兴趣，杜・沙伊鲁也投其所好。比如有一次，当他被一头野牛追赶时，脚被树根绊住，摔倒在地：“片刻前我的神经非常紧张，但现在转身直面强敌时，我又立刻感到神经像石头一样坚硬……我又等了一秒钟，直到它离我不到5码（约4.6米）的时候，我才朝它的脑袋开了一枪。它大声、嘶哑地吼了一声，然后……翻滚着倒在我的脚下，几乎碰到了我，已成一堆死肉。”[14]

出于同样嗜血的冒险精神，杜・沙伊鲁把大猩猩描绘成“某种恶魔般的梦中生物——一种半人半兽的可怕存在，我们可以在一些描绘地狱场景的绘画作品中看到”。它的咆哮声就像“远处隆隆的雷声”。一头年老的雄性一边走一边“用拳头捶打着自己宽阔的胸膛”，它带着“怒不可遏的表情”，“灰色的眼睛里流露出‘阴郁、奸诈’的目光”。在相距6码（约5.5米）远的地方，杜・沙伊鲁和他的同伴开了枪，那头怪物倒在地上，“几乎就在我们脚下，脸朝下，死了”[15]。

另一方面，杜・沙伊鲁也打破了人们熟悉的神话：“大猩猩不会埋伏在路边的树林中，伸出爪子拽住毫无戒备的路人，然后用遒劲有力的双手把他们掐死；它不会攻击大象，或者用棍子把大象打死；它不会抢走当地村庄里的妇女……还有无数有关它进行攻击的故事都没有分毫的真实性。”他报告称，尽管大猩猩长着巨大的獠牙，但却是“严格的素食者”。他对大猩猩的胃容物进行了检查，结果“除了浆果、菠萝叶和其他植物成分之外，什么都没有”[16]。

恶意

在英国，《雅典娜神庙》杂志的一位评论员称赞《赤道非洲的探险》是“一本很有趣味的书”[17]。但攻击在一周后开始，约翰·E.格雷同样在这份杂志上撰文称，杜·沙伊鲁“作为一名博物学家，资历是最低等的”，他所谓的新物种早已为人所知，那些凶猛的生物实际上“温和而无害”。格雷担心“博物学可能会变成一种冒险传奇，而不是一门科学”，原因就是那些荒谬的故事，以及在分类学上的严重过错——“毫无用处的同物异名”。[18]

在某种程度上，这次攻击只是“壁橱博物学家”格雷执迷于让野外博物学家感到痛苦的又一个例子，就像他之前对阿尔弗雷德·拉塞尔·华莱士、亨利·沃尔特·贝茨和非洲探险家威廉·J. 波切尔所做的那样。即使是几乎从不说任何人坏话的达尔文，后来也因为格雷的这种行为而称他为“怀有恶意的老傻瓜”[19]。植物学家约瑟夫·胡克也评论道：“我这辈子从未听说过这样的诽谤者。”[20]不过他也指出，格雷具有“恶意的所有属性，但并不恶毒”。他只是有一种“说话随便的习惯”和一种奇怪的冲动，要言辞犀利地表达他对几乎任何事情真相的看法。据说，格雷有一次在伦敦的公共汽车上看到一个爱尔兰女人抱着一只胖乎乎的宠物狗，便开口说道：“夫人，你给狗吃得太多了。”对方以同样抖擞的精神回答道：“的确，先生，不过我为我的狗所做的，和你为自己所做的事情是一样的。”[21]

至于杜·沙伊鲁，格雷似乎对这位“新旅行者”在社会上层和科学界的快速成功感到特别恼怒。皇家地理学会主席罗德里克·默奇森爵士（Sir Roderick Murchison）提名杜·沙伊鲁为会士，称赞他做出了“清晰而生动的描述”[22]。杜·沙伊鲁也在皇家科学院做过演讲，而理查德·欧文在第二天晚上的演讲中就用他的大猩猩来进一步阐述自己关于猿和人之间区别的观点。（欧文在名为“大猩猩和尼格罗人”的演讲中重复了他的论点，即“最低级的人类物种”也具有猿类所缺少的大脑结构[23]，这种观点在那个时代十分典型。）

几乎任何得到欧文支持的论点都有可能激怒格雷。格雷一直是大英博物馆最杰出的科学家，直到几年前欧文被任命为该博物馆博物学部的负责人。赫胥黎当时就曾预言，这将导致“心痛和猜忌……超越一切想象”[24]。“欧文既令人恐惧又令人憎恨”，而所有人又都知道格雷争吵的本事。如果这两个人“在一两年内成为同一机构的职员”，那就将如同两只基尔肯尼猫*，互相打斗

---

* 原文为 Kilkenny cats，指爱尔兰传说中两只打起架来不顾死活的猫。

约翰·E. 格雷几乎是以毁掉杜·沙伊鲁的名誉为己任

直至仅剩尾巴。就在这个时候，杜·沙伊鲁刚好给了格雷一个打击对手的好机会。

格雷显然是一个有使命感的人，接下来一个月里，他每周都会给《雅典娜神庙》杂志写一封长信，并在几天后也给《泰晤士报》写一封。他准确无误地指出，杜·沙伊鲁书中的一些插图，包括一张描绘黑猩猩新物种的插图，实际上抄袭自其他博物学家的作品。[25] 他写道，如果这本书的名字是《大猩猩猎人历险记》(*Adventures of the Gorilla Slayer*)，那这样做可能就无关紧要。他之所以反对，只是因为这本书被认为是"一个专业的科学旅行者和博物学家的作品"。他声称自己"对杜·沙伊鲁先生没有丝毫恶意"，但也写道，杜·沙伊鲁"必须因伪造事实和日期而被定罪”。杜·沙伊鲁回应，格雷对他的许多标本不屑一顾，表现出一种“居家工作的博物学家，安全而奢侈地住在自己的博物馆里”[26]的意味。这也让他想起了“那只猿，对着刚刚给予它美味食物的手充满恶意地龇牙咧嘴”。

（1861年）7月初，正受到猛烈攻击的杜·沙伊鲁在伦敦民族学会（Ethnological Society of Loudon）做了一次演讲。他描述了一种用树根绑成的竖琴，这引发了一场充满怒气、令人难以置信的辩论。在场的科学家T. A. 马龙（T. A. Malone）怀疑这种乐器是否真的能演奏音乐，而他的质问迅速升级为对作者杜·沙伊鲁——或者更确切地说，“这本书的文字编纂者”——的言语真实性和剽窃行为的广泛攻击。杜·沙伊鲁被这种“粗暴的人身攻击”[27]激怒了，他走下讲台，朝马龙的脸上啐了一口。马龙后来写道，他惊讶地发现自己面对着一个“小个子，有着吓人的深色眼睛和双手”。没过多久，杜·沙伊鲁就在《泰晤士报》上发表了公开道歉，承认这是“最不恰当的行为”，而这也激起了他的敌人的愤怒。

这场“大猩猩战争”从夏天一直持续到冬天，尤其是在理查德·欧文让大英博物馆以格雷所在部门的名义购买了杜·沙伊鲁的许多标本之后，情况愈发不可收拾。这是最明目张胆的“领土侵犯”。欧文和格雷很快就在报纸上展开论战，焦点便是杜·沙伊鲁的大猩猩。[28]他在书中宣称，这些大猩猩是胸部中弹，而格雷认为，以杜·沙伊鲁这样一个毫无教养、惯于剽窃和伪造事实的人（他可能更乐意将这些性格特征用在欧文身上）而言，真实

1861 年一幅名为《当季名流》的漫画上出现了一个令人不安的熟悉面孔

情况更有可能为后背中弹。格雷还愤怒地指出，在欧文的安排下，杜·沙伊鲁得到了英国社会上下的接纳，包括出版了他的书，以及慷慨购买了总价约 600 英镑的标本，而这些标本都是“他在美国卖不掉的，并且在推销给柏林和欧洲大陆的其他博物馆时，也都遭到了拒绝”。

其他人很快也加入了反对杜·沙伊鲁的行列。最致命的攻击来自加蓬，贸易商、探险家兼业余博物学家 R. B. N. 沃克（R. B. N. Walker）谴责这本书企图“欺骗科学世界”[29]。他可以作证，杜·沙伊鲁其实不懂原住民部落语言，因为杜·沙伊鲁在海边采访姆蓬戈韦族移民时，让他做了翻译。他自己也去过芳族（他的拼写是“F'an”）的村庄，但从未见过人类遗骸。沃克还补充道，在他自己的交易站里，杜·沙伊鲁已经多次见过一只圈养的大猩猩，他知道这种动物并非他描述的那种怪物，而是“非常驯服、温顺且易于管教的”。

《雅典娜神庙》选择省略沃克信中的部分内容，“以避免不必要地将个人问题与科学事实的准确性问题混为一谈”。但是，在没有进一步解释的情况下，文中隐晦地断言沃克与杜·沙伊鲁已相识多年，并且“从可靠的来源获得了有关他身世的最确切信息……”

扮作黑人

杜·沙伊鲁对自己出身的描述总是含混不清，给出过各种各样的说法，比如说他出生于巴黎、纽约或新奥尔良，通常是在 1835 年。但根据历史学家小亨利·H. 布赫（Henry H. Bucher Jr.）在 20 世纪 70 年代进行的详细研究，杜·沙伊鲁更有可能于 1831 年出生在印度洋中的波旁岛。他的父亲是那里的商人兼奴隶主。布赫的结论是，保罗·杜·沙伊鲁并不是这位商人与妻子所生，他的母亲是一位混血女子，很可能是奴隶。隐瞒这一背景是“科学种族主义鼎盛时期一个可以理解的选择”，因为当时一些白人研究者会将其他种族视为劣等物种。布赫总结道，杜·沙伊鲁“有很好的理由否认，或者有意掩盖那些在19世纪将他归类为‘四分之一混血儿’的信息”。其他的考虑可能也导致了欺骗。19世纪40年代，杜·沙伊鲁的父亲带他回法国住了一段时间，而在那时，私生子是不能继承遗产的。[30]

布赫写道，杜·沙伊鲁“明显缺乏正规教育，这加重了他的不安全感”，导致“他迫切需要凭借自己的能力获得显著的成功”。这一点可能让他更容易顺从于“可靠的权威”，比如他的纽约出版商曾两次要求他修改手稿，认为这样才“足以引起公众兴趣”[31]。杜·沙伊鲁的批评者称，出版商可能还为他找了一位代笔作家，因为他从前的学生曾深情地描述过他那“经常极其古怪的英语”[32]。若是如此，那个代笔者很可能就是塞缪尔·尼兰（Samuel Kneeland），他是麻省理工学院的博物学教授，曾在1860年与杜·沙伊鲁共同发表过一篇科学论文，后来还合作写过书。

尼兰粗线条的风格很符合这种说法。[33]他时常传播动物世界的奇闻轶事，往往是杜撰的。他还是波士顿博物学会的秘书，因此很熟悉托马斯·S. 萨维奇牧师的作品。这或许可以解释为什么杜·沙伊鲁对矛蚁的描述几乎一字不差地抄袭了萨维奇在1849年关于该物种的文章。杜·沙伊鲁可能很自然地接受了尼兰作为代笔作家，以弥补自己缺乏教育的不安全感。但另一方面，尼兰也可能在杜·沙伊鲁原本尚可忍受的冒险写作中，披上了一层学术科学的奇怪外衣，而这令格雷异常恼火。

杜·沙伊鲁自己的手笔以及他的不安全感，也体现在这本书的另一个主题中，令人不安的程度不相上下，那就是他对种族的独特意识。[34] 例如，他写道，当他的团队来到一个偏远村庄时，"那些女人一看见我，就尖叫着跑进屋里。真是奇怪，在非洲内陆的一个村庄里，没有什么比一个白人的出现更能激起人们的恐惧"。在这种情况下，华莱士选择躲在树后，而杜·沙伊鲁却觉得有必要"用炭粉和油把脸和手"涂黑，为打猎做准备。再加上他的"蓝色粗斜纹布衬衫和裤子，还有黑色鞋子，让我看起来（和其他非洲人）一样"。

扮作黑人可能有助于让杜·沙伊鲁融入其中。但这也是一种表明他是"白人"的方式，他几乎强迫性地反复使用这个词。他讲过一个例子，在一个以某种方式克服了白人恐惧的村庄，酋长这样宣布道："你是第一个在我们中间定居的白人，我们爱你。"村民们都回应道："是的，我们爱他！他是我们的白人，我们没有其他白人。"

杜·沙伊鲁很自然地指出了人类与其他灵长类动物之间的相似性。他不能吃猴子，因为"这太像同类相食"或"太像烤婴儿"（至少"要等到你非常饥饿的时候才能这样做"）。[35] 与费城自然科学院的种族科学家们一样，他将这种相似性主要转移到他的非洲东道主身上，但却在后来得到了对方的"回敬"。一次，杜·沙伊鲁杀死了一只他认为属于新物种的雌性黑猩猩，惊奇地发现这只黑猩猩的幼崽有一张“纯白色”的脸，“真的非常白——不是苍白，而是像白人小孩的脸一样白”。杜·沙伊鲁站在那里，“惊奇地盯着那个生物白色的脸”，这时两个猎人走了过来，笑道：“看，谢利（Chelly，当地原住民对杜·沙伊鲁的昵称）！看看你的朋友。每次我们杀死大猩猩，你都跟我们说：‘看看你的黑人朋友！’现在，看看你的白人朋友吧……看看你这来自树林里的表亲，看看这张白脸！它和你比大猩猩和我们更像。”[36]

“酒桶里的黑人”

在这一切背后，伴随杜·沙伊鲁的书所引发的争议，批评者们也一直纠缠于他的种族问题。南美洲探险家查尔斯·沃特顿在没有提供任何证据的情况下写道：“我强烈怀疑这个旅行者只是非洲西海岸的一个商人，可能参与了绑架黑人。”[37]与此同时，另一些人认为杜·沙伊鲁本身就是非洲人。在写给沃特顿的信中，脾气古怪的费城博物学家乔治·奥德将杜·沙伊鲁过于活跃的想象力归咎于他的非洲人血脉。[38]

奥德是费城自然科学院的职员，而塞缪尔·乔治·莫顿不久前正是在那里进行了测量头骨的工作，并为那些将非洲人划分为一个独立物种的研究提供了表面上的科学证据。杜·沙伊鲁的探险家生涯就是从那里开始的，而且科学院一开始就很乐于接受他从非洲运来的标本，并且未经他同意就将重复标本送给了其他博物馆。尽管费城自然科学院在1857年公开对杜·沙伊鲁表示支持，但在1859年，当后者拿出一张866.50美元的旅费账单时，他们还是犹豫了。一个特别委员会否认了一切责任，并含糊地解释称，“这些事实不宜报道”[39]。历史学家布赫认为，杜·沙伊鲁与费城自然科学院的密切联系之所以在1860年“神秘而迅速地”结束，是因为“一位委员会成员发现了他的母系祖先”。

奥德在1861年写给沃特顿的信支持了这一说法。奥德写道，杜·沙伊鲁在费城的时候，一些学识渊博的同事已经注意到“他的头部构造和面部特征”，他们还看到了“伪造出身的证据”。[甚至杜·沙伊鲁的朋友、银行家兼人类学家爱德华·克洛德（Edward Clodd）后来也粗鲁地评论道，这位探险家“矮小的身材，黑色人种的脸，以及黝黑的肤色，都让他看起来有点类似于我们的猿猴亲戚”[40]。]奥德补充道：“如果这是事实，即他是一个混血儿，或是一个‘玛斯蒂’（mustee）*——西印度群岛对混血儿的称呼，那我们或许可以解释他写的奇妙故事；因为我注意到，黑人及其混血人种的一个特点便是，很容易受到浪漫习性的影响。”

奇特的是，在杜·沙伊鲁受到攻击的那几期《雅典娜神庙》杂志上，还刊登了一场持久的、有关舞台剧《八分之一混血儿》（*The Octoroon*）来源的争论。[41]这个故事的主角是一个引人注目的新奥尔良美人，“受过各种关于文雅和奢侈的教育”。她“几乎是一个完美的白人，而她的母亲是一个四分之一混血儿”。在三

---

* 通常指有八分之一非洲血统的黑白混血儿。

个不同的故事版本中，都有一个“卑鄙的美国佬监工”，试图在奴隶市场上购买并占有女主角。在每一个故事中，也都有一位勇敢的船长挫败了邪恶的阴谋，带着美人奔向自由——大概也奔向了爱情。观众显然很乐意站在女主角一边，因为她是八分之七的白人。但如果性别颠倒，一个白人女性爱上一个混血儿——一个像杜·沙伊鲁这样的男人，情况又会如何呢？

杜·沙伊鲁是一个热衷社交的人，有着不可否认的魅力，在后来的生活中，他的通讯簿上写满了各种备注，包括“要打的电话”“要寄送的便笺”，以及新认识的人，当中有男性（“不错的律师”），也有女性（“中等身高，深栗色头发……身材优美……很优雅”）。塞缪尔·尼兰后来向一位熟人“秘密地”（sub rosa）透露：“他现在，或者说曾经，有点过于喜欢女人和花街柳巷（demi-monde）了。这事你知我知，记住这一点，小心行事。”[42]玩弄女人加上混血儿出身，显然是颇具煽动性的组合。

在英国，对杜·沙伊鲁的质疑也暗流涌动。数学家奥古斯塔斯·德·摩根觉得这场关于杜·沙伊鲁的持久争论非常有趣，以至于他给在《雅典娜神庙》担任编辑的朋友威廉·赫普沃斯·迪克森（William Hepworth Dixon）发了一封贺信。他写道，就在这本杂志看起来单调平庸、缺乏新意之际，“此次大猩猩之事真是上帝所赐”，“要在你的编辑头脑中记住这一点——你不可能总会遇到‘杜·沙伊鲁’，但你可以利用好这一个‘沙伊鲁’。”[43]

接着，他没有直接提及种族传言，而是用一个恐怖的笑话指出了重点：一位顾客来到酿酒师面前，要求得到品质和上一批同样上乘的好酒，就在这时，酿酒师在酒桶底部发现了一个死掉的黑人。“和上次一样好，说得真是太好了！”酿酒师答道，“可是我每次酿酒时到哪里去弄黑人来呢？”信的末尾，德·摩根对这堂编辑课做了总结，“这就是问题的关键所在——酒桶里每次都要有一个黑人！”

回到非洲

许多新作家都会屈服于杜·沙伊鲁所经历的这种言语攻击。后来，他也承认自己因为“不公平和不善意的批评”而“痛不欲生”[44]。但他没有自暴自弃。相反，他用最新的科学方法训练自己，购买最好的摄影、天文和气象设备，开始挽回自己在科学界的名誉。

1863 年 10 月，“在欧洲和北美的文明国家消遣了三年之后”，杜·沙伊鲁回到了加蓬，开始了新一次内陆探险。[45] 万事开头难，他乘坐的独木舟在岸上侧翻，毁坏了重要物资，包括许多科学设备。他被迫在海边待了一年，等待来自英国的补给。不过在此期间，他自己也忙于狩猎和采集标本，很快就把几只新的大猩猩、大穿山甲、海牛，还有一种长得像猫、名为獛的食肉动物，以及 4500 只昆虫标本运回了英国，另外还有一头活的非洲野猪和两只活的鱼鹰。大猩猩后来被送到了大英博物馆。杜·沙伊鲁写道，他想用它们“来表达我对宽厚仁慈的英国的感激之情，当我，一个默默无闻的旅行者，历经艰难旅程来到英格兰时，这个国家是如此慷慨地欢迎了我”[46]。他想到的是罗德里克·默奇森和理查德·欧文，前者代表皇家地理学会为他的第二次非洲探险提供了支持。后来，杜·沙伊鲁分别用他们的名字为非洲的两座山命名。

杜·沙伊鲁和他的探险队在1864年10月重返非洲内陆，这一次，他在航行途中详细记录了天文和气象数据，并把日志一式三份[47]，交由不同的脚夫保管，以免丢失。结果证明，这是相当明智的保险措施。探险队几乎从一开始就困难重重，包括一场枪口下的对峙，起因是杜·沙伊鲁的脚夫与当地女性调情；他们逗留的村庄还发生了一系列抢劫；此外，为了获准从一个领地转移到另一个领地，他不得不进行旷日持久的谈判。接待他的人往往心存疑虑，有时甚至怀有敌意。但是，杜·沙伊鲁并没有依赖武力前行，而是凭借他特有的善良和慷慨，以及对当地人的真挚感情，在向非洲内陆进发的过程中充分展现了他的魅力。

那一年，西非暴发了天花疫情，而许多人将此归咎于杜·沙伊鲁，称他的探险队成员带来了这场致命瘟疫。[48]他还被称为“oguizi”，意思是白色幽灵，“被坟墓漂白过”。（他们可能是对的。一艘法国船将这种疾病带到了加蓬河，来自沿海地区的挑夫和助手可能进一步将疾病传播到了非洲内陆。）探险开始后的第9个月，在杜·沙伊鲁规划的路线上，一个村庄的勇士们拒绝让他们通过。冲突中，探险队的一名成员杀死了两个当地人。在接下来短暂的和平谈判期间，杜·沙伊鲁准备撤退。他的7位助手背着“我最有价值的文章，我的日记、照片、博物学标本，以及一些较轻的物品”。他自己的行李则包括“五个计时表，一个六分仪，两把左轮手枪，一支步枪，背后还挂着一支枪以及大量的弹药”。

谈判很快破裂。“有人大喊一声‘开战！’，当地人马上冲向他们的长矛和弓箭。我下令撤退。”杜·沙伊鲁和他的队员冒着箭矢和子弹在森林中逃亡，交火持续了 9 个小时。杜·沙伊鲁自己中了两处箭伤，一名部下也受了伤。在逃命过程中，探险队丢掉了一切可能拖慢速度的东西。然而，即使在觉得自己可能死去的时候，这位探险家还是恳求手下把他的日记保存起来，以便“送到沿海的白人手中”。杜·沙伊鲁和他的队伍杀死或打伤了数不清的追击者，最终在一处山顶上“背水一战”，才将他们赶跑。[49]

探险队花了 7 个星期返回海边，并时常经过天花肆虐的乡村。[50] 在一个村子里，杜·沙伊鲁拉开一个蚊帐，发现里面躺着一具尸骨。人类的头骨和其他骨头散落在森林小径上，“被觅食的鬣狗和花豹啃得支离破碎”。然而，杜·沙伊鲁和他的队员都奇迹般地幸存下来，他的一本日记副本也得以保存。1865 年 9 月底，在到达海岸 6 天后，杜·沙伊鲁把他收集的东西装上一艘开往英国的船，永远逃离了非洲。

不久后，在 1867 年出版的《阿旋戈游记：深入赤道非洲》（*A Journey to Ashango-land, and further penetration into Equatorial Africa*）一书中，杜·沙伊鲁又与约翰·E. 格雷展开了争吵。[51] 他对自己收集的大型水獭标本颇为自得，这是他在 1864 年 12 月 28 日发现并射杀的，当时非洲内陆之旅刚开始不久。在书中，他回忆起自己在上一次旅行中只能带回来一张破烂的水獭皮。他在一本科学杂志上对此进行了描述，将其归入格雷于 1837 年建立的獭狸猫属（*Cynogale*）。但与此同时，杜·沙伊鲁自己也创造了一个临时的新属獭鼩属（*Potamogale*），以期未来有更完整的标本证实他的观感，即这个新物种实际与獭狸猫属有很大不同。格雷迅速驳斥了这是某种水獭的说法。他将其鉴定为啮齿动物，起初重新命名为“*Mystomys*”属，然后发现这个属名已被使用，便改为“*Mythomys*”。杜·沙伊鲁回忆道，对于“我所谓传说般的描述”，这是一种典型且毫不隐晦的“纪念”。

这一次，杜·沙伊鲁保存了标本的骨头和毛皮，“希望我能立刻把它们送到伦敦，以证明我的描述”。与此同时，其他标本也到达了爱丁堡。更好的消息是，这些标本促使那里的一位教授发表了一篇文章，先是对格雷表示了一番尊重，然后认定杜·沙伊鲁的分类才是准确的：“杜·沙伊鲁的属名 *Potamogale* 更站得住脚，因此优先于格雷的属名 *Mythomys*；博物学的命名法让我们不得不接受这一点。”[52] 这是对杜·沙伊鲁最好的辩护，后来他用一幅这种生物的绘画作为自己书中的卷首插图。

杜·沙伊鲁还收集了其他多种哺乳动物的最早已知标本，包括一只南方尖爪丛猴（*Euoticus elegantulus*）、一只锤头果蝠（*Hypsignathus monstrosus*）和一只非洲小松鼠（*Myosciurus pumilio*）。他还收集了不少于 39 种有效的鸟类模式标本。“在整个非洲热带环境中，”西非鸟类学专家罗伯特·道塞特（Robert Dowsett）说，“这样的比例的确贡献巨大，比这更好的不多。”[53]

时至今日，杜·沙伊鲁对大猩猩是凶猛怪物的错误描述仍然是灵长类动物学家的痛处。不过，后来的旅行者们最终证实了他的许多“奇妙故事”。1876 年，脾气暴躁的探险家理查德·伯顿（Richard Burton）前往加蓬旅行，手里拿着杜·沙伊鲁的第一本书。“我尽全力研究了他的每一个陈述，”他写道，“他的众多朋友会很高兴地看到，我的经历证实了他的许多论断。”[54] 与此类似，在 19 世纪 90 年代，勇敢无畏的英国探险家玛丽·金斯利端庄地穿着笨重的及踝长裙，追随杜·沙伊鲁的脚步，并且指出“在这一地区，从没有遇到过任何使杜·沙伊鲁的叙述不可信的东西”。金斯利向待在家中的批评者们提出了一个尖刻的建议：“你去过那里吗？没有！那就去那里，或者任何你想去的地方！在那之前请闭嘴。”[55]

在《阿旋戈游记》之后，杜·沙伊鲁继续开展他的旅行。事实上，杜·沙伊鲁的传记作者米歇尔·沃凯尔（Michel Vaucaire）曾指出：“他从未试图建立一个真正的家。”“他住在旅馆里，或者和朋友们住在一起，是一位非常受人喜爱和有趣的客人”，主要生活在纽约和芝加哥。“这位探险家成了理想的单身汉，喜欢美味的食物、美酒和漂亮的女人。”[56] 他是一个很受欢迎的演讲者，“尽管有特别的口音”，同时还不断为成人和儿童写书。不过，在英国遭受打击后，杜·沙伊鲁基本上放弃了博物学。相反，他开始致力于成为一名旅行作家和学者，主要关注人人蓝眼睛、白皮肤的斯堪的纳维亚半岛，那是他能够到达的距离非洲最远的地方。1903 年，他因中风在俄罗斯圣彼得堡去世。

几十年后，加蓬作家阿贝·安德烈·哈邦达·沃克（Abbé

André Raponda Walker）报告了一个奇怪的发现。（巧合的是，这位沃克是一位姆蓬戈韦族女人与 R. B. N. 沃克的孩子，正是这位商人掌握了关于杜・沙伊鲁身世的“最确切信息”。）曾有天主教传教士在攀登艾士哈（Eshira）族群领地内的一座山峰时，在山顶一块大岩石上发现了保罗・杜・沙伊鲁的名字，证实了这位探险家在他第一本书中粗略描述的旅程。杜・沙伊鲁以欧文和默奇森命名的山峰早已恢复了它们的本地名称。但沃克指出，艾士哈人仍然亲切地称这个地方为“Mukongu-Polu”，也就是“保罗之山”。[57]

第二十章　大鼻子和矮小的饮茶者

我听说了偷窃和谋杀……为了安全，也为了平息邪恶的幻想，我应该小心一些，更多地把枪放在能看得到的地方。[1]

——谭卫道神父

1869 年 3 月的一个早晨，明媚的春光预示着四川的严冬即将结束，法国博物学家、传教士谭卫道（Père Armand David，出生名为阿尔芒·戴维德）和他的中国助手王树衡*出发去爬山。路很快走到尽头，他们来到了积雪融化形成的瀑布之下。停下来吃了些浸过冰水的面包皮之后，他们又开始往上爬，寻找穿过瀑布的安全路线。他们把枪挎在肩上，很快就翻过一块又一块岩石，跨过树根，抓着树枝向上攀爬。

为了寻找新物种，他们俩已经习惯了危险的环境。但四个小时后，他们都开始后悔尝试"这种可怕而不舒服的攀登"。任何不垂直的表面都覆盖着冻雪，使他们被严重划伤，浑身湿透，体

* 原文为 Ouang Thomé，推测应为谭卫道所训练的助手王树衡，下文按此翻译。参考源：http://www2. ihp. sinica. edu. tw/file/746LJKGvpU. pdf。

力也完全耗尽。他们开始沿原路返回，但此时折返已经太晚。一路上他们不停滑倒，时不时陷进齐腰深的融雪中。有两次，王树衡抓的树枝啪的一声折断，眼看就要从悬崖边缘滑下去，所幸都被谭卫道一把抓住。“如果我们能挺过这一关，”王树衡说，“我们就永远死不了。”

下午三点左右，太阳消失在浓雾中。早些时候，他们还庆幸那些树和灌木至少能挡住视线，使他们看不到似乎随时可能跌下去的峡谷。现在，他们继续盲目地沿着这座3000英尺（约914米）高的岩壁往下走，如果某个落脚点过于狭窄，或者没有灌木丛可供抓握，他们就不得不往回爬，如此往复。

回到瀑布脚下时，他们已经“被汗和水浸透”。尽管一直在吃雪，他们仍感到口渴难当。他们感谢上帝“让我们逃离危险”，但还需两个小时的长途跋涉才能回到住所。四川的这个角落曾是豹子和老虎的家园，但野牛和凶猛的喜马拉雅黑熊*在这座被谭卫道称为“Hong-chan-tin”**的大山中是更可怕的威胁。他在雪地上发现了脚印，但由于筋疲力尽，已经顾不上那么多了。反正，他们的弹药已经湿了，枪管也被雪堵住。天很快黑了下来，他们挣扎着穿过因融雪激增而涨成河流的小溪。正当他们在岩石中寻找可以过夜的洞穴时，一个声音传来。“我们不知道在这些荒凉的峡谷里还有人类居住。”谭卫道写道。不过，“这个小木屋里的好人们”很快就让他们吃上了烤土豆和玉米粑粑，然后让他们

---

* 亚洲黑熊之亚种，学名 *Ursus thibetanus laniger*。

** 推测为四川省雅安市宝兴县的红山顶。

在一堆“巨大的火”跟前取暖，并热情地背诵祷文。经过这一天的努力，两位探险者一共得到了两只动物——一只星鸦和一只松鼠，都是新物种。[2]

即便是对于身为天主教遣使会传教士的谭卫道，这样的结果可能也是不够的。但他后来在日记中指出，为了理解我们星球上的生命，“最微小的事物、最无关紧要的细节”也显得十分珍贵。“一个点号，一个逗号，或是一小段线，本身并不重要，但对于整体却有价值，并且能从根本上改变其最终意义。”[3]对于谭卫道的宗教生活，基督教教义的精妙之处显然很重要，但他也认识到，研究物种的分布——而不是《圣经》——才是从历史中获得新洞见的途径。他写道，“仅用蜘蛛的研究就可证明，意大利在远古曾与非洲大陆相接”，而关于哺乳动物、鸟类和昆虫的数据，已经可以使阿尔弗雷德·拉塞尔·华莱士在东印度群岛的地图上画出一条分隔线，一边是与亚洲历史渊源更深的岛屿，另一边的岛屿则与澳大利亚联系紧密。

无论是看似微不足道的物种（比如叫声像犬吠一样的青蛙），还是那些地球上最令人称奇的动物（比如大熊猫），都是“至关重要的”。为了寻找这些物种，谭卫道甘愿冒着中毒、溺水、饥饿、染病、与世隔绝，以及其他任何在探寻物种生涯中可能遇到的危险，甚至包括被强盗割喉的可能性。早期的殉道者曾为了信仰而牺牲自己，而为了使基督教与达尔文式的新发现完全自然地结合在一起，谭卫道也愿意献出生命。

“动物的威斯敏斯特教堂”

演化论思想改变了很多事情。在谭卫道思考着点号和逗号的同时，美国科学促进会（AAAS）的主席提醒他的会员：“关于物种起源的宏大问题就像一场地震，震撼着道德和知识世界。”然而，这场地震只会让寻找新物种变得愈加紧迫：人们想要找到答案，来回答达尔文和华莱士提出的问题。达尔文的顿悟，加上在欧洲不断扩展的殖民前哨网络中令人兴奋的新发现，已经将公众对自然界奇观的兴趣推向狂热。1876 年，美国科学促进会的另一位主席宣称：“动物研究从未像现在这样，被提到如此高的地位。”[4] 他指出，那些一直对自身科学地位缺乏信心的博物学家，现在有了可以与物理学或化学相匹敌的“通用法则”。动物学已经成为“人类起源学说的枢轴”。

于是，生物发现的伟大时代，属于物种探寻者的时代，在 19 世纪的最后 30 年达到顶峰。各个国家、博物馆和大学都派出了采集物种的考察队，有时会花费巨资让科学家团队一次进行数月或数年的野外调查。此外，对科学的热爱以及将自己的名字与新发现物种联系在一起的荣耀，让许多富有的男性和女性赞助探险，有时还加入其中。每个人都在为优先权争论不休。自然博物馆如雨后春笋般出现在各地，对采集所得进行分类和炫耀；仅在德国就有 150 家，而美国有 250 家。这种现象也不仅仅局限于发达国家：开普敦、孟买、加尔各答、圣保罗、布宜诺斯艾利斯、上海、沙捞越、新加坡和马尼拉等城市在 19 世纪末都建立了自己的自然博物馆。[5]

在众多自然博物馆中，地位最高的当属大英博物馆的博物学部，而理查德·欧文也获得许可，将这个部门从大英博物馆中分离出来。1881年，自然博物馆在伦敦肯辛顿区重新开放。这座如大教堂般宏伟的建筑在当时被誉为“真正的自然殿堂”和“动物的威斯敏斯特教堂”。[6]与摆满了战争英雄雕像的威斯敏斯特大教堂相似，这座科学大教堂也含蓄地展示出大英帝国的权力和影响力。

科学史学家范发迪（Fa-Ti Fan）指出，此时的欧洲探险者正以一种“详尽、全面和精确的方式”，致力于书写“全球的博物学”。他们几乎表现出一种宗教般的信念，认为自己有权利为此前往任何地方。在一些误解了达尔文适者生存理论的探险家看来，这是一种具有天然优越性的权利，因为他们来自演化程度更高的国家。他们假定自己可以，而且应该使低等文化屈从于欧洲人的意志。范发迪称，“知情权”的概念也“从一种相信事实性知识普遍有效的信念”中获得了权威性。探险家系统收集的事实会产生有用的知识，最终也会给下等文明带来好处。“这种科学公益事业的宏伟愿景”太重要了，不能“受到人类边界的限制——尤其是当地人对欧洲科学研究者所划定的边界”。[7]

“遥远的契丹”

中国的边界似乎隐藏了更诱人的奇观，也比其他任何边界都更令人烦恼。在一个多世纪的时间里，清朝皇帝将西方的商业活动限制在南方港口城市广州，即便在那里，外国商人生活和交易的场所也必须局限于城墙外的河岸上。范发迪在《清代在华的英国博物学家》（*British Naturalists in Qing China*）一书中写道，博物学家的“探险”范围很少能超出“这个街区的花园、苗圃、鱼市、药店和古玩店”[8]。中国人进行了野外调查，把采集所得带到市场上，让西方人去发现。广州商人从北部 60 英里（97 千米）之外的山区买来活蝴蝶，并把它们“用线系在细竹竿上，使它们能飞来飞去，展示美丽的翅膀”。五颜六色的甲虫和蜻蜓也经常被保存在樟木盒子里。根据一位在广州的英国商人兼博物学家的说明，中国画家绘制了十分精细的图画，使之成为 83 种鱼类新物种命名的唯一依据。[9]

然而，中国本身依然是一片充满诱惑的空白。在西方人过于狂热的想象中，中国人过着一种由瓷器、纺织品、绘画和雕刻家具所打造的梦幻般的生活，这些也都是中国人乐于出口的产品。中国变成了“遥远的契丹”（Far Cathay）[10]。正如一位鉴赏家所说，这是一个“蝴蝶如海鹦般大小”的神秘国度，“有着彩虹色羽毛的艳丽鸟类”栖息在“盘根错节的树林中”。约翰·R. 海达德（John R. Haddad）在《中国传奇》（*The Romance of China*）一书中写道，西方人把中国人想象成“一个平静、沉思的民族”，以“长而卷曲的指甲”作为装饰，穿着“绣有黄金的长袍”。范发迪尖锐地评论道，中国并不是“一大片居住着许多矮小饮茶者的土地”[11]。

欧洲人对“遥远的契丹”有一种异想天开式的想象

西方人迫切希望揭开真实中国的面纱。1842年，中国在第一次鸦片战争中被英国击败，对外贸易从广州扩展到其他港口，西方人得到了第一次机会。1860年，清朝在第二次鸦片战争中再次战败，这迫使清政府允许“大鼻子”西方人进入内地，而博物学家一直是其中最吵闹的一群人。大英帝国的代理人和英国博物学的代理人，本质上没什么两样，这在过往历史中屡见不鲜。外交官、士兵和商人们都已经习惯了在世界各地搜集标本。在中国，他们很快就在英国领事服务处和大清皇家海关总税务司之外建立了一个非正式的全国性网络，后一个机构尽管冠有大清之名，但大部分官员都是英国人。[12]

搜集标本的动机有时是一个实际的商业问题。例如，西方人一直对蚕很感兴趣。相传，大约在公元 550 年，蚕就成为已知最早的工业间谍事件的目标。当时两个僧侣将蚕卵藏于竹杖内带回西方，建立起一个可与中国竞争的丝绸产业。同样地，19 世纪时，英国人掠夺了中国的茶树和茶树种植者，在印度建立起一个与之竞争的产业。范发迪写道，当中国人试图保护他们所了解的当地动植物时，英国人对他们的描述是“刻薄、嫉妒和狡猾”；而当英国人用欺骗手段绕过中国人，得到自己想要的东西时，“他们被描绘成聪明、冒险的英雄，凭借智慧打败了自负的当地人”。[13]

在偏远的外交前哨生活可能既枯燥又孤独，因此英国官员们“也会为了乐趣，为了好奇心，为了自我提升，为了雄心壮志，为了在科学上做出贡献而获得智力上的满足，为了拥有高尚爱好的良好感觉而进行采集”。范发迪写道：“有时，他们会应朋友要求或上级命令去开展自然调查……搜集标本就像打网球、打牌和打猎一样，是他们的日常消遣。”[14] 英国传教士并不能随心所欲地从事这项事业，因为他们通常和家人住在沿海城市，照顾城市里的穷人。与之相反的是法国的天主教传教士，独身的他们经常深入内陆，填补了这片空白区域，其中最大胆的莫过于谭卫道。

“我习惯了这一切”

作为探险家，谭卫道的年纪相对偏大。在 1862 年第一次前往中国时，他已经 30 多岁，在 1874 年完成最后一次探险回到法国时已年近五旬。他相貌平平，中等而瘦削的身材，薄嘴唇，深眼窝，前额宽阔而骨感。他生长在比利牛斯山麓的一个巴斯克家庭，有着敏捷的步伐和非凡的耐力，似乎生来就适合长距离徒步。在中国探险时，他常常一天步行 30 英里（约 48 千米）。[15]

和其他博物学家一样，谭卫道需要杀死动物来充实他的博物学标本收藏。但令助手们懊恼的是，他总是不让自己的饭锅里装满“这些可怜的生物，而是让它们纵情享受生活”[16]。谭卫道和助手们依靠大米、小米和糌粑（用熟豆子和青稞做的面食）来维持生活。一把这样的“红土”，可以用热水或冷水“非常迅速”地揉成一团，但味道是如此寡淡，“除了最饥肠辘辘的人之外”没有人想吃。谭卫道不得不强迫自己咽下足够的食物来维持身体和灵魂的正常运转。“把它和牛奶混合在一起，”他说，“味道似乎还可以忍受。”[17]但当时牛奶过于稀缺，可以说就不存在。

为了这些，谭卫道放弃了最初的工作。当时他在意大利里维耶拉（Riviera）的一所天主教学院担任科学教师，时常在地中海沿岸和阿尔卑斯山麓采集标本。他曾请求调往中国，因为“传教士的艰苦生活”符合他苦行赎罪的愿望，也因为他“怀着在拯救不信者的工作中死去的念头”。[18]在北京，他继续采集标本以指导新的学生。他也将一些标本送回巴黎，这令法国国家自然博物馆的主席之一亨利·米尔恩－爱德华（Henri Milne-Edwards）印象深刻，并说服遣使会的总会长同意让谭卫道成为一位生物探险家。[19]

接下来的十年，谭卫道进行了三次重要探险。第一次为期七个半月，前往西北的内蒙古；第二次为期两年，沿长江和陆路深入西南的四川省；最后一次是穿越华中的秦岭山脉，为期二十个

谭卫道的两种形象

月。[20]朋友们一再警告他，要提防强盗、叛乱武装和反基督教迫害，但谭卫道写道："如果想在这个国家期待和平的话，就应当放弃一切远行。"[21]那些荒野"普遍被认为是小偷和罪犯出没的地方，但恰恰是最能展现中国自然魅力的地方"。[22]

1864年的一天早晨，谭卫道骑着骡子行走在森林覆盖的幽暗山间，八个强盗骑马从一条偏僻小路缓步而出，挡住了他的去路。陪同谭卫道的只有一名助手和两个胆小的车夫。这些强盗手持刀剑，有着砍掉不从者四肢的恶名。一些人还带着枪，但他们对己方人数太过自信，都懒得拿出来。

然而这一次，强盗们遇到了他们很可能从未见过的受害者：一个欧洲人。谭卫道后来在日记中写道，乍看之下，"我们很容易被认为具有非凡的才能和超人的力量"[23]。这种印象带有"普遍且无可争辩的优越性"，但谭卫道觉得自己没有理由加以反驳。再加上对上帝的信仰，使他获得了"力量和信心"。他备好了猎枪和左轮手枪，这应该也有帮助。面对强盗，谭卫道表明自己不愿意"被无缘无故地抢夺，更不愿意被这些平庸的刽子手杀死"。这些强盗最终没有动手，转而去抢劫并烧毁了附近一家旅馆。

谭卫道实事求是地叙述了这些情节，没有夸大其辞。他不知道如何编造故事，他的日记还经常省略重要的细节，比如他是否曾在强盗的马下开枪？他有用枪指着对方吗？读者只能从谭卫道平静且充满决心的叙述中领会言外之意。

还有一次，一个携带刀枪的强盗假扮成当地猎户，想要接近谭卫道。当时还兼任学校教师的谭卫道不停地追问有关当地野生动物的情况，让这名强盗惊慌失措，最后只能逃回附近的山寨。谭卫道并不满足，他拿着猎枪和左轮手枪，于当晚独自外出探视，觉着自己的武器肯定会留下"有益的印象"[24]。然而，强盗们也许是害怕被进一步盘问，早已经把火扑灭，逃之夭夭，只留下吃了一半的野洋葱。谭卫道捡起这些食物，拿给他的同伴。

几乎在所有地方，谭卫道都遇到了针对外国人的强烈敌意，这比被强盗劫掠更令人沮丧。有时，官员们怀疑他是间谍或淘金者。[25]在万县（今重庆万州），愤怒的人群包围了他和同伴，一边喊着"肮脏的字眼"，一边朝他们扔石头。[26]但谭卫道并不是那种过于在意这些事情的人。在日记中描述了这一事件后，他有些违和地开始了下一段记述，"万县附近盛产最美丽的石头"，接着是一段简短的旅行见闻，描写了永久伫立在那里的台阶、桥梁和坟墓。

由于欧洲人“被认为是危险且邪恶的存在”，旅馆老板经常拒绝为谭卫道提供住宿，或者要求他提前为“最糟糕的接待”支付高价。[27] 有一次，他的六人团队不得不挤进一间只有 6 英尺（约 1.8 米）见方的肮脏小屋——而且旅店老板认为已经睡在那里的“两个秃头老尼姑”不必离开。还有一次，“凭借着些许坚毅”，谭卫道说服了另一个旅店老板，不仅进入了旅店，还住进了有热炕的房间，“屋里所有的人都裹着被褥在那里睡觉”。他离开的时候，身上爬满了“好几种令人讨厌的小动物”，可能是虱子、跳蚤，或者都有。另一种选择是露营，通常会以动物粪便为燃料点起篝火，有时粪便会在夜间冻住。在一个这样的夜晚，谭卫道躺在帐篷里，“铺盖下是干粪和绝不可能柔软的石头，”他坚忍地说，“我已经习惯了这一切。”[28]

听见斧头的声音

在中国的这些年里，谭卫道采集了数百种此前科学上未知的物种。他发现的一些植物如今已在西方花园中十分常见，如大叶醉鱼草（*Buddleia davidii*），紫色的花序长而艳丽；他还采集了 52 种以前不为人知的杜鹃花属植物，许多也被引入西方。他还带回了一种新的铁线莲、一种百合、一种桃树，以及多种玫瑰、乌头、毛茛、报春花、龙胆、栎树、木兰和冷杉等。他发现了 100 多种昆虫、65 种鸟类、60 种哺乳动物以及大量爬行动物、两栖动物和鱼类。[29] 谭卫道很少提及他的宗教情感——那不是探险日记的内容。但他在自然界中的快乐显然超过了旅途中的艰辛。“我热爱大自然的美丽，”他写道，“上帝之手的奇迹让我无比崇拜，与之相比，人类最精巧的作品也显得微不足道。”[30]

大熊猫便是这样的奇迹，并且将成为世界上最受喜爱的动物之一。1869 年 3 月，在四川省穆坪地区一个“异教徒”地主的家里，谭卫道第一次见到大熊猫。那其实是“一张上好的皮子”，可能是一件战利品，也可能是一张睡垫。这种“著名的黑白熊……看起来相当大。这是一个非同寻常的物种，当猎人们跟我说我可以在很短时间内得到这种动物时，我十分高兴。他们告诉我，他们明天就要出发，去杀死一头这种动物，这将为科学提供一种有趣的新事物”。[31]

不到两周后，就在谭卫道爬完冰雪覆盖的红山顶不久，猎人们带回了第一头大熊猫，尚属幼年，“他们以高价卖给了我”。谭卫道认为这是一个新物种（事实上是一个新属），“非常引人注目，不仅因为它的颜色，还因为它的爪子（底下有毛）和其他特征”。几周之后，猎人们给他带回了另一个标本，一头活的大熊猫。谭卫道指出，“它看起来不太凶猛”，而且“它的肚子里装满了叶子”[32]，但他忽略了一个令人心痛但显而易见的事实：这头大熊猫并没有存活很长时间，就为科学做出了牺牲。

当然，对中国人来说，大熊猫并不是什么新物种。早在此 1000 多年前，唐朝的一位皇帝就曾赠送给日本两头活的大熊猫，作为友谊的象征。再往前 1000 年的西汉时期，长安（今陕西西安）

的皇家动物园里就有一只作为珍品的大熊猫。[33]然而，在亚洲以外，没有人听说过这个物种——其实在华中以外也几乎没有人听说过——直到谭卫道让这一物种引起了外界的注意。科学界称之为 *Ailuropoda melanoleuca* David。奇怪的是，谭卫道自己从未在野外遇见过大熊猫。事实上，直到 1916 年才有西方人得以亲见。[34]不过，在谭卫道的鼓吹下，西方人对大熊猫产生了浓厚的兴趣，最终也帮助这个物种免于灭绝。

在捕到大熊猫几周之后，猎人们又向谭卫道展示了另一个非凡的物种——金丝猴。欧洲人对中国绘画和瓷器上的金丝猴很熟悉，但正如谭卫道的翻译海伦·M. 福克斯（Helen M. Fox）所言，这种猴子“太奇怪了，以至于被认为是一种想象出来的动物”。[35]它有一张蓝白色的小脸，周围环绕着一圈火红的毛发。谭卫道写道，其他已知的灵长目动物都生活在热带地区，而这种以地衣为食的猴子则生活在“白雪覆盖的高山森林中”。金丝猴被命名为 *Rhinopithecus roxellana*。法国博物学家亨利·米尔恩－爱德华选择这一种名，是为了纪念奥斯曼帝国苏莱曼大帝（Suleiman the Magnificent，即苏莱曼一世）的乌克兰妻子，因为金丝猴和她一样有着独特的朝天鼻。

在一些现代读者看来，对这些物种的发现和命名似乎是一种文化挪用（cultural appropriation）行为，不能用特殊的英雄色彩来转移人们对这些罪行的注意力，甚至在当时的中国人看来也是如此。谭卫道写道，他在穆坪采集标本时，当地土司试图“用最严厉的方式”阻止他。谭卫道将这位土司描述成一个“因贪得无厌和行为不轨而被所有人憎恶”的暴君，他犯下了谋杀和乱伦的罪行，不仅将基督教传教士溺死，甚至将自己的妹妹也收入后宫。[36] 谭卫道断定，这位土司或他的手下只是想分得一些钱财，于是就厚着脸皮撑过去了。“至于是否遵守狩猎律法，没有人在意。”他写道。猎人们告诉他，他们带给他的那些动物并不是在土司的地盘上杀死的——“那就这样吧！”

正如这段话所暗示的，谭卫道有时会像蛮横的殖民地长官一样，表达对中国人民的鄙夷。例如，当一名基督教信徒——曾是他的学生，后来成为他的助手——换了一份薪水更高的工作时，他非常愤怒。谭卫道认为自己付给他的钱“完全够用”。他写道：“我对这些人普遍存在的肮脏的贪欲感到恼火，他们欠我们一切，却不主动帮助我从事有益于全世界的工作，而是试图剥削我，并尽可能多地获取现金。”[37] 用历史学家范发迪的话来说，当地人就是无法理解“科学公益事业的宏伟愿景”。

不过，谭卫道也是一个头脑清晰的现实主义者，甚至在宗教信仰上也是如此。“最重要的是，不要认为中国会变成天主教国家，”他在给自己的叔叔兼教父的信中写道，“按照现在的发展速度，需要四万到五万年，整个中国才会皈依基督。”[38] 他还写道：“中国人有经商的天赋，当了解更多的欧洲语言和习俗之后，他们可能会逐渐赚取世界其他国家的财富……很难与精明的中国人竞争，他们谨慎冷静，又十分节俭。”[39] 但他同时警告东西方，“一种对物质利益的自私而盲目的成见”正在把“这个他用双眼看来如此不可思议的国度，简化成一个冷酷的、讲求实际的地方”。

早在中国人之前，也早在其他地方的环保主义者开始思考物种的大规模灭绝之前，谭卫道就看到了中国正在发生的令人担忧的变化。“一年又一年，”他写道，“人们不断听到斧头的声音，那些最美丽的树木被砍伐。这些原始森林在全中国只有零星的分布，破坏速度之快令人惋惜。它们永远不会被取代。随着大树的消失，许多只能在树荫下生存的灌木也无法幸免；还有大大小小的动物，都依赖森林生存并延续种群……造物主将如此众多且形态各异的生物安放在地球上，每一种都在自己的范围内应付裕如，完美扮演着自己的角色——如此完美，以至于造物主允许人类，他的杰作，去永远地摧毁它们。这真是令人难以置信。”[40] 他预见了一个黯淡的未来，“数以十万计上帝赐给我们的动植物”将消失无踪，地球将让位给马、猪、小麦和土豆。[41]

因此，尽管谭卫道可能确实在进行文化挪用，但在某些情况下，他对物种的“挪用”只是为了使其免于可能的灭绝。

拯救一个物种

现代批评者的一个趋势是，他们对 19 世纪博物学的关注，主要是将其视为一种帝国主义的实践：伟大的白人狩猎者以牺牲当地文化为代价，成就他们的英雄壮举。而且有大量证据表明，在中国和其他地方的西方博物学家有时会掠夺、破坏和轻视当地的知识。他们认为自己的事实方法是普遍有效的，正如范发迪等批评者所指出的，他们相信自己有无限的权利，可以将这些方法强加于任何地方。

不过，一个并不时兴的说法是，就与自然有关的系统方法而言，世界其他地区都没有发展出可以媲美西方科学的体系，后者自林奈和布丰的时代以来，一直不断发展和完善。范发迪称，中国人有丰富的园艺文献；各地的地方志中记录了详细的动植物信息，使来访的博物学家能够由此追踪到他们可能没有发现的物种。“然而，事实上，”范发迪补充道，“中国人没有一门学科、一个知识体系，甚至没有一个连贯的学术传统，可以等同于西方的‘博物学’、‘植物学’或‘动物学’等概念。”[42] 表示植物研究的术语“植物学”和表示自然研究的“博物学”，都是在19世纪中期才作为西方概念的翻译而出现的。

正如谭卫道所言，区分物种和厘清物种间关系的能力，是理解地球生命本质的重要进步。因此，从中国到加蓬，再到哥伦比亚，每个国家最终都会采用西方的分类体系。即使对于希望了解自身动植物情况的地方文化，这一体系也至关重要。温斯顿·丘吉尔（Winston Churchill）关于民主的观点也同样适用于科学分类体系：民主是最糟糕的政府体制，如果不算其他已经尝试过的制度的话。

在某种程度上，谭卫道最不英勇的一项发现反而成为了科学方法价值的最佳论证。来到中国后不久，他就听说了一种鹿——后来被称为“大卫神父鹿”（Père David’s deer），学名 *Elaphurus davidianus*。这种鹿在野外长期被猎杀，但在北京以南数里外一个砍伐严重、过度放牧的皇家猎苑*，还有120头幸存下来。当地人称这种鹿为“四不像”，因为它的尾似驴、蹄似牛、颈似骆驼、角似鹿。谭卫道徒步前往这个皇家猎苑，可能是通过与守卫结为朋友，或者爬墙的方式，他瞥见了这群鹿。“我尝试一切办法想得到一个标本，甚至一些残骸，但都没有成功，”他写道，“据说，任何胆敢杀死这些动物的人都会被判处死刑。”不过，在他的认知中，每个物种——每一个“点号”或“逗号”——都“极其重要”，这使他一直没有放弃。1866年1月，他终于搞到了两张“完好无损”的鹿皮。[43]

在随之而来的对这一“新”物种的狂热中，法国和英国的外交官都向这座皇家公园的管理者施压——很可能以不太友善的方式——要求得到活鹿，以便运到欧洲。这些动物最终在英国沃本修道院建立了繁殖种群。沃本修道院是伦敦北部的一座庄园，为贝德福德公爵的宅邸。同一时期的中国，在1900年的义和团运动中，有士兵在古老的皇家猎苑中宿营，他们射杀并吃掉了剩余的鹿。**

如果不是在中国以外的地方圈养并大量繁殖，“大卫神父鹿”可能就此销声匿迹，它们原先生存的场所也会被猪和土豆占据。1985年，沃本修道院将一批正在繁殖的小鹿送回了北京，不久后，这些小鹿就在谭卫道第一次发现它们的皇家猎苑定居下来。这个

* 指北京南海子皇家猎苑。

** 根据北京麋鹿苑博物馆的介绍，南海子麋鹿在八国联军入侵北京期间遭到劫掠和屠杀，自此在中国绝迹。

公园如今被称为北京麋鹿苑（“麋鹿”是该物种的现代中文名称）。和其他鹿的种群一样，麋鹿的数量迅速增加，并被转移到中国各地的多个保护区。这个物种非但没有灭绝，反而在其原生栖息地达到近 1000 头的数量。[44]

第二十一章　工业规模的博物学

……以严格的科学准确性，我们可以断言，罗斯柴尔德家族是世界上迄今为止最令人惊讶的生物。[1]

——塞缪尔·巴特勒（Samuel Butler）

在罗斯柴尔德家族中，没有谁能比莱昂内尔·沃尔特·罗斯柴尔德（Lionel Walter Rothschild）更与众不同，或者更加杰出。他1868年生于北伦敦的特林（Tring），在家人的记忆中，他是“一个口吃的魁伟男人”[2]。他身高6英尺3英寸（约191厘米），体重超过300磅（约136公斤）[3]，“如雷的鼾声可以让整栋房子保持清醒”（这是一栋拥有20多间卧室的房子）[4]。沃尔特的一切都与“大”有关，包括他性格中的缺陷和怪癖。从一开始，他就绝望地与母亲绑定在一起，一生都生活在育儿室中，距离母亲的房间只有一小段楼梯。他们的家位于特林公园。毫无疑问，他时而害羞、时而腼腆、时而傲慢的性情就源自于此。昆虫学家米里亚姆·罗斯柴尔德（Miriam Rothschild）在传记《亲爱的罗斯柴尔德勋爵》（*Dear Lord Rothschild*）中回忆道，她的叔叔“对其他人的问题有一种几乎如婴儿般的漠不关心”[5]。她可能想起了在13岁时，53岁的沃尔特用雾角一般低沉的声音提到她的体型："妈妈，米里亚姆长得这么方方正正，难道不奇怪吗？"[6]或者，她可能想到了某个阳光明媚的下午，沃尔特在特林公园接待了一位紧张不安的来访者，而他"在吊床上不自觉地摇摆着，22英石（约140公斤）的大块头，还赤身裸体"[7]。

沃尔特无视罗斯柴尔德家族延续几代的传统，对金钱一窍不通。令他父亲深感沮丧的是，沃尔特厌恶一切与金融有关的事务，而父亲希望他能追随自己，成为家族的银行帝国在英国的负责

沃尔特·罗斯柴尔德没有在家族的银行帝国中取得成功，

却成为了那个时代最伟大的物种探寻者之一

人。他尽职尽责地坚持工作了 18 年，但所有相关人士最终都意识到，这是一项无望的事业。沃尔特的过错还不止于此，他有众多情妇，其中一个对他的勒索甚至使他到了经济崩溃的地步。处理混乱的生活令他如此焦虑，以至于他将未拆封的个人信件丢到一个个 5 英尺（约 1.5 米）高的柳条洗衣篮里，用一根铁棒压紧，再堆到自己房间的角落。这样的情形持续了两年，直到被他的家人发现。[8] 米里亚姆将他的生活恰如其分地描述为“从一个煎锅跳入另一个火炉的一系列飞跃”[9]，对于一个体重 300 磅（约 136 千克）、留着范戴克式胡子 * 的男人而言，这并不是什么美好的画面。

然而，沃尔特在一件事上堪称天才，那就是探寻新物种。20 岁那年，也就是大学一年级的时候，他已经收集了 46 000 个标本，其中大部分是鸟类、蝴蝶和飞蛾。同年，他进行了第一次采集探险，前往新西兰和夏威夷。21 岁时，他在特林拥有了自己的公共博物馆，仅第一年就有 3 万人前来参观。[10] 据米里亚姆称，沃尔特继续搜集标本，积累了“一个人所能达到的最大收藏规模，囊括了从海星到大猩猩的各种动物。其中包括 225 万件针插蝴蝶和飞蛾标本，30 万张鸟皮、144 只巨龟、20 万枚鸟蛋和 3 万本相关的科学书籍。[11] 他和两名助手合作描述了 5000 个新物种，并基于这些收藏出版了上千篇论文和多部著作”。

尽管在生活上一团糟，但沃尔特在管理他的博物学事业时，却极其注重细节，用米里亚姆的话来说，“带有一丝自负的冷

---

* 19 世纪在美国和英国流行的胡须样式，典型代表是宫廷画家安东尼·范戴克所画的查理一世。

酷”[12]。两位非常能干的德国博物学家，昆虫学家卡尔·约尔丹（Karl Jordan）和鸟类学家恩斯特·哈特尔特（Ernst Hartert），为沃尔特经营博物馆提供了帮助。用一位同行的话来说，沃尔特使特林公园的博物馆成为“一个典范，展示了如何在博物馆内收集、整理并开展工作，连大英博物馆都未能效仿”[13]。

据米里亚姆所述，沃尔特成年后的大部分时间里，一直在资助 400 名采集者在世界各个角落努力工作。[14]这一数字还不包括另外 100 名专精跳蚤的采集者[15]，因为他们主要为沃尔特的弟弟查尔斯工作。（查尔斯几乎和沃尔特一样热爱大自然。有一次，他乘坐火车时看到车窗外出现一只罕见的蝴蝶，便拉下应急停车索，跑到铁轨上把它捉住。[16]）在特林的一位访客眼中，一张显示沃尔特聘用采集者所处地区的地图，看起来就像“这个世界正遭受着严重的麻疹”[17]。

姑且不论罗斯柴尔德家族都有着做大事的倾向，沃尔特本身就生活在一个大规模生物调查的时代，新一代采集者对他们研究的栖息地采取了更加条理分明的方法。历史学家罗伯特·E. 科勒（Robert E. Kohler）写道，博物学家现在的目标是寄回“成箱的标本”，而不是引人注目的新奇事物。“调查探险产生了大量的公共收藏，数以百万计的标本，都是按照标准化的程序准备和安排的”，或者至少是以此为目标的。[18]

早期探险家们希望用英雄故事和通常是在旅途中胡乱采集而来的奇异新物种向世界炫耀。新一代的物种探寻者则希望撰写专著而非冒险故事。他们想要获得完整的材料，来仔细修订整个分类学体系，并根据更准确的证据以及不同动物之间如何建立联系的先进理念，对物种分类位置进行调整。这种工业规模的博物学促成了更好的科学，也更加专业。然而，在沃尔特·罗斯柴尔德所考虑的问题之外，这样的博物学有时也略显无趣。事实上，此时的博物学家偶尔也会表现得沉闷乏味，以便把自己与此前形形色色的业余爱好者区分开来。他们想成为科学家，而不是表演者。

"什么！……还没到底！"

"挑战者号"（*Challenger*）远征是生物调查时代最著名的科学考察之一。这艘英国海军轻巡洋舰在世界各地旅行了三年半（1873—1876），有条不紊地通过挖掘和拖网采集标本。当时的皇家学会会长托马斯·亨利·赫胥黎与阿尔弗雷德·拉塞尔·华莱士帮助策划了这项研究，旨在推动达尔文演化论的革命。这次远征最终发现了4700个新物种，其中一些极其美丽。[在德国生物学家恩斯特·海克尔（Ernst Haeckel）撰写的报告中，有一卷描绘了此次远征中采集的放射虫，这是一类变形虫样的原生动物，在显微镜下看起来就像精美的圣诞装饰。] 这次远征还呈现了一个深海世界，此前人们一直认为那里完全没有生命。不过，远征途中单调乏味的工作还是会不可避免地令人厌烦，毕竟你要在这颗行星上艰难航行68 890海里（约127 580千米），每隔一段时间就停下来，进行492次深海探测、133次海底挖掘、151

次开放水域拖网和 263 次连续的水温观测。

在数英里深的海中投放并回收挖泥器需要一整天的时间，就连船上的一只鹦鹉也对此感到震惊。与船上的科学家一样，它已经将其他同类那些丰富多彩的活动抛在身后；用一位动物学家的话来说，它如今生活在“科学家”的“精馏酒精”世界里，而与“朗姆酒”和“西班牙银元”无缘。显然，船上的人很喜欢提到威廉·卡彭特（William Carpenter）的名字，这位皇家学会的副会长和院士（他的名字后面带着“F. R. S. ”，即皇家学会院士“Fellowship of the Royal Society”的缩写）是此次远征的主要发起者之一。但在鹦鹉的演绎中，这个名字听起来就像诅咒。当挖泥器无休止地往下沉时，鹦鹉常常惊呼:“什么！两千英寻（约 3658 米）还没到底！啊，卡彭特·F. R. S. 博士。”[19]

即便挖到海底也不一定会有多好的结果。在水手们看来，一天的工作所得经常不过是一桶污泥。而船上的“科学人士”往往对水手们所谓的“苦工”[20] 置身事外，这可能也令人不悦。他们在这艘长 200 英尺（约 61 米）的巡洋舰的甲板上踱来踱去，不合时宜地穿着马甲，戴着表链，仿佛在等待茶点。就连海军中尉乔治·坎贝尔（George Campbell）也觉得这很恼人，尽管作为阿盖尔公爵（Duke of Argyll）之子，他肯定知道如何在贵族生活中保持超然的态度。他在日记中抱怨，博物学家们“把这次航行当作一场游艇探险……对他们来说，新的蠕虫、珊瑚或棘皮动物是永远的乐趣，他们退休后可以在一个舒适的小屋里，充满热情地描述新的动物，而我们……对于从海底拖上来的东西，已经没有多少热情，精神上也疲惫不堪”。[21]

这些科学人士有理由感到高兴。例如，75 年后一位动物学家充满敬意地评价道，在新西兰沿海的三天工作中，他们揭示了一个“迄今为止发现的最非同寻常的生物群：想象一下……海面以下接近一英里（约 1.6 千米）的地方，各种形态古怪的奇特动物在一大片舞动的海百合之间游动，这些海百合有着复杂精致的图案和绚烂的色彩。想象一下水下被照亮的景象，这种光亮并非来自上方的残余日光，而是来自深海珊瑚的磷光”。[22]

理查德·科菲尔德（Richard Corfield）在《沉默之景》（*The Silent Landscape*）一书中写道，对维多利亚时代的人而言，“‘挑战者号’远征之重要性，丝毫不亚于一个世纪后阿波罗登月之于另一个伟大国家的重要性”。[23] 那些“科学人士”发现的新物种尤其重要，因为它们似乎从一开始就为新兴的演化论提供了一次重要的验证。19 世纪 40 年代，博物学家爱德华·福布斯曾提出，1800 英尺（约 550 米）以下的海洋是“无生区”（azoic）[24]，即无生命地带。“挑战者号”的首席科学家威维尔·汤姆森（Wyville Thompson）则希望证明海洋深处是“博物学家的应许之地”，在那里仍能发现“无穷无尽、异乎寻常的新奇事物”[25]。他认为，海洋深处可能栖息着一些仅以化石形式出现在陆地上的物种。

当时的观点认为，陆地物种面临无穷无尽的变化，这意味着自然选择迫使它们经历了一次又一次的适应过程，一些物种灭绝了，只留下化石证据。“但维多利亚时代的人相信，”科菲尔德写道，“在没有变化的海底，即沉默之景当中，生物不会被迫演化……因此，深海动物将是演化的倒退，是活着的化石。”[26]因此，在远征初期的一次挖掘中，当科学家们于葡萄牙近海一英里深处发现一种活的海百合时，他们都欢欣鼓舞，因为这些生物花朵般的形态在化石记录中十分常见。[27]

随着“挑战者号”在地球上曲折行进，科学家们最终发现了大量“化石”物种和可能的缺失环节。与此同时，通过条理分明的采集方法，这次远征也证明了一个更宏大的事实：海洋深处是一个生机勃勃的世界，自然选择在那里所起的作用与在陆地上别无二致。“挑战者号”的收获非常丰富，研究者花了20年时间才出版了50卷完整的报告。[28]这次远征也标志着海洋学的诞生。[29]

大自然的魅力

生物调查和采集的时代恰逢公众对物种发现的兴趣高涨，部分原因在于广泛流行的回归自然运动。19世纪初，大西洋彼岸的大多数美国人把自然视为一种障碍。“可以说，只有在树木被斧头砍倒之时，他们才会感知到周围雄伟的森林，”亚历克西斯·德·托克维尔（Alexis de Toqueville）在1831年评论道，“他们的眼睛盯着另一种景象。”他们“独自穿过这些荒野，排干沼泽，改变河道，以孤独为伴，使大自然臣服”。[30]

然而，随着森林的减少和大量野生动物的消失，艺术家和散文家们开始赞美（或歌颂）自然。一位历史学家写道，伐木者和猎人在19世纪初还是“对抗黑暗荒野的英雄”，如今却成了《纽约时报》头条新闻中的“森林海盗”。[31] 在1819年的“隆远征”中，博物学家托马斯·赛伊提出了制定保护性狩猎法律的主张，以阻止对野牛近乎种族灭绝式的屠杀。[32] 到了19世纪末，随着野牛种群从数百万只减少到数百只，保护这个物种便成为一项全国性运动。大约在同一时期，一个名为奥杜邦学会（Audubon Society）的新组织成立，极力抵制为了给女式礼帽提供羽毛而杀害鸟类的行为。[33]

人们也开始为了自身健康而参与户外活动。科勒写道，步行热由波士顿的“佩米奇瓦塞特婴儿车”（Pemigewasset Perambulators）等俱乐部率先发起，“在19世纪70年代像流行病一样席卷了东海岸”。[34] 19世纪80年代，在乡村驾驶轻便马车开始流行，90年代则流行自行车旅游。休闲露营运动的兴起，使城市居民在夏天成群结队地前往阿迪朗达克山脉或海滨，送小孩去参加夏令营也成为新时尚。[35] 这些潮流并不像英国人对海草、蕨类植物和纤毛虫的狂热那样专注于自然，但博物学确实能使人们以求知作为目标。

专业博物学家感到很矛盾，尤其是当这种新的流行趋势出现在他们的博物馆里时。老派的做法是按照适当的分类学顺序，将黑水鸡、果蝠或鼬的填充标本摆满陈列柜。这种方法是说教式的，试图用抽象的科学原理来提高访客的学识。但是，随着动物标本剥制师的技艺越来越娴熟，他们现在不仅想要教育大众，而且希望用模拟野外场景的立体模型来激发人们的兴趣。

法国博物学家和标本交易商朱尔·韦罗就制作了一件立体

模型，展现一头狮子站立起来，趁势把一位阿拉伯信使从骆驼背上抓下来的场景。1869 年，这件展品吸引了大批游客来到纽约的美国自然博物馆。几年后，位于华盛顿的美国国家自然博物馆展出了一件名为“树梢上的打斗”（Fight in the Tree-Tops）的作品，展现了“巨大而丑陋的雄性猩猩激烈打斗”的场景，一只猩猩用獠牙咬住另一只猩猩，鲜血从伤口中喷涌而出。批评者担心这些作品在一定程度上缺乏科学真实性。但一位支持者回答道：“如果你不能引起访客的兴趣，你就不能引导他；如果他不想知道这种动物是什么，或者某个东西的用途，他就不会看标签。”[36]

科勒指出，出乎意料的是，这些立体模型实际上帮助博物馆成为了更好的标本收藏和保护场所。如果原有的陈列展示无法再给参观的公众留下深刻印象，管理者也不会太高兴。常规做法是将博物馆的全部藏品公开展示，“而动物学家们沮丧地看到，模式标本——分类学上独一无二、不可或缺的参考标本——在阳光下逐渐褪色，丢失标签，并被蛾子和象鼻虫吃掉”。[37]合理的解决方案是分别建立公共展厅和研究标本室，将重要标本小心保存在不面向公众开放的防虫橱柜中。

现在，只有那些更华丽的标本才会被展示在公众面前，而且由于标本剥制师不再需要填充每一个标本，“他们可以将精力集中在一些精致且引人注目的展品上”。[38]在高水准的立体模型中重现大自然的某个时刻，既需要物种的新鲜毛皮，也需要其栖息地的所有细节，包括岩石和草地等。因此，博物馆管理者和标本剥制师必须自己走出去，成为野外采集者，而不只是简单地购买标本，或者接受捐赠。他们从调查中所带回的大量而全面的标本，满足了展览者和科学家的需要。

这场“新博物馆运动”还促进了一种微妙的地位转变，在专业博物学家和业余爱好者之间竖起了一道墙。[39]问题并不在于业余爱好者本身，至少一开始不是；专业人士仍然依赖他们，既作为受众，也作为采集者。然而，博物馆和大学里的博物学家突然感到自己受到了另一种威胁：实验室科学的兴起。这一新领域开端于利用改进的显微镜研究细胞功能并开发医学应用，使他们采集标本并绘制物种分布图的工作显得有些过时。

“野外博物学家的光辉时代已经逝去，”一位分类学家在1892年感叹道，“生物学家或生理学家成为时下的英雄，他们以无限的轻蔑俯视那些仍然满足于寻找物种的倒霉者。”[40]他这篇文章的标题是《快乐的真菌猎人》(The Happy Fungus-Hunter)，但作者的境遇似乎没什么改善。不过，“切虫者”(生理学家)和“捕虫者”(博物学家)之间的地位之争在博物馆内催生了独立的研究领域，使博物学家能够宣称自己也是真正的科学家。

对于这群新的专业精英，打击业余爱好者很快成为他们巩固自身地位的方式。在19世纪70年代，仅约克郡就有33个博物学野外俱乐部，由充满热情的业余博物学家组成。[41]但也正是在这十年里，约克郡科学学院(现利兹大学)诞生，其新办的生物学系迎来了第一位教授——路易斯·康普顿·迈阿尔(Louis Compton Miall)。他不断谴责这些俱乐部“无知地进行采集”，发表冗长、枯燥和“差劲的文章”，并追求“一种有教益但绝不深刻”的消遣。做一个深刻的人显然是专业人士的工作。历史学家塞缪尔·艾伯蒂（Samuel Alberti）写道，迈阿尔通过将自己与“一类特定的业余假想敌”对比，构建起一种学术身份；这些对手是“笨手笨脚、目光短浅的物种名录编制者，对自私的采集行为有一种‘卑鄙的渴望’，除了捕捉和记录之外，对任何实践或技术都不关心”。

大即是好

在这些缺乏安全感的专业人士看来，沃尔特·罗斯柴尔德无疑是最可怕的噩梦，他不仅是一个业余博物学家，而且非常固执，有足够的金钱和很多“卑鄙的渴望”。沃尔特想要让公众和自己——不一定是按这个顺序——感到惊奇。大即是好，越大越好。一位熟人回忆道：“沃尔特·罗斯柴尔德的野心总是被一些这样的物种激发出来，它们有的数量庞大，有的体积巨大，有的难以获得且代价高昂，有的处于灭绝前夕或已经彻底灭绝。”[42]在他的博物馆展品中，有已知最大的大猩猩标本和第一头被捕获的白犀牛，以及一头身长 18 英尺（约 5.5 米）、重达 4 吨的巨大海象。[43]

数字一直都很重要。“沃尔特真正与众不同的特点之一，”米里亚姆·罗斯柴尔德写道，“是他在书信中一丝不苟地记录了他所获得的标本数量，还列出了他在走路时看到的鸟类名单……

他就像一个小学生，记录着他在屋子里做游戏时赢得的回合。”在沃尔特看来，他总是在竞争，甚至是和同时代那些伟大的采集者竞争。在法国阿尔卑斯山脉的拉格拉夫（La Grave）考察时，他的团队在13天内收集了5000多件鳞翅目标本，他认为这“无论在哪里都是一项纪录，因为华莱士在马来群岛旅行的几年里，采集的标本都不到6000件”。米里亚姆感叹道：“沃尔特喜欢创造纪录。他从未真正长大。”[44]

沃尔特也喜欢动物界中任何古怪或神奇的东西。1894年，当一批活斑马抵达特林时，他便开始训练它们拉马车。斑马是顽固且喜怒无常的动物，但沃尔特·罗斯柴尔德同样如此。既然斑马不肯服从，沃尔特就想出了一个套住它们的方法，即把马具从马厩的天花板上垂下，套在斑马头上。然后，他用一辆小型轻便马车对这些斑马逐个进行训练，再把它们组合在一起。几个月后，他驾着一辆由三匹斑马拉着的马车——为了保持平稳，加入了一匹拉车的普通小马——沿着皮卡迪利大街进入白金汉宫的前院。[45]后来，他还戴着高顶礼帽，骑着一只巨大的象龟在特林公园的花园周围拍照。

在缺乏安全感的专业人士看来，沃尔特·罗斯柴尔德最糟糕的一点可能是，他的业余科学研究并不逊色于他们的专业工作，甚至经常做得更好。他曾带着一群几维鸟来到剑桥大学，在那里完成了两年平淡无奇的学业。[46]从孩提时代起，他的注意力就一直被动物世界吸引，成长过程中见到或读到的每样东西填满了他“非同寻常的惊人”的记忆。[47]有一次，一位访客提到，特林公园的收藏中缺少一种罕见的新几内亚鸟类。早已成年的沃尔特回答："那种鸟的插图在古尔德的《新几内亚鸟类》(*Birds of New Guinea*)的第 87 幅图版上。"[48] 果真如此。

当少年沃尔特在新成立的自然博物馆(位于伦敦南肯辛顿)研究展品时，他引起了动物学管理员阿尔伯特·冈瑟(Albert Günther)的注意。冈瑟成了他的朋友，向他讲授达尔文生物学。冈瑟后来还帮助沃尔特聘请了两位博物馆管理员，卡尔·约尔丹和恩斯特·哈特尔特，二人都是坚定的达尔文主义者。三人在特林博物馆一起工作了近 40 年，希望完成一项清晰而严格的计划，即对每一件标本进行适当的分类，精确到属、种和亚种，他们尤其执着于亚种的分类。

"我没有重复的"

在外人，尤其是那些不希望与之竞争的专业对手看来，沃尔特的采集风格肯定显得狂妄自大，仿佛他要把地球上所有的东西都一扫而空，让其他采集者只能满足于一两件标本。有一次，当发现加拉帕戈斯群岛的邓肯岛［Duncan Island，现在的平松岛(Isla Pinzón)］上的象龟被此前 5 年间路过的船员捕捉并吃掉了 80% 时，沃尔特命令团队将幸存的 29 只象龟全部运回特林，"为科学拯救它们"。他打算把它们与来自加拉帕戈斯群岛其他岛屿的 30 只象龟养在一起。"我想，近 60 只活着的加拉帕戈斯象龟会让人目不转睛。"他写道。[49](幸运的是，尽管遭遇了这些事情，还是有足够多的象龟在野外生存下来，为 1965 年开始的圈养计划提供了储备，目前平松岛上大约生活着 350 只象龟。沃尔特还曾租下整片群岛——尤其是印度洋的阿尔达布拉群岛——来保护当地的野生动物，取得了更加成功的效果。）

对于其他动物，特别是那些受到严重威胁的岛屿鸟类，沃尔特"为科学拯救物种"的想法就只是将它们的毛皮保存在特林的标本抽屉里。"因此，他被指控加速了某些物种的灭绝，"理查德·默恩斯和芭芭拉·默恩斯夫妇在《鸟类采集者》一书中写道，"如果这些物种活得稍久一点，或许就能通过某种圈养繁殖计划加以拯救，但也可能拯救不了。"[50] 早些时候，在剑桥大学曾教导过沃尔特的阿尔弗雷德·牛顿（Alfred Newton）教授就告诫他不要过度采集。"我无法同意你所说的动物学最好是由你所雇佣的这类采集者来推动发展的想法，"他写道，"毫无疑问，他们很好地满足了为博物馆储备标本的目的，但他们也清空了世界——这是一个可怕的代价。"[51]

来到特林的访客常常会鼓起勇气，询问沃尔特是否拥有大量同一种类的鸟或蝴蝶。但沃尔特总是回答："我的收藏里没有重复的。"[52] 他的意思是，理解演化意味着了解一个物种的不同种群在不同地方或经过一段时期后将如何变化，指望一雄一雌两个标本来告诉我们这些答案是很荒谬的。沃尔特想要的是一系列标本，包括所有可能的变异，如独立种群或不同年龄段中出现的各种翅膀图案或颜色，或不同大小的喙，以及杂合体、白化个体或具有雌雄两性特征的个体，甚至畸形标本——简而言之，就是各种各样的“怪物”[53]。每当取出抵达特林的最新标本时，沃尔特总是发出特有的、充满纯粹喜悦的呐喊：“哈特尔特！过来看，过来看……快来看看我们拿到了什么！”[54]

沃尔特有时过于沉迷微小的变异。他错误地提出了鹤鸵（又称食火鸡）的新物种，这是一类不会飞的大鸟，产于澳大利亚北部和巴布亚新几内亚。据米里亚姆所述，他主要是“被它们五颜六色的肉垂迷住了，后来证明，这本身就是相当多变的特征”。[55]不过，沃尔特对不同标本之间的差异能过目不忘，这很有利于辨析新物种。有一次，沃尔特匆忙写了一张便条，以惯常的专横告诉哈特尔特：“在来自加拉帕戈斯群岛、原先认为是新种的海燕中，立即拿一只出来，分开它的脚趾，观察并记下趾间的蹼是否为黄色。我突然想起，贝克还是哈里斯曾在日记里提到一些有关黄色脚蹼的事情。如果是这样的话，那它就是黄蹼洋海燕（*Oceanites oceanicus*）或白臀洋海燕（*Oceanites gracilis*）。”[56]

除了非凡的记忆力，沃尔特还有着异常敏锐的眼睛，能搜寻到任何令他感兴趣的物种的图像，无论它出现在哪里。有一次，在坐车经过伦敦市中心的海德公园时，他看到一位女士钻进车里，她的司机抱着一块毯子，想要盖在她腿上。“停！停！克里斯托弗！”沃尔特对自己的司机喊道，“那块毯子是用树袋鼠的毛皮做的。”树袋鼠正是他当时研究的主题。随后，那位女士的身体还是有些冷，但钱包里却多了 30 英镑，而这张毯子也被送到了特林博物馆。[57]

沃尔特对任何与动物界有关的事物都充满热情，这种热情极具感染力，激励着他的采集者们前往更危险的地区旅行，并常常付出更高的代价。遗憾的是，他们中的大多数似乎都遵循着阿尔伯特・斯图尔特・米克（Albert Stewart Meek）那种充满英雄主义但又十分低调的模式。米克的自传有一个很有趣的标题——《食人族土地上的博物学家》（*A Naturalist in Cannibal Land*），但书中内容还是证实了沃尔特的评价："米克是一个勇敢面对危险，然后将其忘得一干二净的人。"[58] 米克有过许多这样的经历，包括他与巴布亚新几内亚的猎人合作，后者为他采集蝴蝶标本。有的蝴蝶用以蜘蛛网制成的网捕捉，有的则是用弓箭射落。在这些标本中，米克发现了世界上最大的蝴蝶——亚历山大鸟翼凤蝶（*Troides alexandrae*），翼展达 10 英寸（约 25 厘米）。[59] 为了满足特林博物馆对完整系列的渴望，米克还找到了这种蝴蝶的蛹，人工培育出了完美的标本。

沃尔特的采集者们时常身处险境，忍受着痛苦和死亡的威胁。一位采集者给家里写信，讲述他在加蓬孤独度过圣诞节的心酸："我一天到晚采集的蝴蝶，现在都在特林。回到小屋，我精疲力竭，感觉很不舒服。我吃不下东西，勉强吞了一小口葡萄干布丁（是那种售价 1 先令的罐头，8 个月前我从英国带来的）。我感到有些发烧，准备上床睡觉。我小心吹灭此前花半便士买的蜡烛，因为在这里蜡烛是买不到的……然后，病情变得严重，我的牙齿和骨头不住颤抖。我感到神志昏乱，不断呻吟着。直到天亮，让人解脱的汗水终于流淌出来，高烧也退了，但我还是虚弱不堪。这就是 1907 年，我的上一个圣诞节！今年的圣诞节我又该在哪里度过呢？只有上帝知道。”[60]在巴布亚新几内亚的另一位采集者就没那么幸运了。一连三个晚上，他都疯狂地咆哮着，说是看到了“汽车、火车、孩子们在云朵上骑马之类的东西”，然后就突然死于“疟疾发热和失眠”。[61]米克的记载中并没有透露这位受害者的姓名。在寻找物种的过程中，有众多采集者及其助手都和他一样不幸殒命。

尽管在米克的记载中很快就翻页了，但这场死亡也提醒人们不应忘记标本背后的故事。特林博物馆的陈列柜里挤满了标本（沃尔特宣称：“我想要证明，一个陈列柜可以放上三倍于通常数量的标本，观感依然很好。”[62]），而在世界各地的博物馆里，数不清的标本也井井有条地放在抽屉中：每一件标本背后都有一个采集者，他杀死这只动物，剥下它的皮，填充后再摆好姿态，或者放入防腐剂中；他用铅笔填写标签，再带着标本穿越不同国家，运回本国，开始研究并分类——然后无数次重复这些过程。每一件标本的背后，都有人在忍饥挨饿、辗转难眠；有人独自在遥远而充满敌意的地方哭泣；有人也许会淹死，被谋杀，患上疟疾、黄热病、痢疾或斑疹伤寒；肯定也有人在咒骂和抱怨，虽然可能没有我们想象的那么多；当然，也有人欢欣鼓舞，发出兴奋的喊声。

有一次，当地助手送来一个华丽的蝴蝶新物种——银鲛鸟翼凤蝶（*Ornithopera chimaera*），米克慷慨地给了他两先令、两罐英国熏肉和五根烟草。“我感到比继承了一笔财产还要高兴，”他写道，“如此美妙的发现会让采集者激动不已。他会忘掉艰辛和烦恼，只记得他从自然母亲的秘密中撷取一二，献给了科学。有些人可能会说，这只是‘一个小秘密’，但博物学家不这么认为。”[63]

沃尔特·罗斯柴尔德及其博物馆管理员恩斯特·哈特尔特和卡尔·约尔丹，以及他们的众多采集者所做的工作，就是将每个物种的系列标本放在一起。后来的博物学家对此给予了很高的评价。比如鸟类学家戴维·拉克（David Lack）在研究达尔文雀的物种形成时，不得不花几个月时间在加拉帕戈斯群岛进行实地考察，但考察结果并不全面。他写道：“你只需要回到罗斯柴尔德的藏品中，开始测量鸟喙即可。”[64] 他还指出：“罗斯柴尔德的橱柜抽屉里有一些夏威夷管舌雀标本，它们比今天群岛上活着的那些还有代表性。”

尽管沃尔特及其采集者对遗传学之于自然研究的重要性只有模糊的认识，但他们的工作尽可能地保留了每个物种最广泛的遗传变异。“只有在现代研究的全景之下，沃尔特的蝴蝶标本才能显现其全部价值，”米里亚姆·罗斯柴尔德写道，“这些标本的重要性在于，完整的秩序就在你眼前展开并呈现——从一个大陆到另一个大陆，从一座偏远海岛到另一座海岛，从沙漠、森林到草原、山脉——充分展现多样性和复杂性。关于这些藏品，还有一个无法定义的因素，一个沃尔特式因素——随你怎么称呼它——就如一股热情和惊奇的气息，以某种方式固定在蝴蝶中间，并在突然间让你豁然开朗、眼界大开；你会感到恍然大悟，新的想法迸发而出，思想由此‘起飞’。”[65]

后记

另一个沃尔特式因素最终决定了这些藏品在特林博物馆的命运。1931 年，沃尔特在财务上的失策让他陷入困境，一位摆脱不掉的敲诈者（米里亚姆从未透露她的身份，只称是一位“微笑的贵族夫人”[66]）可能也加重了他的痛苦。沃尔特有着典型的隐秘性格，从不与任何人谈论他的处境。相反，他在自己心爱的“孩子们”中间做出了“苏菲的抉择”*，私下提出可以将绝大部分鸟类藏品都卖给纽约的美国自然博物馆，除了食火鸡和其他一些他最喜爱的标本。格特鲁德·范德比尔特·惠特尼（Gertrude Vanderbilt Whitney）捐出 22.5 万美元，以每件不到 1 美元的价格，帮助美国自然博物馆买下了这些标本。据称，沃尔特为这些标本一共花费了约 100 万美元。罗斯柴尔德家族从报纸上得知了这笔交易。恩斯特·哈特尔特当时已经从特林博物馆退休，回到德国，继续在柏林博物馆研究鸟类。一位同事回忆了他得知这一消息时的场景。“我的收藏！我的收藏！”哈特尔特磕磕巴巴地说道。[67] 他的胸口起伏，清澈的眼睛里噙满泪水。一年半后，哈特尔特去世。几年后，沃尔特·罗斯柴尔德也去世了，享年 69 岁。

米里亚姆·罗斯柴尔德在她的传记中提到，家族银行中并未悬挂沃尔特的肖像，“他的所有活动痕迹都已从档案中删除”。[68] 但她补充道，在家族中许多银行家都湮没无闻很久之后，沃尔

---

* 《苏菲的抉择》（*Sophie's Choice*）是一部 1982 年的美国电影，原著作者是威廉·斯泰隆。

特·罗斯柴尔德仍将继续活在“长颈鹿、极乐鸟、猩红色的嘉兰、蓝色或紫色的兰花、翅膀上具有珍珠母色窗斑的蚕蛾、盲眼的白色肠道寄生虫”，以及其他众多新物种的学名当中。[69*]

---

* 米里亚姆·罗斯柴尔德在传记《亲爱的罗斯柴尔德勋爵》中提到，科学家们为纪念沃尔特·罗斯柴尔德，以他的名字为大量新物种命名，包括 58 个鸟类物种或亚种、18 种哺乳动物、3 种鱼类、2 种爬行和两栖类、153 种昆虫、3 种蜘蛛、1 种马陆和 1 种线虫。

第二十二章 “好裙子的庇佑”

我很困惑，究竟是出于怎样的正义或公共政策的考虑，一个向最软弱、最愚蠢的男性都敞开大门的职业，却向有活力、有能力的女性强行关闭。[1]

——托马斯·亨利·赫胥黎

1895 年的一个傍晚，一位女性物种探寻者独自在加蓬内陆的森林中徒步旅行，领先了同伴好几分钟。这是一个危险的国家。向导曾提到，森林小径上的树皮碎屑意味着附近有花豹出没。这里的原住民也很可怕，据说是食人族。这位 30 多岁、有独立收入的迷人未婚女性名叫玛丽·金斯利，既自信又善于自嘲，在“白人坟墓”上自由自在地游荡。男性探险者经常诉诸虚张声势的征服手段，她则依赖朴素的智慧前行。例如，她宣称自己“除了蛇以外，在近距离见到非洲中部所有最重要的大型野兽时，我都能跑得过它们……”[2]（对于蛇，她会慢慢地往后退，或者是把它们当晚餐吃掉。）当然，她的勇敢也是毋庸置疑的。

不过这一次，她独自走在前头的决定却被证明是愚蠢的。下午 5 点，树林中的小径变得模糊起来。如果仔细观察，她或许能从灌木丛中找到这条路。但后来，她来到了一个已经完全找不到路的地方。她朝前面看了看，似乎看见路在灌木丛的另一边又出现了。于是她继续往前走。突然，她脚下一滑，掉入一个四五米的深坑，里面布满了锋利的尖刺。[3] 博物学家罗杰·福琼（Roger Fortune）就曾在中国踏入类似的陷阱，他从陷阱边缘滑落时抓住了一根小树枝，侥幸存活。[4] 在夏威夷，35 岁的植物学家戴维·道格拉斯（David Douglas）掉入一个陷阱，被困在那里的一头公牛顶死。

按金斯利的说法，她之所以能得救要归功于女性的身份。“在这样的时刻，你会意识到一条好裙子带来的庇佑，”她写道，“假如我听从许多英国人——他们应该懂得很多——的建议而穿上男性的衣服，我应该已经被刺穿骨头，一命呜呼了。不过，当时我的裙子紧紧地收拢在身下，让我能以还算舒服的姿势坐在 9 根长约 12 英寸（约 30 厘米）的黑檀木尖刺上，大声叫人把我拖出来。”[5] 有人指责女性太过脆弱，无法承受野外工作的严峻挑战，金斯利的这段记述对此予以了不同寻常的驳斥。

在大发现时代的大部分时间里，女性都被迫待在家中，做些家务，很少从事其他工作。如果她们碰巧嫁给了博物学家，通常就会一辈子与臭味为伴，并在被丈夫研究的物种面前屈居次等。例如，作为一名解剖学家，理查德·欧文的工作包括解剖伦敦动物园的尸体，而这通常是在家里完成的。他的妻子卡罗琳（Caroline）曾温和地提起，在一年夏天，由于大象尸体腐烂的气味过于刺鼻，以至于她“让丈夫在屋子里到处抽雪茄”。还有一次，她回家发现前厅有一头死去的犀牛（“亡于武姆韦尔动物园”）。在漫长的五天之后，她在日记中写道："他还在处理那头犀牛。"[6]

对科学感兴趣的女性或许可以为她们丈夫的著作提供插图。她们也可以成为采集者（至少在居住地），为男性科学家提供标本。不管是哪种方式，她们的工作通常都不会得到任何肯定。这种疏漏有时看起来让人吃惊。海洋生物学家菲利普·亨利·戈斯和鸟类学家约翰·古尔德都出版了十分畅销的科学书籍，其成功很大程度上要归功于他们的妻子埃米莉·鲍斯·戈斯和伊丽莎白·古尔德（Elizabeth Gould）分别绘制的准确而精美的插图，但她们都没有得到应有的认可。

在博物学家排外的世界中，女性被"遗忘、忽视，只能参与一些喜庆的场合，因为几乎没有人对她们真正感兴趣"。戴维·艾伦在1976年出版的《英国博物学家》（*The Naturalist in Britain*）一书中写道："否则她们就会被故意阻拦，因为科学是

玛丽·金斯利曾内心平静、步伐坚定地走入被称为"白人坟墓"的荒野地带

属于男人的事务，而俱乐部是只有知识男性才能参加的聚会，就像一个可以让雄鹿用鹿角相互碰撞的地方：那是一个只属于他的领地，好比他的书房，永远不允许女性进入。”[7]奇怪的是，艾伦把部分责任归咎于女性本身，因为她们穿着“不可能的衣服”，而且“默认了关于她们脆弱的夸张观点”。

“少女的道德”

琳恩·巴伯在《博物学的全盛年代》中写道，女性博物学家们忍受着“那个时代极为有害的‘精致’”，尽管那实际上更像是“有教养的淫荡”[8]。这迫使她们“对任何与性或繁殖有关的最微小暗示”或几乎任何与解剖学有关的东西“都感到惊慌和害羞”。事实上，社会成规使她们根本就没有机会接触到这些。例如，尽管英国科学促进会从19世纪30年代开始允许女性参加会议，但禁止她们听取关于有袋类繁殖等不雅课题的论文宣读。[9]“哺乳动物”一词本身就是个麻烦。在一次公开演讲中，理查德·欧文巧妙地将哺乳类的特征描述为“用一种特殊方式滋养它们的幼崽”，以避免吓到听众中可能不知道自己乳房用途的女性。[10]

查尔斯·达尔文可能深入思考过一种藤壶“非常发达”的阴茎，“盘绕着，像一条大虫子”，当它“完全伸展时……长度可达这种动物体长的八到九倍”。[11]另一方面，维多利亚时代的约束似乎已让他的女儿埃蒂在性这个话题上出奇地精神错乱。在达尔文的孙女格温·雷夫拉特（Gwen Raverat）所写的家族史《剑桥往事》（*Period Piece*）一书中，有一篇文章讲述了“埃蒂姑妈”时常出门远足，只为清除一种鬼笔属的真菌。[12] 这种会散发恶臭的菌类学名是 *Phallus impudicus*（白鬼笔），意为“无耻的阴茎”，很好地反映了它的外形。

“埃蒂姑妈会带着篮子和尖棍，穿着一件特制的狩猎斗篷，戴着手套，在树林里嗅来嗅去，时不时停下来。当闻到猎物气味时，她的鼻孔就会抽动起来；然后，她冲向目标，给予致命一击，再把散发腐臭的尸体戳起来，丢到篮子里。一天的游猎结束后，这些真菌尸体被带回来，秘密地在客厅里一把火烧掉——在房门紧锁的情况下进行；一切都是出于少女的道德。”

19 世纪 90 年代，当年轻的碧雅翠丝·波特（Beatrix Potter）对真菌产生了更严肃的科学兴趣时，她的工作注定会因男性的偏见而失败。她进行了细致的实验，取得了被男性同行忽视的重大发现，并将这些发现以精细的插图记录下来。然而，英国皇家植物园邱园的园长对她和她的工作都不屑一顾，以至于她在日记中将其描述为一个厌女者。林奈学会不允许女性加入，但接受了波特的一篇论文——在一次会议上由另一位曾断然拒绝她的男性科学家宣读。波特领会了这个暗示，她放弃了科学，把注意力转向了提姬-温克尔太太和彼得兔。[13*]

女性在收集贝壳时，里面的肉块都已被安全清除。对 19 世纪早期最著名的女性采集者玛丽·安宁（Mary Anning）来说，

* 碧雅翠丝·波特创作了许多以动物为主题的插图童书，包括《提姬-温克尔太太的故事》和《彼得兔的故事》等。

化石尽管不是那么合适，但同样没有肉质，因此也是安全的研究对象。她的工作主要是在英格兰西南海岸的莱姆里杰斯（Lyme Regis）完成的，包括鱼龙、蛇颈龙和翼龙等新物种的发现（男性地质学家将发现翼龙的功劳据为己有）。在当时的一幅画作中，她的手里握着地质锤，但也从头到脚裹在宽大的斗篷里，很像一件穆斯林罩袍。[14]

裙子下面的裤子

即使如玛丽·金斯利这般个性坚强的女性，显然也在为如何在公众面前展现自己的性别而挣扎。在撰写《西非游记》（*Travels in West Africa*）时，她与出版商发生了争执。“我不太明白你所说的‘这个故事是由一个男人讲述的’是什么意思，”她在给亚历山大·麦克米伦（Alexander Macmillan）的信中写道，“我哪里是这么说的？我这么说有什么好处……”她还补充道：“当然，我宁愿不用自己的名字出版，我真的无法一路拖着衬裙前往这些海岸。我也不能有一张我穿着裤子的画像，或其他任何类似的引人兴奋的东西。”[15]（实际上，她在西非穿过她哥哥的裤子，但总是得体地藏在裙子里。[16]）“我去那里是作为一个博物学家，而不是什么马戏团演员，”她写道，“但如果你想用我的名字，写上‘M. H. 金斯利’还不够吗？公众并不在乎我是谁，只要我说的是真的而且能做到……”不过，公众其实是在乎的。这本书由麦克米伦兄弟出版公司以“玛丽·H. 金斯利”的名字出版，十分畅销，她也迅速成为极受欢迎的人物，称自己为“当季的大海蛇”。*[17] 尽管科学家们仍然抗拒，但女性积极参与伟大的发现事业已不再是完全的禁忌。

无论是金斯利，还是其他开始追随她脚步的女性物种探寻者，都没有给博物学带来明显不同的感性认知。事实上，她们时常努力尝试让自己的描述听起来更像男性同行，以此提高科学可信度，有时这可能扭曲了她们原本的看法。于是，我们会看到金斯利描述“因一只老年大猩猩的丑陋外表而产生的可怕的厌恶感”。但她也会坐下来，欣喜地看着大猩猩，而不是简单地射杀它们以获得标本。[18] 和之前的男性博物学家一样，在她笔下，接待她的非洲东道主在智力和情感上都低人一等。[19]（金斯利写道：“我确信，黑人并不是未充分发育的白人，正如家兔并不是未充分发育的野兔。”现代读者有时会满怀希望地认为，她这样写是出于平等主义。事实上，金斯利是在重复那个古老的谬论，即黑人和白人是不同的物种。）不过，她对非洲习俗的描述充满了敬意和赞赏。她还抨击了传教士为改变这些习俗的“错误努力”，称之为他们在非洲犯下的“罪恶”[20]，这让一些读者感到震惊。金斯利甚至在口头上承认女性的智识不如男性，尽管她生活中的一切都证明了相反的观点。

---

* 原文为“the sea-serpent of the season”，改自“lion of the season”，从 18 世纪初，“lion”一词开始有“很受追捧的名流或名人”之意。

荣耀与恐惧

尽管如此，穿在裙子下面的裤子仍然成为一个象征，恰如其分地反映了早期女性博物学家的矛盾心理。但是，当金斯利能够摆脱社会的束缚时，她的文风要比她之前任何一位博物学家都更加生动迷人。比如，有一次，在艰难无助地穿过“森林中阴森森的大片暮色地带”时，她记录下了那些迷乱的阴影逐渐分开，并分门别类变成可辨认物种的时刻。一位来自芳族部落的老猎人一直引导着她，在她的启示时刻到来的瞬间，他说道：“啊，你看见了。”[21]

金斯利无疑是满足的，尽管她懊恼地发现，即使在这里，她也没有因为“为了看见所付出的艰辛努力”而得到应有的赞誉。相反，那位猎人将她逐渐增强的认知能力归功于“一个小小的半月形象牙”护身符。这是一位酋长所赠，据称有着“让人看见丛林”的魔力。无论来源何处，这都是一种特殊的力量，也是每一个博物学家梦寐以求的能力（尽管其他人都没想到把它写下来）：进入一个新的栖息地，将各个物种串联起来，无论它们本身看起来多么无关紧要；当某一天醒来的时候，看见秩序，看见一个系统，一个相互依存的关系网络。这就是看见丛林的真正含义。

与其他博物学家一样，金斯利采集爬行动物、昆虫，尤其是鱼类，这些都是构成这一系统的基本要素。（作为业余博物学家和旅行作家的女儿，同时也是作家、博物学家和牧师查尔斯·金斯利的侄女，她是在伟大的物种发现传统中成长起来的。）她想找到新的物种，并得到专业人士的肯定，哪怕只是确认她的旅行性质是科学的。1896年，金斯利急切地报道了她在第二次西非探险中收获的“结论”：“一种绝对是新物种的鱼类”[22]和一种同样是新发现的蛇，以及其他珍贵所得。这些都使金斯利松了一口气，“因为我开始担心自己就是个满口空话的人”。

事实上，她完全不是那样的人，她的遣词造句如此精妙，似乎不仅要看见丛林中的生活，而且要把这种生活完整而生动地带回家，献给读者。例如，在给朋友的信中，她生动描述了自己乘独木舟溯流而上、穿过生长着红树林的西非海岸时，头脑中荣耀与恐惧的转换。她写道：“（乘船）从宽阔、安静的黑色干流转入一条小溪，头顶上方交错的树木如此繁茂，以至于阳光穿过树叶就如同穿过彩色玻璃，呈现一种美丽温柔的绿色。当空气中有雾时，比如早晨或晚上，空气本身就显得绿意盎然，你会觉得，如果能弄到一些装在瓶子里，你就可以拿到英格兰展示。”[23]

“小溪里的水很快就从咖啡色变成了清澈透明的绿色，被桨打碎，出现一圈圈泡沫，就像结了霜的银。随着桨的划动，空气被带入水中，又轻柔地从水中升起，像珠宝一样闪亮。经过红树林后，河岸开始长满茂密而美丽的沼泽棕榈、油棕、竹子和其他成千上万的乔木和灌木，其中许多开着巨大而芬芳的花朵。鹦鹉尖叫刺耳，鹤鸟雍容华贵，鹈鹕和火烈鸟忙着在岸边捕鱼，随后嗖的一声飞走……你会感觉，来到非洲一切都挺好的。”

“但五六个小时后，当时间危险地接近6点钟时，夜幕从上方笼罩下来（不像在英格兰是从地面升起），而你已经局促地坐了几个小时，几乎没怎么吃东西，掌舵的人也开始流露出不知道该走哪条溪流的疑问，白羊毛般厚重且充满瘴气的迷雾从树林间悄无声息地弥漫出来，幽灵般飘浮在河道表面，像某种柔软的物质一般绕着树茎，时不时将船包裹其中，让你几乎看不到前桨手——青蛙开始嘶哑地呱呱叫着，鳄鱼沿着河流集结成群，用哀鸣般的咆哮，或者说嚎叫，打破沉默。你真希望自己当初能接受朋友的建议，在剑桥的家中享受晚餐。你开始确信，那个地方很可能再也回不去了。"

当然，在金斯利的人生中，她还是会多次回到剑桥并享受那里的生活。她很清楚在旅行中预防疾病的重要性。在第一次探险之前，一位同事曾劝告她："没有什么比死亡更能阻碍男人了，金斯利女士。"[24] 这种阻碍想必也适用于女性。金斯利似乎认为，她那瘦长且富有活力的体形可以给她多一些保护。她写道："充满血性、肥胖和精力旺盛的人应该像躲避瘟疫一样避开西非。"她一次次目睹这样的男人和女人"出来然后死去，当看到他们抵达西非海岸的营地时，你会有一种恐怖的感觉，觉得自己是谋杀发生之前的从犯……"[25] 疟疾是最常见的杀手，其病因仍不明确。金斯利采取了各种预防措施，既有老法子（晚上 8 点前进餐以避开夜间空气中弥漫的瘴气），也有新办法（"无论你所在的地方有没有蚊子"，都要睡在蚊帐里）。[26] 这些一直都很奏效，直到第三次非洲探险时，她感染了伤寒，可能是由于在照顾布尔战争的伤兵时饮用了受到污染的水。金斯利于 1900 年去世，年仅 37 岁。[27] 在她的要求下，人们为这位多年前在伦敦红极一时的"大海蛇"进行了海葬。

后记

尽管有玛丽·金斯利和其他女性生物学先驱的例子，但直到20世纪最后几十年，女性才开始在寻找新物种的过程中扮演独立的角色。即便那时的她们可以自由地穿着“分叉的衣服”，以自己的声音说话，她们也未能给物种搜寻带来全新的别样视角。两性的差异从来都不像那些试图排斥女性的人所声称的那么大（借用现代流行的说法，这不是火星与金星的差别，而更像是男人来自明尼阿波利斯，女人来自圣保罗）。女性似乎也看到了很多东西。或许是因为屈居男人之下的时间太长，她们反而更加努力。

今天，女性生物学家经常前往地球的极端地区工作，从西尔维娅·厄尔（Sylvia Earle）探索的海底，到比尔吉特·萨特勒（Birgit Sattler）揭示的长期被认为没有生命，但其实生活着许多微生物的云层。她们中的一些人发现了新的灵长类物种，另一些人则专注于理解动物的行为。因此，当珍·古道尔（Jane Goodall）第一次描述了黑猩猩如何使用工具时，她的导师路易斯·利基（Louis Leakey）通过电报回复道：“现在我们必须重新定义‘工具’，重新定义‘人’，或者接受把黑猩猩当作人类。”[28]

女性也是人，而且是发现事业中平等的伙伴，这种迟来的认可也重新定义了演化论。在1871年出版的《人类的由来》（*The Descent of Man*）一书中，查尔斯·达尔文在原有的自然选择演化理论中加入了性选择的观点：他认为，物种的演化并不仅仅是为了避免被掠食者、饥荒或疾病杀死，也取决于哪些个体更善于吸引异性。

我们现在知道，从孔雀开屏到园丁鸟的求偶舞蹈，动物界中一些最华丽的表演都是由性选择引起的。这也是造就物种多样性的重要因素之一。雄性不断与其他雄性竞争，并演化出丰富多样的求偶方式来吸引雌性。在大多数物种中，雌性会在一旁观察，在研究各种可能性后才做出选择。在达尔文之后的一个世纪里，男性生物学家设法忽视了这一观点。之所以这么做，是因为它挑战了一个比《圣经》创世论更神圣的正统观念:男性掌管着一切。但随着女性进入科学领域，一切都开始改变。

在“有教养的淫荡”之说最盛的时期，一位参观伦敦动物园的年轻女子写信回家，称这些猴子“非常肮脏”，她甚至不想看它们。“说实在的，在一位绅士的陪同下观看这些动物，我觉得太不文雅了。”她补充道。她更喜欢大象这样的“体面动物”。[29] 150 年后，女性野外生物学家不再被虚假的羞怯束缚，对大象进行了更近距离的观察。她们发现了许多不同寻常的行为，包括次声交流，即大象能用低于人类听觉范围的频率进行长距离交流。她们还发现，雄性非洲象会经历“发情期狂暴”（musth），当它们为了交配机会而激烈竞争时，就会反复经历一段荷尔蒙分泌旺盛的时期。这种现象应该是很难被忽略的。（事实上，这些研究人员还根据某个不雅部位的奇异外观，将其中一头公象命名为“红阴茎”。[30]）

然而，几代男性科学家都没有注意到这些。

第二十三章　蚊子体内的野兽

病理学在大体上不过是对居住在人体内的特定动物群和植物群的研究。[1]

——帕特里克·曼森

1877年的一个晚上，在中国东南沿海一座脏乱的港口城市，一位名叫帕特里克·曼森*的苏格兰医生用蚊子进行了一个小实验。实验的范围有限，设计也有严重缺陷。但这只是开始，在接下来的四分之一世纪里，物种探寻事业收获了辉煌的成果，使人类第一次能够控制那些令物种探寻者饱受折磨的疾病。揭示大猩猩和加拉帕戈斯雀类隐秘生活的研究重塑了我们对这个世界的认知，也更清楚地意识到人类所处的位置，与此类似，曼森开启的这项工作很快也将彻底改变我们的生活和死亡方式。

这个实验针对的是象皮病，一种热带地区的常见疾病。它不会致人死亡，但在疾病后期，患者会感到生不如死：他们的四肢会怪异地水肿，下垂、增厚的皮肤变得粗糙皲裂，就像大象或者

---

* 曾在中国台湾、厦门、香港等地工作多年，有万巴德、白文信、孟生等多个译名，本书采用普通话音译的“帕特里克·曼森”。

尽管遭到“轻蔑的怀疑论者”的嘲笑，帕特里克·曼森（左二）
还是坚持发展他的革命性理论，即蚊子会传播疾病

特别丑恶的蜥蜴的外皮。男性患者有时不得不用手推车把严重水肿的阴囊推到身体前方。

曼森的实验方案是让佣人罗兴（Hin-Lo，音译）在“蚊子屋”里过夜。这其实就是一间简陋棚屋里的隔间。一位侍者在床边放一盏灯，把门打开半个小时，以便尽可能多地吸引蚊子。然后，侍者把灯吹灭，关上门，将罗兴和蚊子都留在屋内。[2]

当时，大多数医学从业者都将象皮病归为疟疾的另一症状，而疟疾本身就是很笼统的热带病学诊断。[3]无论如何称呼，这种疾病的病因依然扑朔迷离。治疗该疾病的医生很少有机会交换意见或验证理论。殖民地的医生每天护理病人的工作量很大，也没人付钱让他们浪费时间去做实验。很多地方几乎完全与外界隔绝，比如曼森所在的厦门。“我生活在一个远离图书馆的地方，对正在发生的事情都缺乏了解，”他写信给伦敦的一位导师，“所以我不知道自己的工作价值所在，也不知道以前是否有人做过，或者是否做得更好。”[4]曼森感到自己“需要书籍、批评和医学上的陪伴”。[5]

只有在1875年休假回家时，曼森才有机会了解最新的进展。当时他31岁，一边追求着未来的妻子[6]——一位船长的17岁女儿——一边在大英博物馆的图书馆里查找文献。几年前，两位英国研究者（一个在印度，一个在伦敦）分别在象皮病患者的血液和尿液中发现了微小的丝状蠕虫。[7]他们还无法确定这些丝状蠕虫［属于丝虫属（*Filaria*）］是否真的引起了象皮病，但可以肯定的是，这是已知人体内第一种血源性寄生虫。两位研究者就这一发现的功劳归属争论不休。

当然，曼森是以医生的身份阅读了他们的报告。但对于同时也是博物学家的他来说，这既是苏格兰阿伯丁大学医生常规训练的一部分[8]，也涉及少年时代的喜好。因此，丝虫不仅仅是一个需要处理的医学问题（或是一个可以宣示的成果），还是一个物种，其生活史、行为、活动范围及栖息地等都是博物学家通常关注的问题。在曼森回到厦门后，对上述问题的敏感性促使他通过显微镜观察这些活的蠕虫，亲眼看到“这种外表可怕的动物”有着“不可思议的力量和活跃度”。[9]

中国的传统不允许曼森从事人体研究，于是他首先转向比较解剖学，研究狗身上的丝虫。他看到了这种蠕虫对狗的动脉、心脏和淋巴系统造成的损伤。[10] 然后，曼森和助手检查了 670 名人类患者的血液涂片，发现丝虫在病情最严重的个体中出现的比例最高——他总结称，这不是巧合，而是“因果关系”。[11] 今天的医生们知道，随着时间的推移，丝虫的积聚会导致淋巴水肿和阻塞，使体液滞留在下肢。但在 19 世纪 70 年代，“病原菌学说”——即微生物引起多种疾病的观点——仍然受到广泛争议。

基于对寄生虫的足够了解，曼森认为他在血液中看到的未成熟寄生虫不能在一个人类宿主体内完成整个生命周期。几十年之前，丹麦研究人员约翰·史汀史翠普（Johann Steenstrup）进行了一项关于吸虫的惊人研究，揭示了这类寄生虫奇异而复杂的生活史。[12] 许多人都很熟悉成年吸虫，它们的大小和形状与鼠尾草的叶子差不多，常常寄生在绵羊和其他牲畜的肝脏中。然而，没有人知道它们是如何到达那里的，许多科学家也将吸虫视为活体组织中能自发产生寄生虫的证据。

史汀史翠普从池塘和沟渠中采集了一些类似吸虫的生物，以及生活在那里的蜗牛。通过在实验室中保持这些动物存活，他证明了蜗牛正是吸虫的中间宿主——或者以他的说法，是吸虫的看护物种（nurse species）。这就是生命的循环，但并不完全如迪士尼童话想象的那样：一只吸虫每天产下 2 万个卵，这些卵和羊粪一起沉到水中；它们孵化成自由游动的形体，之后进入蜗牛体内，经过几个奇异的发育阶段，以另一种自由游动的形体再次出现；这些形体附着在草叶上，外面包裹着一个硬化外囊，耐心等待被正在吃草的绵羊吃下，然后重新开始这一循环。

史汀史翠普提出了“世代交替”理论来描述这种在不同形态和不同宿主之间反复交替的模式。按照一位德国科学家的说法，他的博物学视角给“一种完全混乱、看似不规则的现象”[13]带来了秩序。该理论表明，寄生虫也符合“动物生存和繁殖的公认法则”，这使大多数关于它们自发产生的论点变得毫无意义。其他研究者继续描述了在老鼠和黄粉虫之间、狗和虱子之间交替出现的寄生虫。首要宿主和看护物种之间的配对——如羊和蜗牛之间的联系——并不总是那么明显。[14]例如，一位早期研究者在为寄生于犬类的丝虫寻找看护物种时，就试过将它们的卵喂给蟑螂和青蛙。

然而，丝虫是血媒寄生虫，这使曼森想到，它们可以通过吸血动物进入和离开人体。由于象皮病和其他形式的丝虫病只发生在某些特定地区，曼森认为丝虫的看护物种也应该具有“相应且有限的分布”。他排除了跳蚤、虱子、臭虫和水蛭的嫌疑，因为“它们在世界各地都很常见”。最后，他选择蚊子作为研究对象——尽管其分布也非常广泛——并重点研究了常见于厦门民宅附近的致倦库蚊（*Culex fatigans*）[15]。这一领悟为“蚊子屋”的漫漫长夜埋下了伏笔。

曼森的佣人罗兴已经感染了丝虫病。问题是，一个晚上无限制的吸血是否会把丝虫传染给蚊子。一大早，另一名佣人在“蚊子屋”内点燃烟草，用浓浓的烟雾让吸满血的蚊子趴在墙上动弹不得，再用一只倒扣的红酒杯把蚊子转移到通风的玻璃瓶中，让它们在曼森的实验室中保持存活状态。这个实验的设计在几个方面都有缺陷——不单单在饱受吸血之苦的罗兴看来如此。首先，曼森接受了当时普遍认为的蚊子在其短暂生命中只吸血一次的观点，所以他没有想到，那天早上收集到的蚊子可能已经感染了来自其他人的丝虫，而不仅仅是罗兴。其次，他还忽视了对这些蚊子的饲养，导致它们在一周内相继死去。

曼森的病理学技术也很粗糙。“我不会轻易忘记我解剖的第一只蚊子，”他写道，“我撕下它的腹部，成功地将它肚子里的血显露出来……”[16]在显微镜下，他不仅看到了进入蚊子体内的丝虫，也看到了蚊子消化道内从鞘膜中释放出来的未成熟丝虫，即微丝蚴。

通过检查这些实际已成浆糊状的蚊子，曼森隐约推测出了接下来会发生什么：新释放的微丝蚴将穿过蚊子的腹腔内壁，盘踞于胸腔的肌肉中。[17]在那里，它们会继续发育，“显然……即将前往一个新的人类宿主”[18]。医学史学家伊莱·彻宁（Eli Chernin）称，曼森发现了“一个全新的革命性概念”，即“某些吸血节肢动物可以传播人类疾病”。[19]这一发现最终拯救了数百万人的生命——更确切地说，每年拯救数百万现代人的生命。曼森也因此永世不朽，成为“现代热带医学之父”[20]。

当时，曼森正忙于研究丝虫的另一种令人不安的行为：每到白天，它们会从人体血液中消失（我们现在知道它们是退到了肺部），但到了晚上又重新出现，“日落后开始出动，一直持续到午夜时分”。他在人体内发现了一场迁徙，就像浮游生物每晚从深海向海面迁移一样。[21] 正如曼森在伦敦的导师所说，人体是一个栖息地，是“特殊动物群”的“特殊领地”。[22] 身体的各个部分就像不同的地域，每个地域在特定时间“对特定寄生形态具有特殊的吸引力”。（演化论让这个观点不那么令人反感，“只有接受达尔文先生的假说，”他的导师总结道，“我们才能避开一个不够体面的结论，即这些寄生虫是专门创造出来住在我们体内的，我们也因此注定要款待他们。”[23]）曼森自己则写道：“大自然究竟是如何使丝虫和蚊子的习性相适应的呢？这实在是太神奇了——当蚊子准备进食的时候，丝虫的胚体恰好就在血液中。”[24] 他漫不经心地想到，或许可以用某种类似的模式来解释疟疾患者的间歇性发热。

由于认为蚊子一生只会叮人一次，曼森错过了故事的后半部分。他得出的结论是，蚊子叮咬受害者后，通常会离开去产卵，然后死在水中。他写道，这些“外表可怕、非常活跃”的蠕虫从蚊子尸体中逃出来，借由饮水“进入人体宿主的胃中”。[25] 我们现在知道，蚊子通常会叮咬多个受害者。这些丝虫像伞兵一样排列在受感染蚊子的头部和口器里，在蚊子叮咬时进入宿主皮肤，再从伤口处找到进入血液的途径。多年后，曼森在象皮病研究的基础上，解决了更为致命的疟疾问题。直到这时，他才开始接受蚊子会多次咬人的事实。当时，造访厦门的随船医生大多嘲笑这位“疯狂的曼森”[26]，因为他把如此多的邪恶归咎于像蚊子这样微不足道的威胁。

然而，昆虫可能导致疾病的想法在当时肯定已经传播开来。

1878年，一位名叫格里高利·尼可拉耶维奇·明克（Grigory Nikolaevich Minkh）的俄国研究者提出一个理论，认为在从农民到国王的所有人眼中令人讨厌却又微不足道的虱子，可能就是斑疹伤寒的传播载体。[27]对于今天的人们，身上出现虱子是如此罕见，以至于我们常常会认为“长虱子”几乎是一种想象出来的折磨。然而，在人类历史中，这种小虫却达成了许多末日灾难般的“成就”。由虱子传染的斑疹伤寒，加上瘟疫和饥饿，在“三十年战争”中杀死了约1000万人，而真正死于战事的只有约35万人。[28]在第一次和第二次世界大战中，这种疾病又杀死了数百万人。[被关押在贝尔根－贝尔森集中营的安妮·弗兰克(Anne Frank)就是众多受害者之一。]

大约在曼森和明克对虫媒疾病进行理论研究的同时，一位名叫卡洛斯·胡安·芬莱（Carlos Juan Finlay）的古巴研究者正试图验证蚊子是否会传播黄热病。[29]这种疾病如同一股致命的波浪席卷各地，威胁着大量人群。芬莱所关注的蚊子物种如今被称为埃及伊蚊（*Aedes aegypti*）。他饲养了一些实验用的蚊子，让它们先叮咬黄热病患者，再叮咬健康的志愿者，后者很快染病。然而在许多年里，芬莱的理论和曼森的理论一样，引来的主要是怀疑和嘲笑。

第二十四章 “为什么不试验一下？”

没有按蚊（*Anopheles*）就没有疟疾。[1]

——乔凡尼·巴蒂斯塔·格拉西

（Giovanni Battista Grassi）

在谈论19世纪的最后几十年时，历史学家往往会赞美细菌学等“硬科学”不仅战胜了疾病，而且战胜了博物学等“软科学”。事实上，若没有彼此，这两门学科都不可能取得很大的进展。“在‘实验室革命’的时代，”医学史学家李尚仁（Shang-Jen Li）写道，“博物学仍然为创新研究提供了模板。”[2]这是一项在英国，尤其是苏格兰医学中根深蒂固的传统。训练年轻的医生仔细观察自然是培养他们观察技能的方式之一。这也是船上的外科医生和军医经常充当博物学家的原因，而博物学家有时也会发现自己被迫充当了外科医生。

此外，这一传统已经产生了非凡的成果，始于18世纪的伦敦外科医生和比较解剖学家约翰·亨特（就是本书开头用电鳗做实验的那位）。他的一个学生名叫爱德华·詹纳（Edward Jenner），是一位乡村医生兼博物学家。詹纳花了15年的业余时间研究杜鹃的行为。[3]这种鸟以巢寄生而臭名昭著，即它们会把卵产在其他鸟类的巢中。（杜鹃的英文"cuckoo"便是"cuckold"一词的起源，指妻子有外遇的男人。）詹纳首次报道了杜鹃雏鸟在其他鸟类的巢中孵化后，会将原有的鸟蛋从巢里拱出去，从而消除竞争者——这个想法曾被普遍认为是荒谬的，直到130多年后的照片提供了证据。在亨特的指导下，詹纳还注意到它们的背部有特殊的卵形凹槽，这一构造正是用于这种杀戮目的。

亨特让詹纳明白，仔细的观察和细致的实验比理论更重要。比如，在一封著名信件中，亨特谈到了詹纳对刺猬的研究，他写道："我认为你的解决方案是合理的；但为什么只是想，而不试验一下呢？"[4]（他还以其他方式来鼓动詹纳。在听说伯克利勋爵的收藏中包括一件"巨大无比"的蟾蜍标本之后，他写信给詹纳："请告诉我关于它的真相，它的尺寸，里面还保留着哪些骨头，以及它是否会被某种无形的东西偷走。"[5]）科学史学家劳埃德·艾伦·威尔斯（Lloyd Allan Wells）认为，对杜鹃行为研究的训练，加上"亨特对细致观察和令人信服的表述的坚持，帮助詹纳在思想上为他的伟大事业做好了准备"[6]。这项伟大的事业，自然就是开发了世界上第一种天花疫苗。天花是一种致命的疾病，会导致严重毁容。这种疫苗的出现，不仅及时根除了天花，还推动了针对其他许多致命疾病的疫苗开发，如黄热病、腺鼠疫、霍乱、脊髓灰质炎、流感、白喉、麻疹、腮腺炎、风疹、甲肝、乙肝、破伤风和狂犬病等。詹纳因此被认为是医学史上拯救生命最多的人（对此亨特和杜鹃肯定也有一份功劳）。加拿大的印第安人曾因天花而几乎全族灭绝，他们写下了一段在詹纳看来再好不过的谢语："我们应该把詹纳的名字告诉我们的孩子；感谢伟大的神灵给予他如此多的智慧和如此多的仁慈。"[7]

博物学和医学研究的结合也引出了许多不那么重大的发现，比如揭示了旋毛虫病的原因。1835 年，在伦敦圣巴塞洛缪医院，医生们在对一位 51 岁的砖瓦匠进行尸检时，注意到他的肌肉中出现了"骨刺"，也就是所谓的"沙状膈肌"。但他们只是将此看作一种会使手术刀变钝的麻烦。之后，医学院一年级学生詹姆斯·佩吉特（James Paget）用手持放大镜对这些肌肉中的小点进行了更仔细的观察。[8] 他还把组织切片拿到大英博物馆，那里的博物学家拥有一台他能找到的距自己最近的显微镜。结果发现，这些小点其实是一些包囊，"几乎每个包囊里都盘绕着一条小蠕虫"[9]。这是一种新的线虫，很快就被称为"旋毛虫"（*Trichinella spiralis*）。"解剖室里的所有人，包括老师在内，都'看到了'肌肉里的小点，"佩吉特后来回忆道，"但我相信只有我'盯着'它们，'观察'它们——凡是经过博物学训练的人都不会做不到这一点。"（年轻的理查德·欧文当时已名声在外，他很快听说了这个新物种，并急匆匆地将其发表，将功劳归于自己而非佩吉特。[10]）

整个 19 世纪，在博物学和医学研究的共同努力下，大量新物种的发现成为可能。到了 19 世纪 90 年代，新物种的数量在几乎奇迹般的激增中达到顶峰，相关的疾病也迅速消失，就像它们以前的受害者那样。在短短 5 年多的时间里，研究人员就串联起那些似乎永远威胁人类的致命流行病的因果关系，包括黄热病

（1898—1901）、鼠疫（1894—1897）和痢疾（1897），以及最重要的疟疾（1894—1898）。[11] 对于每一种疾病，解决方法都依赖于对所涉及物种的精确分类和行为认知，并且通常涉及多个物种，包括引起疾病的细菌或其他有机体，以及大量含有这种微生物的一个或多个宿主物种，还有将其传递给人类受害者的媒介物种。正如曼森所说，"疾病的病因学"——研究疾病起源和诱因的学科——"只是博物学的一个分支"。[12]

例如，1894 年香港暴发鼠疫期间，两名细菌学家各自都在工作中鉴定出了导致鼠疫的杆菌。[这个新物种的学名 *Yersina pestis* 源自瑞士研究者亚历山大·耶尔辛（Alexandre Yersin），但日本研究者北里柴三郎（Kitasoto Shibasaburō）也具有同等的功劳。物种探寻者的队伍已不再完全是欧洲面孔。] 研究者们很快分离出老鼠作为这种疾病的宿主，跳蚤则是传播媒介。不过，正如医学史学家 J. R. 布斯维纳（J. R. Busvine）所言，笼统地说"跳蚤"是远远不够的。北方具带病蚤（*Nosopsyllus fasciatus*，又称欧洲鼠蚤、条纹鼠蚤）其实很少咬人，而人蚤（*Pulex irritans*）通常不会屈尊叮咬老鼠。要想战胜这种疾病，就必须找到一种能够愉快地叮咬人类和老鼠，从而起到载体作用的跳蚤。这就是东方具带病蚤［*Xenopsylla cheopis*，由查尔斯·罗斯柴尔德（Charles Rothschild）偶然发现］。[13]

旧有的瘴气理论相对简单，认为流行病是由含义模糊的"瘴气"造成的，而这些有毒气体来自语义更模糊的"腐烂物质"。但现在，流行病更像是一个生态难题，公共卫生工作者突然间开始依赖物种探寻者的工作。特别是，这项工作中最广受嘲笑的一个分支——鉴定不为人知的昆虫物种——此时为医学提供了拯救生命的必要工具。

“我形成了一个理论”

1894年，50岁的帕特里克·曼森回到英国，姗姗来迟地着手研究疟疾问题。[14]痛风和其他健康问题使他辞去了殖民地的职务。他曾计划退休后和妻子及三个孩子去苏格兰定居，但糟糕的投资回报迫使他在伦敦重新开始行医。

当曼森在厦门研究丝虫病时，身在阿尔及利亚的法国军医阿方斯·拉韦朗（Alphonse Laveran）在血液中发现了导致疟疾的有机体。[15]这种病原体很快就成为国际上强烈关注的对象，被命名为三日疟原虫（*Plasmodium malariae*），是目前已知会引起人类疟疾的4种疟原虫中最先被发现的物种。拉韦朗提出，这种寄生虫生命周期的某些阶段必须发生在人体之外，正如约翰·史汀史翠普的“世代交替”理论所阐述的那样。拉韦朗还提出，蚊子可能是传播的途径，但他无法证明这一点。

道格拉斯·海恩斯（Douglas Haynes）在《帝国的医学》（*Imperial Medicine*）一书中写道，拉韦朗拒绝为了检验自己的理论而将受感染的血液注射给一位健康的人类患者，因为“他不愿意造成不必要的死亡”[16]。在当时，这是一种很不寻常的顾虑（曼森后来还故意感染了自己的儿子[17]）。不久前，路易斯·巴斯德

（Louis Pasteur）开创了巧妙的细菌学方法，并使其成为一项标准技术，用于分离引起炭疽或霍乱等疾病的杆菌，并在试管或培养皿中进行培养。但是，这种方法被证实对疟疾无效。当时许多研究人员坚定地认为细菌也能引起疟疾，但拉韦朗发现的疟原虫其实是一种单细胞原生动物，在培养皿中很快就会死掉。“呈现在我们眼前的微生物具有非常特殊的形态，”他写道，“我们不能将其与普通物种混淆；这些微生物绝对是疟疾特有的。”[18]

拉韦朗曾观察过这种寄生虫的具鞭毛阶段，即带有鞭毛状附属结构的时期。其他研究者开始追踪其在发育过程中如何变形。[19]当它第一次出现在血液中时，呈杆状或纺锤状；进入红细胞后，呈现为环状体；然后，它发育成许多微小的圆盘，不断累积，直到细胞膜破裂。这种在全身血细胞中的同步破裂，在时间上与疟疾患者常见的发烧周期相一致，这一发现令 19 世纪 80 年代的研究者大为兴奋。

曼森之所以对疟疾感兴趣，部分是出于国家自豪感，尤其是在拉韦朗的工作于 1891 年被翻译成英语之后。他在亨特学会（Hunterian Society）* 的一次演讲中宣称：“大陆国家在热带国家的利益比我们小得多，但在这个问题上却远远领先于我们，这并不是什么值得夸耀的事情。”[20]曼森以自己对丝虫病的研究来做类比。在 1894 年的一篇论文中，他宣称蚊子“或类似的吸附性昆虫”肯定是疟疾的传播媒介。[21]他甚至申请了资金，希望前往

---

* 为纪念约翰·亨特，于 1819 年在伦敦成立的学会，主要由内科医生和牙医组成。

西印度群岛探险，以验证这一想法[22]；但由于年纪太大，痛风太严重，他最终未能成行。“冷嘲热讽的怀疑者”也不屑于他的理论，认为猜测的成分过多；后来曼森写道，他们将自己当成了“病理学界的儒勒·凡尔纳”[23]。

同年，一位从印度休假回家的医生敲响了曼森的家门。和年轻的曼森一样，这位罗纳德·罗斯（Ronald Ross）医生也在大英博物馆里研读了好几个小时，以跟上最新的研究进展。在医学生涯的头15年里，罗斯几乎没有做出什么能让自己脱颖而出的成就，这与曼森也十分相似。在他们第一次见面时，罗斯仍然相信疟疾是由细菌引起的。不过，他很了解热带病，还是个熟练的显微镜专家，两人就此成了朋友。不久之后的一天，当他们沿着牛津街散步时，曼森透露：“我形成了一个理论，蚊子会携带疟疾，就像它们携带丝虫一样。”他想让罗斯证明这一点。[24]

门没锁

在接下来的四年里，曼森有条不紊地指导着罗斯的研究和他的职业生涯，不断接近这一目标。两人就罗斯的工作方向频繁通信，曼森也定期提出新的挑战，并向伦敦科学界报告结果。罗斯很快证明，在某些吸食受感染血液的蚊子胃中，疟原虫无法被消化，反而可以看到它们在细胞中持续发育，呈现明显的色素沉着。[25]疟原虫似乎会在蚊子的肚子里茁壮成长，这一想法让曼森想起象皮病微丝蚴在蚊子体内失去保护层的方式。他认为，这正是这种生物得以释放并通过饮用水传染给人类的前奏。

1897年，通过仔细的显微镜观察，罗斯发现了疟原虫的另一个发育阶段，即形成卵囊，嵌在“一种灰色、翅膀带有斑纹的蚊子”的腹壁上，物种未知。[26] 在曼森的建议下，罗斯用蚊子喂鸟，以追踪疾病的进程。之所以这么做，是因为在印度寻找人体试验对象出奇的困难，部分原因是患者担心拿着注射器的英国医生可能

在远在伦敦的帕特里克·曼森的逐步指导下，罗纳德·罗斯（左一）在印度进行了蚊子研究，但他后来转而贬损曼森

会故意让他们染病，相比之下，鸟类更容易用来试验。1898年年初，罗斯向曼森报告称，他通过让蚊子吸食受感染的云雀和麻雀血液，而在它们的胃里持续产生了健康的、正在发育的疟原虫[27]。“黎明似乎快到了。”曼森回复道。

与此同时，曼森成功游说罗斯的老板给他一个“为英格兰打一场胜仗的机会”，让他能全职参与疟疾研究。[28]曼森警告称：“如果我们不去做，或者行动不够快，某些意大利人、法国人或美国人就会介入，向我们展示如何去做那些我们自己不能做或不愿意做的事情。甚至现在，他们可能已经走上正轨。”解决疟疾的难题，是“重塑我们的国民形象，并向世界其他国家指明如何应对这一最棘手疾病”的机会。

事实上，由意大利动物学家乔凡尼·巴蒂斯塔·格拉西领导的一个团队正在努力解决疟疾难题，试图赢得先机，而罗斯很清楚这一点。在他所擅长的部分，即描述疟原虫内部运作的问题上，意大利人采用了历史学家埃内斯托·卡帕纳（Ernesto Capanna）所称的独特的“动物学方法来解决这个问题”。1890年，格拉西与人合作撰写了一篇论文，描述了疟疾在猫头鹰、鸽子和麻雀中的循环，并确定了导致每种疟疾的不同原生动物——但没有确定传播途径。[29]

1895年，当格拉西在罗马郊区重新开始研究疟疾时，新同事说服他相信蚊子可能很重要。作为昆虫学家，格拉西很了解蚊科物种的分类。他着手绘制当地疟疾发病率的分布图。然后，他将这些数据与不同种蚊子的地理分布进行比对，将研究范围缩小至带棒按蚊（*Anopheles claviger*）和库蚊属（*Culex*）的两个物种。[30] 就在格拉西的团队努力工作之时，一位英国医生突然前来拜访。"一位英国同行对他们的研究很感兴趣，这令意大利科学家们深感荣幸，他们欢迎他的来访，丝毫没有怀疑其动机，"卡帕纳写道，"然后，他就向罗斯报告了自己获得的信息。"对这位博物学家而言，间谍活动和医学研究一样，都是在运用观察的才能。但意大利人至少足够谨慎，当这位访客要求带走他们正在研究的蚊子物种样品时，他们婉拒了。

与此同时，罗斯仍在研究曼森的理论，即蚊子通过饮水而不是叮咬将疾病传播给人类。但是，他没有发现死蚊子会产生疟原虫的证据。相反，在追踪疟原虫在活蚊子体内的发育过程时，他注意到了一些意想不到的情况：含有疟原虫的细胞突然失去色素，杆状或纺锤状结构则再次出现在周围，仿佛它们从原来的细胞里迸发出来。他切下一只蚊子的头，发现"这里挤满了杆状物，甚至从某个地方涌出来"。

进一步的解剖表明，这些杆状物是通过蚊子眼睛之间的导管从胸腔涌出的。在那里，它们挤入一个结构——罗斯正确地判断是唾液腺，也就是"蚊子注入叮咬处的灼人液体"的来源。罗斯意识到，这些杆状物可能会随着蚊子的唾液，在被叮咬者的皮肤之下"大量倾泻"，然后"被血液循环卷走"。在血液中，它们会"发育成疟疾寄生虫，完成这个循环"[31]。

曼森的水媒传播理论突然间成为了历史；实际上，是蚊子的叮咬将疟原虫从一个受害者体内取出，再注入另一个受害者体内。不过，曼森的想法在更大层面上得到了证实。“我想我现在可以说‘证明完毕’*，并祝贺你提出了蚊子传播疟疾的理论，”罗斯在给导师的信中写道，“门没锁，我就是走进去收集了宝藏。”曼森十分高兴。1898 年 7 月，他在爱丁堡举行的英国医学会会议上介绍了最新研究进展，并一直等到演讲结束时，才公布罗斯发来的一份电报，充分利用了这一戏剧性时刻。在电报中，罗斯告诉他疟疾之谜已经解开。

或者应该说是“几乎解开”。罗斯证明了蚊子可以在鸟类中，而不是在人类中传播疟疾。更严重的错误是，他仍然在谈论他的“灰色”蚊子，而没有尝试依照林奈的双名法为它起一个真正的学名。在任何遵循英国科学传统的研究者看来，这都是罕有的遗漏，尤其在 20 世纪前夕。这也意味着，罗斯忽略了关于蚊子传播疟疾的一个最重要的事实。大约在同一时间，意大利的格拉西团队发现，他们研究的两种库蚊与疟疾没有任何关系。但通过按蚊的叮咬，他们成功地将疟疾传染给一位健康的人类志愿者。在几周内，罗斯和意大利科学家相继发表了研究结果。读完罗斯的文章，格拉西在空白处草草写下一句简短的判断，“non dice che fosse *Anopheles*”——意思是“他没有说那是按蚊（*Anopheles*）”。格拉西正确地指出：“没有按蚊就没有疟疾。”只有这个属的蚊子能够传播疟疾，以它们为目标才能控制住这种疾病。

---

* 原文为 Q. E. D.，拉丁词组 Quod Erat Demonstrandum 的缩写，意为“这就是所要证明的”。

收集宝藏

在某种程度上，这一胜利又引出了一场令人震惊的荣誉争夺战。不仅罗斯和格拉西在争夺荣誉，格拉西还与一位同事就谁最先提出按蚊与疟疾关系的问题发生了笔战。[32] 不久之后，罗斯也开始鲜少提及曼森在解决疟疾难题中的作用。

起初，罗斯给予了曼森应有的赞誉，包括提及他“绝妙的归纳”，并指出他的蚊子理论“相当准确地指出了研究的真正路线，而我的职责只是跟随其方向”。他还补充道，在即将从印度回国时，他“非常期待见到曼森，疟疾问题的解决要归功于他”。但在罗斯回到英国并有时间思考自己可能得到的荣誉之后，这个故事也和疟原虫一样，开始发生变化。他后来写了一首关于这一重大发现的诗[33]，很精准地描述了他的心情，这些字句让人想起林奈最自私的时候：

这一天，悲天悯人的上帝
在我的手中放下
一个奇妙的东西。
赞美主啊。在他的旨意下，
我追寻他的隐秘事迹。
伴随泪水和呼吸，
我找到了狡猾的种子，

那谋杀了百万人的死神。

罗斯对曼森的态度似乎有所改变，除了门生反抗导师的一般倾向之外，至少还有两个原因。[34]首先让他感到不安的是，曼森很快就开始与他的竞争对手格拉西合作进行实验，以进一步确定蚊子在人类疟疾中的作用。（1900年7月，格拉西将感染疟原虫的按蚊运到伦敦。曼森的儿子，也是一名医学生，自愿接受蚊子叮咬并很快染上疟疾。通过奎宁治疗，他康复了。这几乎就是任何人都希望得到的最有力证据。）罗斯自己也开始疏远曼森。科学史学家珍妮·吉列明（Jeanne Guillemin）表示，由于曼森在“罗斯在印度的研究中所扮演的角色，让人对其门生的自主性和独创性生出令人不安的疑问”。罗斯发现，如果选择拉韦朗作为“知识教父”并贬低曼森的话，对他自己会更加有利。在经过相当多的政治操纵，将其他在这一发现中完成同等贡献的人排挤出局之后，罗斯获得了1902年的诺贝尔奖。他在获奖感言中宣称：“我将从拉韦朗这个伟大的名字说起……”

后来，罗斯开始把曼森描述成一个障碍而非帮手，原因正是他的饮用水传播疟疾理论。“蚊子是否将毒物从我们体内带出去并不重要，”罗斯写道，“重要的是，它还会将毒物放回我们体内；这与曼森最初的教导无关。”在这场争论中，最糟糕的一刻发生在1912年，当时罗斯在一封与疟疾完全无关的信中，揪着一句无伤大雅的话不放，指控曼森诽谤。[35]不过，这位20年来一直忍受嘲笑，被呼为“蚊子曼森”的长者，如今已有足够的把握——

格拉西致力于寻找对疟疾传播至关重要的物种，
证明了“没有按蚊就没有疟疾”

或者说足够坚忍——不被罗斯激怒。医学史学家伊莱·彻宁写道，曼森的态度是，只有两个傻瓜才会吵架，“而他不想成为其中一员”[36]。他写了一封道歉信，并在罗斯的坚持下支付了4英镑的诉讼费。罗斯参与了科学史上最富有成效的合作之一，却又使其蒙羞。

摆脱自然选择

这场争论无碍大局。受到格拉西及其同事的启发，意大利很快发起了世界上第一场根除疟疾的国家运动，但也面临着巨大的阻碍。疟疾会让患者陷入一种看似永久的麻木和愚蠢状态，而在意大利，人们普遍怀疑政府分发的奎宁是一种旨在消除农村贫民的毒药。科学史学家弗兰克·斯诺登（Frank Snowden）在《疟疾的征服：意大利，1900—1962》（*Conquest of Malaria: Italy, 1900–1962*）一书中写道，无论是富人还是穷人，都反对公共卫生工作者倡导的纱门和纱窗，因为这“将房屋变成了笼子”。他们把纱门撑开，有时还把纱窗拆下来，用作厨房筛网。不过，通过奎宁治疗、安装纱窗、蚊虫控制和农村教育相结合等手段，这场运动很快证明了疟疾并不是不可避免的“意大利病”[37]。

1900 年年初，意大利每年有 1.6 万人死于疟疾。到 1914 年，死亡人数降至 2000 人（官方只统计了直接死于疟疾的人数。但由于疟疾通常会削弱免疫系统，使患者更容易感染其他疾病而间接导致死亡。因此格拉西估计，最初疟疾导致的实际死亡人数接近每年 10 万人）。这场运动在第一次世界大战期间中断，但很快恢复。弗兰克·斯诺登写道，这逐渐改变了这个国家，不仅拯救了生命，还把穷人尤其是妇女，从古老的奴役中解救出来，使经济发展取代了长期的贫困。

坎帕尼亚（Campagna）是首都罗马附近一个沼泽遍布、疟疾横行的地区，几千年来一直是一个臭名昭著的夏季死亡陷阱；埃米尔·左拉（Emile Zola）曾将此地描述为“这个巨大的墓地”[38]。但到了 1925 年，格拉西已经可以用过去时来描述那些可怕的场景：“四分之一个世纪以前，在农业年结束前的疟疾季节中，任何途径罗马坎帕尼亚大区的人，每一步都会见到有人躺在地上，裹着大衣，因发烧而瑟瑟发抖。如果有人出于怜悯，试图把他们送到医院的话，他们就会当场死亡。这种悲惨的景象原本会永远出现在我的眼前，而现在再也不会发生了！”[39]格拉西请求将自己葬在位于坎帕尼亚中心的菲乌米契诺（Fiumicino），这样他就能见证疟疾在意大利的根除。[40]不过，早在1962年意大利最终根除疟疾之前，格拉西所发起的运动就为全世界树立了榜样。

在19世纪晚期的美国，疟疾已经司空见惯。华盛顿特区的一位昆虫学家回忆道，当地夏季的养生之道就是“每天早餐前吃一大口硫酸奎宁”[41]。在托马斯·纳斯特（Thomas Nast）1881年创作的一幅漫画中，一个头戴高帽、剧烈颤抖的瘦削人物站在一张海报前，上面将疟疾形容为美国首都的“一种时髦疾病”。美国北部的城市也受到了影响。在一张显示疟疾发病率的地图上，发生疟疾的地区被标注为红色，就仿佛受感染的血液从墨西哥湾漫延到了五大湖。[42]在发现疟疾通过按蚊传播之后，这些红色区域逐渐消失，直到1949年，美国最终根除了这种疾病。[43]同样的转变也发生在所有发达国家。[目前，联合国和世界银行共同发起的“遏制疟疾”（Roll Back Malaria）运动正努力将这一成功纪录扩展到热带国家，在那里每年仍有超过100万人死于疟疾，其中大多数是非洲儿童。[44]]

大约在疟疾得到控制的同时，科学家开始着手遏制黄热病长期以来的猛烈侵袭。在今天的发达国家，这种疾病已经基本被人遗忘，但在当时的美国，夏季还时常出现不可预测的黄热病流行，波及范围远至北部的波士顿。症状开始时表现为肌肉疼痛，而后迅速恶化为高烧，然后发冷和呕吐；由于肝脏衰竭，患者的皮肤变黄，眼睛流血；他们的呕吐物发黑，里面包含半消化的血液，看上去如同咖啡渣一般；还会出现谵妄和抽搐，通常会导致死亡。比这些症状更加恐怖的是，人们完全不知道疾病为什么发生，也不知道何时会在一个家庭或社区里再次发生。

黄热病似乎是来自上帝的审判，疫病蔓延时的场景如同地狱一般。城市中会鸣炮，喷出焦油燃烧所产生的黑烟，以驱散有害的瘴气。死者增加的速度比生者埋葬他们的速度还快。1853年，新奥尔良的一场黄热病导致8000人死亡，在一处墓地，尸体“堆在地上，肿胀不堪，棺材都要被撑破了”。一份报纸形容这是一场“恐怖的盛宴”，“干瘪的老太婆和肥胖的女性小贩”在墓地大门外叫卖冰淇淋和其他食物，苍蝇在她们的商品和“发绿腐烂的尸体”之间飞来飞去。[45]

许多人在疫情期间惊慌失措，他们关闭商店，逃离城市。瘟疫的消息也迅速传播，在官方隔离措施不足、无法限制出行的地方，紧张的当地人甚至祭出了“猎枪隔离”手段，关闭了大部分商业活动。美国最严重的疫情发生在1878年，蔓延至密西西比河流域的大部分地区，造成新奥尔良4600人死亡，孟菲斯5000人死亡，相当于每8名居民中就有1人死亡。同年9月，一位在该地区旅行的纽约商人写道：“肯塔基州路易斯维尔和新奥尔良之间的乡村完全是一派荒凉和悲哀的景象。”[46]

1900年8月1日，美国黄热病委员会驻古巴的成员前往探望居住在哈瓦那的卡洛斯·胡安·芬莱，这也预示着黄热病在美国肆虐的日子行将结束。芬莱概述了他对蚊子传播黄热病这一观点的看法，并描述了自己所做的实验。为了感激终于来了这么一批乐于接受他观点的科学听众，他向客人们赠送了一个瓷皿，里面装有埃及伊蚊的卵，外形像黑色的种子。他怀疑这种蚊子正是传播黄热病的罪魁祸首。在美国陆军少校沃尔特·里德（Walter Reed）的领导下，美国研究人员利用这些卵孵化的蚊子将黄热病传播给人类志愿者，证实了芬莱的理论。不久之后，哈瓦那开始了蚊虫控制工作，当地军事长官称，这是“自詹纳发现疫苗接种以来，医学上取得的最大进步”[47]。美国战争部长回忆起那些年的隔离措施，称“从波多马克河（Potomac）入海口到格兰德河（Rio Grande）入海口”都被封锁；他预言，从今往后，“黄热病再也不可能如此肆虐”。[48]

但真正的考验出现在1905年，黄热病再次袭击了新奥尔良。牧师们开始在讲坛上宣扬“蚊子教义”，而一位医学权威人士呼吁，控制蚊虫“必须像教义问答和《圣经》那样进行传授和实践，以指引我们的一切行为”。这种新的“宗教”主张快速识别出黄热病患者，对他们的房间进行遮蔽和熏杀，以阻止受感染的蚊子传播疾病；最重要的是遮蔽为各家各户提供用水的露天蓄水池，防止其成为蚊子孳生的场所。在有些人继续否认黄热病与蚊子存在关联的同时，官方开始对没有采取必要预防措施的人处以罚款，甚至监禁。8月初，美国总统西奥多·罗斯福（Theodore Roosevelt）下令，由美国公共卫生局负责灭蚊运动。一位英国观察员写道：“干净、迅速、科学。身穿橄榄绿制服的工作人员奔向各处……科学的亮光照进每个角落……如此迅速，就像一台巨大的机器在工作，极其流畅且高效，以完美的轻松姿态执行着一个了不起的任务。”[49]

以往疫情中常见的可怕场景并未重现。当年夏末，黄热病新病例的数量没有继续攀升，而是开始下降。到了9月，当地马鹿俱乐部的人们已经有了足够的信心，准备开始庆祝。多达700名游行者穿着纱布罩衫，戴着形似蓄水池盖的帽子。（当时人们已经知道只有雌蚊会叮咬并传播疾病，因此游行者们兴高采烈地高呼："这个物种的雌性比雄性更致命。"但或许是为了性别平衡，这场庆典还举办了一项与选美比赛相反的活动——丑男比赛。）最终，黄热病只在新奥尔良造成452人死亡，在路易斯安那州其他地方造成500人死亡。据官方估计，"仅在新奥尔良，当年夏天就至少挽救了3500条生命"[50]。从那里获得的经验很快传播到其他地区，1905年成为美国最后一次遭受黄热病恐怖疫情的年份。

蚊子体内的野兽已被驯服。

再往前追溯约170年，一位年轻的医学生以一篇荒谬的论文获得了医生资格。他认为，疟疾是由黏土颗粒进入饮用水，再进入人体血液，阻塞毛细血管引起的。[51]幸好他从未行医。但巧合的是，这位名叫卡尔·林奈的学生，后来首次对传播黄热病的蚊子——埃及伊蚊进行了科学描述。[52]更重要的是，他在后来所设计的分类体系，将使其追随者——包括卡洛斯·胡安·芬莱、阿方斯·拉韦朗、罗纳德·罗斯、乔凡尼·巴蒂斯塔·格拉西，特别是被称为"蚊子曼森"的帕特里克·曼森——能够鉴定并开始了解蚊子、虱子、

凯旋的游侠骑士：阿方斯·拉韦朗等科学家的工作拯救了数百万人的生命

苍蝇、蠕虫等传播疾病的生物。尽管林奈肯定不是有意为之，但他的分类系统的确迫使我们理解了自己作为人类，只不过是众多灵长类动物的一员。我们也由此看到了自己是如何融入这个星球的历史以及其他物种的生活的。令人懊恼的是，这个系统还展示了其他物种有时也会融入我们的生活，将人类的身体变成它们的栖息地。

我们或许能得出这样的结论：林奈系统以及物种探寻者们的工作最终使强大的智人变得卑微。但与此同时，它也赋予我们生的希望。在20世纪初，这个系统使人类从地球的万千生灵中脱颖而出，不仅理解了自然选择，而且通过征服一些迄今为止最致命的疾病，在一段时间内摆脱了它们可怕的控制。

结语　物种发现的新时代

来吧，我的朋友，

现在去探寻新世界还为时未晚。

开船吧，按序坐好，

划破这喧噪的海浪；

我执此目标

驶向日落的彼岸，

越过西方群星的浴场，至死方休。

——阿尔弗雷德·丁尼生（Alfred Tennyson），《尤利西斯》（Ulysses）

在大发现时代，已知动物物种的数量几乎增长了100倍，从林奈在《自然系统》1758年的第十版中列出的4400种，增加到了19世纪末的415 600种。如今，尽管物种总数已接近200万[1]，但新物种仍然在现代世界的几乎所有地方不断被发现，有时比大多数人想象的距离我们自身更近。

例如，近年来研究人员开始在人类的消化系统中进行生物分类——结肠中发现了800种细菌，口腔中发现700种，食道中发现 65 种，而胃中只有 1 种。[2] 事实证明，这些与我们朝夕相处的伙伴极为重要。研究人员发现，这一构成特殊的共生群落在一定程度上决定了我们如何吸收不同的食物，身体是会变瘦还是变胖，以及免疫系统如何运作——简而言之，它们决定了我们如何生活。幽门螺杆菌（*Helicobacter pylori*）是人类胃部强酸环境中唯一的殖民者，其发现帮助我们治愈了多种溃疡。在此之前，溃疡经常被归咎于患者本人。

然而，现代的物种发现并不仅仅与微生物有关。乔治·居维叶曾经对“发现大型四足动物新物种”[3] 活在现代世界的可能性不屑一顾，但在将近两百年后的今天，这样的动物仍然存在，比如佩氏中喙鲸（*Mesoplodon perrini*），在 2000 年发现于加利福尼亚州近海；[4] 以及 1993 年在老挝和越南边界发现的中南大羚（*Pseudoryx nghetinhensis*），一种重约 200 磅（约 90 公斤）的牛科动物。[5] 在人类自己所在的灵长目中，平均每年都会出现一个新物种。尽管我们常用浪漫的视角看待过去，同时又悲观地看待现在，但据一些博物学家的描述，我们仍然身处一个“发现的新时代”[6]，新物种的数量“胜过了 18 世纪中叶以来的任何时期”——科学分类正是从那个年代开始的。

为什么是现在？研究者之所以能在野外发现重要的新物种，部分原因是他们可以前往那些曾因战争或政治因素无法到达的地方。新的道路和迅速加剧的森林砍伐，也使他们能够涉足以往过于偏远的地区。因此，新物种在被发现的同时，有时也会遭到灭顶之灾。现代的物种探寻者还拥有直升机、潜水器、卫星地图、物种数据库等现代工具，可以对研究不足的地区进行更有条理的搜索。有时，他们也会别出心裁地使用旧工具：例如，鳞翅目昆虫学家克莱尔·克莱曼（Claire Kremen）在马达加斯加采集新的蝴蝶物种时，曾用弹弓将腐烂的水果打到树梢上，作为诱饵。有时，发现新物种的研究者只是足够幸运，例如在一项研究中，科学家将微型照相机绑在树袋鼠身上，却在取景器里意外发现了一种新的兰花。[7]

研究者迈克尔·J. 多诺霍（Michael J. Donoghue）和威廉·S. 阿尔弗森（William S. Alverson）在他们的论文《一个发现的新时代》（A New Age of Discovery）中问道，我们是否“发现了任何显著不同的东西”，抑或只是在“一个已知甚详的变种范围内填补空白”？接着，他们用数页篇幅描述了奇异的新物种——有些物种在医学上意义重大，有些则因为出现在大城市附近而备受关注。[举例来说，在距离澳大利亚人口最多的城市悉尼只需一日来回的地方，一棵高达 130 英尺（约 40 米）的树不仅是新物种，还代表了一个新的属，但不知何故直到 1994 年才被发现。[8]] 他们总结道，新的发现并不会匮乏，“在最近这个伟大的发现时代中，那些非同寻常的新生物依然能够令人感到惊叹和趣味，甚至困惑”。

事实上，在多诺霍和阿尔弗森的文章发表后的十年里，许多新物种看起来都过于离奇，显得很不真实。例如，人们在湄公河三角洲发现了一种长着条纹的兔子*[9]，在印度尼西亚发现

---

* 指苏门答腊兔属（*Nesolagus*）。

了一种色彩鲜艳的躄鱼，并将其命名为迷幻躄鱼（*Histiophryne psychedelica*）。（这种鱼在游动时会在海底随意地跳来跳去，按照研究人员的说法，似乎“应该给它开一张酒后驾车的罚单”。[10]）这可能正是物种探寻者们给予我们的最大发现，既令人高兴又使人生畏：大自然不仅怪异，而且怪异得无拘无束。

现代的物种探寻者仍然坚持着一个目标：描述地球上的每一个物种。2003 年，E. O. 威尔逊（E. O. Wilson）倡导建立了“生命大百科”网站（http://www. eol. org/），希望在 25 年内为每个物种建立一个互联网页面。但正如威尔逊当时承认的那样，“事实是，我们不知道地球上存在着多少种生物，哪怕是最接近的数量级”[11]。他认为最终数字应该是大约 1000 万个物种。其他生物学家认为是 5000 万甚至至 1 亿。看起来，生命并不是无限的，变异也不是永恒的。但对研究某个科的甲虫、蜗牛或寄生蜂的分类学家来说，这种感觉并不陌生。不仅新标本源源不断地涌来，远远超过任何人对其分类的速度，就算是那些早已确定并被描述的物种，在经过更仔细的审视之后，往往也会变成别的东西。

遗传学研究表明，根据形态学特征——或者正如一位鳞翅目学者最近所说的，根据“它们在 6 英尺（约 1.8 米）高的昼行性哺乳动物眼中的样子”[12]——来区分物种的传统做法，可能会带来严重误导。例如，长颈鹿长期以来一直被认为是单一物种，但现在看来，它们斑驳的外表之下实际隐藏着 6 个“神秘物种”[13]。我们看不出的区别，它们彼此之间却很清楚。非洲象也不只是一个物种，现在已经分为普通非洲象（*Loxodonta africana*，又名草原象）和非洲森林象（*L. cyclotis*，又名圆耳象），二者之间的差异几乎与它们和印度象之间的差异一样大。有些“发现”乍一看似乎微不足道。谁会在乎基因证据表明某种按蚊实际上是20个不同的物种呢？它们在人类眼中是完全一样的。然而，正是如此细微的差别，才使今天的公共卫生团队能够针对那些真正携带疟疾的物种开展工作，而忽略无关的物种。通过更有效的蚊虫控制，那些在几年前还有可能死去的儿童得以幸存。

这种新的物种发现模式另一个令人兴奋的原因在于，它使我们超越了肉眼所能看到的模糊事物，而更接近动物自身更清晰的感知。那些不会出现在博物馆抽屉里的行为线索——如气味、声音或针对某只青蛙的鸣叫声——在野外环境下可能决定了个体是生还是死，是赢得交配还是孤独而终。随着对动物界这种新视角的开启，我们越来越明显地看到，我们对自己居住的这颗星球依然知之甚少。

因此，生物学家将继续前往地球上最遥远的角落，寻找神秘且难得一见的生命形式。在这个物种大灭绝的时代，新物种的发现似乎很快就将难以为继。一些狐猴、鸣禽和蝴蝶在我们几乎还不了解它们的时候就已消失，而在某些地区，消失的野生动物已经变成遥远的回忆。最终，这股可怕的灭绝浪潮也可能将我们自身卷入其中。

但令人欣慰的一个愿景是，植物和动物将继续它们在过去30亿年里所做的事情——改变，从旧的生态位消失，填补新的生态位，发展出斑斓的色彩和奇异的形状，以及令人惊奇的新行为。它们会适应的。在我们当前的末日结束之后，奇特的新物种将重新在地球上繁衍。

或许，我们最终也会适应，尽管困难重重。那些尚未出生的孩子，将在成长时再次体会到发现新物种的喜悦。

逝者名录

这是在寻找新物种过程中逝者的初步名单，更完整信息参见 www. speciesseekers. com

阿道夫·比尔曼（Adolph Biermann，？—1880），加尔各答植物园负责人，在花园散步时遭遇老虎袭击但幸免于难，一年后死于霍乱。

阿道夫·施拉京特魏特（Adolf Schlagintweit，1829—1857），德国人，家中五兄弟后来都成为博物学家和探险家。28 岁时在中国新疆喀什误被当作间谍斩首。

阿尔文·金特里（Alwyn Gentry，1945—1993），美国植物学家，在厄瓜多尔山区死于飞机失事，时年 48 岁。

埃尔默·耶鲁·道森（Elmer Yale Dawson，1918—1966），史密森尼学会心理学家，在红海潜水寻找海草时溺水身亡，时年 48 岁。

爱德华·F. 莱特纳（Edward F. Leitner，1812—1838），出生于德国，内科医生和植物学家，奥杜邦和约翰·巴克曼的标本采集者，在佛罗里达州朱庇特湾附近被印第安人射杀，时年

26 岁。

奥古斯特·弗里德里希·施魏格（August Friedrich Schweigger，1783—1821），德国博物学家，在西西里岛的研究旅行中被向导杀害，时年 38 岁。

本杰明·沃尔什（Benjamin Walsh，1808—1869），美国伊利诺伊州官方任命的第一位“州昆虫学家”，在一场火车事故中失去了一只脚，随后去世，时年 61 岁。

彼得·范奥尔特（Pieter van Oort，1804—1834），东印度群岛荷兰博物学委员会的一名艺术家，他绘制了大量的风景、人物、动物和植物的插图，后来在苏门答腊死于疟疾，年仅 30 岁。

彼得·福斯科尔（Pehr Forsskal，1732—1763），出生于赫尔辛基的林奈“使徒”，在也门因疟疾去世，时年 31 岁。

博伊德·亚历山大（Boyd Alexander，1873—1910），探险家和鸟类学家，在非洲乍得被杀害，时年 37 岁。

戴维·鲍曼（David Bowman，1838—1868），苏格兰植物采集者。他的标本在哥伦比亚被抢劫，死因据说是“坏疽”，但更可能是痢疾。他在波哥大去世，年仅 30 岁。

戴维·道格拉斯（David Douglas，1799—1834），苏格兰植物学家和探险家，在夏威夷掉入一个已被公牛占据的陷阱而死，时年 35 岁。

东基特博（Tungkyitbo，？—1891），与威廉·多尔蒂一起工作的绒巴族采集者，因不明疾病在爪哇住院，后来在海上去世。

费迪南德·斯托利茨卡（Ferdinand Stoliczka，1838—

1874），捷克古生物学家和博物学家，在拉达克穿越喜马拉雅山脉时死于高原反应，时年 36 岁。

弗兰克 · N. 迈耶（Frank N. Meyer，1875—1918），美国植物探险家，曾四次前往中国考察。在一个政治动荡的年代，他在沿长江顺流而下的返航途中失踪。一周后，他的尸体被找到。

弗雷德里克 · 哈塞尔奎斯特（Fredric Hasselquist, 1722—1752），瑞典人，林奈的“使徒”，在中东采集了大量物种［包括以他的姓氏命名的扇趾守宫（*Ptyodactylus hasselquistii*）］。他死于士麦那附近，年仅 30 岁，原因不明。

古斯塔夫 · 克雷默（Gustav Kramer，1910—1959），德国鸟类学家，在意大利南部试图捕捉巢中的原鸽雏鸟时，意外失足摔死，时年 49 岁。

哈罗德 · J. 格兰特（Harold J. Grant，1921—1966），美国昆虫学家，在特立尼达岛采集蝗虫的探险中溺亡，时年 45 岁。

海因里希 · 阿格森 · 伯恩斯坦（Heinrich Agathon Bernstein，1828—1865），德国医生，鸟类和哺乳动物采集者，死于新几内亚附近的巴丹塔岛，年仅 36 岁，死因不明。

海因里希 · 博伊（Heinrich Boie，1784—1827），德国鸟类学家，在爪哇死于胆汁热，时年 43 岁。* 他是为东印度群岛荷兰博物学委员会殉职的众多博物学家之一。

海因里希 · 库尔（Heinrich Kuhl，1797—1821），德国鸟类

* 根据维基百科，出生年为 1794 年，去世时年龄为 33 岁。

学家，在爪哇死于一种未知的热带疾病，时年 23 岁。

海因里希·马克洛（Heinrich Macklot，1799—1832），博物学家。在爪哇时，当叛乱分子烧毁了他的房子和所有的藏品之后，他非常愤怒，组织了一次报复袭击，后被人用矛刺死，时年 33 岁。

赫伯特·华莱士（Herbert Wallace，1828—1850），昆虫学家，22 岁时在亚马孙地区死于黄热病。

赫里特·范拉尔滕（Gerrit van Raalten，1797—1829），荷兰艺术家和博物学家，在爪哇的一次犀牛袭击中幸存下来，后死于高烧。

亨利·亨菲尔（Henry Hemphill，1830—1914），美国博物学家，主要研究贝类，死于砷中毒，时年 84 岁。

卡尔·埃克利（Carl Akeley，1864—1926），美国自然博物馆的博物学家兼标本剥制师，在刚果东部采集哺乳动物时死于痢疾，时年 62 岁。

H. 克拉里茨（H. Cralitz，？—1637），德国医生和博物学家，荷兰西印度群岛探险队成员，抵达巴西后不久去世，原因不明。

拉尔夫·B. 斯温（Ralph B. Swain，1912—1953），昆虫学家、鸟类学家、植物学家，在墨西哥被强盗杀害，时年 41 岁。

拉斐尔·皮尔（Raphaelle Peale，1774—1825），美国艺术家和博物学家，死于家族博物馆标本剥制工作中的砷和汞中毒，时年 51 岁。

雷内·马塞洛·丰塞卡（Rene Marcelo Fonseca，1976—

2004)，厄瓜多尔哺乳动物学家，因车祸去世，时年 28 岁。

理查德 · P. 史密斯威克（Richard P. Smithwick，1887—1909），美国鸟类学家。22 岁时在弗吉尼亚州去世。当时他走到一处松软的河岸，准备偷袭一只白腹鱼狗的巢，结果陷入泥沙窒息而死，被发现时“只有他的双脚露在外面”。

鲁道夫 · 冯 · 威尔莫斯 · 苏姆（Rudolf von Willemoes Suhm，1847—1875），德国博物学家，英国皇家海军“挑战者号”上最年轻的科学家，被船员们称为“男爵”。死于丹毒，一种急性链球菌感染，时年 28 岁。

拉塞尔 · W. 亨迪（Russell W. Hendee，1899—1929），哺乳动物学家，为菲尔德博物馆的凯利－罗斯福探险队采集哺乳动物标本，在老挝万象死于疟疾，时年 30 岁。

玛丽 · H. 金斯利（Mary H. Kingsley，1862—1900），英国探险家、鱼类学家，在南非患伤寒去世，时年 37 岁。

尼古拉 · 米哈伊洛维奇 · 普热瓦利斯基（Nikolai Mikhaylovich Przhevalsky，1839—1888），波兰－俄国探险家，发现了唯一的野马亚种。在吉尔吉斯斯坦死于斑疹伤寒，时年 49 岁。

潘布（Pambu，生卒年不详），与威廉 · 多尔蒂一起工作的绒巴族采集者，在巴布亚新几内亚“被野蛮人谋杀”。

乔治 · 坎贝尔 · 艾卡特（George Campbell Eickwort，1949—1994），膜翅目昆虫学家，在牙买加死于车祸，时年 45 岁。

乔治 · 马克格拉夫（George Marcgraf，1610—1644），德国医生，荷兰西印度群岛探险队的博物学家。在巴西去世，可能死于疟疾，时年 34 岁。

塞缪尔·怀特（Samuel White，1835—1880），澳大利亚鸟类学家，在阿鲁群岛的一次探险中患肺炎去世，时年 45 岁。

泰德·帕克（Ted Parker，1953—1993），美国鸟类学家，死于厄瓜多尔山区的一次飞机失事，时年 40 岁。

汤姆·哈里斯森（Tom Harrisson，1912—1976），英国人类学家、鸟类学家，在泰国死于公共汽车事故，时年 64 岁。

威尔弗雷德·斯托克（Wilfred Stalker，1879—1910），英国采集者，主要在东南亚采集博物学标本。在英国鸟类学协会（British Ornithological Union）于 1909 年启动的新几内亚探险中溺亡，时年 31 岁。

威廉·安德森（William Anderson，1750—1778），外科医生兼博物学家，参与了库克船长的第二次和第三次探险，死于海上，原因可能是坏血病。

威廉·多尔蒂（William Doherty，1857—1901），美国鳞翅目昆虫学家，沃尔特·罗斯柴尔德的标本猎人，在肯尼亚的阿伯德尔山脉死于痢疾，时年 44 岁。

威廉·甘贝尔（William Gambel，1823—1849），美国博物学家，在内华达山脉因伤寒去世，时年 26 岁。为纪念他，黑腹翎鹑被命名为“*Callipepla gambelii*”，英文名为“Gambel's quail”（甘氏鹑）。

威廉·格里菲斯（William Griffith，1810—1845），在印度和阿富汗工作的英国植物学家，死于疟疾，时年 34 岁。

威廉·亨普里希（Wilhelm Hemprich，1796—1825），普鲁士军队的外科医生，博物学家，领导了一次为期五年的埃及及其周边国家探险，采集了约 3000 种植物和 4000 种动物。探险队有 9 名队员去世，其中就包括 28 岁的亨普里希。当时他在厄立特里亚，很可能死于疟疾。

威廉·默克罗夫特（William Moorcroft，1765—1825），英国兽医，在中国西藏和克什米尔地区进行过植物采集，被误认为是一名特工。在阿富汗被杀，时年 60 岁。

威廉·斯托克斯（William Stokes，？—1873），英国皇家海军“挑战者号”上的“水手男孩”，在海洋学家的拖网断裂时，被滑轮击中而死。

维克托·雅奎蒙特（Victor Jacquemont，1801—1832），法国植物学家，在印度去世，死于痢疾或疟疾，时年 31 岁。

乌尔里希·J. 泽岑（Ulrich J. Seetzen，1767—1811），德国探险家和博物学家，专长蛇与蛙类。他伪装成一个乞丐在中东旅行，后被指控盗窃文化宝藏并被毒死，时年 44 岁。据说此事是一位伊玛目下令做的。泽岑的遇害地在如今的也门。

悉尼·帕金森（Sydney Parkinson，1745—1771），在库克船长的“奋进号”上担任随船艺术家，在海上死于痢疾，时年 26 岁。

雅各布·海斯贝特·博尔拉吉（Jacob Gijsbert Boerlage，1849—1900），荷兰植物学家，在 51 岁生日当天去世，死因不明。当时他正在马鲁古群岛进行植物探险，试图鉴定格奥尔格·艾伯赫·朗弗安斯所描述的植物。

伊恩·克雷文（Ian Craven，1962—1993），鸟类学家，31岁时在伊里安查亚死于坠机。

约翰·阿德里安·布丁（Johan Adriaan Buddingh，1840—1870），荷兰公务员，莱顿博物馆业余采集者，去世于爪哇岛的巴达维亚（今雅加达），年仅30岁。

约翰·班尼斯特（John Banister，1650—1692），英国博物学家和牧师，在弗吉尼亚州探险时死于枪伤。

约翰·费尔纳中士（Sgt. John Feilner，？—1864），鸟类学家。在达科他州采集标本时意外被苏族人杀死，就在他所属的美国陆军远征队到达之前。

约翰·格哈德·凯尼格（Johann Gerhard Köenig，1728—1785），出生于波兰，医生，林奈的学生，他将林奈分类系统引入印度。死因不详，时年57岁。

约翰·怀特黑德（John Whitehead，1860—1899），英国人，东南亚博物学标本采集者，因高烧在中国海南去世，时年39岁。

约翰·吉尔伯特（John Gilbert，1810?—1845），英国博物学家和探险家，一直为约翰·古尔德收集澳大利亚的哺乳动物和鸟类。35岁时，在一次原住民对其营地的夜袭中被矛刺死。

约翰·卡辛（John Cassin，1813—1869），美国鸟类学家，描述了198个新物种，55岁去世，死因据说为砷中毒。

约翰·柯克·汤森（John Kirk Townsend，1809—1851），美国医生和博物学家，42岁时死于砷中毒。

约翰·昆拉德·范哈塞尔特（Johann Coenraad van Hasselt，

1797—1823)，荷兰鸟类学家，在爪哇岛死于一种未知的热带疾病，时年 26 岁。

约翰·奈特尔（Johann Natterer，1787—1843)，出生于维也纳，动物学家，于巴西进行了 18 年的采集工作。在家中整理众多的标本时因肺出血去世，时年 56 岁。

约翰·赛勒斯·卡洪（John Cyrus Cahoon，1863—1891)，美国鸟类学家和野外博物学家，在纽芬兰的一处悬崖坠海，年仅 28 岁。

约翰·瑟布贾纳森（John Thorbjarnarson，1957—2010)，美国爬虫学家，专长鳄鱼，在印度死于疟疾，时年 52 岁。

约翰·威廉·海尔弗（Johan Wilhelm Helfer，1810—1840)，奥地利博物学家，在安达曼群岛被杀害，时年 29 岁。

约瑟夫·H. 巴蒂（Joseph H. Batty，？—1906)，标本剥制师、标本猎人，近年来有观点认为他有欺诈行为，在墨西哥"因自己的枪意外走火而即刻身亡"。

约瑟夫·斯洛文斯基（Joseph Slowinski，1962—2001)，爬虫学家，38 岁时在缅甸北部死于毒蛇咬伤。

朱尔·莱昂·杜特雷依·德·兰斯（Jules Léon Dutreuil de Rhins，1846—1894)，法国探险家，死于中国西藏东部，时年 48 岁。

朱塞佩·拉迪（Giuseppe Raddi，1770—1829)，意大利植物学家，对巴西本土植物有深入研究。在一次前往尼罗河的探险中，因痢疾在罗得岛去世，时年 59 岁。

致谢

首先，我要感谢约翰·西蒙·古根海姆基金会，他们的资助使这本书得以出版。感谢《国家地理》（*National Geographic*）杂志的克里斯·约翰斯（Chris Johns）、康涅狄格大学的历史学家杰弗里·沃德（Geoffrey Ward）和戴维·瓦格纳（David Wagner），以及耶鲁大学的弗雷德·斯特雷贝（Fred Strebeigh）对这个项目的慷慨推荐。我的编辑安吉拉·冯德里佩（Angela Vonderlippe）和经纪人约翰·桑顿（John Thornton）在本书还只是一个模糊概念的时候，就对我寄予相当大的信任。我对他们深表感激。

我担任撰稿人的几家出版物的编辑和工作人员也提供了宝贵的帮助。感谢《博物学》（*Natural History*）杂志的彼得·G. 布朗（Peter G. Brown）、多莉·塞顿（Dolly Setton）和安妮·戈特利布（Annie Gottlieb），感谢《史密森尼》（*Smithsonian*）杂志的凯里·温弗瑞（Carey Winfrey）、汤姆·弗雷（Tom Frail）、玛丽安·霍尔姆斯（Marian Holmes）和萨拉·齐林斯基（Sarah Zielinski），感谢《耶鲁校友杂志》（*Yale Alumni Magazine*）的凯瑟琳·拉西拉（Kathrin Lassila）和西娅·马丁（Thea Martin），感谢《纽约时报》（*New York Times*）的记者劳拉·马尔默（Laura Marmor），还有《大西洋月刊》（*Atlantic Monthly*）的詹姆斯·班奈特（James Bennet）、斯科特·斯托塞尔（Scott Stoessel）、艾米·米克尔（Amy Meeker）和埃莉诺·史密斯（Eleanor Smith）。

在这本书的研究中，我要感谢众多图书管理员和档案管理员的帮助，他们来自：耶鲁大学的斯特林纪念图书馆（Sterling Memorial Library）和克莱恩科学图书馆（Kline Science Library）、美国哲学会、菲比·格里芬·诺伊斯图书馆（Phoebe Griffin Noyes Library）、iCONN 的馆际互借服务处、北卡罗来纳大学图书馆和弗吉尼亚大学图书馆。还要感谢伦敦林奈学会的吉娜·道格拉斯（Gina Douglas）和琳达·布鲁克斯（Lynda Brooks），皇家外科学院的西蒙·卓别林（Simon Chaplin），英国布里斯托尔参考图书馆的唐·戴尔（Dawn Dyer），艾肯影业（Icon Films）的戴维·丹尼（David Denny），康涅狄格大学的布朗温·图姆（Bronwen Tomb）和巴德学院的克莱尔·康尼夫（Clare Conniff）。

感谢耶鲁大学皮博迪自然博物馆的威廉·L. 克林斯基（William L. Krinsky）和丹尼尔·布林克曼（Daniel Brinkman），哈佛大学比较动物学博物馆的特里·麦克法登（Terri McFadden）和朱迪·卓帕斯科（Judy Chupasko），美国国家自然博物馆的唐·E. 威尔逊（Don E. Wilson）和克里斯托弗·M.

赫尔根（Kristofer M. Helgen），英国特林自然博物馆的乔安妮·H. 库珀（Joanne H. Cooper），耶鲁大学的弗兰克·斯诺登（Frank Snowden），中田纳西州立大学的安德鲁·布劳尔(Andrew Brower)，哈佛大学的丹尼尔·马格西（Daniel Margocsy），荷兰莱顿国立自然博物馆的克里斯·斯米恩克（Chris Smeenk），加拉帕戈斯群岛自然保护区的琳达·卡约（Linda Cayot）和约翰娜·巴里（Johannah Barry），俄勒冈州立大学的保罗·劳伦斯·法伯（Paul Lawrence Farber），以及国际野生生物保护协会的乔治·夏勒（George Schaller）。以上诸位都慷慨地提出了很好的建议（并回答了我那些愚蠢的问题）。

感谢詹姆斯·C. G. 康尼夫（James C. G. Conniff）细致地审读手稿；也感谢凯伦·康尼夫(Karen Conniff)所做的艰苦努力，她将许多松散的部分整合在一起。最后感谢我的岳母，已过世的珍妮丝·沃德·布雷德（Janice Ward Braeder）。她是一位剪贴艺术家，致力于收藏18和19世纪的博物学插画，其中许多作品都被收入本书。

注释

引言 异土奇物

1. O'Brian 1997, p. 169. 威廉·谢菲尔德牧师是阿什莫林博物馆的管理员，这句话出自他在"奋进号"返航时写给吉尔伯特·怀特的信。
2. Reitter 1960, pp. 188–189; Smith, Mittler, and Smith 1973, pp. 125–127.
3. Gette and Scherer 1982, p. 100.
4. Groner and Cornelius 1996, pp. 3,4.
5. 林奈的 19 名"使徒"，见 Koerner 1999, p. 113。
6. Gruber 1982.
7. Philbrick 2004, p. 95.
8. Aldington 1949, p. 80.
9. Mearns and Mearns 1998, p. 55.
10. Farber 2000, p. 56.
11. Bates 2002, p. 289.
12. Bates 2002, p. 21.
13. Bates 2002, pp. 22, 23.
14. 威廉·多尔蒂，写给 T. G. 沃尔辛厄姆的信，1889 年 10 月 2 日。藏于伦敦自然博物馆。
15. Hartert 1901.
16. J. Thomson 的来信，1848 年 10 月 2 日。藏于美国哲学会。
17. W. H. Pease 的来信，1848 年 1 月 27 日。藏于美国哲学会。
18. Mearns and Mearns 1998, p. 40.
19. Berenbaum 1995, p. 280.
20. *The Ibis*, 1944, pp. 413–415.
21. Hartert 1901.
22. 詹森写给威廉·多尔蒂的信，1901 年 6 月 14 日。詹森家族档案，藏于伦敦自然博物馆。
23. Dance 1966, p. 156.
24. Kingsley 1890, p. 46.
25. Kingsley 1917, p. 148.
26. Audubon 1832, p. 455.
27. Twain 1963, pp. 480, 481.
28. Philbrick 2004, p. 57.
29. Philbrick 2004, p. 69.
30. "On Discovering a Butterfly": *The New Yorker*, May 15, 1943.
31. Kingsley 1890, p. 31.
32. 达尔瘦了 34 磅(1865 年 4 月 27 日)，经历了一次艰难航程（1867 年 1

月 1 日），以及分享发现时“单纯的喜悦”（1866 年 8 月），均出自达尔的资料，1865—1927，藏于华盛顿的史密森尼学会档案馆。
33. Cuvier 1822, p. 61.
34. *The New York Times*, March 28, 1861, p. 2.
35. 欧文写给怀曼的信，1848 年 7 月 24 日。见 Wyman 1866。

第一章 城镇巨兽

1. J. Addison, *The Spectator*, August 26, 1710.
2. Moore 2005, pp. 31, 32, 35–42.
3. Foot 1794, p. 10.
4. Wells 1974.
5. Dobson 1962.
6. Rousseau 1982, p. 200.
7. Rousseau 1982, p. 224.
8. J. Addison, *The Spectator*, August 26, 1710.
9. Johnson 1810, p. 67.
10. King 1996.
11. Rousseau 1982, pp. 214, 215.
12. Denny 1948.
13. Kalm 1772, p. 24.
14. Christie 1990.
15. Moore 2005, p. 153.
16. Foot 1794, p. 60.
17. Egerton 1976, p. 11.
18. 林奈写给 Abraham Bäck 的信，1759 年 3 月 30 日。来自林奈书信网站（http://linnaeus. c18. net），编号 L2509。
19. Wheeler 1984.
20. Waller 2002, p. 220.
21. Porter 1994, p. 183.
22. Greig 1926, p. 207.
23. Altick 1978, p. 40.
24. Smith 1962.
25. King 1996.
26. Smith 1962.
27. Prince 2003, p. 13.
28. King 1996.
29. Smith 1962.
30. King 1996.
31. Altick 1978, p. 39.
32. Moore 2005, pp. 16, 69.
33. 亨特接受来自班克斯、旅行者和皇家动物园的标本：Dobson 1962。
34. Altick 1978, p. 48; O’Brian 1997, p. 181.
35. Altick 1978, p. 42; Moore 2005, pp. 199–211.
36. Magyar 1994; Moore 2005, p. 218.
37. 约翰·亨特的解剖工作对现代科学的贡献：Moore 2005, pp. 151–154。
38. Moore 2005, p. 235.
39. 林奈写给约翰·埃利斯的信，1770 年 9 月 4 日。来自林奈书信网站，编号 L4410。
40. Garden 1775.
41. Piccolino and Bresadola 2002.
42. 同上。

第二章　寻找线索

1. Harvey 1857, p. 3.
2. Moyal 2004, pp. 3–18; Gruber 1991.
3. Boorstin 1983, p. 461.
4. Sellers 1980, p. 35.
5. Goldgar 2007, pp. 73, 74.
6. Kerr 1792, pp. 22, 23.
7. Koerner 1999, p. 56ff.
8. Koerner 1999, p. 23.
9. 林奈对学名的简化及后文将花瓣称为“新娘的床”：Jenkins 1978, p. 32。
10. Coleman 1964, pp. 20, 21.
11. Swainson 1834, p. 37.
12. Anon. 1875.
13. 林奈组织的采集活动：Koerner 1999, pp. 41, 42。
14. Lindroth 1994, pp. 10–12.
15. Lindroth 1994, p. 22.
16. Koerner 1999, p. 91.
17. 有关西格斯贝克的部分：Jönsson 2000。
18. Boorstin 1983, p. 439.
19. Roger 1997, p. 30.
20. Roger 1997, p. 184.
21. Roger 1997, p. 241.
22. Roger 1997, p. 188.
23. Roger 1997, p. 299; Semonin 2000, p. 6.
24. Roger 1997, p. 83.
25. Lyon and Sloan 1981, p. 8.
26. 郁金香和小檗，以及“难以察觉的细微差别”：Roger 1997, p. 85。
27. 林奈得知布丰的攻击：Abraham Bäck 写给林奈的信，1744 年 5 月 1 日。来自林奈书信网站，编号 L0560。
28. Koerner 1999, p. 28.
29. Gould 2000.
30. Lyon and Sloan 1981, p. 91.
31. Roger 1997, pp. 409–413.
32. Gould 2000, p. 87.
33. 蒂埃里·霍奎特对布丰的评价：个人采访。
34. Roger 1997, pp. 425, 426.
35. Jönsson 2000.
36. Coleman 1964, p. 24.

第三章　收集和征服

1. Fornasiero, Monteath, and West-Sooby 2004, pp. 16, 17.
2. Stedman 1988, p. 88ff.
3. Lee 2004, p. 138.
4. Stedman 1988, p. 90.
5. Klarer 2005.
6. Stedman 1988, p. 98.
7. Stedman 1988, pp. lxvi–xix.
8. Stedman 1988, p. 340.
9. Stedman 1988, p. 105.
10. Stedman 1988, p. 110.
11. Stedman 1988, p. 265.
12. Stedman 1988, p. 274.
13. Stedman 1988, p. xxvii.
14. Stedman 1988, p. xlii.
15. Stedman 1988, p. xxix.
16. Stedman 1988, p. xxiv.

17. Stedman 1988, p. 2.
18. Stedman 1992, p. lxxii.
19. Boxer 1977, p. 201.
20. O'Brian 1997, p. 190.
21. Semonin 2000, pp. 186, 191.
22. Cohen 2002, p. 86.
23. Philbrick 2004, p. 32.
24. Philbrick 2004, pp. 40, 41.
25. 富兰克林创立的这个组织全称是"美国哲学会，成立于费城，旨在推广有用的知识"。
26. Fornasiero, Monteath, and West-Sooby 2004, pp. 37, 73.
27. 约瑟夫·班克斯的经历：O'Brian 1997。
28. Jenkins 1978, p. 51.
29. Frängsmyr 1994, pp. 54, 186.
30. 路易丝·乌尔莉卡王后写给母亲的信，1751年8月6日。摘自 *Bref och skrif-velser af och til Carl von Linné*, I (4): p. 281。
31. Koerner 1999, p. 107.
32. Koerner 1999, p. 109ff.
33. Koerner 1999, p. 102.
34. Koerner 1999, p. 92.
35. Koerner 1999, p. 121ff.
36. Koerner 1999, p. 123.
37. Fornasiero, Monteath, and West-Sooby 2004, pp. 19, 20.
38. Fornasiero, Monteath, and West-Sooby 2004, p. 35.
39. Stedman 1988, p. 33.
40. Beaglehole 1974, pp. 306, 307.
41. Fornasiero, Monteath, and West-Sooby 2004, pp. 36, 37.
42. Fornasiero, Monteath, and West-Sooby 2004, p. 346.
43. Farber 1982, p. 40.
44. Fornasiero, Monteath, and West-Sooby 2004, p. 290.
45. Kingston 2007.
46. Fornasiero, Monteath, and West-Sooby 2004, p. 166.
47. http://www. nmm. ac. uk/matthew-flinders, 访问时间为2010年2月9日。
48. Stedman 1988, p. 229.
49. 英国军队的死亡率以及在卡塔赫纳的死亡人数：Curtin 1989, pp. 2–4。
50. Curtin 1961.
51. Bewell 2004.
52. Stedman 1988, p. lxv.
53. Stedman 1988, p. xxxii.
54. Stedman 1988, p. 249.
55. Stedman 1988, p. xxxv.
56. Wurtzburg 1954, p. 15.
57. Rhodes 2004, pp. 20, 115.
58. Bucher 1979.
59. Wurtzburg 1954, p. 362.
60. Wurtzburg 1954, p. 414.
61. Wurtzburg 1954, p. 486ff.
62. Wurtzburg 1954, p. 606.
63. Wurtzburg 1954, p. 597.
64. Wurtzburg 1954, p. 664.
65. 沉船事件：Wurtzburg 1954, p. 675ff。
66. Wurtzburg 1954, p. 606.
67. 斯特德曼的婚姻：Stedman 1988, p.

lxxxvii。

第四章　为贝壳痴狂

1. Poe 1840, p. 6.
2. Rumphius 1999, p. lii.
3. Sarton 1937.
4. Rumphius 1999, p. xxxviii.
5. Sarton 1937.
6. Nieuwenhuys 1982, p. 29; Rumphius 1999, p. cx.
7. Rumphius 1999, p. xlix.
8. Broadhurst et al. 2002.
9. Vanhaeren et al. 2006.
10. Abbott 1982, p. 183.
11. Goldgar 2007, p. 80.
12. Goldgar 2007, p. 84.
13. Van Seters 1962, p. 59.
14. Van Seters 1962, p. 48.
15. Abbott 1982, p. 136.
16. *The New York Times*, July 7, 2004.
17. Prak 2005, p. 241.
18. Dance 1966, p. 132.
19. Dance 1966, p. 82.
20. Wilkins 1957.
21. Dance 1969, pp. 49, 50.
22. 同上。
23. Dance 1969, pp. 60, 61.
24. Spary 2004, p. 19.
25. Roemer 2004.
26. Holmes 1895.
27. Abbott 1982, p. 110.
28. King 1996.
29. Allen 1994, p. 113.
30. De Wit 1959, p. 187.
31. Rumphius 1999, p. cx.
32. Nieuwenhuys and Beekman 1982, p. 30.
33. Rumphius 1999, pp. civ and cv.
34. Poe 1840, p. 6.
35. De Wit 1959, p. 189.
36. Rumpf 1981, pp. 33, 126.
37. De Wit 1952.
38.《安汶植物志》的出版过程：Sarton 1937。
39. Rumphius 1999, pp. civ–cvii.

第五章　灭绝

1. Jefferson 1853, p. 55.
2. 乳齿象牙齿的发现：Stanford 1959。
3. Semonin 2000, pp. 15–17.
4. Semonin 2000, p. 1.
5. Stanford 1959.
6. Semonin 2000, p. 31.
7. Stanford 1959.
8. Howe, Sharpe, and Torrens 1981, pp. 6–7.
9. Stukely 1719.
10. Ruse 2003, p. 54.
11. Darwin 1803, vol. 1, p. 398.
12. Butler 1879, p. 177.
13. Darwin 1803, vol. 1, p. 397.
14. 格言“*E conchis omnia*”和嘲讽的诗句：King-Hele and Darwin 2003, p. xiii。
15. 柯勒律治最早使用这个词是在“Notes on Stillingfleet”一文中，

最初发表在 *The Athenaeum*, March 27, 1875, 2474: 423。
16. Rupke 2002.
17. Hunter 1768.
18. Cohen 2002, p. 94.
19. Greene 1961, p. 100.
20. Semonin 2000, p. 8.
21. Semonin 2000, p. 186.
22. Semonin 2000, p. 339.
23. Jefferson 1853, p. 56.
24. Roger 1997, p. 299; Semonin 2000, p. 6.
25. Jefferson 1853, p. 51.
26. Jefferson 1853, p. 47.
27. Semonin 2000, p. 220.
28. Patterson 2001, pp. 7–9.
29. Jefferson and Ford 1904, vol. 12, pp. 110, 111.
30. 印第安人关于“不明种”的故事：Jefferson 1853, p. 42。
31. Semonin 2000, p. 184.
32. Bedini 1985.
33. Jefferson 1799.
34. Jefferson 1799.
35. Rudwick 1997, pp. 27–34.
36. Simpson 1942.
37. Rudwick 1997, p. 22.
38. Cohen 2002, p. 111.
39. Rudwick 1972, p. 109.
40. 同上。

第六章　崛起

1. Burns 1932.
2. Burns 1932.
3. Sellers 1980, pp. 79, 80.
4. Brigham 1996.
5. 同上。
6. Sellers 1980, p. 113.
7. Semonin 2000, p. 316.
8. Sellers 1980, p. 128.
9. “我的心因喜悦而狂跳”以及众人的反应：Sellers 1980, p. 129。
10. 查尔斯·威尔逊·皮尔创作于1806—1808年的布面油画，49英寸×61.5英寸，存于马里兰历史学会。引自 Sellers 1951。
11. Sellers 1969, p. 305.
12. Sellers 1969, p. 299.
13. Shaw 2005.
14. Sellers 1969, p. 299.
15. Semonin 2000, p. 329.
16. Sellers 1969, p. 300.
17. 同上。
18. 同上。
19. 伦勃朗的做秀：Sellers 1969, pp. 301–302。
20. Rudwick 1972, pp. 102–113.
21. Rudwick 2005, pp. 423, 424.
22. Adams 1969, p. 146.
23. Coleman 1964, p. 120.
24. Coleman 1964, pp. 123–125.
25. Coleman 1964, p. 125.
26. Cohen 2002, p. 100.
27. Gould 2002, p. 491.
28. Cohen 2002, p. 122.
29. 同上。
30. Adams 1969, p. 159.

31. Somerset 2002.
32. Balzac 1891, p. 26.

第七章　大河向西流

1. Stroud 1992, p. 127.
2. Wilson 1839, p. 292.
3. Burns 1909.
4. Audubon 1832, p. 438ff.
5. Allen 1951.
6. Stroud 2000, p. 104, 327n.
7. Audubon 1832, p. 440.
8. Stroud 1992, p. 28.
9. Bell 1957, p. 31.
10. James 1823, p. 4.
11. Wood 1966, pp. 63, 64.
12. Greenfield 1992, p. 106.
13. 对武器的描述以及这次远征背后的“推动力量”，见 T. R. Peale 的“隆远征日记”（Long Expedition Journal）手稿，藏于美国哲学会。
14. Wood 1966, p. 74.
15. Evans 1997, pp. 30–32.
16. James 1823, p. 301.
17. Evans 1997, p. 27.
18. Boewe 2003, p. 19.
19. 引自拉菲内克的“关于知识的演讲”（Lecture on Knowledge），手稿藏于美国哲学会。
20. Agassiz, *American Journal of Science and Arts*, May 1854.
21. Boewe 2003, p. 145.
22. 奥杜邦对拉菲内克 1818 年来访时的描述：Audubon, 1832, p. 455ff。
23. Evans 1997, p. 21.
24. Duyker 1988, p. 66.
25. Stroud 1992, pp. 35, 36.
26. Stroud 1992, p. 29.
27. Evans 1997, p. 31.
28. 引自拉菲内克的“关于知识的演讲”，手稿藏于美国哲学会。
29. Audubon 1832, p. 456.
30. Stroud 1992, pp. 52, 274.
31. Herrick 1917, vol. 2, p. 107.
32. Herrick 1917, vol. 1, p. 293.
33. Stroud 1992, p. 53.
34. Stroud 1992, p. 63.
35. Stroud 1992, p. 205.
36. Fitzpatrick 1911, p. 52.
37. Boewe 2003, p. 47.
38. Boewe 2003, p. 147.
39. Boewe 2005, p. 246.
40. 达尔文写给约瑟夫·胡克的信，1860 年 12 月 29 日。达尔文通信项目（Darwin Correspondence Project），信件编号 3034。
41. 达尔文与拉菲内克：Boewe 2003, p. 118。
42. Daniels 1967.

第八章　“如果他们失去头皮”

1. Wood 1966, p. 73.
2. Stroud 1992, p. 75.
3. James 1823, vol. 1, p. 212.
4. James 1823, vol. 1, p. 129.
5. James 1823, vol. II, p. 168.
6. Wood 1966, p. 90.

7. Wood 1966, p. 111.
8. Rotella 1991.
9. 同上。
10. Wood 1966, p. 119.
11. Stroud 1992, p. 122.
12. James 1823, vol. 3, p. 98.
13. Evans 1997, p. 174.
14. Evans 1997, pp. 178, 179.
15. Stroud 1992, p. 87.
16. Stroud 1992, p. 175.
17. Stroud 1992, p. 193.
18. Stroud 1992, p. 127.
19. 托马斯·赛伊写给 C. 威尔金斯的信，1832 年 1 月 14 日。托马斯·赛伊的个人物品，藏于美国哲学会。
20. James 1823, vol. 2, p. 89.
21. Porter 1979.
22. Stroud 1992, p. 57.
23. Herrick 1917, vol. 1, p. 360.
24. 奥德写给 C. 沃特顿的信，1831 年 7 月 20 日。乔治·奥德的个人物品，藏于美国哲学会。
25. Rhodes 2004, p. 221.
26. 露西·W. 赛伊（Lucy W. Say，赛伊的遗孀）写给约翰·L. 勒孔特的信，1860 年 6 月 25 日。约翰·L. 勒孔特的信件，藏于美国哲学会。
27. Boewe 2005, pp. 120, 124.
28. Haldeman 1842.
29. Thoreau 1980.
30. Cooper 1881, p. 85.
31. James 1823, vol. 1, p. 332.

第九章　当标本成为负担

1. Gosse 1851, p. v.
2. Edwards 1969, pp. 575, 576.
3. MacGregor 1994, p. 48.
4. Günther 1975, p. 59.
5. “一个微缩版的世界”及“砷毒物”：Sellers 1980, pp. 26–28。
6. Elman 1977, pp. 65, 66.
7. Hollerbach 1996.
8. Graves 1818, p. 128.
9. 指南中提到的方法：Graves 1818, p. 135。
10. Rhodes 2004, p. 191.
11. Graves 1818, p. 21.
12. 奥杜邦杀死金雕的过程：St. John 1864, pp. 197–199。
13. Hollerbach 1996.
14. Lettsom 1779, pp. 7, 8.
15. Hollerbach 1996.
16. Coues 1890, p. 51.
17. Farber 1977.
18. Gosse 1851, pp. 235–239.
19. Mearns and Mearns 1998, p. 40.
20. Prince 2003, p. 31.
21. Humboldt 1996, p. 8.

第十章　砒霜与不朽

1. Lloyd 1985, p. 35.
2. Lloyd 1985, p. 39.
3. Aldington 1949, p. 65.
4. Lloyd 1985, p 32.
5. Edginton 1996, p. 167.

6. 沃特顿的简朴生活：Waterton 1909, pp. xiv, 131; Hobson 1867, p. 155; Edginton 1996, p. 12。
7. Edginton 1996, p. 58.
8. 箭毒的实验：Aldington 1949, pp. 70, 71。
9. 沃特顿对其他标本剥制师的批评，他自己的制作方法，以及如何让麻雀保持原有姿态：Waterton 1909, pp. 315–320。
10. Waterton 1909, p. 331.
11. Lloyd 1985, p. 35.
12. Edginton 1996, p. 66.
13. Hobson 1867, pp. 266–368.
14. 波切尔的南非之旅：Burchell 1822, pp. 149–152; Pickering 1998。
15. Davies and Hull 1983.
16. 波切尔写给斯文森的信，1819 年 9 月 27 日。斯文森的信件，藏于伦敦林奈学会。
17. 波切尔写给斯文森的信，1825 年 8 月 31 日。斯文森的信件，藏于伦敦林奈学会。
18. 波切尔写给斯文森的信，1831 年 2 月 28 日。斯文森的信件，藏于伦敦林奈学会。
19. Davies and Hull 1983.
20. 还有一些标本一直被锁起来，未得到描述：Koerner 1999, p. 169; Philbrick 2004, p. 17; 达尔文写给卡罗琳·萨拉·达尔文的信，1836 年 10 月 24 日。达尔文通信项目，信件编号 313。
21. 波切尔写给斯文森的信，1839 年 10 月 3 日。斯文森的信件，藏于伦敦林奈学会。
22. Farber 1977.
23. Prince 2003, p. 15.
24. 引自理查德·欧文在论文中对坎普言论的翻译论文藏于英国皇家外科学院。
25. Prince 2003, p. 18.
26. J. Nuttall 写给斯文森的信，1819 年 8 月 4 日。斯文森的信件，藏于伦敦林奈学会。
27. Rookmaaker 2006.
28. Farber 1977.
29. Aldington 1949, p. 76.
30. *Random Notes on Natural History*, vol. 1, no. X (Providence, RI, Southwick & Jencks, October 1884), p. 3.
31. Pascoe 2005, pp. 40–44.
32. Waterton 1909, p. 316.

第十一章 “难道我不是你的同胞兄弟吗？”

1. Curtis 1968, p. 84.
2. Desmond and Moore 2009, p. 2.
3. Darwin 1909, pp. 218, 219.
4. Darwin 1909, p. 507.
5. Darwin 1838, Notebook C: [Transmutation of species (1838. 02-1838. 07)] CUL-DAR122, Complete Works of Darwin Online.
6. Park 1878, p. 50.
7. 邱拯写给斯文森的信，1831 年 7 月 11 日。斯文森的信件，藏于伦敦林奈学会。

8. Schwartz 1988, p. 7.

9. Schiebinger 1993, p. 100.

10. Tyson 1699.

11. Schiebinger 1993, pp. 78–80.

12. Schiebinger 1993, p. 80.

13. Greene 1961, p. 184.

14. Greene 1961, pp. 184, 185.

15. Jordan 1974, p. 101.

16. Greene 1961, pp. 223–224.

17. Greene 1961, p. 234.

18. Smith 1810, p. 78.

19. Smith 1810, p. 145.

20. Fredrickson 1987, p. 72.

21. Stanton 1960, p. 12.

22. Stanton 1960, pp. 6, 7.

23. Greene 1961, p. 242.

24. Meijer 1999, p. 167ff.

25. Greene 1961, p. 190.

26. Schiebinger 2004, p. 149.

27. Jefferson 1853, p. 155.

28. Jordan 1974, pp. 109, 110.

29. Jordan 1974, p. 200.

30. Riviere 1998.

第十二章　对头骨的渴望

1. Du Chaillu 1871, p. 67.

2. Gruber 1987.

3. Owen 1845, p. 300ff.

4. Irmscher 1999, p. 303.

5. 卡森写给萨维奇的信，1843 年 6 月 18 日。见 Savage 1843。

6. Vaucaire 1930, p. 160.

7. Banks 1962, pp. 13, 14.

8. Robley 2003, pp. 169, 170.

9. Dain 2002, pp. 199, 200.

10. Humboldt and Alexander 1852, p. 153.

11. Wyman 1868.

12. Humboldt and Alexander 1852, p. 153.

13. Michael 1988, pp. 349–354.

14. Stanton 1960, p. 99.

15. Gould 1978, p. 503.

16. Michael 1988.

17. Fredrickson 1987, p. 77.

18. Jordan 1974, p. 187.

19. Jordan 1974, p. 180.

20. 奥杜邦的身世：Rhodes 2004, pp. 4–6, 21。

21. Nobles 2005, p. 8.

22. Morton 1847.

23. Morton 1847, p. 211.

24. Stephens 2000, p. 168.

25. 斯坦顿对莫顿的评价：Stanton 1960, pp. 115, 116。

26. Stanton 1960, p. 93.

27. Philbrick 2004, p. 332.

28. Philbrick 2004, p. 343.

29. Stanton 1960, p. 93.

30. Pickering 1854, p. 2.

31. Stanton 1960, p. 93.

32. Desmond and Moore, 2009, p. 120.

33. Fredrickson 1987, p. 78.

34. Nott 1849, pp. 42, 20.

35. Stanton 1960, p. 121.

36. Gossett 1997, p. 64.

37. Stanton 1960, p. 118.
38. Nott 1849, p. 7.
39. Dain 2002, p. 221.
40. Stephens 2000, p. 176.
41. Wayne 1906, p. 227.
42. 巴克曼对天鹅、人类骨骼、夜莺和家牛的描述：Bachman 1850, pp. 21, 22, 25, 126, 127。
43. Stephens 2000, pp. 186, 192.
44. Douglass 1897, pp. 44, 45.
45. Brotz 1966, p. 226ff.
46. Chesebrough 1998, p. 46.

第十三章 “大自然的傻瓜”

1. Swainson 1834, pp. 119, 120.
2. 托马斯·爱德华的儿时生活：Smiles 1879, p 1ff.；Secord 2003。
3. Smiles 1879, pp. 28, 25, 58.
4. Smiles 1879, pp. 96, 100.
5. Smiles 1879, pp. 111–113.
6. Smiles 1879, pp. 88, 89.
7. Smiles 1879, p. 293.
8. Secord 2003.
9. Smiles 1879, p. 383.
10. Barber 1980, p. 13.
11. Kingsley 1890, p. 5.
12. Kingsley 1890, pp. 6–7.
13. Barber 1980, pp. 19, 20.
14. 标本交易商发挥的作用和博物馆的建立：Barrow 2000。
15. 奥德写给沃特顿的信，1842 年 11 月 21 日。乔治·奥德的个人物品，藏于美国哲学会。
16. 巴勒特写给萨维奇的信，1841 年 3 月 31 日。见 Savage 1843。
17. 巴勒特写给萨维奇的信，1841 年 4 月 18 日。见 Savage 1843。
18. 古尔德写给萨维奇的信，1842 年 1 月 8 日。见 Savage 1843。
19. 怀曼写给萨维奇的信，1850 年 6 月 25 日。见 Savage 1843。
20. 爱德华·福布斯的旅行：Wilson and Geikie 1861, pp. 389–391。
21. Lyell 1842, vol. 1, p. 193.
22. Wilson and Geikie 1861, p. 387.
23. Lecercle 1994, pp. 202, 203.
24. Allen 1994, p. 74.
25. Barber 1980, p. 76.
26. Allen 1994, p. 75.
27. Gosse 1851, p. 364.
28. 玛格丽特·加蒂的背景：Sheffield 2004, p. 31。
29. Gatty 1908, p. 128.
30. Bayne 1871, vol. 1, p. 393.
31. Dear 2008, p. 93.

第十四章 天翻地覆的世界

1. Desmond and Moore 1991, p. 94.
2. Schwartz 1999.
3. Matthew 1831, p. 365.
4. 达尔文写给莱尔的信，1860 年 4 月 10 日。达尔文通信项目，信件编号 2754。
5. http://www. ucmp. berkeley. edu/history/matthew. html，访问时间为 2010 年 3 月 23 日。

6. Secord 2000, p. 1.
7. 同上。
8. Chambers 1845, p. 116.
9. Secord 2000, p. 429.
10. Chambers 1845, p. 232.
11. Secord 2000, p. 261.
12. Secord 2000, p. 164.
13. Secord 2000, p. 444.
14. *Edinburgh Review*, July 1845.
15. Secord 2000, p. 242.
16. *Edinburgh Review*, July 1845.
17. Chambers 1845, p. xv.
18. Chambers 1845, p. xxvi.
19. Mills 1984.
20. 达尔文写给 W. D. 福克斯的信，1845 年 4 月 24 日。达尔文通信项目，信件编号 859。
21. 达尔文写给胡克的信，1845 年 1 月 7 日。达尔文通信项目，信件编号 814。
22. Schwartz 1999.
23. Chambers 1845, pp. 161, 162.
24. Schwartz 1999.
25. Simpson 1959.
26. Desmond and Moore 1991, p. 208.
27. 达尔文写给莱尔的信，1838 年 8 月 9 日。达尔文通信项目，信件编号 424。
28. 达尔文写给惠特利的信，1838 年 5 月 8 日。达尔文通信项目，信件编号 411a。
29. 同上。
30. 艾玛·韦奇伍德写给达尔文的信，1838 年 11 月 30 日。达尔文通信项目，信件编号 447。
31. Barlow 1963.
32. Cannon 1961.
33. Darwin 1838, Notebook D, Complete Works of Darwin Online.
34. Darwin 1904, p. 269.
35. Desmond and Moore 1991, p. 321.
36. 同上。
37. 达尔文写给胡克的信，1845 年 9 月 10 日。达尔文通信项目，信件编号 915。
38. http://www. sulloway. org/Finches. pdf，访问时间为 2010 年 2 月 12 日。
39. 达尔文写给菲茨罗伊的信，1846 年 10 月 1 日。达尔文通信项目，信件编号 1002。
40. Desmond and Moore 1991, p. 407.
41. 达尔文写给胡克的信，1848 年 5 月 10 日。达尔文通信项目，信件编号 1174。
42. 达尔文写给 W. D. 福克斯的信，1852 年 10 月 24 日。达尔文通信项目，信件编号 1489。
43. 达尔文写给胡克的信，1853 年 9 月 25 日。达尔文通信项目，信件编号 1532。
44. 达尔文写给 W. D. 福克斯的信，1852 年 3 月 24 日。达尔文通信项目，信件编号 2436。
45. Wallace 1905, p. 254.
46. 同上。
47. 达尔文写给华莱士的信，1865 年 9 月 22 日。达尔文通信项目，信件编号 4896。

48. Wallace 1905, p. 256.

第十五章　名为“野人”的灵长类

1. Greene 1961, p. 174.
2. Wyman 1866.
3. Savage and Wyman 1847.
4. http://www. bbc. co. uk/bristol/content/features/2001/01/05/bristol_treasures/episode1/bristol_treasures_fishandeggs. shtml，访问时间为 2010 年 1 月 30 日。
5. 萨维奇写给怀曼的信，1847 年 9 月 17 日。见 Wyman 1866。
6. 欧文写给怀曼的信，1848 年 7 月 24 日。见 Wyman 1866。
7. 萨维奇的背景：Dunn 1992.
8. 萨维奇写给怀曼的信，1847 年 7 月 29 日。见 Wyman 1866。
9. Savage 1847.
10. Library of Virginia Digital Collection, http://files. usgwarc hives. net/va/fredericksburg/cemeteries/masonic.txt，访问时间为 2010 年 2 月 6 日。
11. 怀曼的背景：Appel 1988。
12. Savage and Wyman 1844.
13. Savage and Wyman 1847.
14. 威尔逊的背景：Dubose 1895。
15. Savage and Wyman 1847.
16. 萨维奇写给施特奇伯里的信，1847 年 4 月 24 日。藏于英国布里斯托尔城市博物馆与美术馆。
17. Savage and Wyman 1847.
18. 萨维奇写给怀曼的信，1847 年 7 月 29 日。见 Wyman 1866。
19. 汉诺的旅行：http://www. metrum.org/mapping/hanno. htm，访问时间为 2010 年 2 月 1 日。
20. 怀曼写给萨维奇的信，1847 年 7 月 30 日，见 Savage 1843；萨维奇写给怀曼的信，1847 年 8 月 3 日，见 Wyman 1866。
21. 怀曼写给萨维奇的信，1848 年 6 月 26 日。见 Savage 1843。
22. Westwood 1847.
23. 施特奇伯里写给萨维奇的信，1842 年 9 月 10 日，见 Savage 1843。
24. 萨维奇写给怀曼的信，1848 年 5 月 22 日。见 Wyman 1866。
25.Owen 1848.
26. 萨维奇写给怀曼的信，1848 年 5 月 22 日。见 Wyman 1866。
27. Owen 1848.
28. Wyman 1866.
29. Allen 1994.
30. Wyman 1866.
31. Owen 1855.
32. Geoffroy Saint-Hilaire 1853.
33. Coolidge 1929.
34. Raby 1997, p. 182.
35. Savage and Wyman 1847.
36. Noakes 2002.
37. Wilson 1996.
38. Kennedy and Whittaker 1976.
39. Smallwood and Smallwood 1941, p. 346.

第十六章 “物种人”

1. Bates 2002, p. 281.
2. 同上。
3. 贝茨的家庭背景：Anon. 1892。
4. Bates 2002, p. 278.
5. Bates 2002, p. 10.
6. Raby 2002, p. 76.
7. Raby 2002, p. 56.
8. Raby 2002, p. 45.
9. Raby 1997, p. 81.
10. Bates 2002, p. 301.
11. Bates 2002, p. 283.
12. Bates 2002, p. 288.
13. Bates 2002, p. 113.
14. Bates 2002, p. 287.
15. Bates 2002, pp. 99, 100.
16. Anon 1892.
17. Anon 1892.
18. “物种人”与“物种迷”：贝茨写给达尔文的信，1862年11月24日。达尔文通信项目，信件编号4138。
19. Bates 1861, p. 509.
20. 贝茨对袖蝶的研究：Bates 1861, pp. 495–561。
21. Bates 1861, p. 502.
22. Woodcock 1969, pp. 231, 232.
23. Bates 2002, p. 288.
24. Bates 2002, pp. 47, 90.
25. Bates 2002, p. 341.
26. Bates 2002, p. 12.
27. Woodcock 1969, p. 157.
28. Bates 2002, p. 256.
29. Bates 2002, p. 275.
30. Bates 2002, pp. 288–289.
31. Bates 2002, p. 250.
32. Obituary 1892.
33. Bates 2002, p. 419.
34. 胡克写给达尔文的信，1863年5月13日。达尔文通信项目，信件编号4165。
35. Günther 1975, p. 177.

第十七章 “野外劳动者”

1. Wallace 1895, p. 180.
2. “海伦号”的沉没：Wallace 1895, pp. 271–279; Wallace 1905, pp. 302–307。
3. Wallace 1895, p. 278.
4. Wallace 1905, p. 305ff.
5. Wallace 1905, p. 309.
6. *The Pall Mall Magazine* 在1909年3月的采访。
7. 全文见 http://people. wku. edu/charles. smith/wallace/S008. htm，访问时间为2010年2月13日。
8. Wallace and Berry 2003, p. 112.
9. Wallace 1855.
10. Raby 2002, p. 85.
11. Wallace 1895, p. 329.
12. Wallace 1855.
13. Wallace 1905, p. 326; Wallace and Berry 2003, p. 113.
14. Raby 2002, p. 144.
15. Wallace 1905, p. 354.
16. Wallace 1855.
17. Desmond and Moore 1991, p. 438.

18. Wallace 1905, p. 355.
19. Wallace 1886, pp. 217, 218.
20—25. *A. R. Wallace's Malay Archipelago Journals and Notebook*，藏于伦敦林奈学会。

第十八章　缓慢的自然力量

1. 引自华莱士的文章《论变种无限远离原始型的倾向》。
2. Desmond and Moore 1991, p. 438.
3. Desmond and Moore 1991, p. 131.
4. Gould 1970, pp. 663, 664.
5. *A. R. Wallace's Malay Archipelago Journals and Notebook*，藏于伦敦林奈学会。
6. Gosse 2005, p. 90.
7. Desmond 1998, p. 153.
8. 莱尔对演化的看法：Gould 1970, pp. 663, 664。
9. Wallace 1855.
10. Recker 1990.
11. *A. R. Wallace's Malay Archipelago Journals and Notebook*，藏于伦敦林奈学会。
12. 同上。
13. 莱尔访问唐恩宅：Lyell 1970, p. xliii。
14. 达尔文的观赏鸽：Desmond and Moore 1991, p. 438。
15. 达尔文写给菲利普·戈斯的信，1856 年 9 月 22 日。达尔文通信项目，信件编号 1958。
16. 达尔文写给詹姆斯·德怀特·丹纳的信，1856 年 9 月 29 日。达尔文通信项目，信件编号 1964。
17. 达尔文写给莱尔的信，1855 年 11 月 4 日。达尔文通信项目，信件编号 1772。
18. 达尔文写给 T. C. 艾顿的信，1855 年 11 月 26 日。达尔文通信项目，信件编号 1784。
19. Lyell 1881, p. 213.
20. 同上。
21. Desmond and Moore 1991, pp. 436–439.
22. 莱尔写给达尔文的信，1856 年 5 月 1—2 日。达尔文通信项目，信件编号 1862。
23. Lyell 1881, p. 214.
24. Desmond and Moore 1991, p. 454.
25. 达尔文写给华莱士的信，1857 年 5 月 1 日。达尔文通信项目，信件编号 2086。
26. Desmond and Moore 1991, p. 455.
27. 达尔文写给华莱士的信，1857 年 5 月 1 日。达尔文通信项目，信件编号 2192。
28. *The Methodist Quarterly Review*, August 1855, p. 168.
29. Wilson 1996.
30. Desmond 1998, p. xiv.
31. Desmond 1998, p. 240.
32. Gosse 2005, p. 15.
33. Gosse 1851, p. 33.
34. 达尔文写给戈斯的信，1857 年 4 月 27 日。达尔文通信项目，信件编号 2082。

35. Gosse 2005, pp. 85, 86, 76.
36. Gosse 2005, p. 91.
37. Gosse 1857, p. 335.
38. Gosse 1857, p. 351.
39. Gosse 1857, pp. 45, 353, 337.
40. Gosse 2005, p. 92.
41. 同上。
42. 戈斯在德文郡：Gosse 2005, p. 93ff。
43. Gosse 2005, p. 114.
44. Raby 2002, p. 130ff.
45. Wallace 1905, p. 362.
46. *A. R. Wallace's Malay Archipelago Journals and Notebook*，藏于伦敦林奈学会。
47. 同上。
48. Desmond and Moore 1991, p. 466.
49. 华莱士的文稿全文，以及华莱士和达尔文的观点介绍，见 http://www.linnean. org/index. php?id=380，访问时间为 2010 年 2 月 12 日。
50. 达尔文写给胡克的信，1858 年 7 月 13 日。达尔文通信项目，信件编号 2306。
51. 达尔文写给莱尔的信，1858 年 6 月 18 日。达尔文通信项目，信件编号 2285。
52. Desmond and Moore 1991, pp. 470, 471.
53. Desmond and Moore 1991, p. 469.
54. Raby 2002, pp. 287–289.
55. Raby 2002, p. 141.
56. Wallace 1905, p. 193.
57. 达尔文写给格雷的信，1857 年 9 月 5 日。达尔文通信项目，信件编号 2136。
58. 胡克和莱尔写给林奈学会的信，1858 年 6 月 30 日。达尔文通信项目，信件编号 2299。
59. Desmond and Moore 1991, p. 470.
60. *A. R. Wallace's Malay Archipelago Journals and Notebook*，藏于伦敦林奈学会。
61. 达尔文写给胡克的信，1858 年 7 月 13 日。达尔文通信项目，信件编号 2306。
62. Desmond and Moore 1991, p. 470.
63. 金斯利写给达尔文的信，1859 年 11 月 18 日。达尔文通信项目，信件编号 2534。
64. Roger 1997, p. 241.
65. 理查德·欧文写给凯瑟琳·欧文的信，1859 年 2 月 25 日。欧文的资料，藏于英国皇家外科学院。
66. Raby 2002, p. 151.
67. 贝茨与莱尔的相遇：爱德华·克洛德在 1893 年版《亚马孙河上的博物学家》推荐序中的描述，pp. lxxi, lxxiii。
68. 达尔文写给胡克的信，1863 年 4 月 17 日。达尔文通信项目，信件编号 4103。
69. Mearns and Mearns 1998, pp. 58, 59.
70. Wallace 1886, p. 329.
71. Wallace 1886, p. 563.
72. 华莱士写给达尔文的信，1864 年 5 月 29 日。达尔文通信项目，信件编号 4514。

73. Kingsley 1855, p. 46.

第十九章　大猩猩战争

1. *The New York Times*, July 6, 1861.
2. 都城会幕的演讲：*The Times* [London], October 3, 1861。
3. Sears 1988, p. 132.
4. *The Athenaeum*, July 13, 1861, p. 51.
5—8. Bucher 1979.
9. Du Chaillu 1868, p. x.
10. Du Chaillu 1868, p. 286.
11. Du Chaillu 1868, p. 43.
12. Du Chaillu 1868, p. 74.
13. Du Chaillu 1868, pp. 262, 451.
14. Du Chaillu 1868, p. 158.
15. Du Chaillu 1868, p. 101.
16. Du Chaillu 1868, p. 394.
17. *The Athenaeum*, May 11, 1861.
18. 同上。
19. 达尔文写给胡克的信，1863 年 5 月 15 日。达尔文通信项目，信件编号 4167。
20. 胡克写给达尔文的信，1863 年 5 月 24 日。达尔文通信项目，信件编号 4169。
21. Günther 1975, p. 184.
22. Mandelstam 1994.
23. *The Athenaeum*, March 23, 1861.
24. Mandelstam 1994.
25. *The Athenaeum*, June 1, 1861.
26. *The Athenaeum*, May 25, 1861.
27. *The New York Times*, July 6, 1861.
28. Mandelstam 1994.
29. McMillan 1996.
30. 杜・沙伊鲁的出身：Vaucaire 1930; Bucher 1979。
31. Akeley 1924, pp. 238, 239.
32. Smith 1903.
33. Stratton and Mannix 2005, pp. 598, 599.
34. 杜・沙伊鲁对种族的意识：Du Chaillu 1868, pp. 188, 303, 439。
35. Du Chaillu 1868, p. 80.
36. Du Chaillu 1868, p. 330.
37. McCook 1996.
38. 奥德写给沃特顿的信，1861 年 10 月 20 日。乔治・奥德的个人物品，藏于美国哲学会。
39. 杜・沙伊鲁与费城自然科学院的关系破裂：McCook 1996。
40. Clodd 1926, p. 72.
41. *The Athenaeum*, December 7, 1861.
42. 尼兰写给吉尚维尔的信，1886 年 1 月 21 日。塞缪尔・尼兰的信件，藏于美国哲学会。
43. 德・摩根写给迪克森的信，1861 年 10 月 1 日。奥古斯塔斯・德・摩根的信件，藏于美国哲学会。
44. Du Chaillu 1871, p. vi.
45. 杜・沙伊鲁回到加蓬：Du Chaillu 1871, p. 1。
46. Du Chaillu 1871, pp. 65, 66.
47. Du Chaillu 1871, p. xi.
48. Patterson 1974.
49. 最后的冲突：Du Chaillu 1871, pp. 351–365。

50. 撤回至海边：Du Chaillu 1871, pp. 397, 398。
51. Du Chaillu 1871, p. 117.
52. Allman 1866.
53. 来自与克里斯托弗·赫尔根和罗伯特·道塞特的个人交流。
54. Burton 1876, p. vii.
55. Kingsley 1897, p. 369.
56. Vaucaire 1930, p. 291.
57. Walker 1960, pp. 85, 108, 132, 167.

第二十章　大鼻子和矮小的饮茶者

1. David 1949, p. 253.
2. 红山顶之旅：David 1949, pp. 278–281。
3. David 1949, xxi.
4. Blum 1993, p. 237.
5. 世界各地的自然博物馆：Mearns and Mearns 1998, p. 65; Farber 2000, p. 91; Fan 2004, p. 224; and Ripley 1970, pp. 149–152。
6. Wheeler 1993, p. 49.
7. Fan 2004, pp. 89, 90.
8. Fan 2004, pp. 26–29.
9. Fan 2004, p. 56.
10. Haddad 2008, p. 51.
11. Fan 2004, p. 13.
12. Fan 2004, p. 67ff.
13. Fan 2004, p. 86.
14. Fan 2004, p. 74.
15. 谭卫道在中国的生活：David 1949, pp. xii, xv。
16. David 1949, p. 177.
17. 吃糌粑的方式：David 1949, pp. 84, 85, 104, 175。
18. David 1949, p. xviii.
19. David 1949, p. xx.
20. David 1949, pp. vii, viii.
21. David 1949, p. 6.
22. David 1949, p. 253.
23. David 1949, pp. 6–8.
24. David 1949, p. 77.
25. David 1949, pp. 49, 278.
26. David 1949, p. 228.
27. David 1949, pp. 58, 42, 43.
28. David 1949, pp. 67, 84.
29. 谭卫道的物种发现：David 1949, p. xxx; Mearns and Mearns 1998, pp. 275, 282。
30. David 1949, p. 29.
31. David 1949, p. 276.
32. David 1949, pp. 283, 284.
33. 中国人早期对大熊猫的了解：Schaller 1994, pp. 61, 62。
34. Wildt 2006, p. 8.
35. David 1949, xxix.
36. David 1949, p. 285.
37. David 1949, p. 290.
38. David 1949, p. xvi.
39. David 1949, pp. 182, 183.
40. Schaller 1994, p. ix.
41. David 1949, xxii.
42. 中国人对博物学的了解：Fan 2004, pp. 105, 106。
43. 谭卫道与麋鹿：David 1949, p. 6。
44. 麋鹿种群在中国的恢复：Jiang &

Harris 2008。

第二十一章 工业规模的博物学

1. Butler 1817, p. 52.
2. Rothschild 2009.
3. Rothschild 1983, p. 53.
4. Rothschild 2009; Rothschild 1983, p. 288.
5. Rothschild 1983, p. 87.
6. Rothschild 1983, p. 290.
7. Rothschild 1983, p. 101.
8. 沃尔特·罗斯柴尔德在金融方面一事无成，被情妇勒索以及用洗衣篮装信件：Rothschild 1983, p. 92。
9. Rothschild 1983, p. 224.
10. Rothschild 1983, p. 101.
11. Rothschild 1983, pp. 2, 121.
12. Rothschild 1983, p. 110.
13. Rothschild 1983, p. 120.（需要说明的是，这句话出自理查德·梅纳茨哈根，后来发现他是一位擅长鸟类学恶作剧的艺术家。）
14. Rothschild 1983, p. 155.
15. Rothschild 1983, p. 336.
16. Rothschild 1983, p. 174.
17. Rothschild 1983, p. 155.
18. Kohler 2006, pp. 8, 110, 111.
19. Fell 1950.
20. Campbell 1877, p. 482.
21. Campbell 1877, p. 494.
22. Fell 1950, p. 78.
23. Corfield 2003, p. 7.
24. Corfield 2003, p. 2.
25. Thomson 1873, p. 49.
26. Corfield 2003, p. 28.
27. Corfield 2003, p. 27.
28. Hedgpeth 1946.
29. Hedgpeth 1946.
30. De Tocqueville 1904, p. 559.
31. B. Edmonson, "Environmental Affairs in New York State: An Historical Overview," http://www. archives. nysed. gov/ a/research/res_topics_env_hist_nature. shtml, 访问时间为 2010 年 1 月 31 日；*The New York Times*, 1889 年 9 月 25 日。
32. James 1823, vol. 2, p. 482.
33. Allen 1886.
34. Kohler 2006, pp. 48, 52.
35. Kohler 2006, pp. 50, 51.
36. Lucas 1914.
37. Kohler 2006, p. 108.
38. Kohler 2006, pp. 107–110.
39. Alberti 2001.
40. Allen 1998; Grove 1892.
41. Alberti 2001.
42. Günther 1975, p. 426.
43. Gray 2006.
44. Rothschild 1983, pp. 71, 163.
45. Rothschild 1983, p. 108.
46. Rothschild 1983, p. 70.
47. Rothschild 1983, p. 122.
48. Rothschild 1983, p. 158.
49. Günther 1975, pp. 426, 427.
50. Mearns and Mearns 1998, p. 124.
51. Rothschild 1983, p. 77.

52. Rothschild 1983, p. 138.
53. Rothschild 1983, p. 151.
54. Rothschild 1983, p. 132.
55. Rothschild 1983, p. 291.
56. Rothschild 1983, p. 158.
57. Rothschild 1983, p. 74.
58. Meek 1913, p. x.
59. Meek 1913, pp. 172–174.
60. W. I. 安洛普写给鲍勒·夏普小组的信，1908 年 11 月 21 日。出自玛丽·金斯利的资料，藏于英国国家图书馆。
61. Meek 1913, p. 172.
62. Rothschild 1983, p. 108.
63. Meek 1913, p. 142.
64. Rothschild 1983, pp. 138, 139.
65. Rothschild 1983, p. 152.
66. Rothschild 1983, p. 42.
67. Stresemann 1975, p. 268.
68. Rothschild 1983, p. 316.
69. Rothschild 1983, p. 217.

第二十二章 “好裙子的庇佑”

1. *The Times* [London]，1874 年 7 月 8 日。
2. Kingsley 1897, p. 268.
3. Kingsley 1897, p. 209.
4. Bishop 1996, p. 75.
5. Kingsley 1897, pp. 269, 270.
6. Owen 1894, pp. 121, 296.
7. Allen 1994, pp. 150, 151.
8. Barber 1980, pp. 132, 133.
9. Sheffield 2001, pp. 67, 79.
10. Barber 1980, p. 133.
11. Stott 2003, p. 220.
12. Raverat 1952, p. 135.
13. 碧雅翠丝·波特的科学家经历：Sheffield 2004, p. 87; Gates 1999, pp. 84, 85。
14. Barber 1980, pp. 126, 127.
15. 金斯利写给麦克米伦的信，1894 年 12 月 18 日。麦克米伦的档案，藏于英国国家图书馆。
16. Lloyd 1985, p. 22.
17. Kingsley 1897, p. xi.
18. Kingsley 1897, p. 268.
19. Kingsley 1897, pp. 488, 500.
20. Kingsley 1897, p. 508.
21. Kingsley 1897, pp. 101, 102.
22. 金斯利写给麦克米伦的信，1896 年 2 月 18 日。麦克米伦的档案，藏于英国国家图书馆。
23. 金斯利写给斯基特的信，1893 年 10 月 25 日。出自玛丽·金斯利的资料，藏于英国国家图书馆。
24. Kingsley 1897, p. 515.
25. Kingsley 1897, pp. 519, 520.
26. 同上。
27. Lloyd 1985, p. 146.
28. Peterson 2006, p. 212.
29. Rolt 1957, p. 93.
30. 研究大象的女性生物学家：与乔伊·普尔的个人交流。

第二十三章 蚊子体内的野兽

1. Li 2002.

2. 关于蚊子的小型实验：Haynes 2000, pp. 51, 52。
3. Haynes 2000, p. 43.
4. Cook 1992, p. 70.
5. Chernin 1983.
6. 曼森的婚姻：Cook 1992, p. 71。
7. Haynes 2001, pp. 9, 54, 55.
8. Li 2002.
9. Haynes 2001, pp. 54, 55.
10. Li 2002.
11. Haynes 2001, p. 50.
12. 史汀史翠普的研究工作：Farley 1972。
13. Farley 1972.
14. Kershaw 1963.
15. 曼森选择研究蚊子的决定，以及他在实验设计中的缺陷：Haynes 2001, pp. 51, 52。
16. Cook 1992, p. 72.
17. Haynes 2001, p. 62.
18. Cook 1992, p. 74.
19. Chernin 1983.
20. Li 2002.
21. Chernin 1983.
22. Li 2002.
23. 同上。
24. Chernin 1983.
25. Chernin 1983, Kershaw 1963.
26. 引自 L. O. 霍华德为 *Engineering News Record* 所写的文章。L. O. 霍华德的资料，藏于美国哲学会。
27. Busvine 1976, p. 237.
28. J. M. Conlon, "The Historical Impact of Epidemic Typhus," http://entomology. montana. edu/ historybug/TYPHUSConlon.pdf，访问时间为 2010 年 2 月 12 日。
29. Del Regato 2001.

第二十四章 "为什么不试验一下？"

1. Capanna 2006.
2. Li 2002.
3. Scott 1974.
4. 亨特写给詹纳的信，1775 年 8 月 2 日。亨特与詹纳的信件，藏于英国皇家外科学院。
5. Wells 1974.
6. 同上。
7. 同上。
8. 佩吉特在 1835 年这次尸检中的发现：Cobbold 1879, pp. 6–8。
9. Paget 1866.
10. http://www. trichinella. org/history_1. htm，访问时间为 2010 年 3 月 23 日。
11. Busvine 1976, pp. 230, 231.
12. Li 2002.
13. Busvine 1976, pp. 230–233；参见 http://www. ncbi. nlm. nih. gov/pmc/articles/ PMC1124411。
14. Haynes 2001, p. 83.
15. 拉韦朗发现三日疟原虫：Haynes 2001, pp. 87–91。
16. Haynes 2001, p. 90.
17. Guilleman 2002.
18. Haynes 2001, p. 199.

19. Haynes 2001, pp. 88–92.
20. Haynes 2001, p. 95.
21. Manson 1894.
22. Haynes 2001, p. 101.
23. Haynes 2001, pp. 108, 121.
24. 罗斯开始与曼森合作：Haynes 2001, pp. 100–104。
25. Haynes 2001, p. 106.
26. Capanna 2006.
27. Haynes 2001, p. 118.
28. Haynes 2001, p. 112.
29. 格拉西的工作：Capanna 2006。
30. 格拉西有关按蚊的发现：Capanna, 2006。
31. 罗斯发现疟疾通过蚊子叮咬传播：Haynes 2001, p. 119–123。
32. Grassi 1899.
33. Ross 1923, p. 226.
34. 罗斯对曼森的态度改变：Guillemin 2002。
35. Chernin 1988.
36. 同上。
37. 意大利根除疟疾的运动：Snowden 2006, pp. 4, 72, 75, 89, 231。
38. Snowden 2006, p. 402.
39. Snowden 2006, p. 91.
40. Snowden 2006, p. 101.
41. 引自 L. O. 霍华德为 *Engineering News Record* 所写的文章。L. O. 霍华德的资料，藏于美国哲学会。
42. 据 1870 年第九次普查结果所绘的美国统计地图，见 http://memory. loc. gov/ ammem/browse/ListSome. php?category=Maps. , 访问时间为 2010 年 3 月 23 日。
43. http://www. cdc. gov/malaria/history/eradication_us. htm，访问时间为 2010 年 2 月 15 日。
44. http://www. rollbackmalaria. org/keyfacts. html，访问时间为 2010 年 2 月 15 日。
45. 1853 年新奥尔良黄热病统计数据及疫情描述：Carrigan 1963.
46. 1878 年美国黄热病疫情：Blum 2003.
47. Del Regato 2001.
48. L. O. 霍华德的资料，藏于美国哲学会。
49. 1905 年新奥尔良的灭蚊运动：Carrigan 1988.
50. “Reminiscences of Early Work,” L. O. 霍华德的资料，藏于美国哲学会。
51. Frängsmyr 1994, p. 46.
52. http://www. itis. gov, 访问时间为 2010 年 3 月 23 日。

结语　物种发现的新时代

1. Barber 1980, p. 65.
2. Dethlefsen et al. 2006.
3. Cuvier, 1822, p. 61.
4. Dalebout et al. 2002.
5. Dung 1993.
6. Donoghue and Alverson 2000.
7. 美国西雅图林地公园动物园（Woodland Park Zoo）的非正式报道。

8. Donoghue and Alverson 2000.

9. *Nature*, August 19, 1999.

10. *Copeia*, February 2009.

11. Wilson 2003.

12. 来自与 Dan Janzen 的个人交流。

13. D.M.Brown, et al, “Extensive population genetic structure in the giraffe,” *BMC Biology* 5 (2007): 57.

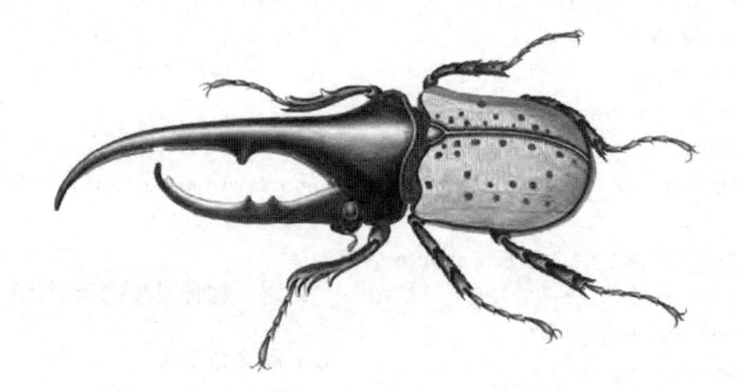

参考书目

Abbott, R. T. 1982. *Kingdom of the Seashell.* New York: Crown.

Adams, A. B. 1969. *Eternal Quest: The Story of the Great Naturalists.* New York: G. P. Putnam's Sons.

Akeley, C. E. 1924. *In Brightest Africa.* Garden City, NY: Doubleday.

Alberti, S. 2001. "Amateurs and Professionals in One County: Biology and Natural History in Late Victorian Yorkshire." *Journal of the History of Biology,* 34 (1): 115–47.

Aldington, R. 1949. *The Strange Life of Charles Waterton, 1782–1865.* London: Evans Bros.

Allen, D. E. 1994. *The Naturalist in Britain.* Princeton, NJ: Princeton University Press.

——. 1998. "On Parallel Lines: Natural History and Biology from the Late Victorian Period." *Archives of Natural History,* 25(3): 361–71.

Allen, E. G. 1951. "The History of American Ornithology before Audubon." *Transactions of the American Philosophical Society* (New Ser.), 41(3): 387–591.

Allen, J. A. 1886. "Bird Destruction." *Science,* 8(183): 118 and 19.

Allman, G. J. 1866. "On the Characters and Affinities of Potamogale." *Transactions of the Royal Society of London,* vi:1-16.

Altick, R. D. 1978. *The Shows of London.* Cambridge, MA: Harvard University Press.

Anon. 1875. "Biographical Note of the Late Dr. John Edward Gray." *The Annals and Magazine of Natural History,* Ser. 4, 15: 281-85.

Anon. 1892. "Obituary: Henry Walter Bates." *Proceedings of the Royal Geographical*

Society (New Ser.), 14(4): 245–57.

Appel, T. A. 1988. "Jeffries Wyman, Philosophical Anatomy, and the Scientific Reception of Darwin in America." *Journal of the History of Biology*, 21: 69–94.

Audubon, J. J. 1832. *Ornithological Biography: Or, An Account of the Habits of the Birds of the United States of America*. Philadelphia, PA: Carey & Hart.

——. 1834. Audubon Papers, Houghton Library, Harvard University, Cambridge, MA.

Bachman, J. 1850. *The Doctrine of the Unity of the Human Race Examined on the Principles of Science*. Charleston, SC: C. Canning.

Balzac, H. de 1891. *La Peau de Chagrin*. Paris: Ancienne Maison, Michel Lévy Frère.

Banks, J. 1962. *The Endeavour Journal of Joseph Banks*, ed. J. C. Beaglehole. New South Wales: Angus & Robertson.

Barber, L. 1980. *The Heyday of Natural History, 1820–1870*. Garden City, NY: Doubleday.

Barlow, N. 1963. "Darwin's Ornithological Notes." *Bulletin of the British Museum (Natural History) Historical Series*, 2(7): 262.

Barrow, M. 2000, "The Specimen Dealer: Entrepreneurial Natural History in America's Gilded Age." *Journal of the History of Biology*, 33: 493–534.

Bates, H. W. 1861. "Contributions to an Insect Fauna of the Amazon Valley. Lepidoptera: Heliconidae." *Transactions of the Linnean Society*, 23: 495–566.

——. 2002. *The Naturalist on the River Amazons*. Santa Barbara, CA: The Narrative Press.

Bayne, P. 1871. *The Life and Letters of Hugh Miller*. Boston: Gould and Lincoln.

Beaglehole, J. C. 1974. *The Journals of Captain James Cook on His Voyages of Discovery*. London: Hakluyt Society at the University Press.

Bedini, S. A. 1985. "Thomas Jefferson and American Vertebrate Paleontology." Virginia Division of Mineral Resources Publication 61. Charlottesville, VA: Commonwealth of Virginia.

Bell, J. R. 1957. *The Journal of Captain John R. Bell, Official Journalist for the Stephen H. Long Expedition to the Rocky Mountains, 1820*, eds. H. M. Fuller and L. R. Hafen. Glendale, CA: A. H. Clark Co.

Berenbaum, M. R. 1995. *Bugs in the System: Insects and Their Impact on Human Affairs*. New York: Addison Wesley.

Bewell, A. 2004."Romanticism and Colonial Natural History." *Studies in Romanticism*, 43(4).

Bishop, G. 1996. *Travels in Imperial China: The Explorations and Discoveries of Père David*. London: Cassell Publishers.

Blum, A. S. 1993. *Picturing Nature: American Nineteenth-Century Zoological Illustration*. Princeton, NJ: Princeton University Press.

Blum, E. J. 2003. "The Crucible of Disease: Trauma, Memory, and Reconciliation During the Yellow Fever Epidemic." *The Journal of Southern History*, 69(4): 791–820.

Blunt, W. 2002. *Linnaeus: The Compleat Naturalist*. Princeton, NJ: Princeton University Press.

Boewe, C. 2003. *Profiles of Rafinesque*. Knoxville, TN: University of Tennessee Press.

——. 2005. *A C.S. Rafinesque Anthology: Constantine Samuel Rafinesque*, Jefferson, NC: McFarland & Co.

Boorstin, D. 1983. *The Discoverers: A History of Man's Search to Know His World and Himself*. New York: Random House.

Boxer, C. R. 1977. *The Dutch Seaborne Empire, 1600–1800*. London: Taylor & Francis.

Brigham, D. 1996. "Ask the Beasts and They Shall Teach Thee: The Human Lessons of Charles Willson Peale's Natural History Displays." *The Huntington Library Quarterly*, 59(2/3): 183–206.

Broadhurst, C. L., et al. 2002. "Brain-Specific Lipids from Marine, Lacustrine, or Terrestrial Food Resources: Potential Impact on Early African *Homo sapiens*." *Comparative Biochemistry & Physiology* (B) 131: 653–73.

Broberg, G. 1994. "*Homo sapiens*: Linnaeus's Classification of Man." In *Linnaeus: The Man and His Work*, ed. Tore Frängsmyr. Canton, MA: Science History Publications.

Brotz, H. (ed.) 1966. *Negro Social and Political Thought, 1850–1920*. New York: Basic Books.

Bucher, Jr., H. H. 1979. "Canonization by Repetition: Paul Du Chaillu in Historiography." *Revue Francaise d'Histoire d'Outre-Mer*, LXVI: 15–32.

Burchell, W. J. 1822. *Travels in the Interior of Southern Africa*. London: Longman, Hurst.

Burns, F. L. 1909. "Alexander Wilson. V: The Completion of the American Ornithology." *The Wilson Bulletin*, 1(21): 16–35.

——. 1932. "Charles W. and Titian R. Peale and the Ornithological Section of the Old Philadelphia Museum." *The Wilson Bulletin*, 44(1): 23–35.

Burton, R. 1876. *Two Trips to Gorilla Land and the Cataracts of the Congo*, Vol. 1, London: Sampson Low.

Busvine, J. R. 1976. *Insects, Hygiene and History*. London: The Athlone Press.

Butler, S. 1917. "Lucubratio Ebria." In *The Note-Books of Samuel Butler*. New York: E. P. Dutton.

——. 1879. *Evolution, Old and New*. London: Harwicke & Bogue.

Bynum, W., and C. Overy. 1998. *The Beast in the Mosquito: The Correspondence of Ronald Ross & Patrick Manson*. Amsterdam: Rodopi.

Campbell, G. G. 1877. *Log Letters from "The Challenger."* London: Macmillan.

Cannon, W. F. 1961. "The Impact of Uniformitarianism: Two Letters from John Herschel to Charles Lyell." *Proceedings of the American Philosophical Society*, 105(3): 301–14.

Capanna, E. 2006. "Grassi versus Ross: Who Solved the Riddle of Malaria?" *International Microbiology*, 9(1): 69–74.

Carrigan, J. A. 1963. "Impact of Epidemic Yellow Fever on Life in Louisiana." *Louisiana History: The Journal of the Louisiana Historical Association*, 4(1).

——. 1988. "Mass Communication and Public Health: The 1905 Campaign Against Yellow Fever in New Orleans." *Louisiana History: The Journal of the Louisiana Historical Association*, 29(1).

Chambers, R. 1845. *Vestiges of the Natural History of Creation*. New York: Wiley & Putnam.

Chernin, E. 1983. "Sir Patrick Manson's Studies on the Transmission and Biology of Filariasis." *Reviews of Infectious Diseases*, 5(1): 148–66.

——. 1988. "Sir Ronald Ross vs. Sir Patrick Manson: A Matter of Libel." *Journal of the History of Medicine and Allied Sciences*, 43(3): 262–74.

Chesebrough, D. B. 1998. *Fredrick Douglass: Oratory from Slavery*. Westport, CT: Greenwood Publishing Group.

Christie, J.R.R. 1990. "Ideology and Representation in Eighteenth-Century Natural History." *Oxford Art Journal*, 13(1): 3–10.

Clodd, E. 1926. *Memories*. London: Watts & Co.

Clutton-Brock, J. 1995. "Aristotle, the Scale of Nature, and Modern Attitudes to Animals." *Social Research*, 62(3).

Cobbold, T. S. 1879. *Entozoa: An Introduction to the Study of Helminthology*. London: Groombridge & Sons.

Cohen, C. 2002. *The Fate of the Mammoth: Fossils, Myths, and History*. Trans. W. Rodarmor. Chicago, IL: University of Chicago Press.

Coleman, W. 1964. *Georges Cuvier, Zoologist, a Study in the History of Evolution Theory*. Cambridge, MA: Harvard University Press.

Cook, G. C. 1992. *From the Greenwich Hulks to Old St Pancreas: A History of Tropical Disease in London*. London: Athlone Press.

Coolidge, H. J. 1929. "A Revision of the Genus *Gorilla*." *Memoirs of the Museum of Comparative Zoology at Harvard*, 50:295–381.

Cooper, J. F. 1881. *The Prairie: A Tale*. New York: D. Appleton & Co.

Corfield, R. 2003. *The Silent Landscape: The Scientific Voyage of HMS* Challenger. Washington, DC: Joseph Henry Press.

Coues, E. 1890. *Handbook of Field and General Ornithology*. London: Macmillan.

Curtin, P. D. 1961. "The White Man's Grave: Image and Reality, 1780–1850." *The Journal of British Studies*, 1(1): 94–110.

——. 1989. *Death by Migration: Europe's Encounter with the Tropical World in the Nineteenth Century*. New York: Cambridge University Press.

Curtis, L. P. 1968. *Anglo Saxons and Celts: A Study of Anti-Irish Prejudice in Victorian England*. Bridgeport, CT: University of Bridgeport.

Cuvier, G. 1822. *Essays on the Theory of the Earth*, 4th ed. Edinburgh: William Blackwood.

Dain, B. 2002. *A Hideous Monster of the Mind: American Race Theory in the Early Republic*. Cambridge, MA: Harvard University Press.

Dalebout, M. L., J. G. Mead, C. S. Baker, A. N. Baker and A. L. Van Helden. 2002. "A New Species of Beaked Whale, *Mesoplodon perrini* sp. n. (Cetacea: Ziphiidae), Discovered Through Phylogenic Analysis of Mitochondrial DNA Sequences." *Marine Mammal Science*, 18(3): 577–608.

Dance, S. P. 1966. *Shell Collecting: An Illustrated History*. Berkeley, CA: University of California Press.

——. 1969. *Rare Shells*. London: Faber and Faber.

Daniels, G. H. 1967. "The Process of Professionalization in American Science:

The Emergent Period: 1820–1860." *Isis*, 58(2): 150–66.

Darwin, C. 1882. *On the Origin of Species by Natural Selection, or the Preservation of Favored Races in the Struggle for Life*. New York: D. Appleton and Company.

——. 1904. *The Life and Letters of Charles Darwin Including an Autobiographical Chapter*. Ed. F. Darwin. New York: D. Appelton.

——. 1909. *The Voyage of the Beagle*. New York: P. F. Collier & Son.

Darwin Correspondence Project, http://www.darwinproject.ac.uk/home.

Darwin, E. 1803. *Zoonomia; or, the Laws of Organic Life*. Boston: Thomas and Andrews.

David, A. 1949. *Abbé David's Diary*. Trans. H. M. Fox. Cambridge, MA: Harvard University Press.

Davies, K. C., and J. Hull. 1983. "Burchell's South African Bird Collection (1810–1815)." *Archives of Natural History*, 11(2): 317–42.

Dear, P. 2008. *The Intelligibility of Nature: How Science Makes Sense of the World*. Chicago, IL: University of Chicago Press.

Del Regato, J. A. 2001. "Carlos Juan Finlay (1833–1915)." *Journal of Public Health Policy* 22(1): 98–104.

Denny, M. 1948. "Linnaeus and His Disciple in Carolina: Alexander Garden." *Isis*, 38(3/4): 161–74.

Desmond, A., 1998. *Huxley: From Devil's Disciple to Evolution's High Priest*. Reading, MA: Addison-Wesley.

Desmond, A., and J. R. Moore, 1991. *Darwin*. London: Michael Joseph.

——. 2009. *Darwin's Sacred Cause: Race, Slavery and the Quest for Human Origins*. London: Allen Lane.

Dethlefsen, L., et al. 2006. "Assembly of the Human Intestinal Microbiota." *Trends in Ecology & Evolution*, 21(9): 517–23.

De Tocqueville, A., 1904. *Democracy in America, Volume II*. Trans. H. Reeve. New York: D. Appleton & Co.

De Wit, H. C. D. 1952. "In Memory of G. E. Rumphius." *Taxon*, 1(7): 101–10.

——. 1959. *Rumphius Memorial Volume*. Amsterdam: Uitgeverij En Drukkerij Hollandia landin N.V.

Dobson, J. 1962. "John Hunter's Animals." *Journal of the History of Medicine and Allied Sciences*, 17(4): 479–86.

Donoghue, M. J., and W. S. Alverson. 2000. "A New Age of Discovery." *Annals of the Missouri Botanical Garden*, 87: 110–26.

Donovan, E. 1805. *Instructions for Collecting and Preserving Various Subjects of Natural History*. London: F. C. and J. Rivington.

Douglass, H. 1897. *In Memoriam: Frederick Douglass*. Philadelphia, PA: John C. Yorston & Co.

Dubose, H. C. 1895. *Memoirs of Rev. John Leighton Wilson*. Richmond, VA: Presbyterian Committee of Publication.

Du Chaillu, P. B. 1868. *Exploration & Adventures in Equatorial Africa*. New York: Harper & Brothers.

——. 1871. *A Journey to Ashango-land, and Further Penetration into Equatorial Africa*. New York: Harper & Brothers.

Dung, V. V., et al. 1993. "A New Species of Living Bovid from Vietnam." *Nature* 363: 443–45.

Dunn, D. E. 1992. *A History of the Episcopal Church in Liberia, 1821–1980*. Toronto: Scarecrow Press.

Duyker, E. 1988, *Nature's Argonaut: Daniel Solander* 1733–1782, Melbourne, AU: Miegunyah Press.

Edginton, B. W. 1996. *Charles Waterton*. Cambridge, UK: Lutterworth Press.

Edwards, E. 1969. *Lives of the Founders of the British Museum: With Notices of its Chief Augmentors and Other Benefactors*. New York: Burt Franklin.

Egerton, J. 1976. *George Stubbs, Anatomist and Animal Painter*. London: Tate Gallery.

Elman, R. 1977. *First in the Field*. New York: Mason/Charter.

Estensen, M. 2002. *The Life of Matthew Flinders*. Sydney: Allen & Unwin.

Evans, H. E. 1997. *The Natural History of the Long Expedition to the Rocky Mountains, 1819–1820*, New York: Oxford University Press.

Fan, F. 2004. *British Naturalists in Qing China: Science, Empire, and Cultural Encounter*. Cambridge, MA: Harvard University Press.

Farber, P. L. 1977. "The Development of Taxidermy and the History of Ornitholoy." *Isis*, 68(4): 550–66.

——. 1982. *Discovering Birds: The Emergence of Ornithology as a Scientific Discipline, 1760–1850*. Baltimore, MD: Johns Hopkins University Press.

——. 2000. *Finding Order in Nature: The Naturalist Tradition from Linnaeus to E. O. Wilson*. Baltimore, MD: Johns Hopkins University Press.

Farley, J. 1972. "The Spontaneous Generation Controversy (1700–1860): The Origin of Parasitic Worms." *Journal of the History of Biology*, 5: 95–125.

Fell, H. B. 1950. "New Zealand Crinoids." *Tuatara: Journal of the Biological Society*, 3(2): 78–85.

Fitzpatrick, T. J. 1911. *Rafinesque: A Sketch of His Life*. Des Moines, IA: The Historical Department of Iowa.

Foot, J. 1794. *The Life of John Hunter*. London: T. Becket.

Fornasiero, J., P. Monteath, and J. West-Sooby. 2004. *Encountering Terra Australis: The Australian Voyages of Nicolas Baudin and Matthew Flinders*. Kent Town, AU: Wakefield Press.

Frängsmyr, T. 1994. *Linnaeus: The Man and His Work*. Canton, MA: Science History Publications.

Fredrickson, G. M. 1987. *The Black Image in the White Mind: The Debate on AfroAmerican Character and Destiny, 1817–1914*. New York: Harper & Row.

Garden, A. 1775. "An Account of the Gymnotus Electricus, or Electrical Eel." *Philosophical Transactions (1683–1775)*, 65: 102–10.

Gates, B. 1999. *Kindred Nature: Victorian and Edwardian Women Embrace the Living World*. Chicago, IL: University of Chicago Press.

Gatty, A. 1908. *Parables from Nature*. London: J. M. Dent.

Geoffroy Saint-Hilaire, I. 1853. "Sur les rapports naturels du Gorille; remarques faites à la suite de la lecture de M. Duvernoy." *Compte rendu des séances de l'Academie des Sciences Mai* 36: 933–36.

Gettc, P. A., and G. Scherer. 1982. *Insects Etc: An Anthology of Arthropods Featuring a Bounty of Beetles*. Trans. G. Zappler. New York: Hudson Hills Press.

Goldgar, A. 2007. *Tulipmania: Money, Honor, and Knowledge in the Dutch Golden Age*. Chicago, IL: University of Chicago Press.

Gosse, E. 2005. *Father and Son*. Gloucestershire, UK: Nonsuch Publishing.

Gosse, P. H. 1851. *A Naturalist's Sojourn in Jamaica*. London: Longman.

——. 1857. *Omphalos: An Attempt to Untie the Geological Knot*. London: John Van Voorst.

Gossett, T. F. 1997. *Race: The History of an Idea in America*. New York: Oxford University Press.

Gould, S. J. 1970. "Private Thoughts of Lyell on Progression and Evolution." *Science* (New Ser.), 169(3946): 663–64.

——. 1978. "Morton's Ranking of Races by Cranial Capacity." *Science* (New Ser.), 200 (4341): 503–9.

——. 2000. "Linnaeus's Luck?" *Natural History*, 109: 18–25, 66–76.

——. 2002. *The Structure of Evolutionary Theory*. Cambridge, MA: Harvard University Press.

Grassi, B. 1899. "Mosquitoes and Malaria." *The British Medical Journal*, 2 (2020): 748, 749.

Graves, G. 1818. *Naturalist's Pocketbook or Tourist's Companion*. London: Sherwood, Neely and Jones.

Gray, V. 2006. "Something in the Genes: Walter Rothschild, Zoological Collector Extraordinaire." A lecture delivered at Royal College of Surgeons, London, October 25, 2006.

Greene, J. C. 1961. *The Death of Adam: Evolution and Its Impact on Western Thought*. Ames, IA: The Iowa State University Press.

Greenfield, B. R. 1992. *Narrating Discovery: The Romantic Explorer in American Literature, 1790–1855*. New York: Columbia University Press.

Greig, J. (ed). 1926. *The Diaries of a Duchess: Extracts from the Diaries of the First Duchess of Northumberland (1716–1776)*. London: Hodder and Stoughton.

Groner, J., and P. F. Cornelius. 1996. *John Ellis: Merchant, Microscopist, Naturalist, and King's Agent: A Biologist of His Times*. Pacific Grove, CA: Boxwood Press.

Grove, W. B. 1892. "The Happy Fungus-Hunter." *Midland Naturalist*, 15: 158–61.

Gruber, J. 1982. "What Is It? The Echidna Comes to England." *Archives of Natural History*, 11(1): 1–15.

——. 1987. "From Myth to Reality: The Case of the Moa." *Archives of Natural History*, 14(3): 339–52.

——. 1991. "Does the Platypus Lay Eggs? The History of an Event in Science." *Archives of Natural History*, 18(1): 51–123.

Guilleman, J. 2002. "Choosing Scientific Patrimony: Sir Ronald Ross, Alphonse Laveran, and the Mosquito-Vector Hypothesis for Malaria," *Journal of the History of Medicine and Allied Sciences*, 57(4): 385–409.

Günther, A. E. 1975. *A Century of Zoology at the British Museum*. London: Dawson & Sons.

Haddad, J. R. 2008. *The Romance of China: Excursions to China in U.S. Culture, 1776–1876*. New York: Columbia University Press.

Haldeman, S. S. 1842. “Notice of the Zoological Writings of the Late C. S. Rafinesque.” *American Journal of Science and the Arts*, 42: 280–91.

Hartert, E. 1901. “William Doherty, Obituary.” *Novitates Zoologicae*, VIII (4).

Harvey, W. H. 1857. *The Sea-Side Book*. London: John Van Voorst.

Haynes, D. M. 2001. *Imperial Medicine: Patrick Manson and the Conquest of Tropical Disease*. Philadelphia, PA: University of Pennsylvania Press.

Hedeen, S. 2008. *Big Bone Lick: The Cradle of American Paleontology*. Lexington, KY: University Press of Kentucky.

Hedgepeth, J. W. 1946. “The Voyage of the Challenger.” *The Scientific Monthly*, 63(3): 194–202.

Herrick, F. H. 1917. *Audubon the Naturalist*. New York: D. Appleton.

Hobson, R. 1867. *Charles Waterton: His Home, Habits, and Handiwork*. London: Whittaker & Co.

Hollerbach, A. L. 1996. “Of Sangfroid and Sphinx Moths: Cruelty, Public Relations, and the Growth of Entomology in England, 1800–1840.” *Osiris* (2nd Ser.), 11: 201–20.

Holmes, O. W. 1895. *The Complete Poetical Works of Oliver Wendell Holmes*. Boston: Houghton, Mifflin.

Howard, L. O. *Engineering News Record* article, L. O. Howard Papers, American Philosophical Society, Philadelphia, PA.

Humboldt, A. Von. 1996. *Personal Narrative of a Journey to the Equinoctial Regions of the New Continent: Abridged Edition*. London: Penguin Classics.

Humboldt, C. D., and M. Alexander. 1852. “Extracts from a Memoir of Samuel George Morton, M.D., Late President of the Academy of Natural Sciences of Philadelphia.” *American Journal of Science and Arts (1820–1879)*, 13(38): 153.

Hunter, W. 1768. “Observations on the Bones, Commonly Supposed to Be Elephant Bones, Which Have Been Found Near the River Ohio in America.” *Philosophical Transactions* (*1683–1775*), 58: 34–45.

Irmscher, C. 1999. *The Poetics of Natural History: From John Bartram to William James*. New Brunswick, NJ: Rutgers University Press.

James, E. 1823. *Account of an Expedition from Pittsburgh to the Rocky Mountains Performed in the Years 1819, 1820*. London: Longman, Hurst, Rees, Orme, and Brown.

Jefferson, T. 1799. “A Memoir of the Discovery of Certain Bones of a Quadruped of the Clawed Kind in the Western Parts of Virginia." *Transactions of the American Philosophical Society*, 4: 246–60.

——. 1853. *Notes on the State of Virginia*, Richmond, VA: J. W. Randolph.

Jefferson. T. 1904. *The Works of Thomas Jefferson*. Ed. P. L. Ford. New York: G.P. Putnam's Sons.

Jenkins, A. C. 1978. *The Naturalists: Pioneers of Natural History*. London: Hamish Hamilton.

Jiang, Z. and R. B. Harris. 2008. *Elaphurus davidianus*. IUCN Red List of Threatened Species, version 2009.1 at www.iucnredlist.org, accessed October 30, 2009.

Johnson, S. 1810. *The Rambler*. London: Luke Hansard & Sons.

Jönsson, A. 2000. "Odium Botanicorum: The Polemics between Carl Linnaeus and Johann Georg Siegesbeck." In Språkets speglingar. Festskrift till Birger Bergh, ed. A. Jönsson and A. Piltz. Ängelholm, Sweden: Skåneförlaget, 555–66.

Jordan, W. D. 1974. *The White Man's Burden: Historical Origins of Racism in the United States*. New York: Oxford University Press.

Kalm, P. 1772. *Travels into North America*. London: Lowndes. www.americanjourneys.org/aj-117a, accessed July 23, 2010.

Kennedy, K.A.R., and J. Whittaker. 1976. "The Ape in Stateroom 10." *Natural History*, 85(9): 48–53.

Kerr, R. 1792. *The Animal Kingdom or Zoological System of the Celebrated Sir Charles Linnaeus*. London: Murray and Faulder.

Kershaw, W. 1963. "Vector-borne Diseases in Man: A General Review." *Bulletin of the World Health Organization*, 29 (Suppl.): 13–17.

King, J.C.H. 1996. "New Evidence for the Contents of the Leverian Museum." *Journal of the History of Collections*, 8(2): 167–86.

King-Hele, D. (ed), and C. R. Darwin. 2003. *Charles Darwin's The Life of Erasmus Darwin*. Cambridge, UK: Cambridge University Press.

Kingsley, C. 1890. *Glaucus or the Wonders of the Shore*. London: Macmillan.

——. 1917. *The Water-Babies: A Fairy Tale for a Land-Baby*. New York: The Macmillan Company.

Kingsley, M. H. 1893–1899. Macmillan Archive. Correspondence with Mary H. Kingsley, two volumes. British Library, London.

——. 1897. *Travels in West Africa: Congo Français, Corisco and Cameroons*. New York: The Macmillan Company.

Kingston, R. 2007. "A Not So Pacific Voyage: The 'Floating Laboratory' of Nicolas Baudin." *Endeavour*, 31(4): 145–51.

Klarer, M. 2005. "Humanitarian Pornography: John Gabriel Stedman's Narrative of a Five Year Expedition Against the Revolting Negroes of Surinam (1796)." *New Literary History*, 36(4): 559–87.

Koerner, L. 1999. *Linnaeus: Nature and Nation*. Cambridge, MA: Harvard University Press.

Kohler, R. E. 2006. *All Creatures: Naturalists, Collectors, and Biodiversity, 1850–1950*. Princeton, NJ: Princeton University Press.

Lecercle, J. 1994. *Philosophy of Nonsense: The Intuitions of Victorian Nonsense Literature*. New York: Routledge.

Lee, D. 2004. *Slavery and the Romantic Imagination*. Philadelphia, PA: University of Pennsylvania Press.

Lee, S. 1833. *Memoirs of Baron Cuvier*. London: Longman, Rees.

Lettsom, J. C. 1799. *The Naturalist's and Traveler's Companion*. London: C. Dilly.

Li, S.-J. 2002. "Natural History of Parasitic Disease: Patrick Manson's Philosophical Method." *Isis*, 93(2): 206–28.

Lightman, B. 1997. *Victorian Science in Context*. Chicago, IL: University of Chicago Press.

——. 2007. *Victorian Popularizers of Science: Designing Nature for New Audiences*. Chicago, IL: University of Chicago Press.

Lindroth, S. 1994. "The Two Faces of Linnaeus." In *Linnaeus: The Man and His Work*, ed. Torc Frängsmyr, rev. ed. Canton, MA: Science History Publications.

Linnaeus, C. "The Linnaean Correspondence," http://linnaeus.c18.net.

Lloyd, C. 1985. *The Travelling Naturalists*. Chicago, IL.: The Art Institute of Chicago.

Lucas, F. A. 1914. "The Story of Museum Groups." *The American Museum Journal*, xiv(1): 9, 10.

Lyell, C. 1842. *Principles of Geology*. Boston: Hilliard, Gray.

——. 1881. *Life, Letters and Journals of Sir Charles Lyell, Bart, Vol. II*, ed. K. M. Lyell. London: John Murray.

——. 1970. *Sir Charles Lyell's Scientific Journals on the Species Question*, ed. L. G. Wilson. New Haven, CT: Yale University Press.

Lyon, J., and P. Sloan. 1981. *From Natural History to the History of Nature: Readings from*

Buffon and His Critics. Notre Dame, IN: University of Notre Dame Press.

MacGregor, A. (ed.) 1994. *Sir Hans Sloane: Collector, Scientist, Antiquary, Founding Father of the British Museum*. London: British Museum Press.

Magyar, L. 1994. "John Hunter and John Dolittle." *The Journal of Medical Humanities*, 15(4): 217–20.

Mandelstam, J. 1994. "Du Chaillu's Stuffed Gorillas and the Savants from the British Museum." *Notes and Records of the Royal Society of London*, 48: 227–45.

Manson P. 1894. "On the Nature and Significance of the Crescentic and Flagellated Bodies in Malarial Blood." *British Medical Journal*, 2:1306–08.

——. 1922. "A Short Autobiography." *Journal of Tropical Medicine and Hygiene*, 25:156–64.

Matthew, P. 1831. *On Naval Timber and Arboriculture*. London: Longman, Rees, Orme, Brown, and Green.

McCook, S. 1996. " 'It May Be Truth, But It Is Not Evidence': Paul du Chaillu and the Legitimation of Evidence in the Field Sciences." *Osiris* (2nd Ser.), 11: 177–97.

McMillan, N. 1996. "Robert Bruce Napoleon Walker, West African Trader, Explorer and Collector of Zoological Specimens." *Archives of Natural History*, 23(1): 125–41.

Mearns, B., and R. Mearns. 1998. *The Bird Collectors*. Toronto: Academic Press.

Meek, A. S. 1913. *A Naturalist in Cannibal Land*. London: T. Fisher Unwin.

Meigs, C. D. 1851. *A Memoir of Samuel George Morton, MD*. Philadelphia: P. G. Collins.

Meijer, M. C. 1999. *Race and Aesthetics in the Anthropology of Petrus Camper (1722–1789)*. Amsterdam: Editions Rodopi B.V.

Michael, J. S. 1988. "A New Look at Morton's Craniological Research." *Current Anthropology*, 29(2).

Mills, E. 1984. "A View of Edward Forbes." *Archives of Natural History*, 11(3): 365–93.

Moore, W. 2005. *The Knife Man: The Extraordinary Life and Times of John Hunter, Father of Modern Surgery*. New York: Broadway Books.

Morris, P. A. 1993. "An Historical Review of Bird Taxidermy in Britain." *Archives of Natural History*, 20(2): 241–55.

Morton, S. G. 1839. *Crania Americana: or, a Comparative View of the Skulls of Various*

Aboriginal Nations of North and South America. Philadelphia: J. Dobson.

——. 1847. "Hybridity in Animals, Considered in Reference to the Question of the Unity of the Human Species." *American Journal of Science and Arts*, 3: 39–50, 203–12.

Moyal, A. 2004. *Platypus: The Extraordinary Story of How a Curious Creature Baffled the World*. Washington, D.C.: Smithsonian Institution Press.

Munoz, P. 1999. "Rhinopithecus roxellana." Animal Diversity Web site: http://animal diversity.ummz.umich.edu, accessed October 29, 2009.

Nieuwenhuys, R., and E. M. Beekman. 1982. *Mirror of the Indies: A History of Dutch Colonial Literature*. Amherst, MA: University of Massachusetts Press.

Noakes, R. 2002. "Science in Mid-Victorian Punch." *Endeavour*, 26: 92–96.

Nobles, G. 2005. "A French Affair? Jean Audubon, Père, and the West Indian Origins of John James Audubon." Atlanta, GA: Georgia Institute of Technology. http://www.dssi.unimi.it/dipstoria/mg/papers/greg_nobles.pdf.

Nott, J. C. 1849. *Two Lectures on the Connection Between the Biblical and Physical History of Man*. New York: Bartlett & Welford.

O'Brian, P. 1997. *Joseph Banks: A Life*. Chicago, IL: University of Chicago Press.

Owen, R. 1845. "Recollections and Reflections of Gideon Shaddoe, Esq., No. IX." *Hood's Magazine and Comic Miscellany*.

——. 1848. "On a New Species of Chimpanzee." *Proceedings of the Zoological Society of London*, XVI: 27–35.

——. 1855. "On the Anthropoid Apes." *Proceedings of the Royal Institution of Great Britain*, 2:41.

Owen, R. 1894. *The Life of Richard Owen*. London: John Murray.

Paget, J. 1866. "On the Discovery of Trichina." *The Lancet*, 1: 269, 270.

Park, M. 1878. *Travels in the Interior of Africa*. Edinburgh: Adam and Charles Black.

Pascoe, J. 2005. *The Hummingbird Cabinet: A Rare and Curious History of Romantic Collectors*. Ithaca, NY: Cornell University Press.

Patterson, K. D. 1974. "Paul B. Du Chaillu and the Exploration of Gabon, 1855–1865." *The International Journal of African Historical Studies*, 7(4): 647–67.

Patterson, T. C. 2001. *Social History of Anthropology in the U.S.* New York: Berg Publishers.

Peterson, D. 2006. *Jane Goodall: The Woman Who Redefined Man*. New York: Houghton Mifflin Company.

Philbrick, N. 2004. *Sea of Glory: America's Voyage of Discovery, the U.S. Exploring Expedition, 1838–1842*. New York: Penguin.

Piccolino, M., and M. Bresadola. 2002. "Drawing a Spark from Darkness: John Walsh and Electric Fish." *Trends in Neurosciences*, 25(1): 51–57.

Pickering, C. 1854. *The Races of Man and Their Geographical Distribution*. London: H. G. Bohn.

Pickering, J. 1998. "William John Burchell's Travels in Brazil, 1825–1830, with Details of the Surviving Mammal and Bird Collections." *Archives of Natural History*, 25: 237–65.

Poe, E. A. 1840. *The Conchologist's First Book: A System of Testaceous Malacology*. Philadelphia, PA: Haswell, Barrington.

Porter, C. M. 1979. " 'Subsilentio': Discouraged Works of Early Nineteenth-Century American Natural History." *Journal of the Society for the Bibliography of Natural History*, 9(2): 109–19.

Porter, R. 1994. *London: A Social History*. London: Hamish Hamilton.

Prak, M. 2005. *The Dutch Republic in the Seventeenth Century: The Golden Age*. New York: Cambridge University Press.

Prince, S. A. (ed.) 2003. *Stuffing Birds, Pressing Plants, Shaping Knowledge: Natural History in North American, 1730–1860*. Philadelphia, PA: American Philosophical Society.

Raby, P. 1997. *Bright Paradise: Victorian Scientific Travellers*, Princeton, NJ: Princeton University Press.

——. 2002. *Alfred Russel Wallace: A Life*. Princeton, NJ: Princeton University Press.

Raverat, G. 1952. *Period Piece: A Cambridge Childhood*. London: Faber.

Recker, D. 1990. "There's More Than One Way to Recognize a Darwinian: Lyell's Darwinism." *Philosophy of Science*, 57(3): 459–78.

Reitter, E. (1960). *Beetles*. New York: G. P. Putnam's Sons.

Rhodes, R. 2004. *John James Audubon: The Making of an American*. New York: Alfred A. Knopf.

Ripley, D. 1970. *The Sacred Grove*. New York: Simon and Schuster.

Riviere, P. 1998. "From Science to Imperialism: Robert Schomburgk's Humanitarianism." *Archives of Natural History*, 25: 1–8.

Robley, H. G. 2003. *Moko or Maori Tattooing*. Mineola, NY: Dover Publications.

Roemer, B. 2004. "The Relation Between Art and Nature in a Dutch Cabinet of

Curiosities from the Early Eighteenth Century." *History of Science*, 42: 47–84.

Roger, J. 1997. *Buffon: A Life in Natural History*. Trans. S. L. Bonnefoi. Ithaca, NY: Cornell University Press.

Rolt, L.T.C. 1957. *Isambard Kingdom Brunel*. London: Longman.

Rookmaaker, L. C. et al. 2006. "The Ornithological Cabinet of Jean-Baptiste Bécoeur and the Secret of the Arsenical Soap." *Archives of Natural History*, 33: 146–58.

Ross, R. 1923. *Memoirs with a Full Account of the Great Malaria Problem and its Solution*. London: John Murray.

Rotella, C. 1991. "Travels in a Subjective West: The Letters of Edwin James and Major Stephen Long's Scientific Expedition of 1819–1820." *Montana*, 41: 20–35.

Rothschild, H. 2009. "The Butterfly Effect." *Bonhams*, Spring 2009.

Rothschild, M. 1983. *Dear Lord Rothschild*. London: Hutchinson.

Rousseau, G. S. 1982. "Science Books and Their Readers in the Eighteenth Century." In *Books and Their Readers in Eighteenth Century England*, ed. I. Rivers et al. New York: St. Martin's Press.

Rudwick, M.J.S. 1972. *The Meaning of Fossils: Episodes in the History of Paleontology*. Chicago, IL: University of Chicago Press.

——. 1997. *George Cuvier, Fossil Bones, and Geological Catastrophes: New Translations and Interpretations of the Primary Texts*. Chicago, IL: University of Chicago Press.

——. 2005. *Bursting the Limits of Time: The Reconstruction of Geohistory in the Age of Revolution*. Chicago, IL: University of Chicago Press.

Rumpf, G. E. 1981. *The Poison Tree: Selected Writings of Rumphius on the Natural History of the Indies* (Trans. E. M. Beekman). Amherst, MA: University of Massachusetts Press.

Rumphius, G. E. 1999. *The Ambonese Curiosity Cabinet*. Trans. and ed. E. M. Beekman. New Haven, CT: Yale University Press.

Rupke, N. A. 2002. "Geology and Paleontology." In *Science and Religion: A Historical Introduction*, ed. G. B. Ferngren. Baltimore, MD: Johns Hopkins University Press.

Ruse, M. 2003. *Darwin and Design: Does Evolution Have a Purpose?* Cambridge, MA: Harvard University Press.

St. John, H. 1864. *Audubon, The Naturalist of the New World, His Adventures and Discoveries*. Boston: Crosby and Nichols.

Sarton, G. 1937. "Rumphius, Plinius Indicus (1628–1702)." *Isis*, 27(2): 242–57.

Savage, T. S. 1847. "On the Habits of the 'Drivers' or Visiting Ants of West Africa." *Transactions of the Royal Entomological Society London*, 5:1–15.

Savage, T. S., and J. Wyman 1844. "Observations on the external characters and habits of the *Troglodytes niger*, Geoff. and on its organization." *Boston Journal of Natural History*, 4:362–386.

——. 1847. "Notice of the External Characters and Habits of a New Species of Troglodytes Gorilla." *Boston Journal of Natural History*, 5: 245–47.

Savage, W. R. 1843. William R. Savage papers, Southern Historical Collection, Manuscripts Department, Wilson Library, University of North Carolina at Chapel Hill.

Schaller, G. B. 1994. *The Last Panda*. Chicago, IL: University of Chicago Press.

Schiebinger, L. 1993, *Nature's Body: Gender in the Making of Modern Science*. Boston, MA: Beacon Press.

Schwartz, J. H. (ed.). 1988. *Orang-utan Biology*. Oxford, UK: Oxford University Press.

Schwartz, J. S. 1999. "Robert Chambers and Thomas Henry Huxley, Science Correspondents: The Popularization and Disseminationation of Nineteenth Century Natural Science." *Journal of the History of Biology*, 32(2): 343–83.

Scott, E. L. 1974. "Edward Jenner, F.R.S., and the Cuckoo." *Notes and Records of the Royal Society of London*, 28(2): 235–40.

Sears, S. W. 1988. *George B. McClellan: The Young Napoleon*. New York: Ticknor & Fields.

Secord, A. 2003. " 'Be What You Would Seem to Be': Samuel Smiles, Thomas Edward, and the Making of a Working-Class Scientific Hero." *Science in Context*, 16:147–73.

Secord, J. 2000. *Victorian Sensation: The Extraordinary Publication, Reception and Secret Authorship of Vestiges of the Natural History of Creation*. Chicago, IL: University of Chicago Press.

Sellers, C. C. 1951. "Charles Willson Peale and 'The Mammoth Picture.' " in *The Peale Museum Historical Series*, no. 7. Baltimore, MD: Municipal Museum of the City of Baltimore. http://www.lewis-clark.org/content/content-article.asp?ArticleID=2757.

——. 1969. *Charles Willson Peale*. New York: Charles Scribner's & Sons.

——. 1980, *Mr. Peale's Museum: Charles Willson Peale and the First Popular Museum of Natural Science and Art*. New York: W. W. Norton.

Semonin, P. 2000. *American Monster: How the Nation's First Prehistoric Creature Became a Symbol of National Identity*. New York: New York University Press.

Shaw, G. D. 2005. " 'Moses Williams, Cutter of Profiles': Silhouettes and African American Identity in the Early Republic." *Proceedings of the American Philosophical Society*, 149(1): 22–39.

Sheffield, S. L. 2001. *Revealing New Worlds: Three Victorian Women Naturalists*. London: Routledge.

——. 2004. *Women and Science: Social Impact and Interaction*. Santa Barbara, CA: ABC-CLIO.

Simpson, G. G. 1942. "The Beginnings of Vertebrate Paleontology in North America." *Proceedings of the American Philosophical Society*, 86(1): 130–88.

——. 1959. "Review." *Science*, 130(3368): 158.

Smallwood, W. M., and M.S.C. Smallwood. 1941. *Natural History and the American Mind*. New York: Columbia University Press.

Smiles, S. 1879. *Life of a Scotch Naturalist*. London: John Murray.

Smith, H. E. 1903. "Reminiscences of Paul Belloni Du Chaillu." *The Independent*, 55:1146–48.

Smith, R. F., T. E. Mittler, and C.N. Smith (eds.). 1973. *History of Entomology*. Palo Alto, CA: Annual Reviews Inc.

Smith, S. S. 1810. *An Essay on the Causes of the Variety of Complexion and Figure in the Human Species* ... New Brunswick, NJ: J. Simpson and Co.

Smith, W. J. 1962. "Sir Ashton Lever of Alkrington and His Museum 1729–1788." *Transactions of the Lancashire and Cheshire Antiquarian Society*, 72: 61–92.

Snowden, F. 2006. *Conquest of Malaria: Italy, 1900–1962*. New Haven, CT: Yale University Press.

Somerset, R. 2002. "The Naturalist in Balzac: The Relative Influence of Cuvier and Geoffroy Saint-Hilaire." *French Forum*, 27(1): 81–111.

Spary, E. C. 2004. "Scientific Symmetries." *History of Science*, 62: 1–46.

Stanford, D. E. 1959. "The Giant Bones of Claverack, New York, 1705." *New York History* 40: 47–61.

Stanton, W. 1960. *The Leopard's Spots: Scientific Attitudes Toward Race In America, 1815–1859*. Chicago, IL: University of Chicago Press.

Stedman, J. G. and S. Price (eds.). 1988. *Narrative of a Five Years Expedition Against the Revolted Negroes of Surinam*. Baltimore, MD: Johns Hopkins University Press.

——. *Stedman's Surinam: Life in Eighteenth-century Slave Society*. Baltimore, MD: Johns Hopkins University Press.

Stephens, L. D. 2000. *Science, Race, and Religion in the American South: John Bachman and the Charleston Circle of Naturalists*. Chapel Hill, NC: University of North Carolina Press.

Stott, R. 2003. *Darwin and the Barnacle*. New York: W. W. Norton.

Stratton, J. A., and L. H. Mannix. 2005. *Mind and Hand: The Birth of MIT*. Cambridge, MA: MIT Press.

Stresemann, E. 1975. *Ornithology: From Aristotle to the Present*. Cambridge, MA: Harvard University Press.

Stroud, P. T. 1992. *Thomas Say: New World Naturalist*. Philadelphia, PA: University of Pennsylvania Press.

——. 1995. "Forerunner of American Conservation: Naturalist Thomas Say." *Forest & Conservation History*, 39(4): 184–90.

——. 2000. *The Emperor of Nature: Charles-Lucien Bonaparte and His World*. Philadelphia, PA: University of Pennsylvania Press.

Stukely, W. 1719. "An Account of the Impression of the Almost Entire Sceleton of a Large Animal in a Very Hard Stone ... " *Philosophical Transactions (1683–1775)*, 30: 963–68.

Swainson, W. 1834. *A Preliminary Discourse on the Study of Natural History*. London: Longman, Rees.

Thomson, C. W. 1873. *The Depths of the Sea*. London: Macmillan.

Thoreau, H. D. 1980. *Natural History Essays (Literature of the American Wilderness)*. Ed. R. Sattelmeyer. Salt Lake City, UT: Peregrine Smith Books.

Tyson, E. 1699. *Orang-outang, Sive, Homo Sylvestris, or, The Anatomy of a Pygmie*. London: Thomas Bennet.

Twain, M. 1963. *The Complete Essays of Mark Twain*, ed. C. Neider. New York: Doubleday.

Vanhaeren, M., et al. 2006. "Middle Paleolithic Shell Beads in Israel and Algeria." *Science*, 312(5781): 1785–88.

Van Seters, W. H. 1962. *Pierre Lyonet (1706–1789): sa vie, ses collections de coquillages et de tableaux, ses recherches*. La Haye: M. Nijhoff.

Vaucaire, M. 1930. *Paul Du Chaillu, Gorilla Hunter: Being the Extraordinary Life and Adventures of Paul Du Chaillu*. New York: Harper.

Walker, A. R. 1960. *Notes D'histoire du Gabon*. Libreville: Editions R. Walker.

Wallace, A. R. 1852. "On the Monkeys of the Amazon." *Proceedings of the Zoological Society of London*, 20: 107–10.

——. 1855. "On the Law Which Has Regulated the Introduction of New Species." *Annals and Magazine of Natural History* (2nd ser.), 16: 184–96.

——. 1886. *The Malay Archipelago: The Land of the Orang-utan, and the Bird of Paradise*. London: Macmillan & Co.

——. 1895. *A Narrative of Travels on the Amazon and Rio Negro*. London: Reeve.

——. 1905. *My Life: A Record of Events and Opinions*, 2 vols. London: George Bell & Son.

Wallace, A. R., and A. Berry. 2003. *Infinite Tropics: An Alfred Russel Wallace Collection*. New York: Verso.

Waller, M. 2002. *1700: Scenes from London Life*. New York: Four Walls Eight Windows.

Waterton, C. 1909. *Wanderings in South America*. New York: Sturgis & Walton.

Wayne, A. T. 1906. "The Date of Discovery of Swainson's Warbler (*Helinaia swainsonii*)." *The Auk*, 23(2): 231, 232.

Wells, L. A. 1974. " 'Why Not Try the Experiment?' The Scientific Education of Edward Jenner." *Proceedings of the American Philosophical Society*, 118(2): 135–45.

Westwood, J. O. 1847. "New Orang-outang." *The Annals and Magazine of Natural History*, 20: 286.

Wheeler, A. 1984. "Daniel Solander and the Zoology of Cook's Voyage." *Archives of Natural History*, 11(3): 505–15.

Wheeler, M. 1993. *The Lamp of Memory: Ruskin, Tradition and Architecture*. New York: Manchester University Press.

Wildt, D. et al. (eds.). 2006. *Giant Pandas: Biology, Veterinary Medicine and Management*. New York: Cambridge University Press.

Wilkins, G. L. 1957. "The Cracherode Shell Collection." *Bulletin of the British Museum (Natural History) Historical Series*, 1(4): 121–84.

Wilson, A. 1839. *American Ornithology*, Boston: Otis Broaders and Co.

Wilson, E. O. 1994. *Naturalist*. Washington, D.C.: Island Press.

——. 2003. "The Encyclopedia of Life." *Trends in Ecology and Evolution*, 18: 77–80.

Wilson, G., and A. Geikie. 1861. *Memoir of Edward Forbes*. London: Macmillan.

Wilson, L. G. 1996. "The Gorilla and the Question of Human Origins: The Brain Controversy." *Journal of the History of Medicine and Allied Sciences*, 51: 184–207.

Wood, R. G. 1966. *Stephen Harriman Long, 1784–1864: Army Engineer, Explorer, Inventor*, Glendale, CA: A. H. Clark Co.

Woodcock, G. 1969. *Henry Walter Bates: Naturalist of the Amazons*. London: Faber and Faber.

Wurtzburg, C. E. 1954. *Raffles of the Eastern Isles*. Singapore: Oxford University Press.

Wyman, J. 1866. Three journal articles bound with related manuscripts in the Ernst Mayr Library, Museum of Comparative Zoology, Harvard University, Cambridge, MA.

——. 1868. "Observations on Crania." *Proceedings of the Boston Society of Natural History*, XI.

自 然 文 库

N a t u r e

S e r i e s

鲜花帝国——鲜花育种、栽培与售卖的秘密

艾米·斯图尔特 著　宋博 译

看不见的森林——林中自然笔记

戴维·乔治·哈斯凯尔 著　熊姣 译

一平方英寸的寂静

戈登·汉普顿 约翰·葛洛斯曼 著　陈雅云 译

种子的故事

乔纳森·西尔弗顿 著　徐嘉妍 译

醉酒的植物学家——创造了世界名酒的植物

艾米·斯图尔特 著　刘夙 译

探寻自然的秩序——从林奈到E.O.威尔逊的博物学传统

保罗·劳伦斯·法伯 著　杨莎 译

羽毛——自然演化的奇迹

托尔·汉森 著　赵敏 冯骐 译

鸟的感官

蒂姆·伯克黑德 卡特里娜·范·赫劳 著　沈成 译

盖娅时代——地球传记

詹姆斯·拉伍洛克 著　肖显静 范祥东 译

树的秘密生活

科林·塔奇 著　姚玉枝 彭文 张海云 译

沙乡年鉴

奥尔多·利奥波德 著　侯文蕙 译

加拉帕戈斯群岛——演化论的朝圣之旅

亨利·尼克尔斯 著　林强 刘莹 译

山楂树传奇——远古以来的食物、药品和精神食粮

比尔·沃恩 著　侯畅 译

狗知道答案——工作犬背后的科学和奇迹

凯特·沃伦 著　林强 译

全球森林——树能拯救我们的40种方式
戴安娜·贝雷斯福德-克勒格尔 著　李盎然 译　周玮 校

地球上的性——动物繁殖那些事
朱尔斯·霍华德 著　韩宁　金箍儿 译

彩虹尘埃——与那些蝴蝶相遇
彼得·马伦 著　罗心宇 译

千里走海湾
约翰·缪尔 著　侯文蕙 译

了不起的动物乐团
伯尼·克劳斯 著　卢超 译

餐桌植物简史——蔬果、谷物和香料的栽培与演变
约翰·沃伦 著　陈莹婷 译

树木之歌
戴维·乔治·哈斯凯尔 著　朱诗逸 译　林强　孙才真 审校

刺猬、狐狸与博士的印痕——弥合科学与人文学科间的裂隙
斯蒂芬·杰·古尔德 著　杨莎 译

剥开鸟蛋的秘密
蒂姆·伯克黑德 著　朱磊　胡运彪 译

绝境——滨鹬与鲎的史诗旅程
黛博拉·克莱默 著　施雨洁 译　杨子悠 校

神奇的花园——探寻植物的食色及其他
露丝·卡辛格 著　陈阳　侯畅 译

种子的自我修养
尼古拉斯·哈伯德 著　阿黛 译

流浪猫战争——萌宠杀手的生态影响
彼得·P. 马拉　克里斯·桑泰拉 著　周玮 译

死亡区域——野生动物出没的地方
菲利普·林伯里 著　陈宇飞　吴倩 译

达芬奇的贝壳山和沃尔姆斯会议
斯蒂芬·杰·古尔德 著　傅强 张锋 译

新生命史——生命起源和演化的革命性解读
彼得·沃德 乔·克什维克 著　李虎 王春艳 译

蕨类植物的秘密生活
罗宾·C. 莫兰 著　武玉东 蒋蕾 译

图提拉——一座新西兰羊场的故事
赫伯特·格思里－史密斯 著　许修棋 译

野性与温情——动物父母的自我修养
珍妮弗·L. 沃多琳 著　李玉珊 译

吉尔伯特·怀特传——《塞耳彭博物志》背后的故事
理查德·梅比 著　余梦婷 译

稀有地球——为什么复杂生命在宇宙中如此罕见
彼得·沃德 唐纳德·布朗利 著　刘夙 译

寻找金丝雀树——关于一位科学家、一株柏树和一个不断变化的世界的故事
劳伦·E. 奥克斯 著　李可欣 译

寻鲸记
菲利普·霍尔 著　傅临春 译

众神的怪兽——在历史和思想丛林里的食人动物
大卫·奎曼 著　刘炎林 译

人类为何奔跑——那些动物教会我的跑步和生活之道
贝恩德·海因里希 著　王金 译

寻径林间——关于蘑菇和悲伤
龙·利特·伍恩 著　傅力 译

编结茅香——来自印第安文明的古老智慧与植物的启迪
罗宾·沃尔·基默尔 著　侯畅 译

魔豆——大豆在美国的崛起
马修·罗思 著　刘夙 译

荒野之声——地球音乐的繁盛与寂灭
戴维·乔治·哈斯凯尔 著　熊姣 译

昔日的世界——地质学家眼中的美洲大陆
约翰·麦克菲 著　王清晨 译

寂静的石头——喜马拉雅科考随笔
乔治·夏勒 著　姚雪霏 陈翀 译

血缘——尼安德特人的生死、爱恨与艺术
丽贝卡·雷格·赛克斯 著　李小涛 译

苔藓森林
罗宾·沃尔·基默尔 著　孙才真 译 张力 审订

发现新物种——地球生命探索中的荣耀和疯狂
理查德·康尼夫 著　林强 译

年轮里的世界史
瓦莱丽·特鲁埃 著　许晨曦 安文玲 译

杂草、玫瑰与土拨鼠——花园如何教育了我
迈克尔·波伦 著　林庆新 马月 译

三叶虫——演化的见证者
理查德·福提 著　孙智新 译

图书在版编目（CIP）数据

发现新物种：地球生命探索中的荣耀和疯狂 /（美）理查德·康尼夫著；林强译 .—北京：商务印书馆，2023
（自然文库）
ISBN 978-7-100-22184-9

Ⅰ. ①发… Ⅱ. ①理… ②林… Ⅲ. ①物种—普及读物 Ⅳ. ① Q111.2-49

中国国家版本馆 CIP 数据核字（2023）第 051265 号

自然文库
发现新物种
地球生命探索中的荣耀和疯狂
〔美〕理查德·康尼夫 著
林 强 译

商 务 印 书 馆 出 版
（北京王府井大街 36 号 邮政编码 100710）
商 务 印 书 馆 发 行
北京中科印刷有限公司印刷
ISBN 978 - 7 - 100 - 22184 - 9

2023 年 9 月第 1 版　　开本 880 × 1230 1/32
2023 年 9 月北京第 1 次印刷　　印张 16 插页 2

定价：98.00 元